冶金专业教材和工具书经典传承国际传播工程
Project of the Inheritance and International Dissemination
of Classical Metallurgical Textbooks & Reference Books

普通高等教育"十四五"规划教材

冶金工业出版社

现代冶金实验研究技术

主　编　张生富
副主编　康芷源　刘　强

扫码获得数字资源

U0319225

北　京
冶金工业出版社
2024

内 容 提 要

本书在介绍实验方案设计、数据采集与处理和实验安全的基础上，对实验研究的总体步骤和相关技术原理与方法进行了详细阐述，内容涵盖了冶金原理、传输原理、钢铁冶金、有色冶金和电化学冶金等方面的实验研究方法，融入了先进的冶金分析表征技术、冶金虚拟仿真实训技术、智能冶金及大数据实验技术等，凸显了内容的时代性、先进性和实用性。

本书可作为冶金工程专业的本科生和研究生的教学与实验用书，也可作为从事冶金工程设计和生产等应用和研究人员的参考书目。

图书在版编目 (CIP) 数据

现代冶金实验研究技术 / 张生富主编 . —北京：冶金工业出版社，2024.4

冶金专业教材和工具书经典传承国际传播工程　普通高等教育"十四五"规划教材

ISBN 978-7-5024-9831-3

Ⅰ. ①现…　Ⅱ. ①张…　Ⅲ. ①冶金—实验—高等学校—教材　Ⅳ. ①TF-33

中国国家版本馆 CIP 数据核字（2024）第 072668 号

现代冶金实验研究技术

出版发行 冶金工业出版社		**电　话**	（010）64027926
地　　址 北京市东城区嵩祝院北巷 39 号		**邮　编**	100009
网　　址 www.mip1953.com		**电子信箱**	service@ mip1953.com

责任编辑　刘小峰　刘思岐　美术编辑　彭子赫　版式设计　郑小利
责任校对　梁江凤　责任印制　窦　唯
三河市双峰印刷装订有限公司印刷
2024 年 4 月第 1 版，2024 年 4 月第 1 次印刷
787mm×1092mm　1/16；21.5 印张；520 千字；328 页
定价 59.00 元

投稿电话　（010）64027932　投稿信箱　tougao@cnmip.com.cn
营销中心电话　（010）64044283
冶金工业出版社天猫旗舰店　yjgycbs.tmall.com
（本书如有印装质量问题，本社营销中心负责退换）

冶金专业教材和工具书
经典传承国际传播工程
总　序

　　钢铁工业是国民经济的重要基础产业，为我国经济的持续快速增长和国防现代化建设提供了重要支撑，做出了卓越贡献。当前，新一轮科技革命和产业变革深入发展，中国经济已进入高质量发展新时代，中国钢铁工业也进入了高质量发展的新时代。

　　高质量发展关键在科技创新，科技创新离不开高素质人才。党的二十大报告指出："教育、科技、人才是全面建设社会主义现代化国家的基础性、战略性支撑。必须坚持科技是第一生产力、人才是第一资源、创新是第一动力，深入实施科教兴国战略、人才强国战略、创新驱动发展战略，开辟发展新领域新赛道，不断塑造发展新动能新优势。"加强人才队伍建设，培养和造就一大批高素质、高水平人才是钢铁行业未来发展的一项重要任务。

　　随着社会的发展和时代的进步，钢铁技术创新和产业变革的步伐也一直在加速，不断推出的新产品、新技术、新流程、新业态已经彻底改变了钢铁业的面貌。钢铁行业必须加强对科技进步、教育发展及人才成长的趋势研判、规律认识和需求把握，深化人才培养体制机制改革，进一步完善相应的条件支撑，持续增强"第一资源"的保障能力。中国钢铁工业协会《"十四五"钢铁行业人力资源规划指导意见》提出，要重视创新型、复合型人才培养，重视企业家培养，重视钢铁上下游复合型人才培养。同时要科学管理，丰富绩效体系，进一步优化人才成长环境，造就一支能够支撑未来钢铁行业高质量发展的人才队伍。

高素质人才来源于高水平的教育和培训，并在丰富多彩的创新实践中历练成长。以科技创新为第一动力的发展模式，需要科技人才保持知识的更新频率，站在钢铁发展新前沿去思考未来，系统性地将基础理论学习和应用实践学习体系相结合。要深入推进职普融通、产教融合、科教融汇，建立高等教育+职业教育+继续教育和培训一体化行业人才培养体制机制，及时把钢铁科技创新成果转化为钢铁从业人员的知识和技能。

一流的专业教材是高水平教育培训的基础，做好专业知识的传承传播是当代中国钢铁人的使命。20 世纪 80 年代，冶金工业出版社在原冶金工业部的领导支持下，组织出版了一批优秀的专业教材和工具书，代表了当时冶金科技的水平，形成了比较完备的知识体系，成为一个时代的经典。但是由于多方面的原因，这些专业教材和工具书没能及时修订，导致内容陈旧，跟不上新时代的要求。反映钢铁科技最新进展和教育教学最新要求的新经典教材的缺失，已经成为当前钢铁专业人才培养最明显的短板和痛点。

为总结、提炼、传播最新冶金科技成果，完成行业知识传承传播的历史任务，推动钢铁强国、教育强国、人才强国建设，中国钢铁工业协会、中国金属学会、冶金工业出版社于 2022 年 7 月发起了"冶金专业教材和工具书经典传承国际传播工程"（简称"经典工程"），组织相关高校、钢铁企业、科研单位参加，计划用 5 年左右时间，分批次完成约 300 种教材和工具书的修订再版和新编，以及部分教材和工具书的对外翻译出版工作。2022 年 11 月 15 日在东北大学召开了工程启动会，率先启动了高等教育和职业教育教材部分工作。

"经典工程"得到了东北大学、北京科技大学、河北工业职业技术大学、山东工业职业学院等高校，中国宝武钢铁集团有限公司、鞍钢集团有限公司、首钢集团有限公司、河钢集团有限公司、江苏沙钢集团有限公司、中信泰富特钢集团股份有限公司、湖南钢铁集团有限公司、包头钢铁（集团）有限责任公司、安阳钢铁集团有限责任公司、中国五矿集团公司、北京建龙重工集团有限公司、福建省三钢（集团）有限责任公司、陕西钢铁集团有限公司、酒泉钢铁（集团）有限责任公司、中冶赛迪集团有限公司、连平县昕隆实业有限公司等单位的大力支持和资助。在各冶金院校和相关钢铁企业积极参与支持下，工程相关工作正在稳步推进。

征程万里，重任千钧。做好专业科技图书的传承传播，正是钢铁行业落实习近平总书记给北京科技大学老教授回信的重要指示精神，培养更多钢筋铁骨高素质人才，铸就科技强国、制造强国钢铁脊梁的一项重要举措，既是我国钢铁产业国际化发展的内在要求，也有助于我国国际传播能力建设、打造文化软实力。

让我们以党的二十大精神为指引，以党的二十大精神为强大动力，善始善终，慎终如始，做好工程相关工作，完成行业知识传承传播的使命任务，支撑中国钢铁工业高质量发展，为世界钢铁工业发展做出应有的贡献。

中国钢铁工业协会党委书记、执行会长

2023 年 11 月

前　　言

　　当今世界新一轮科技革命和产业变革正在加速重构全球创新版图和经济结构，并与我国加快转变经济发展方式的特点形成历史性交汇，工程科技进步和技术创新成为推动人类社会发展的重要引擎。然而，工业生产的快速发展也带来了二氧化碳等温室气体排放的剧增，气候变化已是人类面临的全球性问题，对生命系统形成严重威胁。"碳达峰、碳中和"目标的实现要求当前和未来一段时期内应对和突破一些工业技术难题，智能制造作为一种解决途径已成为全球先进制造业发展的必然趋势。

　　我国冶金工业的快速发展为国民经济和国防建设提供了重要支撑，但由于行业本身的能源密集型特点，碳排放占据了全国总碳排放的六分之一左右，因此，新时期冶金工业将处于转型升级的关键期，必须从传统的大规模重复建设转到以绿色、智能为主题的高质量发展轨道上来。高等工程教育也从注重技术应用的"技术范式"转换为瞄准未来注重实践的"工程范式"，着力培养具有前瞻交叉思维、能够引领未来发展的科技人才，推动"中国制造"到"中国创造"的转型升级，对面向未来科技和产业需求的新工科人才培养提出了挑战，也对作为人才培养的重要工具之一的教材内容和质量提出了新要求。

　　《现代冶金实验研究技术》是顺应新时代冶金领域立德树人的人才培养新要求，提供了兼顾理论且注重实践的学习内容。围绕冶金及材料工业发展呈现的绿色化、智能化、高端化趋势和面临的资源、环境等问题，力求与科技前沿和产业发展深度融合，突破了冶金实验研究长期受高温、高压等极端环境和安全、资金、场地等条件的限制，并将真实工程的体验融入实践教学，对书中内容进行了精心组织和撰写。本书的主要特点包括以下几个方面：第一，在实验研究的基本方法介绍中，增加了实验室安全与环境管理的内容；第二，实现了冶金原理、传输原理、钢铁冶金、有色金属冶金和电化学冶金等主要实验研究内容的全覆盖和有机统一；第三，将高温实验反应器和温度、压力、气氛等物性参数测试与控制进行了整合，与实际应用相符合；第四，系统呈现了冶金物料、炉料、熔体及铸坯质量等方面的检测和表征方法。第五，增加了现代冶金虚拟仿真技术和智能冶金与大数据的新内容。本书可作为冶金工程专业的本科生和研究生的教学与实验用书，也可作为从事冶金工程设计和生产等应用和研究人员的参考书目。由于本书内容较多，所以在作为教学用书时，不同类型的高校可根据自身学校的学科和专业特点，合理选用教学内容。

本书内容共分 11 章，第 1~3 章主要由张生富负责编写；第 4、8、9、11 章主要由刘强负责编写；第 6、7、10 章主要由康芷源负责编写；第 5 章主要由张生富和康芷源共同负责编写。本书编写过程中参考了众多文献资料，也引入了相关资料中的部分典型内容，在此代表本书所有编写组成员对前人的工作和贡献表示诚挚的感谢。此外，在本书编写过程中，得到了重庆大学冶金工程系的胡丽文、辛云涛等老师的帮助，也得到了我的部分研究生同学协助查阅资料和绘图，在此深表谢意。也感谢重庆大学冶金工程系的白晨光、温良英、伍成波、徐健等老师对本书的审定和提出的诸多宝贵意见。本书能够顺利出版，得益于重庆大学"一流核心课程群"教学改革研究项目给予的经费支持。本书入选中国钢铁工业协会、中国金属学会和冶金工业出版社组织的"冶金专业教材和工具书经典传承国际传播工程"第一批立项教材。

由于编者水平所限，书中不足之处，恳请同行专家及读者朋友批评指正。

张生富

2023 年 8 月于重庆大学

目　　录

1　实验研究基本方法与实验室安全

本章提要

　　科学研究是指在发现问题后，对相关问题的内在本质和规律进行调查研究、实验、分析等一系列的活动，为创造发明新产品和新技术提供理论依据，或获得新发明、新技术、新产品。科学研究的基本任务就是探索、认识未知和创新。科学研究对学科知识发展和行业技术进步具有重要的推动作用。实验研究是科学研究的重要方法。科学理论不仅是以生产实践为基础，而且要依靠实验研究提供精确的数据，再经过分析总结、判断推理而形成。科学理论是否正确，仍需经过实践的检验。

　　本章主要对科学研究的类型、环节与步骤、实验设计与数据处理、实验室安全与环境管理等进行总结性的介绍，帮助读者掌握开展实验研究的总体思路和基本知识。

1.1　科学研究的类型、环节与步骤

1.1.1　科学研究的类型

　　科学研究在推动社会的进步中发挥了重要的作用。在人类发展史上，不同的阶段开展科学研究的关注点不同，目前世界上各个国家都极其重视科学研究，投入了大量的人力、物力和财力来管理和支撑科学研究。我国也在加快推进科技自立自强，2022 年全社会研发经费投入超过 3 万亿元，居世界第二位，研发人员总量居世界首位。基础研究和原始创新不断加强，一些关键核心技术实现突破，战略性新兴产业发展壮大，载人航天、探月探火、深海深地探测、超级计算机、卫星导航、量子信息、核电技术、新能源技术、大飞机制造、生物医药等取得重大成果，我国已进入创新型国家行列，并向科技强国迈进。

　　广义的科学研究，实际上涵盖了科学、技术和工程领域的研究。要弄清科学研究的内容和类型，首先需要明白科学、技术和工程之间的区别和联系。实际上，科学是系统化的知识，可以帮助我们理解自然世界，解释客观规律，解决理论问题，如牛顿力学、冶金热力学、传输原理、结构力学等。技术是解决问题的方法，用来解决实际问题，如蒸汽动力技术、高炉炼铁技术、转炉炼钢技术、桥梁技术等。工程主要用于设计、制造和加工满足社会需求及对人类有用的东西，如动力机车、钢铁生产、有色金属加工、修建桥梁等。可见，科学、技术、工程既相互独立，又紧密联系，三者之间的关系如图 1-1 所示。一方面，科学、技术和工程是三个独立的维度。例如，具有扎实的热力学知识未必能有好的炼钢技术，拥有好的炼钢技术也未必能生产出高品质钢材。另一方面，将科学知识运用于技术和工程中，可以创造出服务于人类的工艺和产品，技术的提高又能进一步促进科学活

动，工程的开展也能诱发科学的发展。

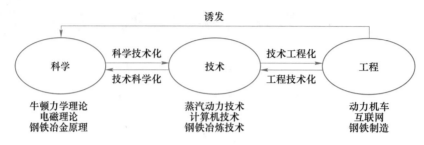

图 1-1 科学、技术和工程之间的关系

科学研究根据研究工作的目的、任务、内容和方法的不同，通常划分为不同的类型。

（1）按照研究内容，科学研究可划分为以下三种类型：

1）基础研究。基础研究主要解决科学问题，是以认识自然现象、探索自然规律为目的，通过对新理论、新原理的探讨，发现新的科学领域，为新的技术发明和创造提供理论前提。

2）应用研究。应用研究主要解决技术问题，是把基础研究发现的新理论应用于特定目标的研究，其目的是为基础研究的成果开辟具体的应用途径，使之转化为实用技术。

3）开发研究。开发研究主要解决工程问题，是把基础研究、应用研究应用于生产实践并能产生经济效益的研究，是科学转化为生产力的中心环节。

（2）按照研究目的，科学研究又可划分为以下三种类型：

1）探索性研究。探索性研究是指对研究对象或问题进行初步了解，获得初步印象和感性认识，并为日后周密而深入的研究提供基础和方向。

2）描述性研究。描述性研究是用来描述某些事物、工艺或现象的特征或全貌的研究，其任务是收集资料、发现情况、提供信息。

3）解释性研究。解释性研究是指探索某种假设与条件因素之间的因果关系，探寻现象背后的原因，揭示现象发生或变化的内在规律。

（3）按照研究经费来源，科学研究也可划分为以下四种类型：

1）科学基金项目。科学基金项目主要包括国家自然科学基金重大项目、重点项目、面上项目、青年项目及国际合作研究项目等，省、自治区、直辖市等设立的各类科学基金项目，博士后科学基金项目等。科学基金项目支持基础研究，以解决科学问题为主。

2）纵向科研项目。纵向科研项目是指除科学基金之外的其他由政府资助的各类项目，如国家重点研发计划项目、国家部委以及省市科技管理部门资助的各级各类技术创新项目等。以上项目既关注基础理论问题，又需要开展一定的工程示范研究。

3）横向科研项目。横向科研项目是指企业根据自身科技及生产发展的需要，委托科研院所或高校进行的开发研究项目。以解决企业的实际生产问题为关注点。

4）自拟科研项目。自拟科研项目是指科学研究人员根据学术发展动态，自筹研究经费开展的前沿探索性研究项目。既有以新理论研究为主的项目，也有以新技术开发和应用研究为主的项目。

1.1.2　科学研究的环节

实验研究方法首先是在自然科学中得到运用并成为其主要研究方法。从文艺复兴时期开始，正是由于实验方法的采用，才使自然科学建立了理论与经验事实的联系，推动了自然科学的飞速发展。

冶金试验研究的最终目的是将试验成果应用于生产实践，为避免重大经济损失，一些新工艺的研究开发通常由小到大分为若干阶段：

（1）实验室试验（bench-scale test）。冶金工艺研究的实验室试验多在小型实验装置中进行，如电加热小焦炉、烧结杯、铁矿石还原炉、黏度计、高温熔炼炉、高温原位热分析仪等，通过实验、数据分析和样品表征等弄清各影响因素对工艺参数的影响规律，探索技术的可行性。

（2）扩大实验室试验（expanded laboratory test）。扩大实验室试验是介于实验室小型试验与半工业试验之间的一种中间试验。在研究内容比较简单的情况下，可省去小型试验而直接进行扩大试验。在某种情况下，还可替代半工业试验，其研究结果可直接用于工业试验。

（3）半工业试验（pilot-scale test）。在开发新工艺、新技术或缺乏经验的生产方法时，一般采用半工业试验，其规模大小由具体情况决定。通过半工业试验，能够解决将来生产上可能遇到的一切问题，并可对该项新工艺做出正确的评价，为工业设计积累必要的数据。

（4）工业试验（industrial test）。工业试验通常是在扩大实验室试验或半工业试验的基础上进行的，是将研究成果应用于工业化生产的重要环节。工业试验成功后，一般需由上级有关部门组织专家进行技术鉴定，一方面是正式肯定该项成果，并做出评价；另一方面是对该项成果能否正式转入工业生产提出权威性意见。

1.1.3　科学研究的步骤

在进行科学研究工作时，选题、查阅文献、设计实验方案、分析和处理实验数据、撰写研究报告和科研论文，对于科研人员来说至关重要。掌握和熟练运用这些方法，是科研人员所必须具备的基本功。

1.1.3.1　选题

选题是科学研究的首要工作，必须坚持"四个面向"，即面向世界科技前沿、面向经济主战场、面向国家重大需求、面向人民生命健康，紧密结合行业链、产业链、创新链的需求，确定课题的主要研究目的和内容等。

科学研究的选题工作，一般需要填写选题报告书，也称项目申报书或项目立项书，有相对固定的格式，若项目类型不同，则选题报告书略有差异。归纳起来，主要包括以下内容：

（1）课题名称；

（2）立项依据（背景意义、研究现状或国内外研究动态分析）；

（3）研究内容及预期目标；

（4）研究方案；

（5）创新点和关键科学问题（关键技术）；

（6）研究基础及条件；

（7）研究计划和进度；

（8）研究经费预算；

（9）课题负责人和主要参加人员简介及前期研究工作基础。

1.1.3.2 查阅文献

选定研究课题前后，或在研究过程中都需要查阅大量文献，目的是了解与课题相关的研究成果和进展，提出合理且亟须的研究内容，借鉴前人的经验并提出适宜的研究方案，同时也避免重复前人的工作。在当前的互联网时代，文献资料极其丰富，获取来源也相当广泛。

文献资料主要包含专业书籍、专业期刊、专业会议论文集、专利文献、硕博学位论文和科研报告等。

查阅文献的方法有：

（1）文献库检索法。利用检索系统查找文献资料并下载原文，对于检索系统无法下载的原文，可再利用相关文献出版数据库下载全文。

（2）参考文献追溯法。在阅读文献资料的过程中，根据其后所附的参考文献追溯出一些相关文献。

（3）同行作者追溯法。通过查阅文献发现研究领域相关的主要作者，然后利用作者名查阅文献。

1.1.3.3 实验研究

实验研究是科学研究的核心，主要包括制订实验方案和进行实验准备、开展实验、实验结果的分析处理。

（1）制订实验方案和进行实验准备。首先需要参考前人的经验并结合自己实验的特殊要求选择合适的实验方法，然后根据研究内容制订实验方案，准备实验设备、仪器和实验原材料。

（2）开展实验。先做预备实验，根据预实验结果调整实验方案和参数，再进行正式实验。实验时做好原始记录，将实验样品和数据编号保存。

（3）实验结果的分析处理。在实验过程中，随时将实验现象和结果进行整理、分析和处理，并制成图表，从中找出规律，发现新问题，及时调整实验方案。

1.1.3.4 撰写论文

学术论文是指在对某个科学领域中的学术问题进行研究后，表述其科学研究成果的理论文章，用以提供学术会议上的宣读、交流、讨论或在学术刊物上发表，或用作其他用途的书面文件。学术论文主要包括以下部分：题目、作者及单位、摘要与关键词、正文、致谢、附录、参考文献，其中正文部分涵盖前言、实验方法、实验结果、分析与讨论和结论等内容。

（1）题目（title）。学术论文的题目应简练、醒目、准确，切勿太大也不能太小，做到包含论文的所有研究内容即可。

（2）作者及单位（authors & affiliation）。根据研究人员在本项工作中的贡献大小依次署名，另注明各作者的工作单位，并标注出通信作者。

（3）摘要与关键词（abstract & key-words）。摘要是论文的简要总结，用于读者挑选文章，吸引读者获取全文；用于潜在审稿人或评阅人判断论文研究内容是否与自己相关，决定是否接受评阅邀请等。摘要一般需要包含全文的五个要素——问题、动机、方法、结果和结论。摘要是独立阅读的文本，可能单独出现在检索系统和公告中，因此不能包含需要翻阅全文才能理解的符号和编号，不允许按编号引用章节、图表、公式和参考文献等。摘要不宜过长，不少出版物对摘要的长度有限制，如果限制不明确，则一般学术论文的摘要应控制在半页以内，学位论文的摘要控制在一页以内。

关键词是 3~5 个代表论文主要工作或出现频率最高的词语。

（4）引言（introdcution）。引言用于告诉读者问题为什么重要，以留住读者阅读核心内容，因此，引言主要论述本项研究工作的目的和意义，以及与本题目有关的前人所做的工作和知识空白，明确背景、需求、任务和目标。引言开始时应通俗易懂，通过逐渐引入和解释一些专业术语，让介绍的内容越来越深，即引言遵循一种由浅入深的原则，也就是从宽的背景开始，逐步收窄到具体的问题。

（5）实验方法（experimental）。用于描述实验设备、仪器、原材料和实验条件以及操作方法，必要时画出实验装置图。

（6）实验结果（results）。通常用图、表、照片和公式表示实验结果，并做必要的论述。所用的物理量和化学量应采用国际单位制，各种符号应按国际惯例书写。

（7）分析与讨论（discussion）。是对实验结果的理论解释，可根据自己的实验结果或参考别人的文献提出自己的见解。

（8）结论（conclusion）。结论是根据实验结果归纳出的明确论点和规律，概述论文工作的限制以及未来还有什么值得研究。结论是给同行看的，可以包含深奥的专业术语，但需要上升到更高甚至更抽象的层次来提炼要点。

（9）致谢（acknowledgement）。对项目研究过程中给予研究经费、样品、检测分析仪器、方法等支持和帮助的单位及个人表示感谢。

（10）附录（appendix）。对于数据和图表太多、超出期刊要求的论文长度限制的文章，可以将数据和图表以附录形式显示。

（11）参考文献（references）。论文须在最后列出参考文献，并注明出处，既可表示作者的严谨工作作风和对前人所做工作的尊重，也便于读者查找，同时避免学术成果抄袭现象。

1.2 实验设计与数据处理

在自然界和人类社会中，很多现象和事物都不是独立存在的，它们往往纵横交错在一起。数据分析的重要目的之一就是研究事物之间的相互关系，发现事物或现象背后客观存在的规律性，而这些客观规律性往往会受到各种因素的影响。因此，为了减少数据分析结果的误差，同时提高其准确性和精确性，合理的实验设计是必不可少的。如果实验设计不合理，不仅会增加实验次数，延长实验周期，造成人力、物力和时间的浪费，而且会导致难以达到预期结果，甚至造成整个研究工作失败。实验设计广泛应用在工程学、生物学、医学和工农业生产、市场调查、心理学研究等领域。

1.2.1 实验设计方法

经常使用的实验设计方法有完全随机设计、随机区组设计、交叉设计、析因设计、拉丁方设计、正交设计、嵌套设计、重复测量设计、裂区设计以及均匀设计等。不同的实验设计方法适用于不同的情况。

1.2.1.1 针对主效应的实验设计方法

以下介绍的几种实验设计方法只考虑因素的主效应作用，而不涉及因素间的交互作用，它们得到的实验数据往往不能提供对交互项的分析信息。

（1）完全随机设计（completely random design）。完全随机设计只涉及一个处理因素，两个或多个水平，所以也称单因素设计。它是将样本中的全部受试对象随机分配到各个处理因素的不同水平中，分别接受不同的处理，然后进行对比观察。各个处理组样本含量既可以相等，也可以不等，但是在相等时的分析效率较高。完全随机设计是最简单的实验设计方法，例如在分析高炉炼铁过程中不同入炉铁矿石类型的还原性时，铁矿石还原性差异是处理因素，因素的水平可以是烧结矿、球团矿和天然块矿等。

（2）随机区组设计（random block design）。随机区组设计主要用于实验分析对象之间存在明显差异的情况，它通常将受试对象按性质（如病人的性别、年龄、体重和病情等非实验因素）差异分成 N 个区组，再将每个区组的受试对象分别随机分配到处理因素的不同水平组中。

随机区组设计的优点是每个区组内的受试对象都有较好的同质性，排除了非实验因素对分析结果的影响，提高了分析效率；缺点是要求区组内的受试对象数目与处理组数目相等（每个处理组至少分到一个受试对象），实验结果中若有数据缺失，则统计分析较麻烦。

（3）交叉设计（cross over design）。交叉设计是一种特殊的自身对照设计，常用于临床试验中，在同一病人身上观察两种或多种处理水平的效应，以消除不同病人之间的变异，减少误差。这里以两个阶段、两种处理水平为例说明操作步骤。首先将条件相近的观察对象进行配对，随机分配到两个实验组中。第一组先用处理方法 A 处理，然后再用处理方法 B 处理，处理顺序是 AB；另一组则相反，先用处理方法 B 处理，再用处理方法 A 处理，处理顺序是 BA。两种处理水平在全部实验过程中"交叉"进行。

（4）拉丁方设计（latin square design）。拉丁方设计用于研究三个因素，各因素间无交互作用，且每个因素的水平数相同的情况。其中最重要的因素称为处理因素，另外两个是需要加以控制的因素，分别用行和列表示。两个控制因素的水平将实验因素的 r 个水平随机地排列成 r 行 r 列的方阵。拉丁方设计可以从较少的实验数据中获得较多的信息，比随机区组设计更具优势。如果各因素间有交互作用，那么用拉丁方设计就不合适了。拉丁方设计要求每个因素的水平数必须相等，在数据采集时不能出现缺失值，否则将导致数据无法按原计划进行分析。

1.2.1.2 有交互作用的实验设计方法

一般情况下，各因素之间没有交互作用是少数的情况，更多的是存在因素之间的交互作用。以下几种实验设计方法适用于有交互作用的情况。

（1）析因设计（factorial design）。析因设计是将两个或两个以上因素及其各种水平进行排列组合、交叉分组的试验设计。它既可以研究单个因素多个水平的效应，也可以研究多个因素之间是否有交互作用，同时找到最佳组合。例如，现在有两个处理因素，一个因素有两个水平，另一个因素有三个水平，那么就进行 2×3＝6 次实验；如果有三个处理因素，每个因素都有五个处理水平，那么就进行 5×5×5＝125 次实验。析因分析的原理就是对每个因素的每个水平都进行实验，这样能够照顾到所有的因素和水平。

（2）正交设计（orthogonal design）。正交设计是析因设计的高效化。当析因设计要求的实验次数太多时，可以考虑从析因设计的水平组合中，选择一部分有代表性的水平组合进行试验，而正交设计就能满足这个要求。因而正交实验设计在包括选择实验在内的很多领域的研究中已经得到了广泛应用。

采用正交实验设计选择实验方案的过程比较复杂，为了简化设计过程，日本统计学家田口玄一将正交试验选择的水平组合列成表格，称为正交表。

最简单的正交表是 $L_4(2^3)$，含义如下："L"代表正交表；L 下角的数字"4"表示有四横行，简称行，即要做四次试验；括号内的指数"3"表示有三纵列，简称列，即最多允许安排的属性是三个；括号内的数字"2"表示表的主要部分只有两种数字，即每个属性有两种水平。正交表的特点是其安排的试验方法具有均衡搭配特性。也就是说，三个属性，每个属性有两个水平的选择实验，采用全因子设计需要 $2^3＝8$ 个备选方案，而采用正交设计只需要四个备选方案。如果属性和水平都比较大，那么二者的差异就会非常明显，能够大大减少工作量。

正交设计的数量可以用以下公式来计算：$n＝cs-c+1$。其中，n 为正交设计的数量，即正交表中的行；c 为属性的数量，即正交表中的列；s 为属性水平的数量。以"某贫锰矿直接冶炼小型试验"中的还原焙烧试验为例，先选出对试验指标可能有影响的全部因素（如焙烧温度、焙烧时间、配煤比）作为影响因素，一般来说，各因素取三个水平即可看出其变化规律。本实验所确定的因素水平见表 1-1，采用的正交实验安排见表 1-2。

表 1-1　因素水平表

因素 水平	A 焙烧温度/℃	B 焙烧时间/min	C 配煤比/%
1	600	30	5
2	700	60	10
3	800	90	15

表 1-2　正交实验表

实验编号	A 焙烧温度/℃	B 焙烧时间/min	C 配煤比/%
1	1	1	1
2	1	2	2
3	1	3	3
4	2	1	2
5	2	2	3
6	2	3	1
7	3	1	3
8	3	2	1
9	3	3	2

由表 1-2 可以看出，需做九次实验，可观察三个属性，每个属性均为三个水平。根据正交表的数据结构发现，正交表是一个 n 行 c 列的表，其中第 j 列由数码 1，2，…，s_j 组成，这些数码均各出现 n/s_j 次，例如在表 1-2 中，第二列的数码个数为 9，$s = 3$，即由 1、2、3 组成，各数码均出现三次。

（3）均匀设计（uniform design）。均匀设计是一种多因素多水平的试验设计，它放弃了正交表的整齐可比性，是在正交设计的基础上进一步发展而成的。均匀设计进一步提高了试验点的"均匀分散性"。均匀设计的最大优点是可以使因素的水平数变得很多，而试验次数又最节省。与正交设计一样，可以通过均匀设计表设计实验。

1.2.2 数据采集

1.2.2.1 冶金实验中数据采集的重要性

冶金实验过程中需要检测各种不同类型的物理参数，而数据采集技术的基本任务就是获取有用的信息。首先是检测出被测对象的有关信息，然后加以处理，最后将其结果提供给观察者或输入其他信息处理装置和控制系统。因此，掌握数据采集的基本原理和方法，对实现冶金实验过程中参数的准确检测具有重要的意义。

在冶金实验过程中，要从被分析的实验对象中提取出有用的信息，首先应对其主要实验参数进行数据采集。数据采集技术集传感器、信号采集与转换、信号分析与处理、计算机等技术于一体，是获取信息的重要工具和手段。随着计算机的应用和普及，这一技术在科学研究、产品开发、生产监督、质量控制、性能试验和生产过程领域中发挥着重要的作用。在冶金实验过程中应用数据采集技术，将提高科技人员对实验过程的瞬态现象进行研究的能力，实现实验过程的自动控制。因此，数据采集技术是冶金工程等相关专业必备的专业知识。

1.2.2.2 数据采集过程与数据采集系统的组成

在实验过程中，信息和规律总是蕴含在某些物理量中，并依靠它们来进行传输，这些物理量就是信号。就具体物理性质而言，信号有电信号、光信号、力信号等，其中电信号在转换、处理、传输和运用等方面都有明显的优点，因而成为目前应用最广泛的信号。各种非电量信号也往往被转换为电信号，而后传输、处理和应用。

在实验中进行数据采集，有时并不考虑信号的具体物理性质，而是抽象为变量之间的函数关系，特别是时间函数和空间函数，从数学上加以分析研究。一般来说，数据采集的全过程包含许多环节（图1-2），包括以适当的方式激励被测对象、信号的检测与转换、信号调理、分析和处理、显示和记录，以及必要时以电量形式输出测量结果。

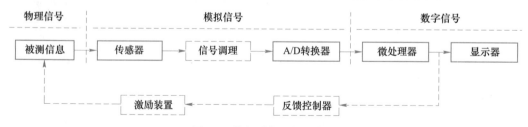

图 1-2　数据采集系统示意图

（1）传感器。传感器直接作用于被测量，并能按照一定的规律将被测量转换为同种或另一种量值输出，这种输出通常是电信号。

（2）信号调理。信号调理是指将传感器感应到的模拟信号转换成适合于传输和处理的形式，这时的信号转换多为电信号的转换。例如，幅值放大，将阻抗的变化转换为电压的变化，或将阻抗的变化转换为频率的变化。

（3）信号处理。信号处理是从数字信号中提取各种有用信息的过程，是计算机采集系统的核心。按其所使用的处理器可分为专用微机型和通用微机型。专用微机型的微处理器按仪器的特定功能设计或选用，以减少成本和满足专用要求；通用微机型以 PC 机为主来进行数字信号的处理。理论上，使用者可以任意扩充通用微机型的功能。

（4）显示记录。分析结果可用数据、图表、图形、报警等方式显示，也可以记录在磁盘上或用打印机输出。计算机数据采集与处理系统还可以通过通信口与其他计算机或仪器通信。这些环节所必须遵循的基本原则是各环节的输出量与输入量之间应保持一一对应的关系，尽量不失真，并尽可能地减少或消除各种干扰。

在冶金实验过程中，需要检测的参数有可能已经载于某种可检测的信号中，也可能尚未载于可检测的信号中。对于后者，数据采集就包含着选用合适的方式激励被测对象，使其产生既能允分表征其相关信息，又便于检测的信号。事实上，许多系统的特性参量在系统的某些状态下，可以充分地显示出来；而在另外一些状态下却可能没有显示出来，或者显示得不明显。因此，在后一种情况下，当采集某些特征参量时，就需要激励该系统，以便检测出载有这些信息的信号。

数据采集技术是一种综合性技术，对新技术特别敏感。想要做好数据采集工作，就需要运用多学科的知识，并注意新技术的应用。

1.2.3 实验数据处理

1.2.3.1 实验误差

在确定的条件下，反映任何物质（物体）物理特性的物理量所具有的客观真实数值，称为真值。但是，受仪表灵敏度和分辨率、实验原理的近似性、环境的不稳定性以及测量者自身因素的局限，测量总是得不到真值，测量值只能是真值在不同程度上的近似值。测量值与真值之间的差异叫作测量误差。

如果用 x 表示测量值，a 表示真值，则测量误差 Δx 为：

$$\Delta x = x - a \tag{1-1}$$

因为 Δx 与 x 具有相同的单位，故又称为绝对误差，简称误差。误差既然是客观存在的，那么就有必要研究、分析误差的来源和性质。

A 根据误差的性质和产生的原因分类

a 系统误差

系统误差是当在同一条件（指方法、仪器、环境、人员等）下多次测量同一物理量时，结果总是向一个方向偏离，其数值一定或按一定规律变化。产生系统误差的原因通常是可以被发现的，原则上可以通过修正、改进后加以排除或减小。系统误差的特征是具有一定的规律性。

系统误差的来源具有以下几个方面：

（1）仪器误差。仪器误差是由于仪器本身的缺陷或没有按规定条件使用仪器而造成的误差。如螺旋测径器的零点不准天平不等臂等。

（2）理论误差。理论误差是由于测量所依据的理论公式本身的近似性，或实验条件不能达到理论公式所规定的要求，或测量方法不当等所引起的误差。

（3）个人误差。个人误差是由于观测者本人生理或心理特点造成的误差。如有人用秒表测时间时，总是使之过快。

（4）环境误差。环境误差是受外界环境性质（如光照、温度、湿度、电磁场等）的影响而产生的误差。如环境温度升高或降低，使测量值按一定规律变化。

b　随机误差

在相同测量条件下，当多次测量同一物理量时，误差的绝对值符号的变化时大时小、时正时负，以不可预定的方式变化的误差称为随机误差，有时也称为偶然误差。引起随机误差的原因有很多，多与仪器精密度和观察者感官灵敏度有关，如无规则的温度变化、气压的起伏、电磁场的干扰、电源电压的波动等。这些因素既不可控制，又无法预测和消除。

当测量次数很多时，随机误差就显示出明显的规律性。实践和理论都已证明，随机误差服从一定的统计规律（正态分布），增加测量次数可以减小随机误差，但不能使其完全消除。

c　粗大误差

由测量者过失，如实验方法不合理、用错仪器、操作不当、读错数值或记错数据等引起的误差，是一种人为的过失误差。在数据处理中要把含有粗大误差的异常数据剔除掉。剔除的方法包括 3σ 准则、格拉布斯准则、狄克逊准则、肖维勒准则、T 检验法和 F 检验法等。

B　根据误差表示方法的不同分类

a　绝对误差

测量误差又称绝对误差，简称误差，见式（1-1）。误差存在于一切测量之中，测量与误差形影不离。分析测量过程中产生的误差，将其影响降到最低限度，并对测量结果中未能消除的误差做出估计，是实验测量中不可缺少的一项重要工作。

b　相对误差

绝对误差与真值之比的百分数叫作相对误差。用 E_r 表示为：

$$E_r = \frac{\Delta x}{\bar{x}} \times 100\% \tag{1-2}$$

式中　$\bar{x}$——真值的估计值。

相对误差用来表示测量的相对精确度，用百分数表示，并保留两位有效数字。

1.2.3.2　实验数据的处理

A　有效数字的概念

在测量和实验数据处理中，应该用几位数字来表示测量值和计算值是十分重要的。由于测量仪表和计算工具精度的限制，测量值和计算值的精度都是有限的，所以认为小数点后位数越多越准确的说法是不正确的。通常规定数据只保留最末一位不准确的估计数字，而其余的数字都是准确可靠的，根据这一规则记录下来的数字称为有效数字。例如，温度计的读数为 37.5 ℃，这是由三位数字组成的测量值。在这个数据中，前两位是完全准确的，第三位"5"通常是靠估计得出的不精确数字。这三个数字对于测量结果都是有效的、不可少的，所以称这个数有三位有效数字。此时把这个温度写成 37.56 ℃ 或 37.564 ℃ 都是没有意义的。

有效数字的位数是由最左侧第一个非零数字开始计算直至最后一位。例如，0.348 m 和 348 mm，其有效数字都是三位。在记录测量数据时，一般只保留有效数字。在表示误差时，通常只取 1~2 位有效数字。

当测量误差已知时，测量结果的有效数字应取的位数与该误差的位数一致。例如，某压力测量结果为 231.63 Pa，测量误差为 ±0.1 Pa，则测量结果应写成 231.6 Pa。

B 有效数字的计算法则

在数据处理中，常常需要运算一些精确度不相等的数值，此时需要对各个数据进行一定的处理，以简化计算过程。为了使实验结果的数据处理有统一的标准，对有效数字的计算法则规定如下：

（1）在记录测量值时，只保留一位可疑数字，即读数只估计到分度值的十分之一。可疑数字表示该位上有 ±1 个单位的读数误差。如温度的读数为 4.2 ℃，则表示其误差为 ±0.1 ℃。

（2）在有效数字位数确定后，多余的有效数字一律舍去并进行凑整。凑整的规律通常简称为四舍五入。当舍去部分的第一位数字刚好等于 5 时，则末位凑成偶数。这是为了使凑整引起的舍入误差成为随机误差而不成为系统误差。

（3）在加减运算中，各数保留的小数点后的位数，应与所给各数中小数点后位数最少的数相同。

（4）在乘除法中，各因子保留的位数，以有效数字位数最少的为标准。所得积或商的精确度不应大于精确度最小的那个因子。

（5）乘方及开方运算，运算结果比原数据多保留一位有效数字。

（6）在进行对数运算时，所取对数的有效数字应与真值的有效数字位数相等。

（7）在计算平均值时，若为四个数据或四个以上数据求平均值，则平均值的有效数字可增加一位。

C 等精度测量结果的数据处理

根据随机误差处理方法及判别系统误差是否存在的准则，可对等精度测量结果进行加工处理，其步骤如下：

（1）将测量结果按先后次序列成表格。

（2）求取测量结果的算术平均值：$\overline{M} = \frac{1}{n} \sum_{i=1}^{n} M_i$。

（3）在表上列出残差 V_i 及其平方 V_i^2，并应有 $\sum V_i = 0$。

（4）按公式计算标准误差。

（5）利用疏忽误差判别规则剔除坏值，然后从第（2）步开始重新计算。

（6）检查系统是否有不可忽略的系统误差，如果有，则应查明产生的原因，并在消除后重新进行测量。

（7）求算术平均值的标准误差：$s = \sigma / \sqrt{n}$。

（8）写出测量结果的最后表达式，置信概率值写在括号内。如不注明，置信概率取95%。测量结果的表达式为 $M = \overline{M} \pm k_i s$（置信概率）。

D   实验曲线的绘制和曲线的拟合

通常需要将实验结果绘制成实验曲线，并通过对该曲线进行定量的分析或对曲线的形状、特征及变化趋势的研究，加深对实验对象的了解，进一步整理出符合现象变化规律的经验公式或半理论半经验公式。因此，实验曲线在实验结果的处理中具有重要的作用。

a   实验曲线的绘制

由于实验数据存在测量误差，连接各实验点形成的曲线不可能很光滑，因此如何在有一定离散度的点群中绘制出一条能够较好地反映真实情况的曲线，是一个很关键的问题。

在直角坐标中，线性分度是应用最广的。对于双变量的情况，一般选择一个误差可以忽略的变量当作自变量 x，以横坐标表示；另一个为因变量 y，以纵坐标表示。坐标原点不一定为 0，可视具体情况而定，数据点可用小圆点、空心圆、三角、十字和正方形等作为标记，其几何中心应与实验值相重合。标记的大小一般在 1 mm 左右。

坐标的分度最好能使实验曲线坐标读数和实验数据具有同样的有效数字位数。纵坐标与横坐标的分度不一定一致，应尽可能使曲线的坡度介于 $30° \sim 60°$。

绘制曲线时应注意以下几点：

（1）实验曲线必须通过尽可能多的实验点，留在曲线外的实验点应尽量靠近曲线，线两侧的实验点应能大致相等。

（2）曲线应光滑匀整。当实验数据中有极值出现时，应特别注意在图形中能正确反映出极值，在极值处应尽量增加测量点。

（3）图上应标出实验点所对应的实验条件。不同的条件用不同形状的点来表示。

b   实验曲线拟合

实验曲线拟合，就是从一组离散的实验数据中运用有关误差理论的知识，求得一条最佳曲线，使之与离散的实验数据之间误差最小。曲线拟合有分组平均法、残差图法及最小二乘法。分组平均法与残差图法比较简单、实用，是常用的工程方法。最小二乘法虽然比较烦冗，但借助计算机程序能方便地求出曲线的最佳拟合方程，下面分别进行介绍：

（1）分组平均法拟合。分组平均法是指把横坐标分成若干组，每组包含 2~4 个数据点，然后求出各组数据点的几何重心坐标，再把各几何重心连接成光滑曲线。由于进行了数据平均，使随机误差的影响减小，各几何重心点的离散性显著减小，因此作图较为方便和准确。

（2）残差图法拟合直线。受随机误差的影响，实验数据的分布具有离散性，增加了绘制直线的困难。残差图法的基本内容是使求出的直线（最佳直线）与实验数据之间的残差代数和等于零，且满足残差的平方和为最小。

残差图法拟合过程如下：

1）在表中列出 x_i、y_i 的值，并将各实验点标在坐标纸上。

2）作一条尽可能最佳的直线，并求出（可从图上量出）此直线的方程：

$$y = ax + b$$

（1-3）

3）求出各 x_i 的残差：

$$v_i = y_i - (ax_i + b) \tag{1-4}$$

4）作残差图 v_i-x_i，将各点一一对应地标在图上。

5）在残差图上作一条尽可能反映残差平均效应的直线，并求出其方程：

$$v = a'x + b' \tag{1-5}$$

6）对式（1-3）表示的原直线方程进行修正，修正后的直线方程为：

$$y_i = y + v = (a + a')x + (b + b') = a_1x + b_1 \tag{1-6}$$

显然，a_1 和 b_1 比 a 和 b 更靠近实际值。通常只需修正一次就可以满足要求。

（3）最小二乘法——回归方程。实验数据中因变量随自变量变化的相依关系，常称为经验公式或实验对象的数学模型。如果把各实验点标在平面坐标图上，就可以得到一张散点图，根据点的分布规律，可以看出变量之间的关系。若从实验点散点图上获得最佳的一条光滑曲线并且求出该曲线的函数关系式，这样就可以通过实验数据得到经验公式。

最小二乘法是求得最佳拟合曲线的一种方法。下面以一元线性回归分析为例，说明最小二乘法求最佳拟合曲线的步骤。

一元线性回归是讨论两个变量之间的线性关系。设有 n 对实验测量结果 $(x_i, y_i)(i = 1, 2, \cdots, n)$，其中，$y$ 为随机变量，x 为非随机变量。令最佳拟合直线为 $y = ax + b$，则对于每一对实验测量结果都有 $y_i = ax_i + b$。式中，a、b 为待定系数，通常也称为回归系数。最小二乘法原理指出，当方程 $y = ax + b$ 所代表的直线为最佳拟合直线时，各因变量的残差平方和最小，即满足各组测量值 (x_i, y_i) 在 y 方向上对回归直线的偏差 $y - y_i$ 的平方和为最小。

上述拟合直线方程相对于测量的残差平方和为：

$$Q = \sum_{i=1}^{m} V_i^2 = \sum_{i=1}^{n} \left[y_i - (ax_i + b) \right]^2 \tag{1-7}$$

满足 Q 为最小的条件为：$\dfrac{\partial Q}{\partial a} = 0, \dfrac{\partial Q}{\partial b} = 0$。

将式（1-7）代入满足 Q 为最小的条件，得：

$$a \sum x_i + nb = \sum y_i$$
$$a \sum x_i^2 + b \sum x_i = \sum x_i y_i \tag{1-8}$$

求解方程（1-8），得：

$$a = \frac{\sum x_i \sum y_i - n \sum x_i y_i}{\left(\sum x_i \right)^2 - n \sum x_i^2}$$

$$b = \frac{\sum x_i y_i \sum x_i - \sum y_i \sum x_i^2}{\left(\sum x_i \right)^2 - n \sum x_i^2} \tag{1-9}$$

此时，将 a、b 的值代入式 $y_i = ax_i + b$，就可以获得所要求的最佳拟合曲线。

两变量间的线性回归分析仅仅是最简单的情况，在很多场合，两变量之间呈现出复杂的非线性关系。最小二乘法也适用于拟合一元非线性回归曲线，求出非线性回归方程。不论拟合的曲线是何种形式，在拟合过程中主要是要定出自变量（非随机变量）的系数值。

非线性回归方程的一般形式为：

$$y = a_0 + a_1x + a_2x^2 + \cdots + a_nx^n \tag{1-10}$$

现在的问题是，当已知 n 组实验观测值 $(x_i, y_i)(i=1, 2, \cdots, n)$ 时，如何求得 $(n+1)$ 个系数 $a_0, a_1, a_2, \cdots, a_n$，该问题归结为解 $(n+1)$ 个线性联立方程。

在拟合非线性回归方程之前，首先要尽量考虑能否进行变换，使方程线性化，从而可以简化求解过程；其次，若一定需要进行多项式回归，则需要确定多项式的最高幂 n。下面对这两个问题分别进行讨论：

1）线性化变换。虽然从实验点的散点图上来看，y 和 x 的关系十分复杂，但往往可以通过变量置换而使之线性化。如此一来，前面介绍的一元线性回归分析所得到的公式就都可以使用了。

2）最高幂选定。多项式回归的一个重要问题是如何选定最高次幂 n。如取多项式次数 n 太小，则往往不能反映出曲线的真实趋向，计算得到的 y 值在某些区段上会与实验值 y_i 有较大的偏离；如果 n 选得过大，则会过分去凑合那些离散度较大的点，同样不能反映出曲线的真实趋向。如用计算机处理数据，则可以从 $n=1$ 开始，对每一个 n 值按下式计算其 S 值：

$$S^2 = \frac{\sum\limits_{i=1}^{n}(y_i - y)^2}{N - n - 1} \tag{1-11}$$

式中　S^2——子样方差；

　　　y_i——实验值；

　　　y——计算值；

　　　N——测量次数，一般要求 $N > n+1$。

如果存在一个 m 值（$m<n$），从 $m-1$ 到 n，S^2 显著减小，从 n 到 $n+1$，S^2 不再减小，那么这个 n 值就是所要求的值。

在确定了多项式的最高幂以后，就可以用最小二乘法确定非线性回归方程的诸系数 $a_0, a_1, a_2, \cdots, a_n$。其步骤类似于一元线性回归分析，根据 N 组实验值和回归方程之间残差平方和为最小的条件，可以得到 $n+1$ 个线性方程，从而求出 $n+1$ 个回归系数，得到所需要的拟合曲线。这种计算十分复杂，往往只有借助于计算机才能进行。

用最小二乘法还可以将实验结果整理成多自变量的经验关系式，其过程与一元回归分析类似，称为多元线性回归分析。此时自变量的数目相当于一元多项式回归时的幂次数。

目前，实验数据曲线的拟合多借助于计算机软件完成，常用的曲线拟合软件有 Origin、Excel、Matlab 等。

1.3 实验室安全与环境管理

实验室是高等学校和科研院所开展科学试验和实验教学的基本场所，既是科学研究、知识创新、技术发明的主要载体，也是培养学生动手能力、创新意识，提高学生综合素质的重要基地，同时还是科研机构知识创新和技术服务社会的窗口。

科学实验研究经常在特定的实验条件下进行，实验经常跨学科、跨专业进行，物理环境因素、化学环境因素和生物环境因素交织，不安全因素种类繁多、危害性大，稍有不慎，极易酿成实验安全事故。一旦发生事故，将会造成无法估量的后果，甚至中断科研机构正常的教学和科学研究工作，使师生员工的生命、家庭、事业遭受威胁，并使实验室财产蒙受重大损失，还可能连带发生其他刑事或民事官司或巨额赔偿。多年来，实验室安全事故频发，人员伤亡和财产损失惨重。警钟长鸣，管理者应对实验室安全给予高度的关注和重视。

实验室安全管理的重要意义在于贯彻"以人为本、安全第一、预防为主"的理念，加强安全知识学习，提高安全意识，加强管理制度和技防体系建设，营造一个安全的教学科研实验环境，减小在实验过程中发生灾难的风险，培养有道德、懂安全、讲环保的高素质创新人才，确保高等学校实验室安全、无公害运行，支撑高等教育事业又好又快、可持续发展，保证国家和人民的生命财产安全。

1.3.1 冶金实验室安全与环境管理特点

冶金实验室中常配置大量高温、高压的大型设备和仪器，有的实验室还可能配有危险物质，具有潜在的安全风险。在师生动手实践过程中，各个阶段的工作差异性较大。实验初期，缺乏经验，对实验室和设备不一定全面了解和掌握，容易造成误操作，引发安全事故；实验中期，边学边用边研究，时间紧、工作强度大，容易简化操作程序等，从而酿成安全事故；实验后期，长时间的试验，容易导致操作人员过度疲劳，从而引发各种实验安全事故或造成环境污染。

一般来说，冶金实验室具有如下特点：第一，实验室中的仪器设备种类杂、数量多，不便于监管；第二，实验过程中运用的危险化学品较多，容易引起安全事故；第三，实验室中的设备仪器维护和维修难度较高，经费需求也比较大；第四，实验室的设备很多具有电磁场、X射线等辐射危险；第五，实验室中管理人员有限，常出现一人管理多个设备的现象，而且实验室中的进出人员杂且不固定，难于管理；第六，一些实验操作者对设备管理制度不了解，导致实验室很容易出现违规使用设备或设备带故障运行的情况。以上特征加剧了实验室安全管理的难度，也在一定程度上显示出目前实验室管理过程存在的问题。

1.3.2 冶金实验室安全事故成因

1.3.2.1 实验室自身存在的危险因素

冶金实验室自身存在的问题，主要体现在三个方面：

(1) 部分实验设备陈旧，连接线路老化。很多高校及科研院所中的实验室兴建于20世纪，虽然实验室房屋结构的安全性能完好，但实验室中的水电线路等随着使用年限的增加而发生老化，甚至一些水电线路的使用年限远超于设计年限，导致其内部线路存在着一定的安全隐患。

(2) 实验室的空间大小有限。目前冶金工程专业的科研工作越来越复杂，其对实验室空间的要求也相应增加，然而实验室的用地面积受到限制，部分单位的实验室和办公室距离很近，实验人员在办公室吃东西喝水等，很容易造成实验室和办公室的双向污染。

(3) 经费限制。一些实验室受经费限制，导致其环保设施无法按照规范要求设置，例如消防设施配备不足、消防设施未定期更换、专业实验室中缺乏个人安全防护器具、危险品仓库未安装相应的气体浓度检测报警设备等情况，也大大增加了实验室的危险性。

1.3.2.2 实验室安全管理的影响因素

（1）人为因素。由于实验室设备是由实验人员和管理人员操作控制的，因此人为因素是其安全管理中主要的主观影响因素。其中实验人员或管理人员的安全意识、精神状态、安全技能、操作能力和综合素质等方面的情况，均会对实验室设备的安全造成直接影响，是安全管理的重要影响因素。

（2）仪器设备因素。冶金实验室大多是高温实验设备，如果在实验室仪器设备运行过程中出现操作失误或者故障，则很容易发生爆炸、着火、触电、烫伤等安全事故。因此，仪器设备因素是实验室设备安全管理中不可忽略的因素。

（3）化学试剂因素。冶金实验室中使用的化学试剂数量庞大，种类繁杂，在实验过程中一旦操作不慎就会造成着火、爆炸、腐蚀、中毒和灼伤等安全事故的发生。因此，做好化学试剂的正确使用和安全管理也是实验室安全管理中很重要的部分。

（4）环境因素。冶金实验室的环境也会影响实验操作，例如水、气、电、照明和通风等均会对设备的运行产生影响。

冶金实验室中的仪器设备常配置高压氧气、氢气、氮气、氩气、一氧化碳与甲烷等的混合气等。其中，甲烷和氢气易爆炸，氮气和氩气容易造成人窒息，氧气泄漏会有火灾风险，一氧化碳会使人中毒等。由此可见，在冶金实验室中，如何正确放置气瓶直接关系到实验室的安全性，故环境因素是冶金实验室中需要重点关注的安全因素。

1.3.3 冶金实验室安全管理措施

1.3.3.1 加强实验室基础设施的建设

在实验室的建设初期，一般会对整个实验室的规划、布局、水电布置、通风设备位置、实验台位置以及电路容量等方面进行全面规划。在后续使用过程中，不同实验室的功能和存放设备不一样，对基础设施的要求也不一样。

由于冶金实验几乎都需要水和电，因此水电线路设施建设十分重要。必须要安装总水阀和分水阀，水池中也要安装一定的防溢水设备；对于大功率高温炉，为了避免突然断水干扰实验的正常进行和损毁设备，需要配备循环水冷却塔。电路布局需要满足方便安全的原则，并且要根据实验室中设备的实际情况，科学设计电路容量，在建设过程中选择合适的电缆或电线，避免实验室中出现超负荷用电的现象。

此外，在冶金实验中，经常会使用一些有毒试剂，为了保证环境安全，实验室需要安装相应的存放及通风设备，并保证实验中配制有害试剂、有毒试剂时在通风橱进行。对于一些有刺激气味的药品，也需要在实验室中配备专用的通风橱来放置。

1.3.3.2 完善实验室规章制度建设

实验室设备安全管理需要防患于未然，而相应的管理制度就是安全管理工作顺利开展的保障。目前，针对一些科研院所中实验室的安全管理制度问题，需要根据国家相关法律法规，结合学校自身的管理制度和实验课程设置，对实验室规章制度进行完善，主要包括：实验室安全隐患排查及治理制度、实验室仪器设备管理及运行制度、实验室安全管理责任制度、实验室特种设备与特种作业管理制度、实验室安全事故调查及处理制度、危险源安全管理制度、实验室安全操作制度、实验室安全教育制度、实验室消防安全管理制度、实验室气体钢瓶规范使用及管理制度、实验室实验操作守则、实验室安全专业设备检测及维护制度、实验室档案管理制度和安全文件等。通过建立健全完善的规章制度，增强实验人员及管理人员的安全意识，落实实验室设备安全管理工作，从而提高设备安全管理工作的效率。

1.3.3.3　落实实验室安全责任制

在完善实验室管理制度后，还要保证规章制度的落实。因此，在实验室设备安全管理中，需要明确不同人员的工作职责内容和管理范围，实施实验室安全责任制，做到岗位分工明确，职责分明，责任到人，从而提高实验室设备安全管理水平。

在冶金实验室中，为了促进设备安全管理的标准化、制度化和常态化，可以按实验室主任总负责与技术人员具体负责的方式执行安全制度，将实验设备管理、消防安全管理等明确到安全负责人，然后负责人根据实验室的实际情况，在实验室的墙壁上张贴应急疏散图，在不同设备上标识相应的安全资料，并张贴"禁止触摸""小心触电""注意高温"等警示标志，如图1-3所示。此外，还需要在显眼位置张贴应急事故的相应处理联系人、联系方式等。

图1-3　实验室安全标示牌

与此同时，安全负责人要对自己负责的实验室设备进行定期检查，不仅要检查仪器设备性能是否正常，还要检查是否存在违章用电、消防设备是否完好、各类警示标志是否完整等，对安全隐患进行彻底的排查和整改，及时发现并处理实验室存在的安全问题。此外，还要建立相应的实验室安全管理奖惩制度，在处理一些由于操作人员违规操作、玩忽职守引起的安全事故时，还要追究相关管理人员的责任，以增强管理人员的安全意识，做到"安全事故，人人有责"的观念，从而有效保障实验室设备的安全运行。

1.3.3.4　制订科学全面的事故应急预案

针对冶金实验室的设备安全管理，除了预防，还要提高工作人员的事故处理能力。如果工作人员在面对事故时具备较高的处理水平，就能有效地降低事故的危害。为此，需要针对冶金实验室中可能会发生的放射性事故、消防事故和用电事故等安全问题，结合相关法律制度，制订科学全面的安全事故应急预案。

对于高压压力容器、X射线衍射仪等特种设备，负责人需要了解该类设备的运行特点和安全事故类型，制订专项应急预案，明确地罗列出应急处理的具体操作规范、操作流程和要求内容，并将其张贴在设备附近的墙上，以保证当此类安全事故发生时能够获得及时有效的应急救援，在保障实验室人员生命财产安全的同时，降低事故带来的危害和损失。

实验室还要根据不同应急预案的具体内容，定期组织实验人员、管理人员和见习人员进行演练，可根据具体情况采用桌面演练、实际演练和讨论式演练等多种方式。在演练过程中，可根据演练效果，评估应急预案的实施效果，并对应急预案的内容进行不断的改进和完善，以提升实验室安全事故应急预案的效果，将事故危害控制在最低范围内。

1.3.3.5 加强实验室的专项管理

在冶金实验室中，主要包含危险化学品和大型仪器设备两类，而对于设备安全管理工作，则要根据其设备类型给予专项管理。

在危险化学品的管理上，要建立专项管理制度，对于有毒有害物品和易燃易爆物品，需要做到专处存放、专人保管和发放。保管人员要明确不同物品的存放位置、存量和每次的使用情况，而且这类物品在实验室内存放的量应为当日实验的使用量，以免存量过多对实验室环境造成不利影响。实验人员要在实验使用之前的领取物品阶段进行登记，登记内容要严格遵循危险化学物品领用登记制度；实验人员在领用危险化学物品时，需要告知管理人员和实验室主任，在得到其批准同意后再领取；在使用过程中，使用人员需要根据要求佩戴防护用品，详细记录危险物品的使用剂量，以保障安全；实验结束后，将剩余的危险物品放置在危险化学物品回收处，并在回收处注明使用信息，以便于回收后统一存放。对于实验中的危险废弃物，实验人员要做好无害化处理，将其妥善保存，并张贴相应的标识，以待管理人员处理，防止化学危险品外流。

对于大型仪器设备的安全管理，要严格执行大型仪器及特种设备的操作使用制度。为了使实验室设备能够更好地服务于科研和实验教学，需要设置专人管理这些设备，定期检测维护，以提高其使用效率。对于扫描电镜、X 射线衍射仪、高压压力容器设备等特种设备，实验室需要对管理人员进行专门的知识技能教育和安全培训，管理人员只有在取得特种设备作业人员证后，才能正常上岗。

另一方面，设备管理人员还要负责设备的日常保养维护和操作分析，并对设备的使用情况进行记录，记录内容包含仪器使用开始及结束时间、仪器预约使用情况、仪器操作人姓名和联系方式、仪器使用前后运行状况等。通过这些记录，有利于管理人员了解设备的性能，一旦设备发生故障，能够及时维修，使设备功能得到充分的发挥；而且，如果是由人为因素引起的安全事故，则可以通过记录表追溯，明确责任人并给予相应的处理和惩罚。此外，为了提高实验人员的设备操作能力，实验室需要定期举办设备安全操作培训，对参加培训并通过考核者发放设备操作许可证，以提高仪器设备的安全使用水平。

复习及思考题

1. 一般情况下，冶金试验研究由小到大通常分为哪几个阶段？
2. 有交互作用的实验设计方法主要包括哪几种方法？试阐述各个方法的特点。
3. 根据所学知识，请思考设计一个 $L_9(4^3)$ 的正交实验表。
4. 试阐述有效数字的概念，以及如何在实验测量数据中合理保留有效数字。
5. 如何采用最小二乘法求获得最佳拟合曲线？
6. 试阐述实验室安全事故的表现形式及其特点，并以冶金实验室举例说明。

参 考 文 献

［1］陈伟庆，宋波，郭敏．冶金工程实验技术［M］.2 版．北京：冶金工业出版社，2023.

［2］伍成波．冶金工程实验［M］.重庆：重庆大学出版社，2005.

［3］王琼，尹奇德．环境工程实验［M］.武汉：华中科技大学出版社，2018.

［4］战洪仁．热工实验原理与测试技术［M］.北京：中国石化出版社，2019.

［5］郭美荣．热工实验［M］.北京：冶金工业出版社，2015.

［6］吴石林．误差分析与数据处理［M］.北京：清华大学出版社，2010.

［7］孙玲玲．高校实验室安全与环境管理导论［M］.杭州：浙江大学出版社，2013.

［8］陈行表．实验室安全技术［M］.上海：华东化工学院出版社，1989.

［9］陈全．新版环境管理体系标准实施指南［M］.北京：中国石化出版社，2005.

［10］姜忠良．实验室安全基础［M］.北京：清华大学出版社，2009.

［11］苏丽娟，许继芳，盛敏奇，等．冶金工程实验室安全管理实践与思考［J］.科教导刊，2017（3X）：181-183.

［12］姜涛．冶金理化实验室设备安全管理措施［J］.山东冶金，2019，41（6）：67-68.

［13］冯婷，韩丽辉，赵婧鑫．冶金学科教学实验室"分区分类精准防控"安全管理模式探讨［J］.实验技术与管理，2021，1（38）：264-267.

2 高温实验反应器及反应条件参数测试技术

本章提要

由于绝大多数火法冶金过程都是在高温条件下进行的，因此冶金实验研究需要使用能够提供高温的实验装置，即高温实验反应器。当前实验室使用的高温反应器几乎都是依靠电能加热的电炉，而以固体燃料、气体燃料和液体燃料为能源的高温反应器虽然投资费用较少，也易于达到较高的温度，但其燃烧后常产生有害气体，而且难以精确控制炉温，所以应用较少。

冶金实验研究过程中会涉及诸多复杂的反应条件，如温度、压力、气氛及其流量等，各参数的测量及控制对于实验结果的正确与否至关重要。测试技术的发展经历了一个漫长的历程，随着计算机和电子技术的发展，许多新型传感技术相继出现，诸如光纤传感技术、红外CT技术、超声波测试技术、虚拟及网络化测量等高新技术，均已逐步深入到冶金工程研究的各个领域，可用于对氧化还原过程、流动过程、燃烧过程所涉及的温度、压力、流量等动态参数的测量，从而使得对冶金工程的研究从宏观稳态过程深入到微观瞬态过程。

本章介绍利用电能加热的高温冶金反应器的类型及构造，高温冶金反应器的设计及制作方法，以及实验过程所涉及的温度、压力、流量等的测量及控制方法，反应气氛的调配和控制技术等。

2.1 高温实验反应器

冶金实验研究中使用的电能加热的高温反应器，应该具有如下特点：加热温度高，加热速率快，温度容易测量和控制；炉膛易于密封和气氛调整，甚至可抽成真空；炉体结构简单灵活，便于制作；机械化和自动化水平高。

2.1.1 高温反应器类型

根据加热方式的不同，电能加热的高温反应器可分为电阻炉、感应炉、电弧炉、等离子炉、电子束炉、微波加热炉等。

2.1.1.1 电阻炉

电阻炉是将电能转换成热能的装置。当电流流过具有一定电阻值的导体时，电流做功并消耗电能产生焦耳热，成为电阻炉的热源。一般作为发热体用的导体的电阻值都比较稳定，如果在稳定的电源作用下，并且具有稳定的散热条件，则电阻炉的温度是容易控制的。由于电阻炉设备简单，易于制作，温度和气氛容易控制，因此在实验室中应用得最多。

常用的电阻炉有管式炉、箱式炉，其中管式炉又被加工成竖式管式炉和水平管式炉。图 2-1 所示为竖式电阻炉结构示意图，主要包括炉体、控温系统、供气系统、数据存储与显示系统等。炉体是电阻炉的本体系统，由炉壳、炉架、炉盖、电热体、保温材料、耐火材料、控温热电偶、接线柱、接线柱保护罩、绝缘瓷珠、电源导线、接地螺丝等构成。

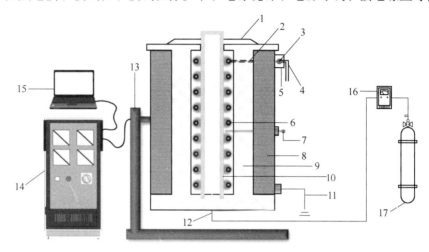

图 2-1 竖式电阻炉结构示意图

1—炉盖；2—绝缘瓷珠；3—接线柱；4—电源导线；5—接线保护罩；6—电热体；
7—控温热电偶；8—保温材料；9—耐火管；10—炉管；11—接地引线；12—气体管道；
13—炉架；14—温度控制柜；15—计算机；16—流量计；17—气瓶

2.1.1.2 感应炉

感应炉是一种利用感应线圈产生的感应电流加热物料的电炉，如图 2-2 所示。若加热金属物料，则将其放在耐火材料制作的坩埚中；若加热非金属物料，则将其放在石墨坩埚中。感应电炉加热迅速，温度高，操作控制方便，在加热过程物料受污染少，能够保证产品质量。主要用于熔炼特种高温材料，也可作为由熔体生长单晶的加热和控制设备。

若感应炉内盛装钢液，则在电磁力的作用下，容器内已熔化的钢液将产生运动。钢液运动既会带来有益作用，也会带来有害作用。有益作用包括：（1）均匀钢液温度；（2）均匀钢液成分；（3）改善反应动力学条件。有害作用包括：（1）冲刷炉衬；（2）增加空气中氧对钢液的氧化；（3）将炉渣推向反应器壁，壁厚增加会降低电效率。

根据电流频率，感应炉可分为三种，即工频感应炉、中频感应炉和高频感应炉。工频感应炉是以工业频率（50 Hz 或 60 Hz）的电流作为电源的感应电炉。国内工频感应炉的容量为 0.5~20 t，是一种用途比较广泛的冶炼设备。电源频率在 150~10000 Hz 的感应炉称为中频感应炉，容量可从几千克到几吨。中频炉的应用非常广泛，大部分冶金实验室都配备有 5~150 kg 的中频炉。高频感应炉使用的电源频率在 10~300 kHz，所用电源为高频电子管振荡器、可控硅变频器或高频发电机，以产生高压高频率交流电。高频炉受电源功率限制，主要用于实验室，科研试验用的高频炉容量通常仅有几百克。高频感应炉的电源设备复杂，工作电压高，安全性差，应用较少。

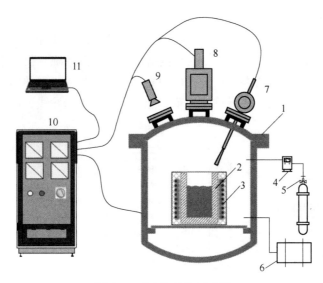

图 2-2　感应炉结构示意图

1—炉壳；2—耐火材料；3—感应线圈；4—流量计；5—气瓶；6—真空泵；
7—测温热电偶；8—加样与取样口；9—监视器；10—控制柜；11—计算机

2.1.1.3　电弧炉

电弧炉是利用电极电弧产生的高温熔炼矿石和金属的电炉。气体放电形成电弧时的能量很集中，弧区温度在 3000 ℃以上。电弧炉工艺灵活性大，适于优质合金钢的熔炼。

电弧炉按电弧形式可分为三相电弧炉、自耗电弧炉、单相电弧炉和电阻电弧炉等类型。三相电弧炉以三相交流电为电源，一般使用碳素电极或石墨电极。自耗电弧炉的电极就是被熔炼钢的原料，主要用于合金钢的熔炼。单相电弧炉用单相交流电供电，多用于铜和铜合金的熔炼。电阻电弧炉工作时，电极下端埋在炉料内起弧，除电极与炉料间的电弧发热外，炉料电阻也产生热量，主要用于矿石的冶炼，又称矿热炉。

2.1.1.4　等离子炉

等离子炉利用气体分子在电弧区高温作用下，离解为阳离子和自由电子而达到极高的温度。等离子炉包括炉体、炉盖，炉体内侧设有耐火材料炉衬及隔热保温层，炉体的炉膛底部侧面设有熔融体排出口，而炉体的炉壁上设有供高温热解气体排出的气体出口。其特征为炉盖中央设有伸入炉内的中空石墨电极，中空石墨电极内部具有用以待处理废物输送入炉体内的通道，在炉体底部还设有与中空石墨电极相对的第二电极以及与第二电极相连的石墨引出电极，在中空石墨电极与第二电极之间形成电弧区域，产生热等离子体。适用于垃圾焚烧后的飞灰、粉碎后的电子垃圾、液态或气态有毒危险废弃物的处理。

2.1.1.5　电子束炉

电子束炉利用电子束在强电场作用下冲向阳极，电子束冲击的巨大能量，使得阳极产生高温。典型的电子束熔炼炉一般由电子枪、进料系统、铸锭系统、真空系统、电源系统、冷却系统六部分组成。在真空炉壳内，用通低压电的灯丝加热阴极，使之发射电子，电子束受加速阳极的高压电场的作用而加速运动，轰击位于阳极的金属物料，使电能转变成热能。因为电子束可经电磁聚焦装置高度密集，所以可在物料受轰击的部位产生很高的温度。电子束炉用于熔炼特殊钢、难熔和活泼金属。电子束炉的温度比电弧炉的温度容易控制，但仅适用于局部加热和在真空条件下使用。

2.1.1.6　微波加热炉

微波加热炉是近年来发展起来的高温实验室用研究设备，采用频率从 300 MHz 至 300 GHz 的电磁波在物体内部的能量损耗来直接加热物体，因此只有吸收微波的物体才能被加热。对于微波加热机制有很多不同的观点，如材料在微波场中偶极子极化、分子间的摩擦、导电离子的碰撞使动能转变为热能等。

微波加热方式与传统方式相比具有明显的优势。由于微波加热方式的受热目标直接成为发热体，在加热过程中不需要经历热传导的过程，因此可以提升受热速度。在微波的作用下，物质的原子和分子会发生高速振动，可为化学反应建立更为有利的环境，从而降低能耗。另外，微波加热速度快，本身不会产生废渣、废气等有害物质，更利于环境保护。其缺点是精确测温难，控温更难。

2.1.2　电热体

电热体是电阻炉的发热元件，分为金属和非金属两类，合理选用电热体是电阻炉设计和使用的重要部分。

2.1.2.1　金属电热体

金属电热体通常制成丝状，缠绕在炉管上作为加热元件，常用的金属电热丝如下：

（1）Ni-Cr 合金丝。Ni-Cr 合金在高温环境中强度高、不易变形，长期使用后的可塑性好、无磁性，具有抗氧化、电阻率大、电阻温度系数小、价格便宜和易加工等特点。Ni-Cr 合金在高温下由于空气的氧化作用能生成结构致密的 Cr_2O_3 或 $NiCrO_4$ 氧化膜，可阻止空气对合金的进一步氧化，在 1000 ℃ 以下的空气环境中能长期使用。Ni-Cr 合金经高温使用后，只要没有过烧，就会保持柔软，变形后的修复较为简单。

（2）Fe-Cr-Al 合金丝。Fe-Cr-Al 合金丝也具有抗氧化、电阻率大、电阻温度系数小、价格便宜和易加工等特点。与 Ni-Cr 合金丝相比，Fe-Cr-Al 合金的优点包括：使用寿命长，在大气中相同的较高使用温度下，其寿命为 Ni-Cr 合金的 2~4 倍；抗氧化性能好，Fe-Cr-Al 合金表面可生成结构致密的 Al_2O_3 氧化膜，与基体黏结性能好，Al_2O_3 氧化膜的抗氧化性和抗渗碳性也比 Ni-Cr 合金表面生成的 Cr_2O_3 强，可在 1200 ℃ 以下的氧化性气氛中使用；表面负荷高，密度小，升温速率快，可节省合金材料；抗硫性能好，Fe-Cr-Al 合金对于含 H_2S 的气氛，或当其表面受含硫物质污染时，有很好的耐蚀性，而 Ni-Cr 合金会受到严重的侵蚀。然而，Fe-Cr-Al 合金丝也有自身的缺点，主要为高温强度低，高温使用后会因晶粒长大而变脆。温度越高、时间越长，脆化越严重。

（3）Pt 丝和 Pt-Rh 丝。Pt 的化学性能与电性能都很稳定，使用温度高，且易于加工，在某些特殊情况下可用作电热体。Pt 的熔点为 1769 ℃，在高于 1500 ℃ 时会发生软化，遇 O_2 可形成中间的铂氧化物相，使 Pt 丝细化损失。因此，建议 Pt 丝在空气中的最高使用温度为 1500 ℃，长时间安全使用温度低于 1400 ℃。

Pt-Rh 合金与 Pt 相比，具有更高的熔点和更高的使用温度，且随着 Rh 含量的增加，Pt-Rh 合金的最高使用温度也增高。其在氧化性气氛中的使用温度可达到 1600 ℃，易被还原性气氛或碳侵蚀。

（4）Mo 丝。Mo 的熔点高，密度小，价格便宜，加工性能好，具有较高的蒸气压，故在高温下可长时间使用，但会因基体挥发而缩短电热元件的寿命。Mo 的长期使用温度可达 1700 ℃，但由于 Mo 在高温氧化性气氛中会生成 MoO_3 升华，因而仅能在高纯氢气、氨分解气或真空中使用。

2.1.2.2 非金属电热体

非金属电热体通常做成棒状或管状，作为较高温度的加热元件，常用的非金属电热体有：

（1）硅碳电热体。硅碳电热元件选用绿色高纯度六方 SiC 为主要原料，经加工制坯、高温硅化后，在 2200 ℃ 高温下再结晶而成，表面温度可以达到 1450 ℃。硅碳电热元件的主要优点是膨胀系数小、耐急冷急热能力好，不易变形；有良好的化学稳定性，抗酸能力极强；热辐射能力强，可精确控制温度。

硅碳电热元件在氧化气氛中能在 1400 ℃ 以下长期工作，通常加工成棒状、条状、板状或 U 形等，可并联、串联、混联后水平安装或竖直安装，是中高温工业电炉和实验电炉最常用的电热元件。图 2-3 是常见硅碳电热元件示意图。

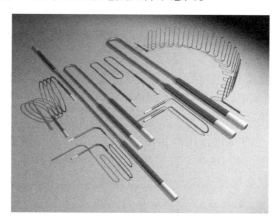

图 2-3　常见硅碳电热元件示意图

（2）硅钼电热体。硅钼电热体以硅粉和钼粉为主要原料，利用粉末冶金方法烧结压制而成。硅钼电热体的优点是耐高温不易老化、耐急冷急热性好、化学稳定性好。在高温加热时，与 O_2 反应表面生成一层 SiO_2 氧化膜，该膜耐氧化性好、抗腐蚀性好，能保护硅钼电热体不再被氧化，因此硅钼电热体具有独特的抗高温氧化性。

硅钼电热体在氧化气氛中可在 1700 ℃ 以下使用，还可用在 1350 ℃ 以下的含氢的气氛中，但不可用在含硫和氯的气氛中。硅钼电热体不宜在 400~800 ℃ 内使用，这是因为在该温度区间，硅钼电热体会发生强烈的低温氧化而粉化。当温度在 1350 ℃ 以上时硅钼电热体会发生软化，不便水平安装。在使用硅钼电热体时，炉膛材料应避免选用碱性耐火材料。这种电热元件多加工成 I 形或 U 形，如图 2-4 所示。

（3）石墨电热体。石墨电热体是指用石墨材料制成的电炉加热部件。石墨具有优良的导电、导热性能，能耐急冷急热，当配用低压大电流电源时能快速升温。

石墨在高温下容易氧化，石墨电热体需在保护气氛（Ar、N_2、H_2）中使用，在真空或惰性气氛中其使用温度可达 2200 ℃，碳管炉一般在 1800 ℃ 以下使用。石墨通常加工成

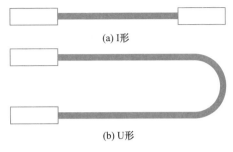

(a) I形

(b) U形

图 2-4 二硅化钼加热元件

管状，用于碳管炉（又称汤曼炉）电热元件，也可加工成板状或其他形状。

2.1.3 耐火材料

高温实验反应器的炉膛是由耐火材料构成的，盛装样品的容器也是由耐火材料加工而成的，对耐火材料的选用一般应考虑使用温度、使用气氛、热稳定性、盛装金属或炉渣的酸碱性、研究对象的特点。

耐火材料主要分为纯氧化物耐火材料、石墨耐火材料、金属耐火材料和陶瓷耐火材料等。

2.1.3.1 纯氧化物耐火材料

纯氧化物耐火材料一般是指熔点在 2000 ℃ 以上的单纯氧化物制成的耐火材料，又称纯氧化物陶瓷，主要有 Al_2O_3、MgO、ZrO_2、SiO_2 等。

（1）中性氧化物 Al_2O_3。高温烧成的熔融纯 Al_2O_3 称为刚玉，在高温实验中被广泛使用，可作为坩埚、炉管、热电偶保护管、套管、垫片等。

（2）碱性氧化物 MgO。常用来做坩埚，可盛钢铁液、金属熔体和炉渣。抗碱性氧化渣的能力强，适合盛转炉型熔渣。

（3）弱酸性氧化物 ZrO_2。可用来做坩埚盛金属熔体，适合盛酸性炉渣或一般硅酸盐炉渣，也可做固体电解质定氧探头。

（4）酸性氧化物 SiO_2。纯 SiO_2 称为石英，做成坩埚时，可盛铁水和酸性炉渣，还可用于炉管、液态金属取样管、真空容器等。

2.1.3.2 石墨耐火材料

石墨耐火材料是以石墨为主要成分的耐火材料，多制成石墨坩埚，如图 2-5 所示。常用来盛碳饱和铁水，以研究其熔体反应或渣—铁反应情况；石墨坩埚可用作感应炉中的容器，以熔化非磁性金属材料或非氧化性炉渣；石墨坩埚还常用作外层保护坩埚，其内层放入 MgO 坩埚或 Al_2O_3 坩埚，以使氧化物坩埚在升温速度较快时能均匀受热。

2.1.3.3 金属耐火材料

金属耐火材料主要用作坩埚，如图 2-6 所示。主要包含以下三种：

（1）纯铁坩埚。含 FeO 较高的炉渣能够侵蚀任何氧化物坩埚，并使炉渣成分发生改变。纯铁坩埚可以作为高 FeO 炉渣的容器，其使用温度在 1400 ℃ 以下。

（2）钼坩埚。可在较高温度下（如 1600 ℃）作为氧化性炉渣的容器，但 Mo 易氧化，需在惰性气氛下或真空中使用。

（3）铂坩埚。可盛氧化性炉渣，常用温度为 1400 ℃，若在短时间内使用，则可达 1600 ℃，可在氧化性气氛下使用。但由于其价格昂贵，故很少使用。

图 2-5　石墨坩埚示意图　　　　　　　图 2-6　金属坩埚示意图

2.1.3.4　陶瓷耐火材料

陶瓷耐火材料包括高炉炉缸用陶瓷杯、陶瓷炭砖和金属陶瓷等。金属陶瓷也可用作坩埚、热电偶保护套管等。

2.1.4　保温材料

在实验室电炉中，为了减少热损失和增加炉温的稳定性，常常需要在炉壳内填充保温材料。高温反应器使用的保温材料必须选用导热系数小、气孔率大、具有一定的耐火度，且机械强度较低的材料。

保温材料的种类很多，根据使用温度可分为高温保温材料（1200 ℃以上）、中温保温材料（900~1000 ℃）和低温保温材料（900 ℃以下）三大类。

（1）高温保温材料。高温保温材料常用的有轻质硅砖、轻质黏土砖、轻质高铝砖等。轻质硅砖的使用温度不超过 1500 ℃；轻质黏土砖的使用温度视其规格而定，一般不高于 1150~1400 ℃；轻质高铝砖的使用温度不高于 1350 ℃。

实验室常用的高温炉的保温材料以陶瓷纤维和空心氧化铝球为主。陶瓷纤维是一种纤维状轻质耐火材料，具有重量轻、耐高温、热稳定性好、导热率低、比热小及耐机械振动等优点，使用温度在 1050~1400 ℃；空心氧化铝球是一种新型的高温保温材料，是用工业 Al_2O_3 在电炉中熔炼吹制而成的，晶型为 $\alpha\text{-}Al_2O_3$ 微晶体，最高使用温度为 1800 ℃。

（2）中温保温材料。中温保温材料常用的有超轻质珍珠岩制品和蛭石两种。

超轻质珍珠岩制品是天然珍珠岩经过煅烧，体积膨大以后得到的一种很轻的高级保温材料，其密度可小于 60 kg/m³。这种材料既可以作为粉末使用（填充炉壳内），也可加入水玻璃、水泥或磷酸等黏结剂，经成形、烧成等工序制成保温砖使用。

蛭石是一种天然矿物，由于其外形像云母，故一般称其为黑云母或金云母，内含 5%~10%的水分。蛭石受热后，水分迅速蒸发而生成膨胀蛭石，它的密度和导热系数都很小，是一种良好的轻质保温材料。

（3）低温保温材料。低温保温材料有硅藻土、石棉、矿渣棉和水渣等。

硅藻土是由藻类有机物腐败后，经地壳变迁形成的。它有许多微孔，其主要成分是非晶体 SiO_2，并含有少量黏土杂质，呈白色、黄色、灰色或粉红色。硅藻土可直接作为填充材料，也可经润湿混合、制坯干燥，烧成硅藻土隔热砖使用。

石棉是用得很普遍的隔热材料，它是纤维状的蛇纹石或角闪石类矿物，前者使用最多，其化学成分为含水硅酸镁。石棉有较小的密度和导热系数，如一般石棉粉的密度在 0.6 g/cm³ 以下，导热系数小于 0.08 W/(m·K)。由于石棉的耐热温度较低，在 500 ℃ 时即开始失去结晶水，强度降低；加热到 700~800 ℃ 时变脆。故石棉长时间使用温度为 550~600 ℃，若在短期内使用，则其使用温度可达 700 ℃。

上述各种保温材料的特性，均指材料本身，不包括在工作温度下与其他材料接触时的化学稳定性。由于不同材料在高温下相互作用的复杂性，所以在向炉内充填耐火材料与保温材料时，应尽量避免不同种类粉料掺混使用。当需要分层使用时，其间应使用惰性材料隔开，否则在不太高的温度下，可能由于相互间的造渣反应而使保温层破坏。

2.1.5 电阻炉设计制作

电阻炉的设计主要包括确定功率、选择电热体、选择耐火材料、选择保温材料、设计炉体结构。根据各种需要设计制作的电阻炉，大部分是小型管式电炉，一般功率在 10 kW 以下。

电阻炉的设计首先要确定炉体加热的表面积（炉内表面积）、要求达到的温度、散热条件以及所需的功率等。由于实际炉体的散热条件很复杂，理论计算电阻炉的功率消耗很困难，因此一般用经验或半经验的方法，辅以能量平衡的概念来确定。

对于小型具有中等保温条件（不采取绝热或强制冷却）的管式电阻炉，加热 100 cm² 炉管的内表面所需的功率参见表 2-1 所列的经验数据计算。已知加热的内表面积和需要加热的温度，便可以粗略地估算电阻炉所需的功率。

表 2-1　不同温度下加热 100 cm² 炉管的内表面所需的功率

加热温度 T/℃	500	600	700	800	900	1000	1100	1200	1300	1400	1500	1600	1700	1800
需求功率 P/W	60	80	100	130	160	190	220	260	300	350	400	450	510	570

例 2-1　若有一电阻炉的炉管内径为 7 cm，加热部分长度为 100 cm，欲加热到 1400 ℃，求在中等保温情况下炉子所需功率。

解：由表 2-1 可查到，在中等保温情况下，欲使炉温加热到 1400 ℃ 时每 100 cm² 炉管表面积所需功率为 350 W。

炉管（加热区）面积为　　　　$7\pi \times 100 = 2198$ cm²

则炉子所需功率为　　　　　　$350 \times 2198/100 = 7.693$ kW

在电阻炉设计中，电热体的正确选用是非常重要的环节。在选择电热体时，除了应考虑最高使用温度和工作气氛外，还应考虑温度分布的好坏、价格是否便宜和附属设备的复杂程度。同理，根据电阻炉所承担的实验研究条件和特点，确定耐火材料、保温材料，并设计电阻炉的结构。

2.2 反应条件参数测试技术

各种物理量的测试技术对于自然科学、工程技术发展的重要性越来越为人们所认识，已成为科学研究不可缺少的重要手段。本节主要针对利用高温实验反应器开展冶金实验研究过程中所涉及的温度、压力、流量和流速等物性参数的测量技术进行介绍。

2.2.1 温度测量技术

温度是冶金实验研究中必须测量和控制的重要参数。温度的宏观概念是建立在热平衡基础上的，它表征了两个物体或系统冷热的程度，并通过互相接触进行比较。若二者存在温差，则热量从高温载体向低温载体传递；若二者的冷热程度都不发生变化，则说明它们具有相同的温度。温度的微观概念是建立在统计物理学基础上的，物体内部微粒无规则运动的能量将反映出温度的高低。

热力学第零定律很好地揭示了温度测量的基本原理，即"如果两个系统中每一个系统都与第三个系统处于热平衡，则该两个系统彼此也处于热平衡"。也就是说，通过一种感温物质可以测量出物体或系统的温度。感温物质的物理特性随着温度的变化而发生相应的变化，如气体的体积或压强、液体的体积、金属的电阻和热电势等，可以利用这些感温物质的特性及其随温度变化的函数关系，来确定被测物体或系统的温度。

2.2.1.1 温标

衡量温度大小的尺度称为温标。国际上共推出了四种温标，即经验温标、理想气体温标、热力学温标和国际温标。

（1）经验温标。经验温标包括华氏温标（Fahrenheit scale）、列氏温标（Reaumur scale）、摄氏温标（Celsius scale）三种。

（2）理想气体温标。理想气体温标建立的初衷是希望不与测温物质特性发生关系。根据玻意耳-马略特定律（Boyle-Mariotte's law），当理想气体的体积不变时，根据压强的变化可以度量出温度的大小；或者压强不变，根据气体体积的变化来度量温度。这样利用趋近于理想气体的性质所建立的温标，就可以作为一种标准经验温标，但是这种温标也没有摆脱实际气体的约束。

（3）热力学温标。热力学温标于 1848 年由英国著名科学家开尔文（Kelvin）提出，是在热力学第二定律的基础上引入的一种与测温物质特性无关的更为科学且严密的温度标尺。用该温标规定的温度称为热力学温度，其单位为 K。热力学温标规定水的三相点（水的固相、液相和气相三相平衡状态）热力学温度为 273.15 K。

（4）国际温标。国际温标是以一些物质可复现平衡状态的指定温度值，及其在这些温度值上分度的标准仪器和相应的插值公式为基础制订的，并在国际实用温标的基础上不断修改。由于气体温度计的复现性较差，因此国际协议制订了国际实用温标，以统一国际的温度量值，并使之尽可能地接近热力学温度。

各种温标下温度之间的换算关系，即华氏温标、摄氏温标、列氏温标、国际温标之间的温度变换公式见表 2-2。

表 2-2 各种温标下的温度换算关系

待求温度	已知温度	变换公式
华氏	摄氏	℉ = 9/5 ℃
热力学	摄氏	K = ℃ +273.15
列氏	摄氏	°Re = ℃×0.8

2.2.1.2 测温方式

各种测温方法都是基于物体的某些物理化学性质与温度的关系而产生的,如物体的几何尺寸、颜色、电导率、热电势和辐射强度等。当温度发生变化时,以上参数中的一个或几个会随之变化,测出这些参数的变化,就可间接地知道被测物体的温度。

温度测量方法大体可分为接触法测量和非接触法测量,以及二者兼有的混合式测温。测温方式和仪表分类见表 2-3。

表 2-3 测温方式和仪表分类

测温方式	温度计与传感器		测温范围/℃	测温属性、原理和主要特点
接触式	热膨胀式	液体膨胀式	−100~600	利用液体或固体热胀冷缩的性质测温,结构简单,价廉,一般直接读数
		固体膨胀式	−80~500	
	压力表式	气体式	−200~600	利用封闭在固体容器中的液体、气体及蒸汽受热后压力的变化测温,抗振,价廉,可转换成电信号,准确度不高,惰性大,信号滞后
		液体式		
	热电阻	金属热电阻	−260~600	利用半导体受热后电阻率变化的性质测温,体积小,响应快,灵敏度高,广泛应用于电测
		半导体电阻	−260~350	
	热电偶		−200~2200	利用金属导体产生温差电势测温,体积小,响应快,灵敏度高,广泛应用于电测
非接触式	辐射式	光学高温计	−20~3500	不干扰被测温度场,可对运动体进行测温,响应较快,测温仪器结构复杂,价格昂贵
		比色高温计		
		红外光电计		
		红外热像仪		
混合式	光纤辐射式	黑体光纤红外辐射	300~3000	利用光纤技术、接触和非接触式测温技术的结合,具有中高温测温范围宽、响应速度快、抗干扰能力强、寿命长的特点,便于控制和监测
		消耗型光纤辐射		

A 接触式测温技术

a 玻璃管式温度计

玻璃管式温度计是日常生活中常见的、应用最广泛的一种液体膨胀式温度计。它由一个测温包和与之相连的毛细管组成,感温液体充装其内,在毛细管的两旁有温度刻度。当感温液体接触到冷热物体时,由于内部的液体与玻璃的膨胀系数不同,液体的体积变化导致毛细管中液体的高度发生变化,与两旁的刻度相对应,因此可以测量物体的温度。

感温液体:液体温度计中所装液体通常为酒精或水银,也可使用甲苯、二甲苯、戊烷等有机液体。

测温范围:感温液体属性不同,测温范围也不同。充装戊烷的玻璃温度计,可以测量较低温度，测温范围一般为-200~30 ℃；测温范围比较大的是水银温度，测温范围为-38~500 ℃；酒精温度计测温范围为-80~80 ℃。

分辨率：常用的酒精温度计分辨率较低，一般为 0.1 ℃；水银温度计的分度值为 0.05~0.1 ℃，甚至能达到 0.01 ℃。

b 电阻温度计

电阻温度计在许多工程技术领域中都有应用，主要是利用金属导体受热后电阻率随温度变化的热敏性质来测量温度的。其特点为感温部位较大、精度高、种类多、输出电信号可以远传和多点切换测量。

感温电阻材质：金属类的有铂、铜、铁、镍、铟、锰、碳等；半导体类的主要以铁、镍、锰、钼、钛、镁、铜等一些金属氧化物为原料，在低温测量中用锗、硅、砷化镓等掺杂后做成半导体。

电阻特性和测温能力：金属电阻温度计中铂电阻温度计的测温范围最大，为-200~850 ℃。铜的电阻与温度之间呈线性关系，电阻温度系数比较大，测温范围一般为-50~150 ℃，当测温在上限时，铜电阻容易氧化。半导体温度计的测温范围为-100~300 ℃。半导体温度计的主要优点是体积小、电阻率大；缺点是互换性差、非线性严重，且电阻性能不稳定。

c 热电温度计

热电温度计以热电偶作为测温元件，在测得与温度相对应的热电动势后，通过仪表来显示温度，通常由热电偶、测量仪表和连接导线组成。热电偶是工业上应用最为广泛的一种接触式测温元件，主要用于-200~1800 ℃范围内的温度测量。热电偶结构简单，测温范围广，准确度高，能把温度信号转变为电信号，便于信号的远传和多点切换测量。

B 非接触式测温技术

依据物体的热辐射定律来测量温度，称为非接触辐射测温。热辐射的本质是电磁辐射，它是电磁波谱中波长为 0.4~400 μm 的波段（0.4~0.8 μm 称为可见波，0.8~400 μm 称为红外波长）。热效应是电磁波在此频段内的主要特征。当物体吸收这些电磁波时，会将电磁能转换为热能，使自身的温度升高。物体在受热后，会有一部分热能转换为电磁辐射能，从而辐射出电磁波，将能量从高能位的物体传递到低能位的物体上。由于物体的辐射能力与其受热程度有关，即与物体的温度有关，故可依据辐射原理来检测温度。

红外线辐射是自然界存在的一种最为广泛的电磁波辐射，它是基于任何物体在常规环境下都会产生自身的分子和原子无规则的运动，并不停地辐射出热红外能量，分子和原子的运动越剧烈，辐射的能量越大；反之，辐射的能量越小。温度在绝对零度以上的物体，都会因自身的分子运动而辐射出红外线，红外线的波长在 0.76~100 μm，按波长的范围可分为近红外（0.75~3 μm）、中红外（3~6 μm）、远红外（6~15 μm）、极远红外（15~100 μm）四类，它在电磁波连续频谱中的位置为无线电波与可见光之间的区域。

在通过红外探测器将物体辐射的功率信号转换成电信号后，成像装置的输出信号就可以完全一一对应地模拟扫描物体表面温度的空间分布，经电子系统处理后，传至显示屏上，得到与物体表面热分布相应的热像图。运用这一方法，便能对目标进行远距离热状态图像成像和测温，并进行分析判断。

红外热像仪利用红外探测器、光学成像物镜和光机扫描系统（目前先进的焦平面技术则省去了光机扫描系统）接受被测目标的红外辐射能量分布图形，并将其反射到红外探测器的光敏元件上。在光学系统和红外探测器之间,有一个光机扫描机构对被测物体的红外热像进行扫描,并将其聚焦在单元或分光探测器上。探测器将红外辐射能转换成电信号,电信号经放大处理、转换成标准视频信号后,通过电视屏或监测器显示其红外热像图。这种热像图与物体表面的热分布场相对应,实质上是被测目标物体各部分红外辐射的热像分布图。由于信号非常弱,与可见光图像相比,缺少层次和立体感,因此在实际动作过程中,为了更有效地判断被测目标的红外热分布场,常采用一些辅助措施来增加仪器的实用功能,例如,图像亮度和对比度的控制、实际校正、伪色彩描绘等值线和直线的数学运算与处理、打印等。

2.2.1.3 热电偶

A 热电偶测温原理

热电偶测温原理如图 2-7 所示。由两种不同的导体或半导体 A 和 B 组成的闭合回路,如果两个接点处于不同的温度 t、t_0,那么回路中就会产生电动势,称为热电势,这一现象称为**热电效应**。两个接点中,将置于被测温场所的接点 t,称为工作端(测量端、热端);将恒定在一定温度下的接点 t_0,称为自由端(参比端、冷端)。

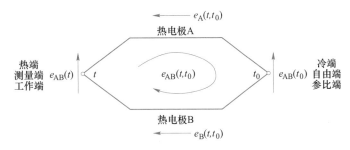

图 2-7 热电偶测温原理示意图

热电势由温差电势和接触电势组成。温差电势是指一根导体上因两端的温度不同而产生的热电动势。当同一导体两端的温度不同时,高温端电子的运动速度大于低温端电子的运动速度,单位时间内高温端失电子带正电,低温端得电子带负电,高温端、低温端之间形成一个从高温端指向低温端的静电场。该电场会阻止高温端电子向低温端运动,并加大低温端电子向高温端的运动速度。当运动达到动态平衡时,导体两端会产生相应的电位差,称为温差电势。温差电势的方向为由低温端指向高温端。接触电势是在两种不同的材料 A 和 B 的接触点产生的。A 材料、B 材料有不同的电子密度,设导体 A 的电子密度 n_A 大于导体 B 的电子密度 n_B,则从 A 扩散到 B 的电子数要比从 B 扩散到 A 的电子数多。A 因失电子而带正电,B 因得电子而带负电,于是在 A、B 的接触面上形成一个从 A 到 B 的静电场。这个静电场将阻碍电子的扩散运动,诱发电子的漂移运动。当扩散与漂移达到动态平衡时,在 A、B 的接触面上便形成了电位差,称为接触电势。

由此可知,热电偶回路的总电动势为:

$$e_{AB}(t,t_0) = e_{AB}(t) - e_A(t,t_0) - e_{AB}(t_0) + e_B(t,t_0) = f_{AB}(t) - f_{AB}(t_0) = f_{AB}(t) + C$$

$$(2-1)$$

因此,热电势是高温端温度 t 及低温端温度 t_0 的函数,若恒定低温端温度 t_0,则热电势是高温端温度 t 的单值函数。通过测量热电势的大小可以得到被测(高温端)温度值。

B 热电偶应用定则

（1）均质导体定则。由一种均质导体或半导体组成的闭合回路，不论导体的长度、截面积以及沿长度方向的温度分布如何，回路中都不可能产生热电势。

由此可见，热电偶必须由两种不同性质的材料构成；当由一种材料组成的闭合回路存在温差时，若回路中有热电势产生，则说明该材料是不均质的。该定律可用于电极材料的均匀性检测。

（2）中间导体定则。在热电偶回路中接入第三种、第四种均质导体，只要保证各导体的两个接入点的温度相同，则这些导体的接入不会影响回路中的热电势，如图 2-8 所示。

由此可见，在热电偶回路中可以接入连接导线和测量仪表，方便热电偶电极的装配；也可以进行表面温度和液体介质温度的开路测量。

（3）中间温度定则。在热电偶测温回路中，接点温度为 t_1 和 t_0 的热电偶，它的热电势等于接点温度分别为 t_1、t_n 和 t_n、t_0 的两支热电偶的热电势的代数和，即热电偶的热电势只与高温端和低温端的接点温度有关，而与中间温度无关，如图 2-9 所示。

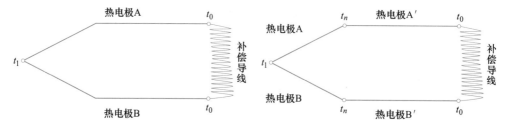

图 2-8 热电偶中间导体定则示意图   图 2-9 热电偶中间温度定则示意图

由此可知，可以对热电偶的冷端温度进行计算修正；允许在热电偶回路中接入补偿导线。

C 热电偶的分类、适用范围

标准化热电偶按分度号可分为 S 型、R 型、B 型、K 型、N 型、E 型、J 型、T 型等，不同类型的热电偶的加工材料、测温范围和使用特点不同，见表 2-4。

表 2-4　标准化热电偶测温范围及使用热点

分度号	材料	测温范围/℃	使用特点
S	铂铑 10-铂	−50~1768	金属易提纯，复制准确度和测温准确度较高，物化性能稳定，可在 1300 ℃以下的氧化性气氛或中性气氛中长期使用。价格昂贵，热电势小，热电特性非线性较大，不能在还原性气氛及含有金属或非金属蒸气的气氛中使用。当温度在 300 ℃以上时是最准确的热电偶
R	铂铑 13-铂	−50~1768	基本性能和使用条件与 S 分度号的热电偶相同，只是热电势略大，欧美国家使用较多
B	铂铑 30-铂铑 6	0~1820	可在 1600 ℃以下的氧化性气氛或中性气氛中长期使用，不能在还原气氛及含有金属或非金属蒸气的气氛中使用。热电势及热电势率较 S 分度号热电偶小，当冷端温度低于 50 ℃时，不必进行冷端温度补偿

分度号	材料	测温范围/℃	使用特点
K	镍铬-镍硅	−270～1372	廉价金属热电偶，直径 3.2 mm 的热电偶可在 1200 ℃的高温环境中长期使用。可在 500 ℃以下的还原性气氛、中性气氛和氧化性气氛中可靠工作。当温度在 500 ℃以上时，只能在还原性气氛、中性气氛中工作。热电势率比 S 分度号热电偶大 4～5 倍，且温度电势关系接近线性
N	镍铬硅-镍硅	−270～1300	是一种较新型热电偶，各项性能均比 K 型的好，适用于工业测量
E	镍铬-铜镍	−270～1000	金属热电偶，直径 3.2 mm 的热电偶可在 750 ℃的高温环境中长期使用，也适合于低温（0 ℃以下）、潮湿环境的测温，是热电势率最高的标准化热电偶
J	铁-铜镍	−210～1200	适合在氧化性气氛、还原性气氛，也可在真空、中性气氛中使用，不能在 538 ℃以上的含硫气氛中使用。稳定性好、灵敏度高、价格低廉。正极铁易锈蚀
T	铜-铜镍	−270～400	适合在氧化性气氛、还原性气氛、真空、中性气氛中使用，具有潮湿气氛抗腐蚀性，特别适合于 0 ℃以下的测温。其主要特点为稳定性好、低温灵敏度高、价格低廉，当温度在 100～200 ℃时，测温准确度最高

D 热电偶的主要结构形式

铠装式热电偶由热电偶丝、绝缘材料、保护套管（金属或陶瓷）上部接线盒构成。感温形式主要分为不露头型、露头型、绝缘型（也叫戴帽型）。不露头型铠装热电偶可以做出多种形状，用于各种复杂的发动机排气等要求响应快的温度测量或动态测温，但机械强度较低。露头型铠装热电偶的时间常数仅为 0.05 s，适于测量要求响应速度较快的场合，机械强度高，耐压达 30 MPa 以上，但不适用于有电磁干扰的场合。绝缘型铠装热电偶反应速度较前两种慢，使用寿命长，抗电磁干扰强，多用于无特殊快速响应要求的场合。

E 热电偶的冷端温度补偿

热电偶的参考点会影响输出热电偶电势的大小。各种热电偶的分度值（热电偶所产生的热电势与温度的对应关系）都是在参考点为 0 ℃的情况下得到的。精确的测量往往采用冰点作为参考点。

热电偶在使用过程中，一般规定热电偶温度已知的一端为冷端或参考点，而热电偶温度未知的一端为测量端或热端。如果冷端温度不是 0 ℃，就要进行冷端温度补偿修正。对应于测量某处的温度，测量端的温度用式（2-2）表示。

$$E(t,0) = E(t,t_0) + E(t_0,0) \qquad (2\text{-}2)$$

式中　t，t_0——分别为热端温度和冷端温度，℃；

$E(t,0)$——从 0 ℃到 t 的热电势，mV；

$E(t,t_0)$——从冷端到热端的热电势，mV；

$E(t_0,0)$——从 0 ℃到冷端的热电势，mV。

当 $t_0 = 0$ ℃时，测量仪表输出的是 $E(t,0)$；当 $t_0 \neq 0$ ℃时，测量仪表输出的是 $E(t, t_0)$，此时不能从相应的热电偶分度值上查到正确的温度，需要按照式（2-2）计算出 $E(t_0,0)$，然后再查表。

为了使热电偶的冷端温度恒定，可以将热电偶做得很长，连同测量仪器一起放到恒温或者温度波动较小的地方。但是延长热电偶会加大成本，多数选择接入成本较低的补偿导线来代替。补偿导线是指用热电性质与热电偶相近的材料制成的导线，可以将热电偶的参考端延长到需要的地方，不会在热电偶回路中引入超出允许的附加测温误差。

F 热电偶的测温误差与检定

热电偶在测温过程中常会产生误差，热电偶测温误差产生的原因及其应对方法如下：

（1）热电偶安装因素造成的误差。热电偶的安装位置选择得不合理，以及实际测温时热电偶插入被测环境的深度不当，都会导致热电偶测温产生误差。针对不同的测温对象，要根据实际测温工作的需要，对热电偶的安装位置和插入深度进行准确的确定。

（2）参考端温度变化导致的测温误差。在利用热电偶进行测温的过程中，由于参考端的温度对热电偶的热电势有着直接的影响，因此保持参考端的温度恒定是保证热电偶测温精度的前提条件。

（3）热辐射以及导热误差。热辐射误差主要是由热电偶测量端与环境的辐射热交换所引起的，而导热误差则是由于沿热电偶长度存在温度梯度，而测量端必然会沿热电极导热，使得指示温度偏离实际温度。

（4）热电偶动态响应误差。由于热电偶属于接触式测温方式，因此在测温过程中，热电偶测温元件需要通过一定时间的保温，使其同被测的对象达到热平衡。所需要保持的时间取决于热电偶的热响应时间，热响应时间因具体的测量环境条件以及热电偶的结构的不同而有所差别。对于静止的测量对象以及测量环境，热电偶在保持一定时间后可以准确地测量出温度数据；当传感器的热响应速度无法跟上被测环境温度的变化速度时，就会因为无法达到热平衡而产生误差。

（5）测量系统漏电引起的测温误差。热电偶测温系统在使用过程中，会因为绝缘层损坏等原因造成系统漏电，导致热电势受到影响，使仪表的指示温度与实际的温度之间出现误差，漏电较严重时将导致测量系统失灵。

（6）热电极属性变化引起的测温误差。热电偶在使用一段时间后，由于高温挥发、氧化、外来腐蚀和污染、晶粒组织变化等，热电偶的热电特性会发生变化，在使用时会产生测量误差，有时此测量误差会超出允许范围。

为了保证热电偶的测量精度，必须定期对其进行检定。热电偶的检定方法有两种，即比较法和定点法，工业上多采用比较法。

比较法是指用被校热电偶和标准热电偶同时测量同一对象的温度，然后比较两者示值，以确定被检热电偶的基本误差等质量指标。用比较法检定热电偶的基本要求是要构成一个均匀的温度场，使标准热电偶和被检热电偶的测量端感受到相同的温度。均匀的温度场沿热电极必须有足够的长度，以使沿热电极的导热误差可以忽略。工业和实验室用热电偶都把管状炉作为检定的基本装置。为了保证管状炉内有足够长的等温区域，要求管状炉内腔长度与直径之比至少为 20∶1。为使被检热电偶和标准热电偶的热端处于同一温度环境中，可在管状炉的恒温区放置一个镍块，在镍块上钻有孔，以便把各支热电偶的热端插入其中，进行比较测量。图 2-10 所示为用比较法在管状炉中检定热电偶的系统，主要装置有管式电炉、冰点槽、切换开关、手动直流电位差计和标准热电偶。

检定时取等时间间隔，按照标准、被检 1、被检 2、…、被检 n、被检 n、…、被检 2、被检 1、标准的循环顺序读数，一个循环后标准与被检各有两个读数，一般进行两个循环的测量，得到四次读数。最后进行数据处理和误差分析，求得它们的算术平均值，比较标

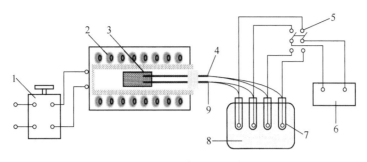

图 2-10　热电偶校验系统图

1—调压变压器；2—管式电炉；3—镍块；4—标准热电偶；5—切换开关；
6—直流电位差计；7—试管；8—冰点槽；9—被检热电偶

准与被检的测量结果。如果各个检定点被检热电偶的允许误差都在规定范围之内，则认为它们是合格的。

2.2.1.4　温度显示仪表

温度显示仪表通常用来接收热电偶或电阻体的测量信号，用于显示被测介质的温度值。温度显示仪表可分为模拟式、数字式和图像式三大类。

（1）模拟式。模拟式是指用指针或记录笔等形式，通过偏转角或位移量模拟显示被测温度，有动圈式温度指示仪、电子电位差计、电子平衡电桥等。

（2）数字式。数字式是指将被测温度直接以数字的形式显示出来，如数字式显示仪等。

（3）图像式。图像式是指以图形、字符、曲线等形式，通过屏幕显示被测温度，如无纸记录仪等。

2.2.2　压力测量技术

压力是工业生产过程中的重要参数之一。首先，为了保证生产的正常运行，必须对压力进行监测和控制。如在化学反应中，由于压力既影响物料平衡，又影响化学反应速度，所以必须严格遵守工艺操作规程，测量或控制其压力，以保证工艺过程的正常进行。其次，压力测量或控制也是安全生产所必需的流程，通过压力监视可以及时防止生产设备因过压而引起破坏或爆炸。

2.2.2.1　压力单位及表示方法

工程技术上的压力对应于物理概念中的压强，是指均匀且垂直作用于单位面积上的力，用符号 p 表示。在国际单位制中，压力的单位为帕斯卡（Pascal），简称帕，用符号 Pa 表示，1 N 的力垂直且均匀地作用于 1 m^2 的面积上所产生的压力即为 1 Pa。目前在工程技术上仍在使用的压力单位还有工程大气压、物理大气压、巴、毫米汞柱和毫米水柱等。我国规定国际单位帕斯卡为压力的法定计量单位。

在测量中，压力有三种表示方式，即绝对压力、表压力（真空度或负压）、压力差（差压）。

（1）绝对压力。绝对压力是指被测介质作用在物体单位面积上的全部压力，以符号 p 表示，是物体所受的实际压力。

（2）表压力。表压力是指绝对压力与大气压力的差值。当差值为正时，称为表压力，

以符号 p_g 表示；当表压力为负时，称为负压或真空，该负压的绝对值称为真空度，以 p_v 表示。

（3）差压。差压是指两个压力的差值。习惯上把较高一侧的压力称为正压力，较低一侧的压力称为负压力。但应注意的是，正压力不一定高于大气压力，负压力也并不一定低于大气压力。

2.2.2.2　压力测量的主要方法和分类

压力测量的方法有很多，按照信号转换原理的不同，一般可分为四类，即弹性式压力测量、液柱式压力测量、电容式压力测量、压电式压力测量。

A　弹性式压力测量

弹性式压力测量是利用弹性元件作为压力敏感元件，把压力信号转换成弹性元件的位移或力的一种测量方法。该方法只能测量表压和负压，通过传动机构直接对被测的压力进行指示。为了将压力信号远传，弹性元件常和其他转换元件一起使用组成各种压力传感器。该测量方法具有结构简单、使用方便和价格低廉的特点，应用范围广，测量范围宽，因此在工业生产中使用得十分普遍。然而，基于弹性元件的各种压力测量的共同特点是只能测量静态压力。

a　弹性元件的测量原理

弹性元件的测量原理是弹性元件在弹性限度内受压后会产生变形，变形的大小与被测压力成正比。

弹性元件的有效面积 A 和刚度系数 K 与弹性元件的性能、加工过程和热处理等有较大关系。当位移量较小时，它们均可近似看作常数，压力与位移呈线性关系。比值 A/K 的大小决定了弹性元件的压力测量范围，一般地，A/K 越小，可测压力就越大。

b　弹性元件

目前，用作压力测量的弹性元件主要有弹性膜片、波纹管和弹簧管，如图 2-11 所示。

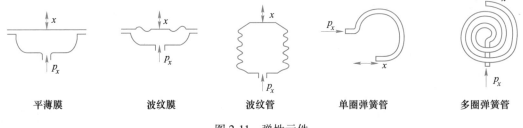

平薄膜　　　　波纹膜　　　　波纹管　　　单圈弹簧管　　　多圈弹簧管

图 2-11　弹性元件

（1）弹性膜片。弹性膜片是一种沿外缘固定的片状测压弹性元件，厚度一般在 $0.05\sim0.3\ mm$。按其剖面形状分为平薄膜和波纹膜。波纹膜片是一种压有环状同心波纹的圆形薄膜，有时也将两块弹性膜片沿周边对焊起来，形成一薄膜盒子，称为膜盒，其内部抽成真空，并且密封起来。

弹性膜片的特性一般用中心的位移和被测压力的关系来表征。当膜片的位移较小时，它们之间有良好的线性关系。此外，波纹膜的波纹数目、形状、尺寸和分布情况既与压力测量范围有关，也与线性度有关。当膜盒外压力发生变化时，膜盒中心将产生位移。这种真空膜盒常用来测量大气的绝对压力。

弹性膜片受压力作用产生位移，可直接带动传动机构指示。但是，由于弹性膜片的位移较小，灵敏度低，指示精度也不高，因此更多的是将弹性膜片和其他转换元件结合起来，把压力转换成电信号，如电容式压力传感器、光纤式压力传感器、力矩平衡式传感器等。

（2）波纹管。波纹管是一种具有等间距同轴的环状波纹，能沿轴向伸缩的测压弹性元件。当波纹管受轴向的被测压力为 p_x 时，产生的位移 x 为：

$$x = KAp_x \tag{2-3}$$

式中　x——位移大小；

　　　K——比例系数，与泊松系数、弹性模数、非波纹部分的壁厚、完全工作的波纹数、波纹平面部分的倾斜角、波纹管的内径及材料有关；

　　　A——波纹管承受压力的有效面积；

　　　p_x——被测压力。

波纹管受压力作用产生位移，由其顶端安装的传动机构直接带动指针读数。相对于弹性膜片，波纹管的位移较大，灵敏度高，尤其是在低压区，因此常用于测量较低的压力。但是波纹管存在较大的迟滞误差，其指示精度一般只能达到 1.5 级。

（3）弹簧管。弹簧管（又称波登管）是用一根横截面呈椭圆形或扁圆形的非圆形管子弯成圆弧形状而制成的，其中心角常为 270°。弹簧管的一端开口，作为固定端，固定在仪表的基座上；另一端封闭，作为自由端。当由固定端通入被测介质时，被测介质充满弹簧管的整个内腔，弹簧管因承受内压，其截面形状趋于变圆并伴有伸直的趋势，封闭的自由端产生位移，其中心角发生改变，该位移的大小与被测介质压力成比例。

自由端的位移可以通过传动机构带动指针转动，直接指示被测压力，也可以配合适当的转换元件，如霍尔元件和电感线圈中的衔铁，将弹簧管自由端的位移转换成电信号（霍尔电势、线圈的电感量的变化）输出。

单圈弹簧管在受压力作用后，其中心角的变化量一般较小，灵敏度较低。在实际测量时，可采用多圈弹簧管以提高测量的灵敏度。

B　液柱式压力测量

液柱式压力测量是利用液柱所产生的重力与被测压力平衡，并根据液柱高度来确定被测压力大小的方法。一般用水、水银、酒精等作为工作液，要求工作液不能与被测介质发生化学作用，并保证管内界面界线清晰。

常用的液柱式压力测量有 U 形管压力计（图 2-12）、单管压力计（图 2-13）、斜管压力计（图 2-14）。U 形管压力计的测量原理是在 U 形管的两个管口分别接压力 p_1、p_2，当 $p_1 = p_2$ 时，两管的液体高度相等；当 $p_1 > p_2$ 时，管内的液面便会产生高度差。如果将其中一管通大气压，则所测得的压力为表压。

$$\Delta p = p_1 - p_2 = \rho g(h_1 + h_2) \tag{2-4}$$

式中　ρ——所用液体密度，kg/m^3；

　　　g——重力加速度，$g = 9.81\ m/s^2$；

　　h_1，h_2——液柱高度，m。

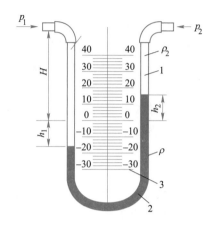

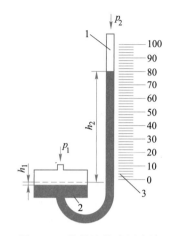

图 2-12　U 形管压力计
1—U 形玻璃管；2—工作液；3—刻度尺

图 2-13　单管液柱式压力计
1—测量管；2—宽口容器；3—刻度尺

由于 U 形管压力计需两次读取液面高度，因此为使用方便，设计出了一次读取液面高度的单管压力计。单管压力计的两个管子的直径大小相差较大（即做成一边大一边小），将读数改为一边读数。当使用 U 形管或单管压力计来测量微小压力时，液柱高度的变化很小，读数困难。为提高灵敏度，减小读数误差，将单管压力计的玻璃管制成斜管，以拉长液柱，主要用来测量微小压力、负压和压力差。

液柱式压力计的优点是结构简单、使用方便、准确度较高，但是其量程受液柱高低的限制，且玻璃管易碎，只能就地显示，不能远传。

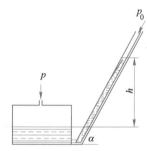

图 2-14　斜管式压力计

C　电容式压力测量

电容式压力测量的原理是把被测压力信号的变化转换成电容量的变化。目前广泛采用的是以测压弹性膜片作为可变电容器的动极板，它与固定极板之间形成一可变电容器。被测压力作用于弹性膜片上，当被测压力发生变化时，弹性膜片会产生位移，使电容器的可动极板与固定极板之间的距离发生改变，从而改变电容器的电容值。通过测量电容的变化量，可间接获得被测压力的大小。

电容式传感器是目前应用非常广泛的一种压力/差压测量传感器，其工作原理如图 2-15 所示。电容式传感器采用全密封电容感测元件小室，直接感受压力。被测压力作用于两侧的隔离膜片上。并通过充满小室的硅油把压力均匀地传给中心测量膜片。中心测量膜片是一个张紧的弹性元件，该膜片作为差动式电容的动极板，定极板是在绝缘体的球形凹表面上镀一层金属薄膜而成的。当被测压差发生变化时，中心测量膜片会产生变形位移，位移量与差压成正比，此位移转变为电容极板上形成的差动电容，并由其两侧的电容固定极板检测出来。

压力变送器输出的电流信号与被测压力/差压之间呈线性关系。由于电容式压力测量的测量范围宽，准确度高，灵敏度高，过载能力强，因此尤其适宜测高静压下的微小差压变化。

D 压电式压力测量

压电式压力测量的原理是利用压电材料的压电效应，即压电材料受压时会在其表面产生电荷，其电荷量与所受压力成正比。

为了适应各种不同要求的使用场所，压电式压力传感器的结构有很多，但其工作原理都相同，下面以图 2-16 所示结构形式的压电式压力传感器为例作简单介绍。

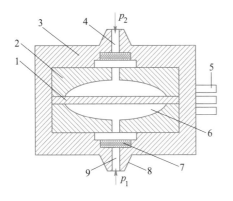
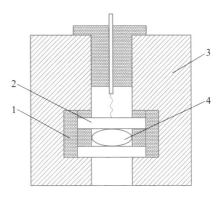

图 2-15 差动式电容压差传感器

1—弹性平膜片（动极）；2—凹玻璃圆片；
3—金属镀层（定极）；4—低压侧进气孔；
5—输出端子；6—空腔；7—过滤器；
8—壳体；9—高压侧进气孔

图 2-16 压电式压力传感器

1—绝缘体；2—膜片；3—壳体；4—压电元件

压电元件夹在两块弹性膜片之间，当被测压力 p_x 作用于弹性膜片时，压电元件的上表面、下表面会产生电荷。且压电传感器输出的电荷 q_x 与被测压力 p_x 成正比，即 $q_x = KAp_x$。然后将产生的电荷由引线插件输出给电荷或电压放大器，转换成电压或电流输出。由于压电材料上产生的电荷量非常小，属于皮库仑数量级，因此需要配备高阻抗的直流放大器（电荷或电压放大器），放大传感器输出的微弱的电信号，并将传感器的高阻抗输入转换为低阻抗输出，提高测量精度。

压电式压力传感器的特点是：结构简单、紧凑，小巧轻便，工作可靠，线性度好，频率响应高，量程范围大等。由于压电材料在外力作用下其表面所产生的电荷只有在无泄漏的情况下才能够长期保存，因此需要相应的测量电路具有无限大的输入阻抗。实际上这是不可能的。只有在压电材料上施加交变力，电荷才能够得到不断的补充，从而供给测量电路一定的电流。由此可见，压电式压力传感器只适宜做动态测量，不适宜做静态测量。

2.2.3 流量测量技术

流体的流量和流速是冶金实验和生产操作中经常要测量的重要参数。

2.2.3.1 流量计分类

A 差压式流量计

差压式流量计是以伯努利方程和流体连续性方程为依据的，根据节流原理，当流体流经节流件（如标准孔板、标准喷嘴、长径喷嘴、经典文丘里嘴、文丘里喷嘴等）时，在其前后产生压差，此压差值与该流量的平方成正比。在差压式流量计中，由于标准孔板节流装置差压流量计结构简单、制造成本低、研究最充分、已标准化，因此得到了最广泛的应用。孔板流量计理论流量计算公式为：

$$q_f = \frac{c}{\sqrt{1 - \beta^4}} \cdot \varepsilon \cdot \frac{\pi}{4} \cdot d^2 \cdot \sqrt{\frac{2\Delta p}{\rho_1}} \tag{2-5}$$

其中：$\beta = d/D$；

式中　q_f——工况下的体积流量，m^3/s；

　　　c——流出系数；

　　　d——工况下的孔板内径，mm；

　　　D——工况下的上游管道内径，mm；

　　　ε——可膨胀系数；

　　　Δp——孔板前后的差压值，Pa；

　　　ρ_1——工况下的流体的密度，kg/m^3。

差压式流量计一般由节流装置（节流件、测量管、直管段、流动调整器、取压管路）和差压计组成，对于工况变化、准确度要求高的场合，则需配置压力计（传感器或变送器）、温度计（传感器或变送器）、流量显示仪，当组分不稳定时还需配置在线密度计（或色谱仪）等。

B　速度式流量计

速度式流量计是以直接测量封闭管道中满管流动速度为原理的一类流量计。工业应用中主要有：

（1）涡轮流量计。当流体流经涡轮流量传感器时，在流体推力作用下涡轮受力旋转，其转速与管道平均流速成正比，涡轮转动周期性地改变磁电转换器的磁阻值，检测线圈中的磁通会随之发生周期性变化，产生周期性的电脉冲信号。在一定的流量（雷诺数）范围内，该电脉冲信号与流经涡轮流量传感器处流体的体积流量成正比。涡轮流量计的理论流量方程为：

$$n = Aq_V + B - \frac{C}{q_V} \tag{2-6}$$

式中　n——涡轮转速；

　　q_V——体积流量；

　　A——与流体物性（密度、黏度等）、涡轮结构参数（涡轮倾角、涡轮直径、流道截面积等）有关的参数；

　　B——与涡轮顶隙、流体流速分布有关的系数；

　　C——与摩擦力矩有关的系数。

（2）涡街流量计。在流体中安放非流线型旋涡发生体，流体在旋涡发生体两侧交替地分离释放出两列规则的交替排列的旋涡涡街。在一定的流量（雷诺数）范围内，旋涡的分离频率与流经涡街流量传感器处流体的体积流量成正比。涡街流量计的理论流量方程为：

$$q_f = \frac{\pi D^2}{4St} \cdot M \cdot d \cdot f \tag{2-7}$$

式中　q_f——工况下的体积流量，m^3/s；

　　D——表体通径，mm；

　　M——旋涡发生体两侧弓形面积与管道横截面积之比；

d——旋涡发生体迎流面宽度，mm；

f——旋涡的发生频率，Hz；

St——斯特劳哈尔数。

C 容积式流量计

在容积式流量计的内部，有一构成固定的大空间和一组将该空间分割成若干个已知容积的小空间的旋转体，如腰轮、皮膜、转筒、刮板、椭圆齿轮、活塞、螺杆等。旋转体在流体压差的作用下连续转动，不断地将流体从已知容积的小空间中排出。根据一定时间内旋转体转动的次数，即可求出流体流过的体积量。容积式流量计的理论流量计算公式为：

$$q_f = nV \tag{2-8}$$

式中 q_f ——工况下的体积流量，m^3/s；

n——旋转体的流速，周/s；

V——旋转体每转一周所排流体的体积，m^3/周。

在标准状态下，容积式流量计的体积流量计算公式与速度流量计相同。气体容积式流量计属于机械式仪表，一般由测量体和积算器组成，对于温度和压力变化的场合，则需配置压力计（传感器或变送器）、温度计（传感器或变送器）、流量积算仪（温压补偿）或流量计算机（温压及压缩因子补偿）。

2.2.3.2 文丘里流量计

为了减少流体流经上述孔板的阻力损失，可以用一段渐缩管和一段渐扩管来代替孔板，这样构成的流量计称为文丘里流量计，如图2-17所示。

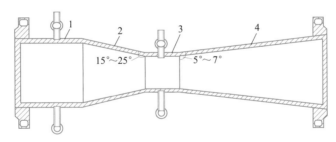

图 2-17 文丘里流量计示意图

1—入口圆筒段；2—圆锥收缩段；3—圆筒形喉部；4—圆锥扩散段

文丘里流量计的收缩管的收缩角一般为15°～25°，扩大管的扩大角一般为5°～7°，其流量可用下式计算，只是用 C 代替 C_0。

$$V_s = CA_0 \sqrt{\frac{2Rg(\rho' - \rho)}{\rho}} \tag{2-9}$$

式中 V_s ——体积流量，m^3/s；

C——孔流系数，又称流量系数；

A_0 ——孔板小孔截面积，m^2；

R ——U 形压差计液面差，m；

g ——重力加速度，m/s^2；

ρ'，ρ ——指示液与管路流体密度，kg/m^3。文丘里流量计的流量系数 C 一般取 0.98～

0.99，阻力损失为：

$$h_f = 0.1u_0^2 \tag{2-10}$$

式中 u_0——文丘里流量计最小截面（称喉孔）处的流速，m/s。

文丘里流量计的主要优点是能耗少，多用于低压气体的输送。

2.2.3.3   转子流量计

转子流量计的构造如图2-18所示，在一根截面积自下而上逐渐扩大的垂直锥形玻璃管内，装有一个能够旋转自如的由金属或其他材质制成的转子（或称浮子）。被测流体从玻璃管底部进入，从顶部流出。

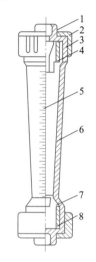

当流体自下而上流过垂直的锥形管时，转子受到两个力的作用：一个是垂直向上的推动力，它等于流体流经转子与锥管间的环形截面所产生的压力差；另一个是垂直向下的净重力，它等于转子所受的重力减去流体对转子的浮力。当流量加大使压力差大于转子的净重力时，转子就上升；当流量减小使压力差小于转子的净重力时，转子就下沉；当压力差与转子的净重力相等时，转子处于平衡状态，即停留在一定位置上。在玻璃管的外表面上刻有读数，根据转子的停留位置，即可读出被测流体的流量。

图 2-18   转子流量计示意图
1—接管；2—螺帽；3—O 形密封圈；
4—上止挡；5—标度尺；6—锥管；
7—浮子；8—下止挡

在实际使用时，如果流量计不符合具体测量范围的要求，则可以更换或车削转子。对于同一玻璃管，当转子截面积小时，环隙面积大，此时的最大可测流量大；反之，则相反。但环隙面积不能过大，否则流体中的杂质容易将转子卡住。

转子流量计的优点为能量损失小，读数方便，测量范围宽，能用于腐蚀性流体。其缺点为玻璃管易破损，安装时必须保持垂直并安装支路以便于检修。

2.2.3.4   质量流量计

质量流量计可分为两大类，即直接式质量流量计和间接式质量流量计。

A   直接式质量流量计

直接式质量流量计是指流量计的输出信号能直接反映被测流体质量流量的仪表，它在原理上与介质所处的状态参数（温度、压力）和物件参数（黏度、密度）等无关，具有高准确度、高重复性和高稳定性的特点。

直接式质量流量计按测量原理大致可分为：（1）与能量的传递、转换有关的质量流量计，如热式质量流量计和差压式质量流量计；（2）与力和加速度有关的质量流量计，如科里奥利式质量流量计。

B   间接式质量流量计

间接式质量流量计可分成两类，一类是组合式质量流量计，也称推导式质量流量计；另一类是补偿式质量流量计。

组合式质量流量计是指在分别测量两个参数的基础上，通过计算得到被测流体的质量流量。它通常分为两种，一种是用一个体积流量计和一个密度计实现的组合测量；另一种是采用两种不同类型流量计实现的组合测量。

补偿式质量流量计同时检测被测流体的体积流量和其湿度、压力值，再根据介质密度与温度、压力的关系，间接地确定质量流量。其实质是对被测流体做温度和压力的修正。如果被测流体的成分发生变化，那么这种方法就不能用来确定质量流量。

2.2.4 流速测量技术

流速测量技术包括测速管、热线风速仪、激光多普勒测速技术、粒子图像测速技术等。

2.2.4.1 毕托管

毕托管由两根同心圆管组成，内管前端敞开，管口截面（A 点截面）垂直于流动方向，且正对流体的流动方向。外管前端封闭，但管侧壁在距前端一定距离处的四周开有一些小孔，流体在小孔旁流过（B 点）。内管、外管的另一端分别与 U 形压差计的接口相连，并引至被测管路的管外。毕托管的结构如图 2-19 所示。

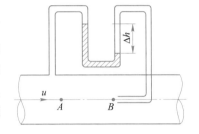

图 2-19　毕托管测速示意图

毕托管 A 点应为驻点，驻点 A 的势能与 B 点的势能差等于流体的动能，即：

$$\frac{p_A}{\rho} + gZ_A - \frac{p_B}{\rho} - gZ_B = \frac{u^2}{2} \tag{2-11}$$

由于 Z_A 几乎等于 Z_B，则：

$$u = \sqrt{2(p_A - p_B)/\rho} \tag{2-12}$$

U 形压差计指示液液面差用 R 表示，则式（2-12）可写为：

$$u = \sqrt{2R(\rho' - \rho)g/\rho} \tag{2-13}$$

式中　u ——管路截面某点轴向速度，简称点速度，m；

　　ρ'，ρ ——指示液与流体的密度，kg/m；

　　　R ——U 形压差计指示液液面差，m；

　　　g ——重力加速度，m/s^2。

显然，由毕托管测得的速度是点速度。因此，用毕托管可以测定截面的速度分布。管内流体流量则可根据截面速度分布用积分法求得。对于圆管，由于速度分布规律已知，因此可测量管中心的最大流速 u_{max}，然后根据平均流速与最大流速的关系，求出截面的平均流速，进而求出流量。

为保证毕托管测量的精确性，安装时要注意：

（1）要求测量点前段、后段各有一约等于管路直径 50 倍长度的直管距离，最少也应为管路直径长度的 8~12 倍；

（2）必须保证管口截面（图 2-19 中 A 点处）严格垂直于流动方向；

（3）毕托管直径应小于管径的 1/50，最少也应小于管径的 1/15。

毕托管的优点是阻力小，适用于测量大直径气体管路内的流速；缺点是不能直接测出平均速度，且 U 形压差计压差读数较小。

2.2.4.2　激光多普勒测速仪

激光多普勒测速仪是基于多普勒效应，利用激光的高相干性和高能量测量流体或固体流速的一种仪器。它具有线性特性和非接触测量的优点，并且其精度高、动态响应快。由于激光多普勒测速仪大多数用在流动测量方面，因此国外习惯性地称它为激光多普勒风速仪，或激光测速仪、激光流速仪。由于示踪粒子是利用运动微粒散射光的多普勒频移来获得速度信息的，因此它实际上测的是微粒的运动速度，同流体的速度并不完全一样。幸运的是，大多数的自然微粒（空气中的尘埃、自来水中的悬浮粒子）在流体中一般都能较好地跟随其流动。

激光多普勒测速仪的基本原理是仪器发射一定频率的超声波，由于多普勒效应的存在，当被测物体移动时，反射回来的波的频率会发生变化，因此回收的频率等于（声速±物体移动速度）/波长。由于（声速±物体移动速度）和波长都可以事先测出来（声速会随温度的变化有所变化，不过可以依靠数学修正），因此只要将回收的频率经过频率—电压转换后的结果，与原始数据进行比较和计算，就可以推断出被测物体的运动速度。如图2-20 所示，激光多普勒测速仪由激光器、入射光学单元、频移系统、接受光学单元、数据处理器组成。

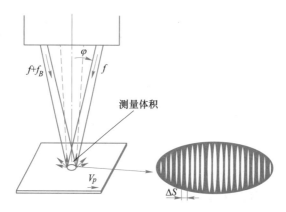

图 2-20　激光多普勒测速仪基本原理示意图

2.2.4.3　热线风速仪

热线风速仪是将流速信号转变为电信号的一种测速仪器，也可测量流体的温度或密度。其原理是将一根通电加热的细金属丝（称）置于气流中，细金属丝在气流中的散热量与流速有关，散热量会导致温度发生变化，从而引起电阻变化，由此流速信号即转变成电信号。热线风速仪有两种工作模式，一种是恒流式，即通过的电流保持不变，当温度发生变化时，电阻也会发生改变，从而导致两端电压发生变化，由此测量流速；另一种是恒温式，即温度保持不变，根据所需施加的电流来度量流速。

若以一片很薄（厚度小于 0.1 μm）的金属膜代替金属丝，则称其为热膜风速仪，功能与热丝相似，但多用于测量液体流速。除普通的单线式外，还可以通过组合的双线式或三线式来测量各个方向的速度分量。将热线风速仪输出的电信号，经放大、补偿和数字化后输入计算机，可提高测量精度，自动完成数据后处理过程，扩大测速功能，如同时完成瞬时值和时均机，合速度和分速度，湍流度和其他湍流参数的测量。

风速仪与毕托管相比，具有探头体积小、对流场干扰小、响应快、能测量非定常流速、能测量低速（如低至 0.3 m/s）等优点。

2.2.4.4 粒子图像测速技术

粒子图像测速法（PIV）是 20 世纪 70 年代末发展起来的一种瞬态、多点、无接触式的流体力学测速方法，近几十年来得到了不断地完善与发展。PIV 技术的特点是超出了单点测速技术（如 LDV）的局限性，能记录在同一瞬态下大量空间点上的速度分布信息，并可提供丰富的流场空间结构以及流动特性。PIV 技术除了向流场散布示踪粒子外，所有测量装置都不会介入流场。另外，PIV 技术具有较高的测量精度。

目前 PIV 测速方法有多种分类，无论何种形式的 PIV，其速度测量都依赖于散布在流场中的示踪粒子。PIV 法测速都是通过测量示踪粒子在已知很短时间间隔内的位移来间接地测量流场的瞬态速度分布的。如果示踪粒子有足够高的流动跟随性，那么示踪粒子的运动就能够真实地反映流场的运动状态。因此，示踪粒子在 PIV 测速法中非常重要。在 PIV 测速技术中，对高质量的示踪粒子要求如下：（1）相对密度要尽可能与实验流体相一致；（2）要有足够小的尺度；（3）形状要尽可能圆，且大小分布尽可能均匀；（4）有足够高的光散射效率。在水动力学测量中，大都采用固体示踪粒子，如聚苯乙烯及尼龙颗粒、铝粉、荧光粒子等。国外已有公司专门为 PIV 测量研制了在流体中接近上述要求的高质量固体粒子，但目前这种粒子的价钱非常昂贵。

PIV 测速的基本原理为：由脉冲激光器发出的激光通过由球面镜和柱面镜形成的片光源镜头组，照亮流场中一个很薄的（1~2 mm）面；使用激光面垂直方向上的 PIV 专用跨帧 CCD 相机，摄下流场层片中的流动粒子的图像，然后把图像数字化输送至计算机，利用自相关或互相关原理处理，得到流场中的速度场分布（图 2-21）。

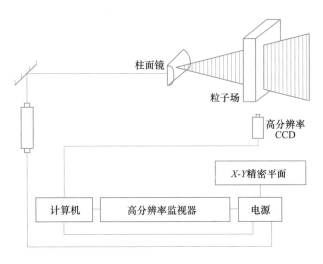

图 2-21　PIV 测速系统示意图

2.3　实验气氛配置及控制

2.3.1　冶金实验气体及成分分析技术

2.3.1.1　气体的存储和安全使用

实验室常用的气体多装在弹式高压储气瓶内，由工厂购入，如 O_2、N_2、H_2、Ar、CO_2、Cl_2、NH_3 等。为了安全，不致误用，各种气体所用的钢瓶外表面需涂上不同的颜色，以便识别。例如，O_2 用天蓝色，N_2 用黑色，H_2 用深绿色，Ar 用灰色，CO_2 用黑色，Cl_2 用草绿色，NH_3 用黄色。瓶装的高压气体，在使用时必须减压。

在使用气体时要注意安全，必须采取防毒、防火和防爆等措施。CO、SO_2、Cl_2、NH_3 等气体都有毒，在使用这些有毒气体时，要严防泄漏，并注意室内通风，确保这些气体在空气中不超过某个允许的最高含量。含有这些气体的尾气，未经处理前不能直接排入大气。无毒气体也不允许大量地排入室内空气中，否则会使人缺氧甚至窒息。H_2、CO、H_2S 等属于可燃气体。由于 O_2 虽不可燃，但能助燃，因此氧气瓶附近不能放置易燃物质（如油脂等）。当然，可燃气体的钢瓶绝对不允许和氧气瓶混放在一起。液态气体的爆炸主要是由钢瓶气体超装造成的。为了防止钢瓶内的气体超压，气瓶在存储和运输过程中要尽量减少碰撞。

在向高温实验装置内通入可燃气体之前，应将装置内的空气预先排除（用真空泵抽出或用 N_2、Ar 等气体驱赶）。在实验结束后的降温过程中，须用惰性气体将高温炉管内的可燃气体驱赶走，以免在降温时炉管内变成负压吸入空气而引起爆炸。

2.3.1.2　气体净化的基本方法

大部分由工厂购入的气体都含有杂质，在使用时需要进行净化处理。气体净化的方法一般有吸收、吸附、冷凝、过滤和化学催化等。

（1）吸收净化。吸收净化过程大都是化学过程，它是将杂质溶于吸收剂内，从而达到净化的目的。常用的吸收剂有液体和固体两种，如 KOH 和 $NaOH$ 的水溶液、含 KI 的碘溶液，Ca 或 Mg 等。

（2）吸附净化。气体的吸附净化是用多孔的固体吸附剂，将气体中的杂质吸附在其表面上，从而达到分离净化的目的。对于固体吸附剂，要求其比表面积大、多孔，并具有巨大的内表面。常用的吸附剂有活性炭、分子筛、硅胶等。吸附净化更适用于杂质含量不高的气体。在吸附净化过程中，应根据具体情况选择最佳气体流速，才能收到预期效果。吸附剂使用一个时期后，因为达到饱和而失效，故需对其进行再生处理。

（3）冷凝净化。冷凝净化是将欲净化的气体通过低温介质（冷冻剂），使其中易冷凝的杂质凝结除去，从而达到净化的目的。冷凝温度越低，净化效果越好。常用的冷凝剂是冰和盐类的化合物。目前冷凝净化法普遍用于除去气体中的水蒸气。

2.3.1.3　冶金实验常见气体的分析技术

冶金实验中常用的气体有 CO、CO_2、H_2、C_xH_y、SO_2 和 O_2 等。对于 CO、CO_2 气体的成分，往往需要进行连续检测，使用的仪表为红外线气体分析仪，它是一种光学式分析仪器。其特点是灵敏度和分辨率较高，待分析气体浓度的测量范围为 $0\sim100\%$，仪器的精确度等级为 1.5 级。对 H_2 的成分进行分析的仪表是氢气分析仪。此外，实验室中还有能同时测定 O_2、CO、CO_2、SO_2、NO_x、温度、压力、烟黑、燃烧效率、排烟热损失、过量空气系数的便携式烟气分析仪。下面对红外线气体分析仪的原理及组成作简要介绍。

红外线气体分析仪是利用红外线进行气体分析的。其原理是当待分析气体组分的浓度不同时，吸收的辐射能不同，剩下的辐射能使得检测器里的温度的升高量不同，动片薄膜两边所受的压力也不同，从而产生一个电容检测器的电信号。这样，就可间接测量出待分析气体组分的浓度。

红外线气体分析仪由两个独立的光源分别产生两束红外线。该射线束分别经过调制器，成为 $3 \sim 5$ Hz 的射线。根据实际需要，射线可通过滤光镜减少背景气体中其他吸收红外线的气体组分的干扰。红外线通过两个气室，一个是充以不断流过的被测气体的测量室；另一个是充以无吸收性质的背景气体的参比室。工作时，若测量室内被测气体浓度发生变化，则其吸收的红外线光量会发生相应的变化，而基准光束（参比室光束）的光量不发生变化。从两室出来的光量差通过检测器，使检测器产生压力差，并转换成电容检测器的电信号。此信号在经信号调节电路放大处理后，送往显示器以及总控的 CRT 显示。该输出信号的大小与被测组分的浓度成比例。

2.3.2 系统气氛控制方法

在材料制备和实验研究过程中，根据实验目的和所制备材料的性质，往往需要对系统的气氛进行控制。实验气氛主要分为强氧化性气氛、弱氧化性气氛、中性（惰性）气氛、还原性气氛、强还原性气氛、弱还原性气氛等。

为实现实验气氛的控制，首先需要对系统进行抽真空处理，或用惰性气体反复清（冲）洗，然后通入所需要气氛的气体。通入空气则为氧化性气氛，如果通入的空气中加入了适量的惰性气体，则成为弱氧化性气氛；如果增加通入气体的氧气含量，直至通入纯氧，则形成强氧化性气氛；如果通入惰性气体，则为中性气氛；如果通入的是还原性气体（诸如 H_2 或 CO 气体等），则为强还原性气氛；如果改变还原性气体的组成，如调节 H_2/H_2O 或 CO/CO_2 的比值，即随着含氧气体（H_2O 或 CO_2）的增加，气氛的还原性逐渐减弱，则形成弱还原性气氛。

系统的气氛控制通常是通过控制通入系统的气体的性质、组成来达到的。实验室控制通入系统的气体的性质和组成，一般是通过调节通入系统的气体的管路的阀门和流量计来实现的。在应用过程中，还可根据实际需要，因地制宜地选用一些方法来控制气氛。

在冶金工程实验中，系统的气氛控制通常是通过配制一定组成的混合气体来实现的。混合气体的配置一般有三种方法，即静态混合法、动态混合法和平衡法。

（1）静态混合法。静态混合法是将气体按所需的比例先后充入贮气袋中，混合均匀，使用时由贮气袋放出即可。贮气袋用橡皮制成（如医用氧气袋），此方法较简便，但贮气袋容量有限，有时会混合不均匀，气体压力不稳定。若气体用量较大，则可用高压钢瓶代替贮气袋，混合气可由气体生产厂配制。

（2）动态混合法。动态混合法是将待混合的气体预先通过流量计准确地测出各自的流量，然后再进行混合，流在一起。各气体的流量比就是混合后的分压比。例如，要配制一定比例的 CO-CO_2 混合气体，可以用图 2-22 所示的装置。用两支毛细管流量计（C_1 和 C_2）

分别测量 CO 和 CO_2 的流量，CO 由高压钢瓶输出，经过净化后，送入流量计 C_1；在另一条支路中，由钢瓶输出的 CO_2，净化后送入流量计 C_2。这两种气体最后都进入混合器 M 内进行混合。得到的混合气体中 CO 与 CO_2 的分压比就等于 C_1 和 C_2 读出的流量比。

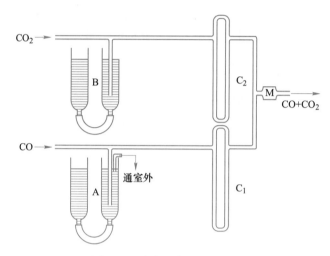

图 2-22   动态混合装置示意图

需注意，在此混合装置中，稳压瓶 A、稳压瓶 B 是不可缺少的，如果没有它们，就不能保证流量计 C_1 和流量计 C_2 进气端的压力恒定，也就不能使 CO 与 CO_2 的混合比严格一定。当改变混合比时，需相应地改变稳压瓶 A、稳压瓶 B 内的液面高度。例如，要增大 CO_2 与 CO 之比，即要增大 CO_2 的流量，就要使稳压瓶 B 的液面升高，并维持有气泡从 B 瓶内的分流支管下口处不断放出。由于用上述动态混合法可以得到较精确的混合比，并且该混合比可以调节，因此在实验室中得到了广泛的应用。

（3）平衡法。若要配制一定比例的氢气—水蒸气混合气体，可将 H_2 通过保持在恒定温度的水面或经过水鼓泡而出，使 H_2 中含水量达到饱和，此时 H_2 中的水蒸气分压即为该温度下水的蒸气压。改变水的温度即可改变混合气体中的水蒸气分压。此法的关键在于使气相与水相达到平衡。

2.3.3 真空技术

部分冶金过程实验需要在真空环境下进行，如金属或合金的熔炼及提纯等。

2.3.3.1 真空的概念

所谓真空，是指气压低于大气压力的气体空间。习惯上把气压处于 $10^3 \sim 10^{-1}$ Pa 的气体空间称为低真空，这是因为 10^{-1} Pa 是一般转动真空泵所能达到的极限；将气压为 $10^{-1} \sim 10^{-6}$ Pa 的气体空间称为高真空；气压在 10^{-6} Pa 以下的气体空间称为超高真空。

2.3.3.2 获得真空的方法

获得真空的过程称为抽真空。通常使用真空泵来获得真空，一些泵能使气压从一个大气压开始变小；另一些泵只能从较低的气压抽至更低的气压。前者称为前级泵，如机械泵、吸附泵；后者称为次级泵，如扩散泵、离子泵等。预备真空内的气压必须在低于次级泵的起始工作压力后，次级泵才能开始抽气。在规定的气压下，单位时间抽出的气体体积称为抽气速率，即抽速，单位为 m/s 或 L/s。某一真空系统在经过足够长的排气时间后所能达到的最低气压称为极限真空度。

真空泵的种类有很多，其工作原理各不相同，应用范围也不同。真空泵主要有以下几种：

（1）往复式真空泵。往复式真空泵是获得粗真空的设备，其极限真空度为 1 kPa。一般适用于真空蒸馏、真空蒸发和浓缩、真空结晶、真空干燥、真空过滤等工作。这种真空泵不适用于抽除腐蚀性气体或含有颗粒状灰尘的气体。

（2）水蒸气喷射真空泵。水蒸气喷射真空泵可用于真空蒸发、真空浓缩、真空干燥、真空制冷、真空蒸馏、真空冶炼等各项工作。具有抽气量大、真空度较高（可达 0.1 Pa）、安装运行和维修简便等许多优点。

（3）滑阀式真空泵。滑阀式真空泵一般用于真空冶炼、真空干燥、真空处理、真空蒸缩等作业，也可以作为高真空泵的前级泵，其极限真空度可达 0.07 Pa。它不适于抽除含氧过高的、有爆炸性的以及会对黑色金属及真空泵油起化学作用的气体。

（4）机械真空泵。机械真空泵具有抽速大、体积小、噪声低、驱动功率小、启动快等优点，目前已广泛应用在冶金工业、化学工业和电子工业中。其极限真空度可达 0.01 Pa，在 $100 \sim 1$ Pa 下有较大的抽速。

（5）油真空泵。油真空泵在 $1 \sim 0.1$ Pa 下有较大的抽气能力，可弥补低真空泵和高真空泵在该压强范围内抽速较小的缺点。其对于惰性气体与其他气体有相同的抽力，并且具有结构简单，无机械转动部分，便于操作、维护，寿命长等特点。

（6）涡轮式分子真空泵。涡轮式分子真空泵是获得超高真空的设备之一，具有启动快；抽速平稳，在 $1 \sim 10^{-6}$ Pa 内具有恒定的抽速；即使工作时突然暴露在大气中，也不会发生损坏等特点。其极限真空度可达 $10^{-5} \sim 10^{-8}$ Pa。

（7）吸附泵。吸附泵的吸气量大，无污染、无噪声、无振动，在大气压力下即可开始抽气，常作为无油蒸气污染的前级泵使用。当在液氨温度下使用吸附泵时，其极限真空度可达 1 Pa。在连续使用较长时间后，吸附剂分子筛会逐渐粉化，此时应予以更换。

（8）升华泵和吸气剂泵。如钛升华泵可在压力低于 0.1 Pa 的环境中工作，其极限真空度可达 10^{-9} Pa。吸气剂泵采用非蒸散型，其极限真空度也可达 10^{-9} Pa。然而由于这两种泵很难保证最大限度地激活和重复地控制抽速，因此不能作为超高真空的主泵。

（9）离子泵。常用的离子泵是溅射离子泵，它的启动压力为 0.1 Pa，极限真空度可达 10^{-8} Pa 以下。其前级泵可使用吸附泵或机械泵，其中机械泵须采用冷阱捕集机械泵产生的油蒸气。

除上述的几种真空泵以外，还有很多种真空泵。高真空机组是可以独立完成抽真空工作的成套设备，它是以油扩散泵和机械泵为主体组合而成的，使用它可以获得 $10^{-3} \sim 10^{-4}$ Pa 真空度。机组本身设有高低真空测量规管接头，可以方便地测量各点的真空度。

2.3.3.3 真空系统检漏

由于真空覆盖的压力范围很广，低到几百上千帕的低真空，高至 10^{-9} Pa 的超高真空，不可能通过一种真空计实现全真空范围内的测量，因此必须针对不同的压力范围选择适合量程范围的真空计，以实现不同压力区间的准确测量及控制。

真空计一般分为两类：能够从测量的物理量直接计算得到气压的称为绝对真空计；另一类为相对真空计，其所测的量必须在和绝对真空计校准后才能得到压力值。相对真空计与绝对真空计相比，其测量准确性稍差，但测量方便、迅速，可连续测量，因此应用范围更广。

漏气是真空的大敌，要想获得并维持真空，必须掌握真空检漏技术。真空检漏就是检测真空系统的漏气部位及其大小的过程。用于检漏的仪器有氨质谱检漏仪、卤素检漏仪、高频火花检漏器、气敏半导体检漏仪以及用于质谱分析的各种质谱计。检漏方法有很多，根据被检件所处的状态可分为充压检漏法、真空检漏法及其他检漏法。

（1）充压检漏法。在被检件内部充入一定压力的示漏物质，如果被检件上有漏孔，那么示漏物质便会从漏孔漏出。用一定的方法或仪器检测被检件外部从漏孔漏出的示漏物质，从而判定漏孔的存在、位置及漏率的大小，称为充压检漏法。

（2）真空检漏法。被检件和检漏器的敏感元件处于真空状态，在被检件的外部施加示漏物质，如果有漏孔，那么示漏物质就会通过漏孔进入被检件和敏感元件的空间。通过敏感元件检测示漏物质，从而判定漏孔的存在位置和漏气的大小，称为真空检漏法。

（3）其他检漏法。被检件既不充压也不抽真空，或其外部受压等方法归入其他检漏法。背压检漏法就是其中的主要方法之一。所谓背压检漏法，是指利用背压室先将示漏气体由漏孔充入被检件，然后在真空状态下使示漏气体再从被检件中漏出，通过某种方法（或检漏仪）检测漏出的示漏气体，从而判定被检件的总漏率。

复习及思考题

1. 电阻炉内发热体有哪些？当电阻炉常用温度为 1600 ℃时，应采用哪种发热体？
2. 在中等保温情况下，假设有一电阻炉的炉管内径为 8 cm，加热部分长度为 80 cm，欲加热到 1600 ℃，试求出其在中等保温情况下所需功率。
3. 感应炉的利弊分别有哪些？
4. 简述热电偶的测温原理及其基本性质。
5. 如果测量温度为 1500 ℃，应该采用哪种热电偶进行测量，为什么？
6. 简述温度显示仪表的类型及其特点。
7. 简述压力测量的方法和特点。
8. 流量测量的方法有哪些？
9. 流速测量的方法有哪些？
10. 实验室混合气体的配置方法有哪些？
11. 实验室高压储气瓶的颜色分别是什么？（O_2、N_2、H_2、Ar、CO_2、Cl_2、NH_3）

参 考 文 献

[1] 李钒. 冶金与材料近代物理化学研究方法 [M]. 北京：冶金工业出版社，2018.
[2] 杨少华. 现代冶金试验研究方法 [M]. 北京：冶金工业出版社，2021.
[3] 陈建设. 冶金试验研究方法 [M]. 北京：冶金工业出版社，2012.
[4] 王常珍. 冶金物理化学研究方法 [M]. 北京：冶金工业出版社，2002.
[5] 伍成波. 冶金工程实验 [M]. 重庆：重庆大学出版社，2005.

［6］赵秀峰，李峰，孟浩杰，等．微波加热技术在冶金工程中的应用［J］．有色冶金设计与研究，2021，42（5）：16-18.

［7］郭美荣．热工实验［M］．北京：冶金工业出版社，2015.

［8］潘汪杰．热工测量及仪表［M］．北京：中国电力出版社，2009.

［9］邢桂菊．热工实验原理和技术［M］．北京：冶金工业出版社，2009.

［10］刘玉长．自动检测和过程控制［M］.4 版．北京：冶金工业出版社，2010.

［11］张华．热工测量仪表［M］.2 版．北京：冶金工业出版社，2013.

冶金热力学与动力学研究方法

本章提要

冶金过程的化学反应十分复杂，且大多数反应为高温条件下发生的非均相反应。主要反应类型包括：气相-固相反应，如氧化物分解、CO 气体还原铁矿石等；气相-液相反应，如气相中氧与钢液中元素（Si、Mn 等）的反应、气体（H_2、N_2 等）在钢液中的溶解等；液相-液相反应，如炉渣对钢液或铁水的脱磷脱硫、熔渣中 FeO 对钢液中元素的氧化等；液相-固相反应，如合金元素（Cr、Ni 等）在钢液中的溶解、炉渣对耐火材料的侵蚀等；气相-熔渣-金属液反应，如高炉中 CO 还原炉渣中的有益元素进入铁液；熔渣-金属液-炉衬反应，如高炉炉缸中渣铁冲刷炉衬发生的反应。

冶金热力学主要研究冶金反应在一定条件下进行的可能性、方向及限度，其研究目的是控制或创造一定的条件，使冶金反应达到生产所要求的方向及程度，获得最优的反应过程。冶金动力学主要研究化学反应速率及限制性环节，力求获得本征动力学数据，对反应过程机理做出准确的判断，并在此基础上建立动力学方程式。

本章主要介绍冶金热力学与动力学的研究方法。其中，冶金热力学研究方法主要包括热力学计算基础、热力学计算模型、热力学计算软件、冶金反应平衡、相平衡及固体电解质电池相关原理等；动力学研究方法主要包括分子动力学计算、动力学计算模型、气-固、气-液、液-液和固-液等反应动力学研究方法，为系统掌握冶金热力学和动力学研究提供方法支撑。

3.1　冶金热力学研究方法

3.1.1　热力学计算基础

计算科学的发展对冶金过程及材料设计产生了革命性的影响。通过热力学计算软件可以研究一些实验无法研究的理论，同时也可以使复杂的实验通过计算的方式得出结果，从而减少实验程序，节约时间和能源，提高效率，提供指导。对于钢铁材料而言，热力学计算的意义尤为重大。这是因为钢铁是产量最大、应用面最广的材料，其组成元素较多，生产工艺复杂，其中每一个环节的变化都对后续的工艺乃至最终产品的性能产生显著的影响，而以前钢铁材料的发展很大程度上依赖于工程师的知识和经验，具有较大的局限性。

热力学计算是指基于现有的数据库，通过一定的公式和条件，计算出相关的热力学行为，包括物质热化学性质、化学反应、多元多相平衡及状态图等。

热力学计算的三大要素是热力学模型、热力学数据库和热力学软件。

（1）热力学模型。从热力学基本原理出发，建立冶金及材料热力学的数学模型，并以算法形式表达出来。

（2）热力学数据库。积累和优化冶金及各种材料体系的热力学数据，形成冶金及各类材料的热力学数据库。

（3）热力学软件。利用以上热力学数据库和计算模型，采用最小自由能等优化算法，实现各种条件下复杂体系的相平衡计算，从而获得计算相图或体系平衡的其他信息。

3.1.2 热力学计算模型

冶金热力学计算模型是指将冶金过程的各反应物质用矩阵的形式表示出来，利用线性代数的方法来计算反应的结果。对于复杂体系，需要确立 N 个独立反应数和独立反应方程，然后根据独立反应方程求解。在一个封闭体系中，元素的原子量始终是守恒的，热力学计算就是依据原子矩阵表示的质量平衡方程来进行的。

3.1.2.1 反应物质的标准生成吉布斯自由能

根据有关热力学手册可以查到某一温度下（如 298.15 K）物质的标准生成焓，可利用生成焓、熵与温度的关系计算不同温度下参加反应的各物质的标准生成吉布斯自由能。根据吉布斯自由能定义式得到的物质的标准摩尔生成自由能方程如下：

$$\Delta_f G_m^{\ominus}(T) = \Delta_f H_m^{\ominus}(T) - T S_m^{\ominus}(T) \tag{3-1}$$

式中　$\Delta_f G_m^{\ominus}(T)$ ——物质的标准摩尔生成自由能；

　　　$\Delta_f H_m^{\ominus}(T)$ ——物质的标准摩尔生成焓；

　　　$S_m^{\ominus}(T)$ ——物质的标准摩尔熵。

3.1.2.2 化学反应的吉布斯自由能

对于恒温下的化学反应，反应的标准摩尔吉布斯自由能方程为：

$$\Delta_r G_m^{\ominus}(T) = \Delta_r H_m^{\ominus}(T) - T \Delta_r S_m^{\ominus}(T) \tag{3-2}$$

式中　$\Delta_r G_m^{\ominus}(T)$ ——化学反应的标准摩尔吉布斯自由能；

　　　$\Delta_r H_m^{\ominus}(T)$ ——化学反应的标准摩尔反应焓；

　　　$\Delta_r S_m^{\ominus}(T)$ ——化学反应的标准摩尔反应熵。

利用温度与焓变、熵变的关系，可计算任意温度下反应的吉布斯自由能。

3.1.2.3 平衡体系组成的计算

对于单一反应的体系，可以采用简单的平衡常数法来进行平衡体系组成的计算。当反应条件确定后，利用物量平衡方程即可计算反应平衡时各组分的摩尔分数。而对于冶金反应体系，由于体系中往往会同时发生多个反应，因此需首先确定体系的独立反应数，然后依据独立反应的平衡常数，结合体系总反应和质量守恒方程来补充计算。此时，可用求解非线性方程组的牛顿-拉夫森方法求解，也可采用最小 G 值法，即将反应体系看作一个整体，寻找体系总的吉布斯自由能变量变化的极小值。

3.1.2.4 组分活度的计算

对于钢水中组分的活度，采用相互作用系数进行计算，公式如下：

$$\lg f_B = \sum_B e_B^j w_j (B, j \neq Fe) \tag{3-3}$$

式中　e_B^j ——金属液中组分 j 对组分 B 的活度相互作用系数；

w_j ——组分 j 的质量分数；

f_B ——组分 B 的活度因子。

当金属液中各组分含量较高时，需考虑二级活度相互作用系数。

对于熔渣体系，可采用熔渣热力学模型计算。其中，完全离子溶液模型和正规离子溶液模型作为聚集电子相熔渣组分活度模型，能够适用于多组分的广大渣系。

3.1.3 热力学计算软件

目前热力学计算领域已形成了众多的算法和软件，这是由于热力学体系的多样性导致热力学模型众多，且热力学计算依赖于特定的材料热力学数据库。但在冶金及材料工程领域中，目前居主导地位的是以计算相图（CALPHAD）方法为核心的热力学计算工具，流行的软件包括 Thermo-Calc、FactSage、Pandat、JMatPro 等。

3.1.3.1 Thermo-Calc

Thermo-Calc 是热力学计算软件的开拓者，软件的开发历史悠久，功能比较完善和强大，所涉及的领域比较广泛，包括冶金、金属合金、陶瓷、熔岩、硬质合金、粉末冶金和无机物等。

该软件可进行热力学和动力学方面的计算。其中，热力学计算包括相图、热力学性能、凝固模拟、液相面、热液作用、变质、岩石形成、沉淀、风化过程的演变、腐蚀、循环、重熔、烧结、煅烧、燃烧中的物质形成、薄膜的形成、化学有序无序等；动力学计算包括扩散模拟，如合金均匀化、渗碳、脱碳、渗氮、奥氏体/铁素体相变、珠光体长大、微观偏析、硬质合金的烧结等。Thermo-Calc 最好的数据库是 Fe，其他可用的数据库也非常多，包括众多无机物数据库、陶瓷数据库、硬质合金数据库、核材料数据库等。该软件适合于开展黑色金属行业的科学研究，尤其是理论研究，在陶瓷、化工等行业也可使用。

3.1.3.2 FactSage

FactSage 主要是通过熔盐、氧化物、无机物热力学计算发展起来的，非常适合冶金、化工等行业应用。此外，FactSage 也能计算金属相图，其应用可贯穿于整个冶金及材料加工过程。

软件功能包括多元多相平衡计算，优势区图、电位-pH 图的计算与绘制，热力学优化、作图处理。FactSage 最有优势的数据库包括金属溶液、氧化物液相与固相溶液、锍、熔盐、水溶液等溶液数据库和炉渣数据库，也可提供钢铁、轻金属、贵金属等合金数据库和超纯硅数据库。主要应用于材料科学、火法冶金、湿法冶金、电冶金、腐蚀、玻璃工业、燃烧、陶瓷、地质等行业。

3.1.3.3 Pandat

Pandat 主要是通过抓住竞争对手界面不友好和需要计算初值的弱点发展起来的，目前主要是在金属材料也就是合金行业中发展。

软件功能包括相图计算、热力学性能、凝固模拟、液相投影面、相图优化以及动力学二次开发等。Pandat 数据库主要的优势还在于有色金属方面，尤其是数据库中 Mg 和 Al 的数据应该是最全面的，除此之外，还有自主开发的 Ti、Fe、Ni、Zr、Cu 的数据等。适用于科学研究、工程应用，但目前只推荐用于金属行业。

3.1.3.4 JMatPro

JMatPro 的定位非常新颖，主要是做金属材料性能的计算（其他材料不可用），如热力学性能、热物理性能、机械性能、热处理相关性能。由于数据库和软件绑定在一起，因此没有软件和数据库之分。

软件功能包括相平衡计算、热物理性能计算、凝固性能计算、机械性能计算（强度、硬度、蠕变）、热处理相变模拟（过冷奥氏体连续冷却转变 CCT 曲线和等温转变 TTT 曲线、淬火）等。目前可为很多模拟软件提供基础材料数据，包括 Fe（分为铸铁、不锈钢、通用钢）、Ni、Ti、Al、Mg、Zr、焊料合金等材料。适用于工程研究（可将材料数据用于其他科学研究），但目前只能用于金属材料和电子封装行业。

3.1.4 冶金反应平衡研究

冶金过程的化学反应虽然千差万别，各有各的特殊性，但是也有共性，即都遵循一定的物理化学变化规律。冶金过程的化学反应一般可用下列方程式表示：

$$a\text{A} + b\text{B} \Longrightarrow c\text{C} + d\text{D} \tag{3-4}$$

平衡常数 K 可表示为：

$$K = \frac{a_\text{C}^c a_\text{D}^d}{a_\text{A}^a a_\text{B}^b} \tag{3-5}$$

式中　a——反应物和生成物的活度。

反应在一定温度下的标准自由能变化为：

$$\Delta G_T^\ominus = (c\Delta G_\text{C}^\ominus + d\Delta G_\text{D}^\ominus) - (a\Delta G_\text{A}^\ominus + b\Delta G_\text{B}^\ominus) \tag{3-6}$$

反应的自由能变化为：

$$\Delta G_T = \Delta G_T^\ominus + RT\ln Q \tag{3-7}$$

反应的标准自由能与平衡常数的关系为：

$$\Delta G_T^\ominus = -RT\ln K \tag{3-8}$$

化学反应平衡研究的核心问题就是求反应的平衡常数 K 或平衡时反应物质的活度（如果为气相，则为分压），从而计算其他相关的热力学数据。

3.1.4.1 冶金反应平衡的主要研究方法

用化学平衡法研究气相—凝聚相反应平衡，可分为压力计法、体积法、定组成气流法、循环法等。

A 压力计法

压力计法通过测定反应体系的压力变化来确定平衡状态，适用于平衡气相中只有一个气体成分的体系。如：

$$\text{MCO}_3(\text{s}) \Longrightarrow \text{MO}(\text{s}) + \text{CO}_2(\text{g}) \tag{3-9}$$

$$\Delta G^\ominus = -RT\ln K = -RT\ln p_{\text{CO}_2} \tag{3-10}$$

试验时，首先将需要被研究的化合物放入高温反应器内，然后将体系密封、抽真空，并加热到试验温度，再用压力计测定平衡气相压力 p_{CO_2}，即可求出反应的 K 和 $\Delta G^\ominus$。

B 体积法

体积法是用来研究气体在金属中溶解平衡的方法。气体在金属中的溶解度取决于金属和气体的性质、气体的压力和温度。例如：

$$H_2(g) \xrightarrow{} 2[H] \tag{3-11}$$

如果在试验过程中使用纯铁，由于 H_2 在铁液中的溶解度很小，可忽略元素之间的相互作用，所以 $a_H = [\%H]$，则反应的溶解平衡常数为：

$$K = [\%H]^2 / p_{H_2} \quad 或 \quad [\%H] = K' \sqrt{p_{H_2}} \tag{3-12}$$

当测定 H_2 在铁液中的溶解度时，可将高纯铁放入一个事先在感应炉中抽成真空的密封系统的坩埚内进行熔化，然后通入一定量的 H_2，铁液从气相中吸收 H_2，直到饱和（达到饱和可由气相的压力稳定不变来判断）。

C   定组成气流法

定组成气流法适用于气相是由一种、两种或两种以上气体组成的反应体系，其基本原理是控制气相组成一定，使其连续流过所研究的凝聚相，根据反应后凝聚相的重量或成分等的变化来确定反应是否达到平衡，然后根据平衡时的数据计算相关的热力学量。

D   循环气流法

循环气流法利用一个循环泵使混合气体在密闭体系中以一定流速循环通过处于一定温度下的凝聚相，当气相的循环流动速度足够高时，基本上可消除热扩散现象。由于接近凝聚相的气相能够不断地循环更换，所以能较快地达到平衡状态。可通过测定气体的组成有无变化来确定反应是否达到平衡。

3.1.4.2   冶金反应的主要热力学数据测定

A   化合物标准生成自由能测定

以钢液中利用稀土元素 Ce 进行脱硫反应的平衡为例，说明化学反应平衡常数和标准生成自由能的测定方法。

稀土元素 Ce 脱硫反应的产物为固体，反应式如下：

$$CeS(s) \xrightarrow{} [Ce] + [S] \tag{3-13}$$

反应的平衡常数为：

$$K = a_{Ce} a_S = f_{Ce}[\%Ce] f_S[\%S] \tag{3-14}$$

反应的表观平衡常数为：

$$K' = [\%Ce][\%S] \tag{3-15}$$

所以：

$$K = K' f_{Ce} f_S \tag{3-16}$$

则：

$$\lg K = \lg K' + e_{Ce}^{Ce}[\%Ce] + e_S^{Ce}[\%Ce] + e_S^S[\%S] + e_{Ce}^S[\%S] \tag{3-17}$$

由于相互作用系数 e_{Ce}^{Ce}、e_S^S 的值很小，可忽略不计，因此上式可变为：

$$\lg K = \lg K' + e_S^{Ce}[\%Ce] + e_{Ce}^S[\%S] \tag{3-18}$$

由换算式：

$$e_{Ce}^S = \frac{1}{230} \left[(230 e_S^{Ce} - 1) \cdot \frac{M_{Ce}}{M_S} + 1 \right] \tag{3-19}$$

可得：

$$e_{Ce}^S = 4.36 e_S^{Ce} - 0.015 \tag{3-20}$$

进一步略去后项可得：

$$e_{Ce}^{S} = 4.37 e_{S}^{Ce} \tag{3-21}$$

将式（3-21）代入式（3-18），得到：

$$\lg K = \lg K' + e_{S}^{Ce}[\%Ce] + 4.37 e_{S}^{Ce}[\%S] \tag{3-22}$$

即：

$$-\lg K' = -\lg K + e_{S}^{Ce}\{[\%Ce] + 4.37[\%S]\} \tag{3-23}$$

在 1600 ℃ 条件下，当上述反应达到平衡时，取样分析可得到 [%Ce] 和 [%S]，根据式（3-15）可计算得到 K'，此时画出 $-\lg K'$ 与 $\{[\%Ce] + 4.37[\%S]\}$ 的函数关系图，便得到如图 3-1 所示的实验点。

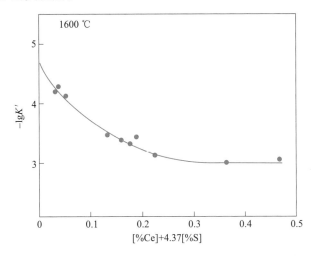

图 3-1　1600 ℃ 下 Ce 脱硫反应平衡时元素浓度与 K' 的关系

若将图 3-1 中各实验点进行数据拟合，并外推到 $\{[\%Ce] + 4.37[\%S]\} \to 0$，则有

$$-\lg K' = -\lg K, \quad 即 \quad K' = K。 \tag{3-24}$$

由此可求得反应平衡常数 K。将不同温度下实验得到的平衡常数 K 对温度 T 作图，可得到 K 与 T 的关系，进而可求得稀土元素 Ce 脱硫反应的 $\Delta G^{\ominus}$。

B　溶质活度及元素间相互作用系数测定

以铁液中利用 H_2 进行脱硫反应的平衡为例，说明溶质活度及元素间相互作用系数的测定方法。

利用 H_2-H_2S 混合气体与铁液进行平衡反应实验，反应式如下：

$$H_2(g) + [S] \rightleftharpoons H_2S(g) \tag{3-25}$$

反应的平衡常数为：

$$K = \frac{p_{H_2S}}{p_{H_2} a_S} = \frac{p_{H_2S}}{p_{H_2} f_S[\%S]} \tag{3-26}$$

反应的表观平衡常数为：

$$K' = \frac{p_{H_2S}}{p_{H_2}[\%S]} \tag{3-27}$$

在一定温度下，当不同比例的 H_2-H_2S 混合气体与铁液的反应达到平衡时，取样分析可得到 [%S]，根据式（3-27）可计算得到 K'。将平衡实验结果得到的 K' 与 [%S] 作图，进行数据拟合处理后得到图 3-2。

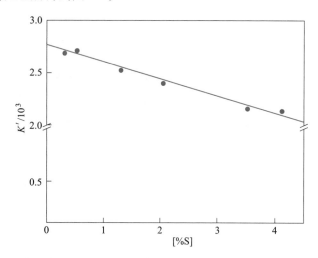

图 3-2   一定温度下 H_2-H_2S 混合气体与铁液反应平衡时 [%S] 与 K' 的关系

因为 $\lg f_S = e_S^S[\%S]$，当图 3-2 中 [%S] 趋近于 0 时，$f_S = 1$，$a_S = [\%S]$，所以可得到 $K' = K$。首先，通过图 3-2 中曲线在纵坐标轴上的截距得到 $K = 2.64 \times 10^{-3}$。其次根据式 (3-26) 求得不同 p_{H_2S}/p_{H_2} 时的 a_S 值，然后按 $a_S = f_S[\%S]$ 的关系求出不同 [%S] 时的 f_S 值。最后将 $\lg f_S$ 对 [%S] 作图，如图 3-3 中的 S 曲线所示。因为 $\lg f_S = e_S^S[\%S]$，所以当 [%S] 趋近于 0 时，图 3-3 中 S 曲线的切线斜率即为相互作用系数 e_S^S。

另外，当铁液中除 S 元素之外，还存在第三种元素 j 时，如何求解 S 元素和 j 元素之间的相互作用系数 e_S^j？

对于 Fe-S-j 三元熔体，当加入第三种元素 j 后，反应的平衡常数 K 不会发生变化，而表观平衡常数 K' 和活度系数 f_S 则会发生变化。根据式 (3-26)，当已知 p_{H_2S}/p_{H_2} 和 [%S] 时，在加入 j 元素后，可求得 f_S。

因为 $f_S = f_S^S f_S^j$，所以：

$$\lg f_S = \lg f_S^S + \lg f_S^j \tag{3-28}$$

由于 $\lg f_S^S = e_S^S[\%S]$，且上文中已求得 e_S^S，在通过分析得到 [%S] 后，即可求得 Fe-S-j 三元系实验的 $\lg f_S^S$。在已求得的 f_S 和 f_S^S 的基础上，可计算获得 f_S^j。

类似地，将 $\lg f_S^j$ 与第三种元素 [%j] 作图，如图 3-3 所示。当 [%S] 趋近于 0 时，通过求出曲线的切线斜率即可得到 e_S^j。

3.1.5   相平衡研究

相平衡作为化学热力学研究的基本内容，主要是应用热力学的原理和方法，研究多相系统的状态（包括相的个数、相的组成、相的相对含量等），以及相平衡系统是如何随着平衡影响因素（温度、压力、组成等）的变化而变化的。

3.1.5.1   相平衡原理

A   相及相数

相是体系内部物理性质和化学性质完全相同且均匀一致的部分的总和。其主要特点

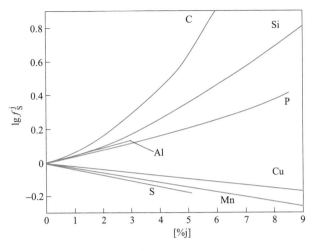

图 3-3 $\lg f_S^j$ 与 $[\%j]$ 的关系

如下：

（1）相与相之间有分界面，可采用机械方法将其分离，在越过界面时会发生性质突变。例如当水和水蒸气共存时，二者的组成同为 H_2O，但物理性质完全不同，是两个不同的相。

（2）相与物质的数量无关，一个相不一定只含一种物质，一种物质也不一定只有一种相。例如乙醇和水的混合溶液，由于二者能以分子形式完全互溶，且混合后各部分的物理化学性质完全相同且均匀，所以尽管该系统中含有两种物质，但整个系统只有一个液相；水尽管是一种物质，但有固相、液相、气相三相。

（3）相与物质是否连续无关。例如水中有许多冰，但所有的冰只为一相。

一般来说，相的判定取决于其在微观尺度下是否均匀。例如气体因为能以任意比例混合均匀，所以仅构成一相；能够完全互溶的液体视为一相；如果几种固态物质能以任意比例互溶，则将形成的固溶体视为一相。一个系统中所含相的数目为相数，以符号 P 表示。根据所含相数的多少，系统可分为单元系统（$P=1$）、二元系统（$P=2$）、多元系统（$P\geq3$）。

B　独立组元及独立组元数

系统中每个能单独分离出来，并能独立存在的化学纯物质，称为组元（物种）。系统中组元的数目称为组元数，用符号 S 表示。

形成平衡系统的过程中，各相组成所需的最小数目的化学纯物质（物种），称为独立组元。独立组元的数目称为独立组元数，用符号 C 表示。在没有化学反应发生的体系中，独立组元数等于组元数（$C=S$）；若体系中各组分之间有化学反应发生，则独立组元数等于组元数减去所进行的独立化学反应数，即 $C=S-R$（R 为独立化学反应数）。另外，如果一个系统中同一相内存在一定的浓度关系，独立的浓度关系数用符号 R' 表示，则独立组元数＝组元数－所进行的独立化学反应数－独立的浓度关系数，即 $C=S-R-R'$。例如，在 $NH_4Cl(s)$ 分解为 $NH_3(g)$ 和 $HCl(g)$ 达到平衡的反应系统中，因为 $NH_3(g)$ 和 $HCl(g)$ 为一个气体相，且存在 $n(NH_3):n(HCl)=1:1$ 的浓度关系，因此 $C=3-1-1=1$。

C　自由度

平衡体系中，在不引起系统中旧相消失和新相生成的条件下，将可以独立改变的变量称为自由度，即描述平衡系统各相状态所需的独立变动的强度性质，用符号 F 表示。一般指组分浓度、温度和压力。对于单元体系，由于只有一个组分，所以组分不是变量；对于二元体系，组分是一个变量；三元体系的组分是两个变量，依此类推。例如，如果要保持系统中的冰、水、水蒸气三相共存，则系统的温度和压力必须同时保持在 0.0098 ℃ 和 610.48 Pa，此时该系统的自由度数 $F=0$；如果要保持系统中只有一个液相，则系统的温度和压力可以在一定范围内任意改变，此时该系统的自由度数 $F=2$。

D　影响因素数

外界影响因素是指影响系统平衡状态的外界因素，包括温度、压力、电场、磁场、重力场等。外界影响因素的数目称为影响因素数，用 n 表示。通常情况下只需考虑温度和压力对系统平衡状态的影响，即 $n=2$；而对于凝聚态系统，外界影响因素主要是温度，即 $n=1$。

E　相律

自由度 F、独立组元数 C、相数 P 与能够对系统的平衡状态产生影响的外界因素数 n 之间存在一定的关系，这个关系就是相律。需注意的是，相律只适用于平衡体系，其表达式为：

$$F = C - P + n \tag{3-29}$$

相律的基本原理如下：

(1) 连续性原理。当决定体系状态的参数（如温度、压力、浓度）发生连续变化时，如果体系中相的数目和特点没有变化，则体系的性质将会发生连续变化；如果体系中有新相生成、旧相消失或溶液中有络合物生成，则体系的性质将发生跳跃式变化。

(2) 对应原理。体系中每个化学个体以及每个可变组成的相，都与相图上一定的几何图形相对应。体系中发生的一切变化都反映在相图上，其中的点、线、面都与一定的平衡关系相对应。如果体系的组成和性质发生连续变化，则其反映在相图上的曲线也是连续的。

(3) 化学变化统一性原理。不管是水盐体系还是熔盐、硅酸盐、合金、高温材料等体系，只要在体系中发生的变化是相似的，它们的几何形状就是相似的。因此，在从理论上研究相图时，通常不是以物质来分类，而是以发生什么变化来分类。

(4) 塔曼三角形原理。假设体系中各熔合体的质量相等，且在完全相同的条件下冷却，则在冷却曲线上相当于低共熔温度停顿的时间或水平线段的距离和析出的低共熔物重量成正比。在纯组分处，停顿的时间为零；而在组分相当于低共熔物时，停顿的时间最长。据此可求得低共熔点的组成，即在组成-熔点图上相当于过低共熔点的温度处，垂直于组成轴，在相应的组成上作某些线段，使其与停顿时间成正比。经过诸线段的末端画两条直线，得到一个三角形，三角形高度的组成即相当于所求的低共熔点的组成。

3.1.5.2　相平衡研究方法

相平衡的研究方法通常有两种，即数学表达式和相图。数学表达式是指利用热力学基本公式，推导出系统的温度、压力与各相组成间的关系，并将其通过数学公式表达出来；相图是指根据多相平衡的实验结果，绘制出的表示转化状态的几何图形，用以表达系统的温度、压力与各相组成间的关系。相图作为相平衡的直观表现，在化工、冶金、材料等领域具有重要的指导意义，其研究方法主要有两大类，即动态法和静态法。

A 动态法

动态法是指通过体系在加热过程和冷却过程中发生的热效应，画出加热曲线和冷却曲线，以确定相变温度。常用的两种方法是加热（或冷却）曲线法和差热分析法。

（1）加热（或冷却）曲线法。加热（或冷却）曲线法是制作相图最常用的方法，其过程为：首先作出体系中所有组成（实际是选一些有代表性的组成）的加热（或冷却）曲线（温度-时间曲线），找出各相变温度，如开始析晶温度、转熔温度、析晶终了温度等，然后将各组成相应的相变温度连起来。如果系统在均匀加热（或冷却）过程中不发生相转化，则温度-时间曲线将以均匀变化的直线形式延伸下去；反之，如果体系中有相变发生，因为存在热效应，则在曲线上必有突变和转折。

以 Bi-Cd 系统从高温液态逐步降温冷却为例，在步冷曲线上出现明显的平台，说明在相应温度处发生了相变。将各组成在冷却曲线上的结晶开始温度和结晶终了温度分别相连，便可得到该系统的相图，如图 3-4 所示。

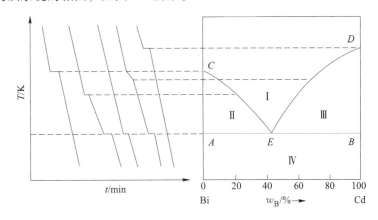

图 3-4 Bi-Cd 系统的步冷曲线及其相图绘制

加热（或冷却）曲线方法简单，测定速度较快，但要求试样均匀，测温过程要快而准，对于相变迟缓系统的测定的准确性较差。

（2）差热分析法。差热分析法可以准确测定相变过程的微小热效应，进而确定相变温度及相变时的反应热。差热分析装置的基本原理如图 3-5 所示，包括程序控温电炉、盛样容器、差热放大单元和记录单元等。图中的 S 和 R 是置入加热器中用来盛被测试样和中性体的容器；a 和 b 是差热电偶的两个热端，分别插入被测试样和中性体内。作为中性体的物料，应是在所测定的温度范围内不发生任何热效应的物质。当加热器（电炉）均匀升温时，若被测试样无热效应产生，则试样和中性体的升高温度相同，从而两对差热电偶所产生的热电势相等，且因方向相反而相互抵消，因此检流计指针不会发生偏转。当试样发生相变时，由于产生了热效应，试样和中性体之间的温差破坏了热电势的平衡，因此检流计指针会发生偏转，偏转的程度与热效应的大小相对应。

差热分析实验结束后，以温度为横坐标，检流计读数（实际表示的是温差 ΔT 的大小）为纵坐标，绘制差热分析曲线（DTA 曲线）。当试样在升温过程中没有热效应时，$\Delta T = 0$，曲线呈平直形状；当试样在升温过程中有热效应时，曲线上出现谷形或峰形，根

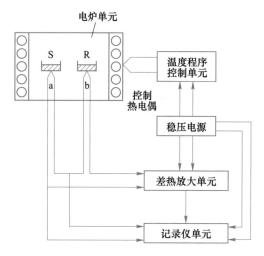

图 3-5   差热分析装置示意图

据谷形或峰形的位置可以判定试样中相变发生时的温度。

B   静态法

在相变速度很慢或有相交滞后现象产生时，动态法常常很难准确地测得相变温度，而静态法则可有效地克服这种问题。静态法又称为淬冷法，主要是通过将试样在高温下充分保温后迅速淬冷，使试样来不及发生相变，保持高温下的平衡状态，可对高温下试样的平衡共存相数、相组成、形态和数量等直接进行测定。高温下系统中的液相经急冷后转变为玻璃体，而晶体则以原有晶型保存下来。

图 3-6 所示为利用淬冷法测定简单二元相图的过程。试样经淬冷后，如仅能观察到玻璃体的试样，则其状态点均应在液相线 aE、bE 以上；如淬冷后可以观察到 A 晶体（或 B 晶体）与玻璃体的试样，则其状态点应在液相线 aE（或 bE）与固相线之间；如淬冷后只能观察到晶体，则其状态点应在低共熔线以下。显然，只要试样均匀，且选取的温度间隔和组成间隔足够小，就能准确地确定液相线和固相线的位置。近年来，在相图测定中，已经开始应用高温显微镜和高温 X 射线衍射仪等手段协同检验系统高温时的相状态。

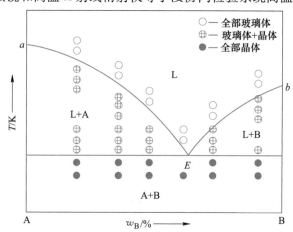

图 3-6   利用淬冷法测定简单二元相图的示意图

3.1.5.3 相平衡研究实例

A 杠杆规则

杠杆规则是相图分析中的一个重要原理，可以计算在一定条件下系统中平衡各相间的数量关系。

如图 3-7 所示，假设由 A 和 B 组成的原始混合物（或熔体）的组成为 M，在某一温度下，此混合物变为两个组成分别为 M_1 和 M_2 的新相。若组成为 M 的原始混合物含 B $b\%$，总质量为 G；新相 M_1 含 B $b_1\%$，质量为 G_1；新相 M_2 含 B $b_2\%$，质量为 G_2。由于变化前后混合物的总质量不变，因此有：

$$G = G_1 + G_2 \tag{3-30}$$

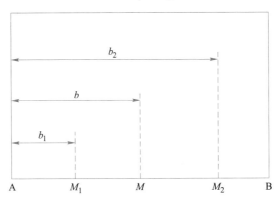

图 3-7　杠杆规则示意图

又因为原始混合物中 B 的质量为 $G \cdot b\%$，新相 M_1 中 B 的质量为 $G_1 \cdot b_1\%$，新相 M_2 中 B 的质量为 $G_2 \cdot b_2\%$，所以：

$$G \cdot b\% = G_1 \cdot b_1\% + G_2 \cdot b_2\% \tag{3-31}$$

将式（3-31）代入式（3-30）得：

$$(G_1 + G_2) \cdot b\% = G_1 b_1\% + G_2 b_2\% \tag{3-32}$$

则有：

$$G_1(b - b_1) = G_2(b_2 - b) \tag{3-33}$$

即：

$$\frac{G_1}{G_2} = \frac{b_2 - b}{b - b_1} \tag{3-34}$$

由图 3-7 可知：

$$b_2 - b = MM_2 \tag{3-35}$$

$$b - b_1 = MM_1 \tag{3-36}$$

所以：

$$\frac{G_1}{G_2} = \frac{MM_2}{MM_1} \tag{3-37}$$

则两个新相 M_1 和 M_2 在系统中的含量为：

$$\frac{G_1}{G} = \frac{MM_2}{M_1M_2} \tag{3-38}$$

$$\frac{G_2}{G} = \frac{MM_1}{M_1M_2} \tag{3-39}$$

由此可见，当一个相转变为两个相时，新生成的两个相的数量与原始相的组成点到两个新生成相的组成点之间的线段距离成反比。因此，使用杠杆规则的关键是分清系统的总状态点和成平衡的两相的状态点，并找准在某一温度下它们各自在相图中的位置。

B　氧化物体系的相平衡研究

以 La_2O_3-CaF_2、La_2O_3-ZrO_2 等含稀土氧化物体系的研究为例，说明氧化物体系的相平衡研究。

首先，将一定量的纯度大于99.9%的 La_2O_3 在900 ℃的温度下灼烧脱水至恒重后，与另一经处理后的组分用分析天平按摩尔比配料，在玛瑙研钵中加入少许无水酒精或苯混拌，再在900~1000 ℃的温度下灼烧2~3次，每次均需研磨。

其次，作为淬火实验进行高温显微镜观察及性质测定的固熔体试样，需要按照初步确定的固熔体稳定条件在高温炉内合成。合成过程在固相反应下进行，温度一般在1200~1400 ℃，时间为4~20 h，对于易挥发的试样（例如 La_2O_3-CaF_2 体系），应放置在有严密盖子的铂坩埚内煅烧合成，利用显微镜或其他手段检查反应进行的程度，用化学分析证明煅烧后试样的组成和配制组成是否相符。对于相反应较难进行的体系（例如 La_2O_3-ZrO_2 体系或其他相似的体系），由于其组分不易挥发，所以可先将混合粉末加少许糊精溶液成型，然后在1300 ℃的温度下煅烧，再将煅烧后的小棒经电弧炉熔融制得试样。对电弧熔化后的试样进行化学分析，确定其组成和配制组成是否相符。为了合成预期的化合物，也可以采用燃烧共沉淀得到氢氧化物的方法。

最后，采用淬冷法确定相区域、液相线与固相线。当温度低于1600 ℃时，试验可在铂铑丝小淬火炉中进行；当温度高于1600 ℃时，试样可在钨丝小淬火炉中进行。保温时间为几分钟至几小时，应根据系统所需的平衡时间而定。对于 La_2O_3-CaF_2 体系，为了避免 CaF_2 挥发，试样要封闭于箔内，用光学显微镜、X射线衍射仪和其他手段鉴定淬火后的物相。高温时生成的液相，经过淬冷后变为丛毛状次生细晶体和具有波状消光的晶体或玻璃体，在显微镜下均容易与原始晶体区别开来。当体系析晶速度很快时，采用一般的淬火法很难确定液相线和固相线，必须用非晶态法等更好的淬火方法，以保持高温平衡态。先采用高温显微镜法作为辅助方法，大致确定液相线和固相线，并将观察到的开始出现液相的温度作为固相线的大致温度，将完全熔化的温度作为液相线的大致温度。再用淬火法确定准确的液相线和固相线。

3.1.6　固体电解质电池原理及应用

利用固体离子导体电解质组成的原电池，在高温物理化学、电化学和固体物理等领域得到了广泛应用，例如用固体电解质电池可测定许多复合氧化物、碳化物、硫化物的热力学参数，还可测定炉渣、熔盐和合金中组分的活度。

3.1.6.1　氧化物固体电解质电池的工作原理

A　导电机理

由于实际固体晶格内存在缺陷，所以固体电解质内的离子能够移动导电。为了增加离子的导电性，可以通过添加某些化学价不同的杂质在固体中形成晶格空位来实现，从而增加可移动离子的数目和离子的涌度（晶格缺陷）。例如，在 KCl 中加入 CaCl₂ 形成固熔体，晶格中一部分 K⁺ 被 Ca²⁺ 所置换，这样就出现了阳离子空位；在 ZrO₂ 中加入适量的 CaO 形成固熔体，由于 Zr 是 +4 价，Ca 是 +2 价，因此 CaO 带到 ZrO₂ 晶格中去的 O²⁻ 离子就减少了一半。在电场作用下，O²⁻ 离子会发生迁移，这种导电方式称为空位机理。如图 3-8 所示为 ZrO₂·CaO 晶体中的离子空位。

在 ZrO₂ 中加入 CaO 不仅能够起到增加 O²⁻ 离子空位的作用，而且能够使 ZrO₂ 晶体转变为稳定结构。常温下，纯 ZrO₂ 是单斜系晶体，当温度达到 1150 ℃时，将转变为正方晶型。由于随温度升高，其体积收缩约 7%；当温度下降时，其体积又发生膨胀，因此 ZrO₂ 的物理性质极不稳定。加入摩尔量为 15% 的 CaO 后，ZrO₂ 可形成稳定的正方晶型，并在 2000 ℃ 以下稳定存在。

B 工作原理

如图 3-9 所示，将 ZrO₂-CaO 固体电解质置于不同氧分压间（$O_2(p_{O_2}^{II}) > O_2(p_{O_2}^{I})$），当连接金属电极时，在电解质与金属电极界面将发生电极反应，并分别建立起不同的平衡电极电位，构成电池的电动势 E 的大小与电解质两侧的氧分压直接相关。

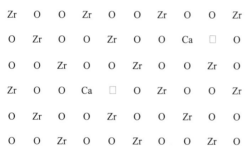

图 3-8　ZrO₂·CaO 晶体中的离子空位

Zr—锆离子；O—氧离子；□—空位

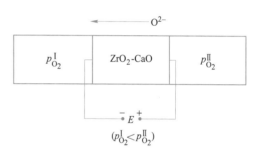

图 3-9　氧浓度差电池的工作原理示意图

高氧分压侧界面的电极反应为：

$$O_2(p_{O_2}^{II}) + 4e === 2O^{2-} \tag{3-40}$$

气相中的 1 个 O₂ 可夺取电极上的 4 个电子，成为 2 个 O²⁻ 并进入晶体。由于该电极失去 4 个电子，因此带正电，是正极。O²⁻ 在氧化学位差的推动下，克服电场力，通过 O²⁻ 空位到达低氧分压侧，并在界面上发生下述电极反应：

$$2O^{2-} - 4e === O_2(p_{O_2}^{I}) \tag{3-41}$$

晶格中的 O²⁻ 失去 4 个电子，变成 O₂ 并进入气相，此时电极带负电，是负极。将式（3-40）和式（3-41）相加，得电池的总反应为：

$$O_2(p_{O_2}^{II}) === O_2(p_{O_2}^{I}) \tag{3-42}$$

相当于氧从高氧分压侧向低氧分压侧迁移，反应的自由能变化为：

$$\Delta G = (G_{O_2}^{\ominus} + RT\ln p_{O_2}^{I}) - (G_{O_2}^{\ominus} + RT\ln p_{O_2}^{II}) = -RT\ln\left(\frac{p_{O_2}^{II}}{p_{O_2}^{I}}\right) \tag{3-43}$$

由热力学原理得知，恒温恒压下体系自由能的降低等于体系对外所做的最大有用功，即：

$$\Delta G = -\delta \omega' \tag{3-44}$$

这里，体系对外所做的有用功为电功，电功等于所迁移的电量与电位差的乘积。当有 1 mol 氧通过电解质时，其所携带的电量为 $4F$（$F = 96500$ C/mol，称为法拉第常数），因此所做的电功为：

$$\delta \omega' = 4FE \tag{3-45}$$

合并式（3-44）和式（3-45），可得：

$$\Delta G = -4FE \tag{3-46}$$

由式（3-43）和式（3-46）可知，电动势与固体电解质两侧界面上氧分压的关系，称为能斯特（Nernst）公式。即：

$$E = \frac{RT}{4F} \ln \frac{p_{O_2}^{\text{II}}}{p_{O_2}^{\text{I}}} \tag{3-47}$$

式中 T——热力学温度，K；

R——摩尔气体常数，$R = 8.314$ J/(mol·K)。

由式（3-47）可以看出，对于一个氧浓度差电池，如果测定了 E 和 T，就可以根据 $p_{O_2}^{\text{I}}$ 和 $p_{O_2}^{\text{II}}$ 中的已知者求得未知者，氧分压已知的一侧称为参比电极。

应该指出，无论是用正离子导电的电解质还是用负离子导电的电解质组成电池，只要实际反应是氧的迁移，其电动势均可由式（3-47）决定。由于在高温条件下，化学反应、电荷迁移及各种类型扩散的速率都很高，高温原电池的相界面或各相内的热力学平衡建立得很快，因此能够很容易地得到平衡电动势。此外，上述讨论都是以可逆过程热力学为基础，所讨论的原电池应该具备下列条件：

（1）在各相和相界面上都始终保持着热力学平衡。

（2）在各相中不存在任何物质的浓度梯度，即不存在任何的不可逆扩散过程。

（3）离子的迁移数等于 1。

如果电池中含有浓度梯度，则电动势应包含扩散电位项。以铅离子导电的电池为例：

$$(-)\text{Pt}(p_{O_2}^{\text{I}}) \mid \text{PbO} \cdot \text{SiO}_2(\text{I}) \mid \text{PbO} \cdot \text{SiO}_2(\text{II}) \mid \text{Pt}(p_{O_2}^{\text{II}})(+) \tag{3-48}$$

实验证实，在很宽的组成范围内，二元液态 PbO-SiO$_2$ 体系中 Pb^{2+} 的迁移数为 1，即电荷的载体是 Pb^{2+}。电极反应分别为：

左侧： $2\text{PbO}(\text{I}) == 2\text{Pb}^{2+}(\text{I}) + \text{O}_2(p_{O_2}^{\text{I}}) + 4\text{e}$

即： $2\text{O}^{2-}(\text{I}) \longrightarrow \text{O}_2(p_{O_2}^{\text{I}}) + 4\text{e} \tag{3-49}$

右侧： $2\text{Pb}^{2+}(\text{II}) + \text{O}_2(p_{O_2}^{\text{II}}) + 4\text{e} == 2\text{PbO}(\text{II})$

即：

$$\text{O}_2(p_{O_2}^{\text{II}}) + 4\text{e} \longrightarrow 2\text{O}^{2-}(\text{II}) \tag{3-50}$$

若不考虑 Pb^{2+} 的扩散，则总反应为：$\text{O}_2(p_{O_2}^{\text{II}}) = \text{O}_2(p_{O_2}^{\text{I}})$。若考虑 Pb^{2+} 的扩散，总反应变为：

$$2\text{Pb}^{2+}(\text{I}) + 2\text{O}^{2-}(\text{I}) + \text{O}_2(p_{O_2}^{\text{II}}) == 2\text{Pb}^{2+}(\text{II}) + 2\text{O}^{2-}(\text{II}) + \text{O}_2(p_{O_2}^{\text{I}}) \tag{3-51}$$

则电池的电动势为：

$$E = \frac{RT}{4F}\ln\frac{p_{O_2}^{II} \cdot a_{PbO(I)}^2}{p_{O_2}^{I} \cdot a_{PbO(II)}^2} \tag{3-52}$$

或

$$E = \frac{RT}{4F}\ln\frac{p_{O_2}^{II}}{p_{O_2}^{I}} - \frac{RT}{4F}\ln\frac{a_{PbO(II)}^2}{a_{PbO(I)}^2} \tag{3-53}$$

式（3-53）右边的第二项就是电池的扩散电位（或接触电位）。可以在一定温度下通过测定电动势来计算 PbO 的活度。

对于成分可变的电解质，若查不到迁移数的数据，那么计算扩散电位就会有一定的困难。这种情况下，可以采用双电池结构（即电池串联）来消除扩散电位。例如：

$$\mathrm{Pt}(p_{O_2}^{I})\,|\,\mathrm{M_A O \cdot M_B O_2}(I)\,|\,\mathrm{Pt}(p_{O_2}^{II})\,|\,\mathrm{M_A O \cdot M_B O_2}(II)\,|\,\mathrm{Pt}(p_{O_2}^{III}) \tag{3-54}$$

两种熔体用透气的铂膜隔开，铂膜两侧具有相同的氧分压，如同一个氧电池。这时电动势是两个串联电池的电动势之和，但由于电池中不包含成分可变相，因此不包含扩散电位，则有：

$$E = \frac{RT}{4F}\ln\frac{p_{O_2}^{II}}{p_{O_2}^{I}} + \frac{RT}{4F}\ln\frac{p_{O_2}^{III}}{p_{O_2}^{II}} = \frac{RT}{4F}\ln\frac{p_{O_2}^{III}}{p_{O_2}^{I}} \tag{3-55}$$

3.1.6.2 钢液中固体电解质电池直接定氧技术

A 钢液定氧探头

为了克服固体电解质对热冲击的敏感性，多采用把固体电解质小片封焊（或黏结）在石英管端部，然后组装成电池的方法。因部分稳定的 ZrO_2 固体电解质的抗热震性能比全稳定的好，所以多使用含 CaO 摩尔分数约 9% 的 ZrO_2。此外，含 MgO 的部分稳定的 ZrO_2 具有较好的抗热震性能，且对较低含氧量的测定场景更加适用。通常选择 Mo/MoO_2 或 Cr/Cr_2O_3 作为参比电极，参比电极引线可采用金属钼丝；与钢液接触的回路电极采用钼棒（钼溶解造成的影响极小），为降低成本和简化结构，回路电极也可以利用测头的铁皮防渣帽，但必须考虑 Fe-Mo 间的热电势影响。

B 钢液定氧原理

根据上述电池结构进行组装后，其电池表达式为：

$$\begin{cases} \mathrm{Mo\,|\,[O]_{Fe}\,|\,ZrO_2-CaO\,|\,Mo,\,MoO_2\,|\,Mo} & (1) \\ \mathrm{Mo\,|\,Cr,\,Cr_2O_3\,|\,ZrO_2-CaO\,|\,[O]_{Fe}\,|\,Mo} & (2) \end{cases}$$

对于电池（1），

正极反应：

$$\mathrm{O_2 + 4e === 2O^{2-}},\ \mathrm{MoO_2 === Mo + O_2},\ \mathrm{MoO_2 === Mo + 2O^{2-}} \tag{3-56}$$

负极反应：

$$\mathrm{2O^{2-} === O_2 + 4e},\ \mathrm{O_2 === 2[O]},\ \mathrm{2O^{2-} === 2[O] + 4e} \tag{3-57}$$

电池反应：

$$\mathrm{MoO_2 === Mo + 2[O]} \tag{3-58}$$

其中，

$$\mathrm{Mo + O_2 === MoO_2},\ \Delta G^{\ominus} = -126700 + 34.18T \tag{3-59}$$

$$\mathrm{O_2 === 2[O]_{Fe}},\ \Delta G^{\ominus} = -56000 - 1.38T \tag{3-60}$$

可得，

$$\lg a_{[O]_{Fe}} = \frac{-(7725 - 10.08E)}{T} + 3.885 \tag{3-61}$$

对于电池（2），

$$\frac{4}{3}Cr + O_2 \Longrightarrow \frac{2}{3}Cr_2O_3, \Delta G^{\ominus} = -180360 + 40.90T \tag{3-62}$$

则有：

$$\lg a_{[O]_{Fe}} = \frac{-(13580 - 10.08E)}{T} + 4.62 \tag{3-63}$$

考虑电子导电的影响，对于电池（1），$p_{O_2}^{II} = p_{O_2}^{(Mo, MoO_2)}$，$p_{O_2}^{I} = p_{O_2}^{[O]}$，则：

$$E = \frac{RT}{F}\left[\ln \frac{p_{O_2}^{(Mo,MoO_2)\frac{1}{4}} + p_{e'}^{\frac{1}{4}}}{p_{O_2}^{[O]\frac{1}{4}} + p_{e'}^{\frac{1}{4}}}\right] \tag{3-64}$$

当温度为 1600 K 时，$p_{O_2}^{(Mo, MoO_2)} = 4.87 \times 10^{-8}$ atm $= 4.87 \times 1.01 \times 10^{-3}$ Pa，$p_{e'} \approx 10^{-15}$ atm $= 1.01 \times 10^{-10}$ Pa，可见 $p_{O_2}^{(Mo, MoO_2)} \gg p_{e'}$。因此式（3-64）可简化为：

$$E = \frac{RT}{F}\left[\ln \frac{p_{O_2}^{(Mo,MoO_2)\frac{1}{4}}}{p_{O_2}^{[O]\frac{1}{4}}}\right] \tag{3-65}$$

则：

$$p_{O_2}^{[O]\frac{1}{4}} = \frac{p_{O_2}^{(Mo,MoO_2)\frac{1}{4}}}{\exp\left(\frac{EF}{RT}\right)} - p_{e'}^{\frac{1}{4}} \tag{3-66}$$

将平衡常数 $K = \dfrac{a_{[O]}^2}{p_{O_2}^{[O]}}$ 代入上式得，

$$a_{[O]}^2 = \left\{\left[\frac{K^{\frac{1}{2}} p_{O_2}^{(Mo,MoO_2)\frac{1}{4}}}{\exp\left(\frac{2EF}{RT}\right)}\right]^{\frac{1}{2}} - p_{e'}^{\frac{1}{4}} K^{\frac{1}{4}}\right\}^2 \tag{3-67}$$

按 Nernst 方程计算的活度为：

$$a_{[O]}^* = \frac{K^{\frac{1}{2}} p_{O_2}^{II\frac{1}{2}}}{\exp\left(\frac{2EF}{RT}\right)} \tag{3-68}$$

由式（3-67）和式（3-68）可得：

$$a_{[O]} = (a_{[O]}^{*\frac{1}{2}} - p_{e'}^{\frac{1}{4}} K^{\frac{1}{4}})^2 \tag{3-69}$$

可以看出，不考虑电子导电会造成正偏差，其误差计算如下：

$$\ln p_{O_2}^{I} = \ln p_{O_2}^{II} - \frac{4EF}{RT} \tag{3-70}$$

溶解反应 $\frac{1}{2}O_2 \Longrightarrow [O]$，$\Delta G^{\ominus} = -RT\ln \dfrac{a_{[O]}}{p_{O_2}^{\frac{1}{2}}}$，则：

$$2\ln a_{[O]} = \ln p_{O_2} - \frac{2\Delta G^\ominus}{RT} \tag{3-71}$$

设 $p_{O_2}^{I} = p_{O_2}$，$p_{O_2}^{II}$ 为参比氧压。将式（3-70）代入式（3-71）得：

$$2\ln a_{[O]} = p_{O_2}^{II} - \frac{4EF}{RT} - \frac{2\Delta G^\ominus}{RT} \tag{3-72}$$

对式（3-72）进行微分得，

$$\frac{\mathrm{d}a_{[O]}}{a_{[O]}} = \left(\frac{\mathrm{d}\ln p_{O_2}^{II}}{2\mathrm{d}T} + \frac{\Delta G^\ominus}{RT} - \frac{1}{RT}\cdot\frac{\mathrm{d}\Delta G^\ominus}{\mathrm{d}T} + \frac{2EF}{RT^2}\right)\mathrm{d}T - \frac{2F}{RT}\mathrm{d}E \tag{3-73}$$

如果忽略标准自由能和参比电极氧分压的误差，只考虑温度和电动势测定的误差，可得相对偏差：

$$\frac{\Delta a_{[O]}}{a_{[O]}} = \left(\frac{\mathrm{d}\ln p_{O_2}^{II}}{2\mathrm{d}T} + \frac{\Delta G^\ominus}{RT} - \frac{1}{RT}\cdot\frac{\mathrm{d}\Delta G^\ominus}{\mathrm{d}T} + \frac{2EF}{RT^2}\right)\Delta T - \frac{2F}{RT}\Delta E \tag{3-74}$$

3.1.6.3 固体电解质电池在冶金热力学研究中的应用

A 测定其他元素含量

a 测定氮含量

采用 AlN 电解质，电池构成为 Ir|Al，AlN|AlN|[N]$_{Fe}$|Fe，铂铑与铝生成液相合金。

正极反应：$[N] = \frac{1}{2}N_2$，$\frac{1}{2}N_2 + 2e = N^{2-}$

负极反应：$N^{2-} = \frac{1}{2}N_2 + 2e$，$\frac{1}{2}N_2 + Al(l) = AlN$

电池反应：$Al(l) + [N] = AlN$，则：

$$\Delta G^\ominus = \Delta G_{AlN}^\ominus - \Delta G_{[N]}^\ominus = -78560 + 20.37T \tag{3-75}$$

$$\Delta G = \Delta G^\ominus + RT\ln\frac{1}{f_N[\%N]} = -78560 + 20.37T - 4.575T\lg f_N[\%N] = -nEF \tag{3-76}$$

$$[\%N] = f_N\, e^{-\frac{nEF}{RT}} \tag{3-77}$$

b 测定硫含量

采用 CaS 电解质，通氧气保护，电池构成为 Cu，Cu$_2$S|CaS-Y$_2$O$_3$|Fe，FeS。所采用的计算方法同上，需要注意的是，CaS 在高温空气中不稳定，不能测定钢中的硫。

B 测定化合物的标准生成自由能

以氧化物固体电解质原电池测定各种金属氧化物和复合氧化物的标准生成吉布斯自由能为例，其电池组装可参考下列情况：

$$Pt|M_A，M_AO|ZrO_2 - CaO|M_X，M_XO|Pt$$

当金属 M_A 与其金属氧化物 M_AO 在一定温度下平衡共存时，有一定的氧分压 p_{O_2}，可用作参比电极；由金属 M_X 及其金属氧化物 M_XO 混合粉末组成待测电极。设 M_AO 比 M_XO 的分解压小，电池反应如下：

待测电极：$M_XO = M_X + \frac{1}{2}O_2$，$\frac{1}{2}O_2 + 2e = O^{2-}$

参比电极：$O^{2-} = \frac{1}{2}O_2 + 2e$，$\frac{1}{2}O_2 + M_A = M_AO$

总反应：
$$M_XO + M_A \Longrightarrow M_X + M_AO$$

则反应自由能变化：
$$\Delta G = \Delta G^{\ominus} = \Delta G_{M_AO}^{\ominus} - \Delta G_{M_XO}^{\ominus} = - 2FE \tag{3-78}$$

因此：
$$\Delta G_{M_XO}^{\ominus} = \Delta G_{M_AO}^{\ominus} + 2FE \tag{3-79}$$

根据不同温度下的电池电动势值和参比电极物质吉布斯自由能与温度的关系，可求得待测电极物质的标准生成自由能。

C   测定合金中组元的活度

以测定 Fe-V-O 系熔体中 V 和 O 的活度为例，说明测定合金中组元活度的方法。和 V、O 平衡的固相为 V_2O_3，电池构成为：
$$Mo\,|\,Cr,\ Cr_2O_3\,|\,ZrO_2\text{-}CaO\,|\,Fe\text{-}V\text{-}O(l)\,|\,Mo$$

a   计算 O 活度 a_0

参比电极：
$$\frac{1}{3}Cr_2O_3 \Longrightarrow \frac{2}{3}Cr + \frac{1}{2}O_2, \quad \frac{1}{2}O_2 + 2e \Longrightarrow O^{2-}$$

待测电极：
$$O^{2-} \Longrightarrow \frac{1}{2}O_2 + 2e, \quad \frac{1}{2}O_2 \Longrightarrow [O]_{Fe\text{-}V\text{-}O}$$

总反应：
$$\frac{1}{3}Cr_2O_3 \Longrightarrow \frac{2}{3}Cr + [O]_{Fe\text{-}V\text{-}O} \tag{3-80}$$

反应吉布斯自由能变化为：
$$\Delta G = \Delta G^{\ominus} + RT\ln a_0 = - 2FE \tag{3-81}$$

$$\Delta G^{\ominus} = \Delta G_{[O]}^{\ominus} - \frac{1}{3}\Delta G_{Cr_2O_3}^{\ominus} \tag{3-82}$$

因此，电池电动势与 a_0 的关系为：
$$\ln a_0 = \frac{1}{RT}\left(\frac{1}{3}\Delta G_{Cr_2O_3}^{\ominus} - \Delta G_{[O]}^{\ominus} - 2FE\right) \tag{3-83}$$

由于 $\Delta G_{Cr_2O_3}^{\ominus}$ 和 $\Delta G_{[O]}^{\ominus}$ 在一定温度下均为已知，因此通过测定电池电动势 E 就可求出 Fe-V-O 系熔体中 O 的活度。

b   计算 V 活度 a_V

Fe-V-O 合金熔体中生成 V_2O_3 的反应为：
$$[O] + \frac{2}{3}[V] \Longrightarrow \frac{1}{3}V_2O_3$$

反应平衡时，$\Delta G^{\ominus} = - RT\ln\dfrac{1}{a_0 \cdot a_V^{\frac{2}{3}}} = \dfrac{1}{3}\Delta G_{V_2O_3}^{\ominus} - \Delta G_{[O]}^{\ominus} - \dfrac{2}{3}\Delta G_{[V]}^{\ominus} \tag{3-84}$

V 活度 a_V 取 [V] =1%（质量）作标准态，则：
$$\ln a_V = \frac{3}{2}\frac{1}{RT}\left(\frac{1}{3}\Delta G_{V_2O_3}^{\ominus} - \Delta G_{[O]}^{\ominus} - \frac{2}{3}\Delta G_{[V]}^{\ominus} - RT\ln a_0\right) \tag{3-85}$$

在上述已求得 a_0 的基础上，由于 $\Delta G_{V_2O_3}^{\ominus}$、$\Delta G_{[O]}^{\ominus}$、$\Delta G_{[V]}^{\ominus}$ 均已知，因此可求得合金中 V 的活度。

3.2 冶金动力学研究方法

化学反应速率用反应进度 ξ 随时间 t 的变化率来表示：

$$\dot{\xi} = \frac{d\xi}{dt} \tag{3-86}$$

冶金反应大多是非均相反应，对于有液相、气相参与的反应，常用某个反应物（或产物）的浓度 c 随时间的变化率来表示反应速率；对于有固相参与的反应，多用固相的转化率 α 随时间的变化来表示反应速率。

动力学研究一般包括以下几个重要环节：

（1）目的反应物的研究。对于固相，研究性质包括固体颗粒的形貌、粒度分布、比表面积及孔径特征、物相、密度（松装）、固体有效扩散系数等；对于气相和液相，研究性质包括组成浓度、组元扩散系数、气液的反应特性、溶解度（平衡关系）等。

（2）确定测试方法和仪器。根据反应物或生成物的物理（或化学）性质的变化，确定合适的测量方法和仪器设备。对于气相成分，可根据其热导率、色谱和浓度等性质的变化，采用气体分析仪、气相色谱仪和固体电解质电池等仪器；对于液相，可根据其电导率、电解质成分的变化，采用热天平测量；对于热效应变化较大的气-固反应、固-固反应，可采用差热分析技术；对于高温熔体反应，目前大多采用间歇采样法—熔体淬冷法。

（3）实验装置的确定与设计。实验装置的确定与设计是研究动力学的关键，反应可以在间歇反应器中进行，也可以在连续反应器中进行。

（4）数据处理。根据反应体系的物理（或化学）性质与物料浓度的关系，换算为反应物浓度的变化，再进行数据处理，即 $dc/dt = kf(t)$。主要包括微分法和积分法。

（5）建立动力学反应模型和机理分析。目前大多反应的动力学机理模型都已建立，可根据实验数据和模型判定方法进行数据拟合及分析。

3.2.1 分子动力学计算

分子动力学模拟（molecular dynamics simulation，MDS）是以分子为基本研究对象，将系统看作是具有一定特征的分子集合，运用经典力学或量子力学方法，通过研究微观分子的运动规律，获得各个分子的运动状态，得到体系的宏观特性和基本规律的方法。

分子动力学方法主要有以下几个特征：

（1）由于分子动力学是在原子、分子水平上求解多体问题，因此可用来预测纳米尺度下材料的动力学特性。

（2）通过求解各个粒子的运动方程来获得求解值，常用于模拟与原子运动路径相关的一些基本过程。

（3）在分子动力学中，粒子的运动行为是通过经典的牛顿运动方程来描述的。

（4）分子动力学方法具有确定性，如果确定了初始构型、速度，那么分子随时间所产生的运动轨迹也就确定了。

分子动力学计算的基本原理是假定原子的运动是由牛顿运动方程决定的，首先将由 N 个原子组成的体系抽象成 N 个相互作用的质点，然后给出这 N 个质点间的相互作用势，运用各种力学方程（如哈密顿方程、拉格朗日方程、牛顿力学方程等）求解每个粒子的运动轨迹，并在此基础上结合其他力场或方法研究该体系的结构和其他相关性质。

分子动力学模拟方法适用于研究材料的结构和性质随时间或温度变化的过程及现象，例如扩散机理、缺陷的局域声子模式、溅射、离子导电、相变、非晶体原子构型、过冷液体、石墨烯及其衍生物等。另外，分子动力学模拟可给出系统中任一时刻的所有粒子坐标和速度的微观信息，由此可按统计力学得到系统的热力学参量，如温度、压力、比热容、自由能等。目前对于各种材料及炉渣的分子动力学性质的计算，可通过多种搭载分子动力学的程序软件进行分子建模—计算程序选择—计算条件设置—多性质结果输出等全流程步骤操作，常用的计算软件包括 Lammps、VASP、Gromacs、Materials Studio 等。

3.2.2　动力学计算模型

高温冶金过程发生的每个化学反应都包含多个步骤，如物质的扩散传质、界面化学反应、吸附和解附等。每个反应过程都有与其相对应的过程阻力，传质系数的倒数称为传质步骤阻力，反应速率常数的倒数称为反应步骤阻力。反应过程中的阻力最大的步骤，称为反应的限制性环节，确定反应的限制性环节是一项重要工作。冶金过程应用稳态或准稳态近似原理计算反应的速率，由于冶金过程主要是在高温环境下进行，界面化学反应速率通常很快，不会成为限制性环节，所以通常认为界面化学反应已达到平衡状态，以界面反应的平衡条件进行处理计算。

（1）冶金气-固反应过程。气-固反应动力学研究中最著名的是未反应核模型，可广泛应用于铁矿石的还原、金属及合金的氧化、碳酸盐的分解、硫化物焙烧等反应过程。未反应核模型的步骤包括外部扩散、界面反应和内部扩散。

（2）冶金气-液反应过程。冶金气-液反应的过程虽少，却十分重要，通过气-液反应产生的气泡上浮可加强液体搅动，改善冶金动力学条件，促进反应进行。冶金中典型的气-液反应有炼钢过程的脱碳、钢液真空脱气和吸气。气泡的产生有三种途径：一是钢液内部生成气泡；二是通过浸入式底吹或侧吹通入气体形成气泡；三是通过钢液顶部非浸入式吹入气体产生气泡，如氧枪吹氧。

（3）冶金液-液反应过程。冶金过程中的大多数反应都属于两种液相之间的反应，如金属液中 Si、Mn、P 等元素与渣中氧化物反应、脱磷反应、脱硫反应等。从液-液反应的机理看，大部分限制性环节是扩散过程，少量是界面反应。液-液反应中最典型的是渣-金反应过程，参与反应的物质需要通过各自的相所在一侧的边界层，在渣-金界面发生化学反应，生成物再迁移至其所在相的内部，此时在金属边界内的传质和液渣边界内的传质将是反应的限制性环节。

（4）冶金固-液相反应过程。冶金固-液反应过程中最常见的是炉底及炉衬的侵蚀。在高温环境下，炉渣会与冶金容器的表面发生化学作用，这种反应对冶金过程没有好处，反而会影响冶金生产的顺行和产品质量。

（5）冶金反应体系的耦合动力学模型。在实际的冶金过程中会同时发生几个多相反应，因此需要研究体系同时反应的动力学计算，称为耦合反应动力学模型。对于同时进行的反应体系，为了便于计算，需要对反应步骤、反应条件以及各边界条件作相关假设，结合平衡常数方程、物质流密度守恒方程、传质方程等计算反应的结束时间，得到反应速率。

3.2.3 气-固相反应动力学研究方法

在气-固反应中，固体产物晶格的形成是一个重要的过程。在温度较低、颗粒尺寸很小的情况下，若反应为新相晶核的形成和长大所控制，则其转化率与时间的关系很复杂；在高温条件下，晶核的形成和长大速度很快，反应颗粒具有明显的界面，而且这种界面具有颗粒初始状态的形状。例如，球形颗粒为同心球面，圆柱形颗粒为共轴圆柱。

3.2.3.1 热天平法

铁矿石的还原反应是典型的气-固反应。研究气体还原铁矿石动力学的常用方法是热天平法。

实验时，将样品放置在高温反应器内，在惰性气氛条件下升温至预定温度，通入恒压、恒流量的还原气体进行还原。随着反应的进行，样品的质量不断减少（因失氧），其值可从天平上读取。反应 t 时刻后铁矿石的还原率 F 可由下式表示：

$$F = \frac{t \text{ 时刻样品累计减重（失氧量，mg）}}{\text{样品的总氧量（mg）}} = \frac{W_0 - W_t}{W_0(0.43w(\text{TFe}) - 0.112w(\text{FeO}))} \quad (3-87)$$

式中　W_0——试验前铁矿石的质量；

　　　W_t——还原开始 t min 后铁矿石的质量；

　$w(\text{TFe})$——还原前铁矿石中总 Fe 质量分数；

　$w(\text{FeO})$——还原前铁矿石中 FeO 质量分数。

根据铁矿石化学分析结果，铁矿石所含总氧量为 $W_0 \sum w(\text{O})$，其中：

$$\sum w(\text{O}) = w(\text{O}_{\text{Fe}_2\text{O}_3}) + w(\text{O}_{\text{FeO}}) = \left[w(\text{TFe}) - \frac{56}{72} \times w(\text{FeO})\right] \times \frac{48}{112} + \frac{16}{72} \times w(\text{FeO})$$

$$= 0.43w(\text{TFe}) - 0.112w(\text{FeO}) \quad (3-88)$$

3.2.3.2 气相成分分析法

气相分析法是指使用红外线气体分析仪在线测量还原反应逸出的气体组分（CO，CO_2）的浓度，并根据逸出气体的流量得到矿石样品的还原率 F。

$$F = (n_1 + n_2) / n_{\sum \text{O}} \quad (3-89)$$

式中　n_1——以 CO 形式逸出的氧摩尔数，$n_1 = \sum (1/22.4)f\{\varphi(\text{CO})_\%\}\Delta t$；

　　　n_2——以 CO_2 形式逸出的氧摩尔数，$n_2 = \sum (1/22.4)f\{\varphi(\text{CO}_2)_\%\}\Delta t$；

　　　f——逸出气体的流量。

3.2.3.3 固相化学分析法

固相化学分析法是指在还原过程中取样做化学分析，以确定还原率。尽管热天平法测试简单、精度高，是研究气体（CO，H_2）还原铁矿石动力学的常用方法，但不适用于还原反应外有失重的原料，此时需要使用固相化学分析法。

以含锌粉尘配碳球团中 Zn 的还原挥发动力学研究为例，介绍固相分析法。

A　实验方法

将含锌粉尘（高炉尘或电炉尘）混匀，配入煤粉和黏结剂，在圆盘造球机上造出直径为 10 mm 的球团, 烘干后放入钼丝网袋中, 吊在碳管炉内 (炉内为 N_2 气氛, 温度已升到预定值), 达到预定时间后取出球团极冷, 然后将球团粉碎做化学分析。

以 H_{Zn} 表示锌挥发率, 则,

$$H_{Zn} = 1 - [还原球团中含 Zn 总量]/[生球团中含 Zn 总量]$$
$$= 1 - [W \cdot w(Zn)_\%]/[W_0 \cdot w(Zn_0)_\%] \tag{3-90}$$

式中 W_0 ——生球团的质量, g;

   W ——还原球团的质量, g。

由于还原前后球团的 TFe 质量保持不变, 即:

$$W_0 \cdot w(TFe)_{0\%} = W \cdot w(TFe)_\% \tag{3-91}$$
$$W/W_0 = w(TFe)_{0\%}/w(TFe)_\% \tag{3-92}$$

将式 (3-91) 和式 (3-92) 代入式 (3-90), 得:

$$H_{Zn} = 1 - \{ [w(Zn)_\% \cdot w(TFe)_{0\%}]/[w(Zn)_{0\%} \cdot w(TFe)_\%] \} \tag{3-93}$$

式中 $w(Zn)_{0\%}$ ——生球团中 Zn 的含量;

   $w(TFe)_{0\%}$ ——生球团中 TFe 的含量;

   $w(Zn)_\%$ ——还原球团中 Zn 的含量;

   $w(TFe)_\%$ ——还原球团中 TFe 的含量。

因此, 通过分析球团还原前后 $w(Zn)_\%$ 和 $w(TFe)_\%$ 的化学成分, 可计算出锌的挥发率。

B 实验结果

图 3-10 所示为实验得出的不同还原温度下 H_{Zn} 随还原时间的变化关系, 由图可见随着温度升高, 球团中锌的挥发速率明显加快。

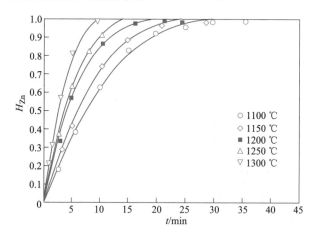

图 3-10 锌挥发率与还原时间的关系

C 还原级数的确定

假定球团中 ZnO 的还原速率为一级反应:

$$- dZnO/dt = kC_{ZnO} \tag{3-94}$$

对式 (3-94) 积分, 得:

$$- \ln(1 - f_{Zn}) = kt \tag{3-95}$$

用 f_{Zn}（锌的还原率）代替 H_{Zn}（Zn 的沸点为 906 ℃，在实验温度下 ZnO 还原后即挥发），可得到图 3-11。由图可见球团中 ZnO 的还原挥发速率符合一级化学反应关系。

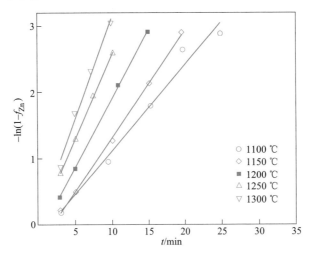

图 3-11 $-\ln(1-f_{Zn})$ 与还原时间的关系

D 反应活化能

根据 Arrhenius 公式可得：

$$k = k_0 \exp[-E/(RT)] \tag{3-96}$$

$$\ln k = \ln k_0 - (E/R) \cdot (1/T) \tag{3-97}$$

将 $\ln k$ 与 $1/T$ 作图，进行数据拟合后可得到图 3-12。由图中直线斜率可求出反应活化能 $E = 79.42$ kJ/mol，进而求出不同温度下的反应速率常数 k。

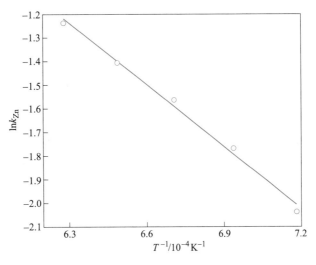

图 3-12 $\ln k$ 与 $1/T$ 的关系

E ZnO 还原挥发的限制性环节确定

球团中 ZnO 还原挥发的反应方程式为：

$$ZnO(s) + CO \Longrightarrow Zn(g) + CO_2 \tag{3-98}$$

$$C(s) + CO_2 \Longrightarrow 2CO \tag{3-99}$$

对不同碳含量的球团进行还原实验，结果如图 3-13 所示。由图可见不同碳含量时球团中 Zn 的挥发速率相同，因此可排除碳的气化反应为限制性环节的可能性。

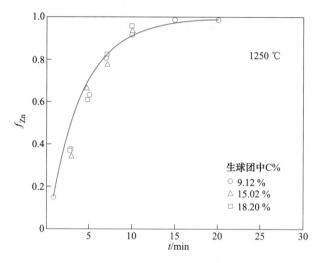

图 3-13 不同碳含量的球团还原过程中锌挥发率与还原时间的关系

颗粒气化收缩的气-固反应模型如图 3-14 所示，由该模型可推导出：

当气膜内气相扩散为限制性环节时：

$$t = K_1 [1 - (1 - f_{Zn})^{2/3}] \tag{3-100}$$

当界面化学反应为限制性环节时：

$$t = K_2 [1 - (1 - f_{Zn})^{1/3}] \tag{3-101}$$

式中 t ——反应时间；

K_1，K_2 ——常数；

f_{Zn} ——锌还原率。

将实验结果得到的 f_{Zn} 和 t 的值与式（3-100）和式（3-101）表明的关系相比较，可看出实验结果与界面化学反应式符合得很好，说明球团中 Zn 的还原挥发速率符合界面化学反应为限制性环节。

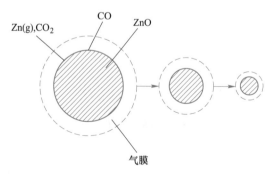

图 3-14 颗粒气化收缩的气-固反应模型

由此可见，还原温度对 Zn 的还原挥发速率有显著影响；ZnO 还原反应的活化能 $E =$ 79.42 kJ/mol，与文献报道的 83.60 kJ/mol 相近；确定 ZnO 与 CO 的界面化学反应为球团中 Zn 还原挥发速率的限制性环节。

3.2.4　气-液相反应动力学研究方法

钢铁冶金中发生的气-液反应，一般有钢液的吸氮、吸氢，氧气对钢中元素的氧化，碳氧反应，钢液与空气接触时的二次氧化和真空处理等。

3.2.4.1　气泡的形成

液相中产生气泡有两个途径：一是气体在过饱和溶液中形成气泡；二是气体由浸没在液体中的喷嘴流出形成气泡。这两个途径形成气泡的过程和机制是不同的。

　A　气泡核的形成

气泡核的形成类似于晶核形成，存在均匀成核和非均匀成核。

　a　均匀成核

如果气泡核在均相内部产生，则该气体需具有很高的过饱和度。根据理查德森的研究结果，其过饱和度相当于该过饱和气体的平衡压力为 5~10 MPa。

在液相中产生气泡核，需要克服表面张力做功。设在均匀液相中形成一半径为 R 的球形气泡核，其表面积为 $4\pi R^2$，液体的表面张力为 σ，则气泡核的表面能为 $4\pi R^2 \sigma$。如果该气泡核的半径增加 dR，则相应的表面能增加为：

$$\Delta G = 4\pi \sigma \left[(R + dR)^2 - R^2 \right] \approx 8\pi \sigma R dR \qquad (3\text{-}102)$$

气泡表面能的增加等于外力所做的功，即等于反抗由表面张力产生的附加压力 $p_{\text{附}}$ 所做的功：

$$\Delta G = W_{\text{外}} = 4\pi R^2 p_{\text{附}} dR \qquad (3\text{-}103)$$

式中　$p_{\text{附}}$ ——气泡为克服表面张力所产生的附加压力。

可见，液相中的气泡除受到大气压力和液体的静压力外，还要具有为克服表面张力所需要的附加压力。气泡内的压力为大气压力、液体的静压力及附加压力之和。

由式（3-102）和式（3-103）可得：

$$p_{\text{附}} = \frac{2\sigma}{R} \qquad (3\text{-}104)$$

可见，气泡越小，其表面张力所产生的附加压力就越大，即形成气泡所需要的过饱和度就越大。

　b　非均匀成核

当在装有液体的容器底面上有大量微孔隙存在时，液体可能渗入，也可能不渗入这些微孔隙的内部。如果液体不能渗入到微孔隙内部，那么这些孔隙就可能成为气泡形成的核心。但并不是所有这些孔隙都能成为气泡形成的核心，只有在一定尺寸范围内的孔隙才能成为气泡形成的核心。

形成气泡的微孔隙尺寸的上下限与液体的表面张力、液面上方气体的压力、液体的深度、液体的密度、气-液反应平衡压力等许多因素有关。处理非均匀成核的最大困难是不知道固体表面存在的成核中心的数目。

B　通过喷嘴形成气泡

在冶金生产过程中，常用喷嘴向液体中吹入气体进行气-液反应，例如转炉炼钢的脱碳反应。当气体经喷嘴吹入液体时，依据不同的条件，在喷嘴出口处可形成不连续的气泡或连续的射流。研究发现，当气体的流速较低时，形成不连续的气泡；当气体的流速高时，形成连续的射流。莱伯松和海尔康伯通过研究空气-水体系的实验，提出当喷嘴的雷诺数小于 2100 时，气体形成不连续的气泡；当喷嘴的雷诺数大于 2100 时，喷出的气流形成连续的射流。雷诺数表达式为：

$$Re = \frac{v d_e \rho_1}{\eta_1} \tag{3-105}$$

式中　v——气体的流速，m/s；

　　　d_e——喷嘴直径，m；

　　　ρ_1——液体密度，kg/m^3；

　　　η_1——液体黏度，Pa·s。

3.2.4.2　实验研究方法

以测量液态铁被 O_2 氧化的速度为例，介绍高温下气-液反应动力学的研究方法。

实验方法可采用恒容法，恒容法的特点是实验系统的容积不变，而系统的总压力变化，其所测量的是某一压力下的瞬间溶解速度。恒容法的实验装置如图 3-15 所示。熔化设备为高频感应炉，石英管反应室的结构如图 3-16 所示，用差压变送器测量系统总压力变化，用气相色谱仪分析气相成分。

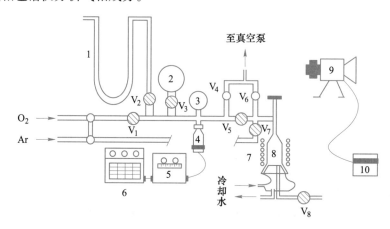

图 3-15　恒容法实验装置示意图

1—水银压力计；2—参比气室；3—氧气储气室；4—薄膜压力计；5—电桥控制器；6—记录仪；
7—感应线圈；8—石英反应室；9—高温计；10—温度记录仪；$V_1 \sim V_8$—真空阀

实验时，将纯铁样品放入 MgO 坩埚内，向系统中通入氩气以排除空气。试样在氩气氛中熔化，当铁液达到预定温度时，将系统抽真空（60 s 可达 0.13322 Pa 真空度）。然后将恒压瓶中的 O_2 通入反应室内，并测定 O_2 总压力变化，如图 3-17 所示。

从图中可以看出，液态铁的吸氧过程分为两个明显不同的阶段。在液态铁与 O_2 的接触阶段，发生 $2[Fe] + O_2 = 2(FeO)$ 的反应，并放出大量化学热，这个阶段的时间极短，仅有零点几秒；当生成的 FeO 与液态铁中的溶解氧含量达到平衡时，FeO 不再溶解于铁

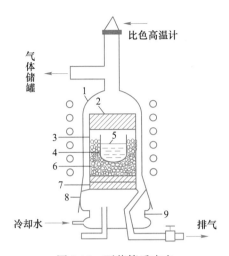

图 3-16 石英管反应室

1—石英反应室；2—氧化铝盖；3—石英坩埚；4—MgO 坩埚；5—液态铁；
6—泡沫氧化铝；7—绝缘垫；8—锥形接头；9—耐热玻璃盖

液，而在液态铁表面生成氧化膜。如果 O_2 继续与铁液反应，则必须通过氧化膜，即进入 $O_2 \rightarrow$ 氧化膜 $\rightarrow$ 铁液的非均相反应阶段。

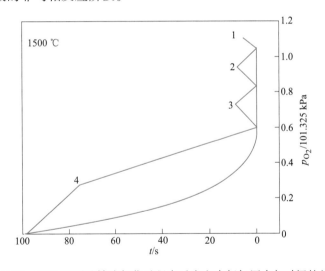

图 3-17 1500 ℃下纯铁液氧化过程中反应室内氧气压力与时间的关系

当铁液表面有氧化膜存在时，铁液吸收 O_2 的反应步骤为：

（1）O_2 在气相中扩散，吸附在氧化物表面，气体分子解离成原子，氧原子在靠气相侧迁移；

（2）氧原子在气-氧化物界面附近进行界面反应；

（3）氧化物层内 O^{2-} 扩散，O^{2-} 与金属在氧化物-铁液界面反应；

（4）氧原子在铁液相内扩散。

一般情况下，反应过程的总速率取决于其中最慢的一个环节的速率。当有氧化膜存在时，可认为氧原子在气相-氧化物界面靠氧化物侧的扩散速率是反应的限制性环节，因而铁液的吸氧速率方程为：

$$-dn_0/dt = A \cdot K_L(c_0 - c'_0) \tag{3-106}$$

式中　n_0——氧原子的摩尔数，mol；

　　　K_L——传质系数，cm/s；

　　　A——反应界面积，cm^2；

　　　c_0——氧化物相表面的氧浓度，mol/cm^3；

　　　c'_0——氧化物相内的氧浓度，mol/cm^3。

假定在气相-氧化物界面上 O_2 分子首先解离，O_2 与氧化物之间处于平衡状态，则 $1/2O_2 = O_{氧化铁中}$，其表观平衡常数为：

$$K' = (c_0)/p_{O_2}^{1/2} \tag{3-107}$$

因为 $n_0 = 2n_{O_2}$，将式（3-106）和式（3-107）合并可得：

$$-dn_0/dt = A \cdot K_L \cdot K'(1/2)(p_{O_2}^{1/2} - p'^{1/2}_{O_2}) \tag{3-108}$$

式中　p_{O_2}——实验中的氧分压（$10^0 \sim 10^{-2}$ atm）；

　　　p'_{O_2}——平衡时液态氧化铁的氧分压（约为 10^{-8} atm），与 p_{O_2} 相比可忽略。

令 $K_m = (1/2)K_L \cdot K'$，式（3-108）可改写成：

$$-dn_0/dt = K_m \cdot A \cdot p_{O_2}^{1/2} \tag{3-109}$$

因为 $p_{O_2} \cdot V = n_{O_2} \cdot RT$，所以式（3-109）可写成：

$$-dp_{O_2}/dt = K_m \cdot ART/V \cdot p_{O_2}^{1/2} \tag{3-110}$$

当 $t = 0$ 时，$p_{O_2} = p_{O_2}^0$，积分可得：

$$2(p_{O_2}^{0\,1/2} - p_{O_2}^{1/2}) = K_m(ART/V) \cdot t \tag{3-111}$$

将实验测得的 p_{O_2} 与时间 t 按式（3-111）的关系作图，从图中可看出实验结果符合式（3-111）的关系，证明铁液通过氧化膜被氧化的速率限制性环节是氧原子在气-氧化物界面靠氧化物侧的扩散。图中的斜率 K_m 代表反应过程中铁液吸氧速率的大小。实验时，还可在铁液中添加不同的合金元素，以研究铁液中各种元素对铁液吸氧速率的影响。

3.2.5　液-液相反应动力学研究方法

高温下的液-液反应通常是指熔渣—钢铁液之间的反应，例如，炉渣对钢液的脱磷、脱硫，渣中 FeO 对钢中元素的氧化，渣中氧化物被还原进入金属液等。

3.2.5.1　液-液界面现象

A　界面现象的概念

当将两种互不相溶的液体倒入同一容器时，在开始的短时间内界面上发生的剧烈的扰动现象，称为界面现象。

在某些部分互溶的双组分体系中也会发生界面现象，原因是当两液相通过界面相互传质时，界面上多点的浓度发生变化，引起界面张力的不均匀变化。当传质速率很快时，界面现象明显；同理，当界面现象明显时，传质速率也快。这是因为界面张力的变化速率与溶质浓度的变化速率有关。

在三组元及以上的多元体系中，当溶质从分散相向连续相传递时，界面扰动现象强；而当溶质从连续相向分散相传递时，界面则不发生扰动。若传质的同时还发生化学反应，则界面现象更加明显。界面扰动可使传质速率成倍地增加，如果界面上有表面活性物质，则可以减少界面扰动。

当把少许表面张力小的液体加入表面张力大的液体中时，不管两种液体是否互溶或部分互溶，表面张力小的液体都会在表面张力大的液体表面铺成一薄层，这种现象称为马拉高尼效应。例如，在水的表面加入一滴酒精，由于酒精的表面张力比水小，因此酒精就在水面上铺成一薄层。用马拉高尼效应可以解释将少许表面张力和密度都小的液体加到表面张力大的液体中，表面产生波纹的原因。

在水的表面加入一滴表面张力很小、密度比水小的液体，由于传质的推动力很大，因此会瞬间产生一些界面张力梯度极大的区域，从而发生快速的扩展，导致在原来液滴中央部位的液膜被拉破，使下面的水暴露出来，这样就形成了一个表面张力小的扩展圆环和表面张力大的中心。在中心处，界面张力趋向于产生相反方向的扩展运动，液体从本体及扩展着的液膜流向圆环中心，这些流体的动量使中心部分的液体隆起，液面形成波纹。如果在水面上加入一滴表面张力大的液体，则界面张力变化的趋势与上述情况正好相反。传质使界面张力增加，传质快的点比圆周上的点具有更大的界面张力，由于该点不会产生扩展，因而液面不会产生波纹，界面稳定。

B　界面现象的解释

为了解释界面现象，哈依达姆假设非常接近界面处的溶质是平衡分布的，该处溶质在两相的浓度之比为常数，即分配比。界面张力随向外迁移溶质的相中的溶质浓度的降低而降低。据此得到：

$$\Delta\sigma = -\beta(c_{2ib} - c_{2i}) \tag{3-112}$$

式中　$\Delta\sigma$ ——界面张力的变化；

$\quad\quad\beta$ ——比例常数；

$\quad\quad c_{2ib}$ ——液相 2 中溶质 i 的本体浓度；

$\quad\quad c_{2i}$ ——非常靠近界面处液相 2 中溶质 i 的浓度。

界面扰动强度与 $\Delta\sigma$ 成正比，对于具有一定溶质浓度的液相 2，当 β 较大、c_{2i} 较小时，界面扰动大，溶质传递速度快。如果界面被表面活性物质覆盖，则溶质 i 难以越过表面活性物质传递到液相 1，β 值会很小，界面扰动受到抑制。

3.2.5.2 实验研究方法

以渣中氧化物向钢中还原为例，介绍渣-液反应动力学的研究方法。

熔渣中的氧化物向钢中还原的过程一般包括渣中组元传质、界面化学反应、钢中组元传质等几个环节，其中最慢的环节限制了总过程的进行，所以渣—钢间氧化物还原动力学研究的重点是搅拌条件、反应温度、渣和钢的成分对还原速率的影响，并利用数学模型分析确定总过程的限制性环节。在实验研究过程中，涉及反应初始时间的确定方法、搅拌方法和限制性环节的判断方法，在此分别予以说明。

A　反应初始时间的确定方法

在研究渣—钢间反应动力学时，必须准确确定初始反应时间。常用的方法有：

（1）预熔渣顶加法。先将金属放在坩埚中熔化，然后将渣料加入纯铁坩埚，吊在钢液面上方预熔。当渣熔化后，使纯铁坩埚底部与钢液面接触熔化，以熔渣铺向钢液表面的时刻为反应初始时间。

（2）混合渣投入法。由于易被还原的氧化物（如 MoO_3）在纯铁坩埚中预熔时能被 Fe 还原，所以不能采用预熔渣顶加法，可采用直接投入法。将渣料混合均匀，用纸包裹投入钢液表面，以渣料与钢液的接触时刻作为反应初始时间。

B　搅拌方法

改变熔池的反应动力学条件可采用两种搅拌方法：

（1）气体搅拌。将 Al_2O_3 双孔管插入钢液内，以合适的流量吹 Ar 搅拌。

（2）机械搅拌。用电机带动搅拌棒，以一定转速在钢液中搅拌。

C　限制性环节的判断方法

渣-钢反应在高温下进行，一般反应速率的限制性环节为渣中或钢中组元的传质，但也有界面化学反应为限制性环节的情况。

a　判断传质或界面化学反应为限制性环节的方法

（1）增强熔池搅拌，测量其对反应总速率的影响。如增加搅拌，反应速率明显加快，则说明反应过程受传质条件影响；反之，则说明反应过程受界面化学反应限制。

（2）改变反应体系的温度，分析温度对反应总速率的影响。当反应温度发生变化时，其对表征传质特征的扩散系数 D 和表征化学反应特征的速率常数 k 均有影响，它们与温度 T 的关系分别为：

$$D = D_0 e^{-\frac{E_D}{RT}} \tag{3-113}$$

$$k = Z_0 e^{-\frac{E}{RT}} \tag{3-114}$$

由于化学反应活化能 E 比扩散活化能 E_D 的数值大得多，所以温度对 k 的影响也大得多。由此可见，当温度升高时，如果反应总速率明显增加，则说明反应的限制性环节为界面化学反应；如果温度对反应总速率的影响较小，则说明反应的限制性环节为扩散传质。

b　判断钢中或渣中组元传质为限制性环节的方法

可假定某一环节为限制性环节，建立该环节的传质数学模型。然后运用数值法将实验结果代入模型，并进行计算分析，考察其是否符合传质模型所表达的关系。

以钢中 Si 还原渣中 Nb_2O_5 的动力学为例，介绍液-液反应动力学的研究方法。

实验装置可采用高温碳管炉，并向炉内通入氩气保护，避免气相中的氧参与反应。实验时，用 Al_2O_3 坩埚盛装钢液，采用预熔渣顶加法将含有 Nb_2O_5 的炉渣加入钢水中，用双孔管插入钢液吹 Ar 搅拌，间隔一定时间取钢样或渣样，以测得反应物（或产物）浓度随时间的变化。熔渣与钢液间发生的化学反应如下：

$$2(Nb_2O_5) + 5[Si] = 5(SiO_2) + 4[Nb] \tag{3-115}$$

对一定时间间隔取得的钢样进行化学分析，用 $[\%Nb]_t/[\%Nb]_s$（t 时刻钢中 Nb 含量与钢中 Nb 含量达到稳定时含量的比值）表示钢中 Nb 的增加速率，即渣中 Nb_2O_5 的还原速率。通过改变吹 Ar 搅拌的流量和反应温度，将 $[\%Nb]_t/[\%Nb]_s$ 与时间 t 作图，可看出（Nb_2O_5）的还原速率随时间的变化规律。

图 3-18 和图 3-19 分别为不同吹 Ar 流量 Q 时和不同反应温度下 $[\%Nb]_t/[\%Nb]_s$ 随时间变化的关系。由图可知，吹 Ar 流量对渣中 Nb_2O_5 的还原速率有显著影响，而改变反应温度对渣中 Nb_2O_5 的还原速率影响不大，说明影响渣中 Nb_2O_5 还原速率的限制性环节是渣-钢间组元的传质，不是界面化学反应。

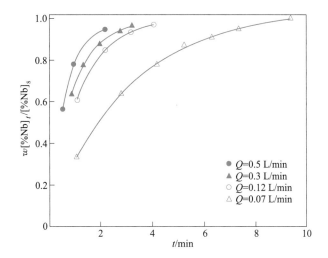

图 3-18 不同吹 Ar 流量 Q 时 $[\%Nb]_t/[\%Nb]_s$ 随时间的变化

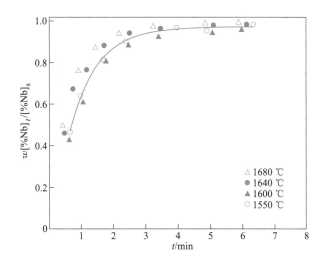

图 3-19 不同反应温度下 $[\%Nb]_t/[\%Nb]_s$ 随时间的变化

按液-液反应的双膜理论，渣—钢间的反应过程可分为五个环节：

（1）Nb_2O_5 从渣中向渣—钢界面传质；

（2）Si 从钢中向钢—渣界面传质；

（3）渣钢界面上（Nb_2O_5）与 $[Si]$ 发生化学反应；

（4）渣钢界面上生成的 Nb 向钢中传质；

（5）渣钢界面上生成的 SiO_2 向渣中传质。

在上面的反应步骤中，通常不考虑 O^{2-} 在渣中的传质，这是因为 O^{2-} 在渣中浓度大，扩散系数比其他正离子大，一般不会成为控制步骤。例如 FeO 在渣中的扩散由 Fe^{2+} 的扩散速度控制。

在（1）、（2）、（4）、（5）四个传质环节，对于哪个环节是限制性环节的判别，可首先假定某一步可能是速率最慢的环节，并导出还原速率方程式，然后用实验结果进行验证。因此，当分别假定环节（1）、（2）、（4）、（5）为限制性环节时，其传质速率方程式分别为：

渣中 Nb_2O_5 传质：

$$d(\%Nb_2O_5)/dt = D_{Nb_2O_5}/\delta_{Nb_2O_5} \cdot h_s \cdot [(\%Nb_2O_5) - (\%Nb_2O_5)^*] \tag{3-116}$$

钢中 Si 传质：

$$d[\%Si]/dt = D_{Si}/\delta_{Si} \cdot h_m \cdot ([\%Si] - [\%Si]^*) \tag{3-117}$$

钢中 Nb 传质：

$$d[\%Nb]/dt = D_{Nb}/\delta_{Nb} \cdot h_m \cdot ([\%Nb]^* - [\%Nb]) \tag{3-118}$$

渣中 SiO_2 传质：

$$d(\%SiO_2)/dt = D_{SiO_2}/\delta_{SiO_2} \cdot h_m \cdot [(\%SiO_2)^* - (\%SiO_2)] \tag{3-119}$$

将界面化学反应平衡关系及渣—钢间 Nb 和 Si 的质量平衡关系代入上式，可导出以下四个积分式：

$$\int_{[\%Nb]_{t=0}}^{[\%Nb]_{t=t}} \frac{5.72Q d[\%Nb]}{(\%Nb_2O_5)^0 - 1.43Q[\%Nb] - \{[\%Nb]^2/K'^{1/2}([\%Si]^0 - 0.38[\%Nb]^{5/2})\}}$$
$$= \frac{D_{Nb_2O_5}}{\delta_{Nb_2O_5}h_s}t \tag{3-120}$$

$$\int_{[\%Nb]_{t=0}}^{[\%Nb]_{t=t}} \frac{0.24\{(\%Nb_2O_5)^0 - 1.43[\%Nb]\}^{2/5} K'^{2/5} d[\%Nb]}{[\%Si] - 0.38[\%Nb] - [\%Nb]^{4/5}} = \frac{D_{Si}}{\delta_{Si}h_m}t \tag{3-121}$$

$$\int_{[\%Nb]_{t=0}}^{[\%Nb]_{t=t}} \frac{d[\%Nb]}{\{(\%Nb_2O_5)^0 - 1.43Q[\%Nb]\}^{1/2} K'^{1/4}\{[\%Si]^0 0.38[\%Nb]^{5/4}\} - [\%Nb]}$$
$$= \frac{D_{Nb}}{\delta_{Nb}h_m}t \tag{3-122}$$

$$\int_{[\%Nb]_{t=0}}^{[\%Nb]_{t=t}} \frac{0.52\{[\%Nb]^{5/4} - (\%SiO_2)^0 - 0.52Q[\%Nb]\}d[\%Nb]}{K'^{1/5}\{(\%Nb_2O_5)^0 - 1.43Q[\%Nb]\}^{2/5}\{[\%Si]^0 0.38[\%Nb]^{5/4}\}} = \frac{D_{SiO_2}}{\delta_{SiO_2}h_s}t$$
$$\tag{3-123}$$

式中　　　　　　　D_i——扩散系数，cm/s；

δ_i——有效边界层厚度，cm；

h_m，h_S——钢液、炉渣的深度，cm；

$[\%Me]$，$[\%Me]^*$——钢液内部和界面处 Me 的浓度，%；

$(\%MeO)$，$(\%MeO)^*$——渣中和界面处 MeO 的浓度，%；

$[\%Me]^0$，$[\%Me]_t$——钢液中 Me 元素的初始浓度和 t 时刻浓度，%；

$(\%MeO)^0$，$(\%MeO)_t$——渣中氧化物的初始浓度和 t 时刻浓度，%。

通过分析以上各积分式可知，在实验条件一定时，各式左边均为 $[\%Nb]$ 的函数，记为 $F([\%Nb])$。如果各假定条件成立，则求得的 $F([\%Nb])$ 与时间 t 的关系均应为直线，其斜率为 $D_i/(\delta_i h_i)$。将实验中得到的 t 时刻的 $[\%Nb]$ 和其他有关参数代入以上各式积分，得到 $F([\%Nb])$ 与时间 t 的关系如图 3-20 所示。

由图中可看出，渣中 (SiO_2) 和钢中 $[Si]$ 的传质与时间 t 的变化关系不呈直线形式，说明其假定条件是错误的，因此可以认为这两步不是限制性环节。而钢中 $[Nb]$ 和渣中 (Nb_2O_5) 的传质与时间 t 的变化都是直线关系，还需要用其他实验进一步确定二者中

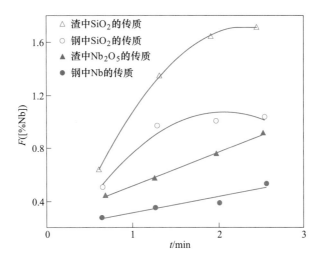

图 3-20 假定不同限制性环节时 $F([\%Nb])$ 与时间的关系

究竟哪一步是限制性环节。

针对钢中［Nb］和渣中（Nb_2O_5）的传质究竟哪一步是限制性环节的判断，可通过改变初始（$\%Nb_2O_5$）^{0} 的含量进行实验，将实验结果代入式（3-120）和式（3-122）中，并进行数值积分，其结果如图 3-21 所示。

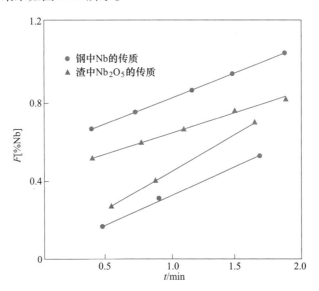

图 3-21 不同初始 $w(Nb_2O_5)\%$ 时 $F([\%Nb])$ 与时间的关系

如搅拌条件已定，则改变初始（$\%Nb_2O_5$）^{0} 的含量不会影响 $F([\%Nb])$-t 直线的斜率。由图 3-21 可以看出，（Nb_2O_5）在渣中传质的两条直线斜率相差很大，而［Nb］在钢中传质的两条直线斜率基本不变，因而可以确定［Nb］由渣—钢界面向钢中传质是此还原反应的限制性环节。其传质速率方程式为：

$$d[\%Nb]/dt = D_{Nb}/\delta_{Nb} \cdot h_m \cdot \{[\%Nb]^* - [\%Nb]\} \tag{3-124}$$

3.2.6 固-液相反应动力学研究方法

钢铁冶金中所涉及的固-液反应有铁的熔融还原、钢液和合金的凝固、废钢和铁合金的溶解、炉渣对耐火材料的侵蚀、石灰在炉渣中的溶解等。

3.2.6.1 溶解

固体物质进入液体中形成均一液相的过程称为溶解。溶解固体物质的液体称为溶剂；融入液体中的固体物质称为溶质；溶质与溶剂构成的均一液相称为溶液。溶解是物理化学过程。随着固体物质进入溶液，主要发生以下过程：

（1）从固体表面向内部发展。溶解过程有两种情况：一是在溶解过程中，固体物质完全溶解或者固体中不溶解的物质形成的剩余层疏松，对溶解的阻碍作用可以忽略不计；二是固体中不溶解的物质形成的剩余层致密，需要考虑溶质穿过不溶解物料层的阻力。

（2）固体中可溶解的物质在剩余层中扩散到剩余层和液膜的界面。

（3）可溶解的物质与溶剂相互作用，进入溶液液膜，称为溶质。

（4）溶质在液膜中扩散进入溶液本体。

3.2.6.2 实验研究方法

以碱性耐火材料在转炉渣中的溶解速度为例，介绍固-液反应动力学的研究方法。

通常采用旋转圆柱（或圆盘）法，其实验装置如图 3-22 所示。实验在高温碳管炉中进行，当温度在 1400 ℃以下时，盛转炉渣的容器可用纯铁坩埚；当温度在 1600 ℃时，可用 MgO 坩埚。实验过程中，在将耐火材料圆柱放入熔渣中旋转侵蚀一定时间后，取出圆柱并测量其直径减小量。

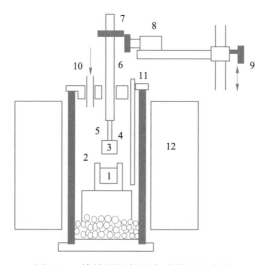

图 3-22   旋转圆柱侵蚀实验装置示意图

1—渣；2—坩埚；3—耐火材料圆柱；4—盖（纯铁或石墨）；5—钼或铁棒；6—连杆；
7—蜗轮；8—电机；9—提升手柄；10—Ar 进口；11—热电偶；12—碳管炉

固体耐火材料在熔渣中的溶解速率若由传质步骤所控制，则其溶解速率随搅拌强度的增加而加快。用旋转圆柱的线速度（u，cm/s）表示搅拌强度，其表达式为：

$$u = \pi dm/60 \tag{3-125}$$

式中　　d——圆柱的平均直径，cm；

　　　　m——转速，r/min。

用圆柱被侵蚀后的半径减少量随时间的变化（$-\mathrm{d}r/\mathrm{d}t$）表示溶速 v，将 MgO、CaO 和白云石溶解实验得到的 $\lg v(\mathrm{d}r/\mathrm{d}t)$ 与 $\lg u$ 之间的关系用图 3-23 表示。

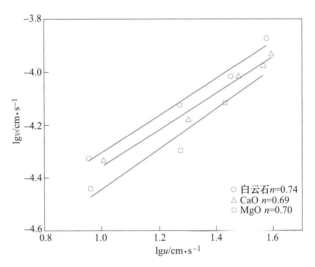

图 3-23　溶解速度 v 与圆柱旋转线速度 u 的关系

由图 3-23 可知，圆柱的溶解速度与线速度的 n 次方成正比，符合下式关系（A_0 为常数），即：

$$-\mathrm{d}r/\mathrm{d}t = A_0 \cdot u^n \tag{3-126}$$

式中，指数 n 与炉渣成分、耐火材料成分等因素有关。

在渣 $A[w(\mathrm{CaO})40\%,\ w(\mathrm{SiO_2})40\%,\ w(\sum\mathrm{FeO})20\%]$ 中进行试验，得到：白云石圆柱 $n=0.74$，CaO 圆柱 $n=0.69$，MgO 圆柱 $n=0.70$。由图 3-23 可知，三种材料在渣中的溶解速率的限制性环节均为固—液界面的传质。因此，三种材料的溶解速率可分别表示为以下方程式：

$$J_{\mathrm{MgO}} = K_{\mathrm{MgO}}(c_{\mathrm{sM}} - c_{\mathrm{bM}}) = K_{\mathrm{MgO}}\Delta c_{\mathrm{MgO}} \tag{3-127}$$

$$J_{\mathrm{CaO}} = K_{\mathrm{CaO}}(c_{\mathrm{sC}} - c_{\mathrm{bC}}) = K_{\mathrm{CaO}}\Delta c_{\mathrm{CaO}} \tag{3-128}$$

$$J_{白云石} = J_{\mathrm{MgO}} + J_{\mathrm{CaO}} = J_{\mathrm{CaO}}(1 + J_{\mathrm{MgO}}/J_{\mathrm{CaO}}) = K_{\mathrm{CaO}}(1 + J_{\mathrm{MgO}}/J_{\mathrm{CaO}})\Delta c_{\mathrm{CaO}} \tag{3-129}$$

$$J_{\mathrm{MgO}}/J_{\mathrm{CaO}} = K_{\mathrm{MgO}}\Delta c_{\mathrm{MgO}}/(K_{\mathrm{CaO}}\Delta c_{\mathrm{CaO}}) = [Q \cdot w(\mathrm{MgO})_\% / A]/[Q \cdot w(\mathrm{CaO})_\% / A]$$

$$= w(\mathrm{MgO})_\% / w(\mathrm{CaO})_\% \tag{3-130}$$

式中　　　　　　　J——传质通量，$\mathrm{g}/(\mathrm{cm^2 \cdot s})$；

　　　　　　　　　K——传质系数；

　　　　　c_{s}，c_{b}——耐火材料氧化物在渣中的饱和含量和实际含量；

$w(\mathrm{MgO})_\%$，$w(\mathrm{CaO})_\%$——白云石中 MgO 和 CaO 的含量；

　　　　　　　　　Q——白云石总溶解量，g/s；

　　　　　　　　　A——圆柱表面积，$\mathrm{cm^2}$；

　　　　　　　　Δc——溶解驱动力，即 c_{s} 与 c_{b} 的浓度差。

将式（3-130）代入式（3-129）中，可得：

$w(CaO)_\% > w(MgO)_\%$ 时，　　$J_{白云石} = K_{CaO}\big[1 + w(MgO)_\% / w(CaO)_\%\big]\Delta c_{CaO}$　(3-131)

$w(MgO)_\% > w(CaO)_\%$ 时，　　$J_{白云石} = K_{MgO}\big[1 + w(CaO)_\% / w(MgO)_\%\big]\Delta c_{MgO}$

$$(3-132)$$

以 dr/dt 表示溶解速度，式（3-127）~式（3-129）可变为：

$$dr/dt = K(\rho_s/\rho_b \cdot 100)\Delta w(c)_\%　　　　(3-133)$$

式中　ρ_s——炉渣密度，g/cm^3；

　　　ρ_b——圆柱试样密度，g/cm^3。

将由实验得到 dr/dt 和 $(c_b)_\%$ 的值，以及查阅得到的 ρ_s、ρ_b 和 $(c_s)_\%$ 的值，代入式（3-133）后就可算出传质系数 K。由于 K 值随温度的升高和搅拌的加强而变大，因此当温度升高时，圆柱的溶解速率加快（图 3-24）；当搅拌加强时，溶解速率也加快（图 3-25）。这是由于 $K = D/\delta$，温度升高则 D 增大，搅拌增强则 δ 减小。

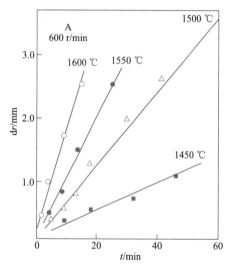

图 3-24　不同温度下 CaO 圆柱的
半径减少量与时间的关系

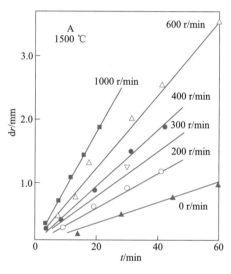

图 3-25　不同转速下 CaO 圆柱的
半径减少量与时间的关系

复习及思考题

1. 冶金反应平衡的主要研究方法有哪些，各自的特点是什么？
2. 简述稀土元素 Ce 脱硫反应的平衡，以及平衡常数 K 的测定方法。
3. 简述铁液中 S 的活度 f_S 及元素间相互作用系数 e_S^S 的测定方法。
4. 简述利用固相分析法对含锌粉尘配碳球团中 Zn 的还原挥发动力学进行研究的方法。
5. 简述液态铁被 O_2 氧化的氧化反应的动力学研究方法。
6. 简述碱性耐火材料 MgO 在转炉渣中的溶解反应的动力学的研究方法。

参 考 文 献

[1] 陈伟庆，宋波，郭敏. 冶金工程实验技术 [M]. 2 版. 北京：冶金工业出版社，2023.

［2］陈建设. 冶金试验研究方法［M］. 北京：冶金工业出版社，2005.

［3］邓基芹，李金玲，等. 物理化学［M］. 北京：冶金工业出版社，2007.

［4］陈树江，田凤仁，李国华，等. 相图分析及应用［M］. 北京：冶金工业出版社，2007.

［5］王常珍. 冶金物理化学研究方法［M］. 4版. 北京：冶金工业出版社，2013.

［6］王常珍. 固体电解质和化学传感器［M］. 北京：冶金工业出版社，2000.

［7］黄克勤，刘庆国. 固体电解质直接定氧技术［M］. 北京：冶金工业出版社，1993.

［8］翟玉春. 冶金电化学［M］. 北京：冶金工业出版社，2020.

［9］苏航. 热力学、动力学计算技术在钢铁材料研究中的应用［M］. 北京：科学出版社，2012.

［10］肖兴国，谢蕴国. 冶金反应工程学基础［M］. 北京：冶金工业出版社，1997：72-76.

［11］徐南平. 钢铁冶金实验技术及研究方法［M］. 北京：冶金工业出版社，1995.

［12］王常珍. 冶金物理化学研究方法［M］. 北京：冶金工业出版社，2002.

［13］翟玉春. 冶金动力学［M］. 北京：冶金工业出版社，2018.

4 冶金数理模拟研究方法

本章提要

冶金过程基本处于高温环境，受现场条件的限制，冶金过程很多时候不可能被直接观察，因而生产过程的物理化学现象就很难得知。利用物理模型和数学模型对冶金过程进行计算和模拟研究，能够将冶金过程的物理化学现象很好地显现出来，形成图形、数据、曲线等多种形式的结果，以便对冶金过程的特性进行认识和分析。具体来说，冶金数理模拟研究一方面能够将冶金过程的变化显现出来，形成完整的理论体系；另一方面可以模拟不同的工艺条件，为工艺设计和新品种开发提供理论基础，能够直接选用最优的工艺条件进行现场试验，节约时间、能源，减少事故发生的概率。如今，数理模拟越来越成熟，有多种计算软件可供选择，可适应不同类型的数值分析；模拟手段也不断提升，使得实验室模拟结果与现场实际结果更趋于一致。

本章分别对物理模拟和数值模拟的原理、方法及软件等进行了介绍，并在此基础上举例说明了冶金物理模拟实验研究方法和数值模拟在炼铁、炼钢及连铸等冶金过程中的应用。

4.1 物理模拟

物理模拟不仅可以克服由于冶金过程的复杂性、高温及测试手段的限制而难以进行研究的困难，而且其消耗低、费用少，并能为数学模拟研究提供指导，在验证和完善数学模型结果方面发挥了重要作用，因而得到人们的广泛应用。在研究冶金过程的物理模拟中，应用最多的是水力学物理模拟。

4.1.1 物理模拟原理

4.1.1.1 物理相似的定义及性质

对于同一个物理过程，若两个物理现象的各个物理量在各对应点上以及各对应瞬间的大小成比例，且各矢量的对应方向一致，则称这两个物理现象相似。若物理现象相似，则具有如下性质：

（1）相似的物理现象必为同类现象，即可用相同形式且具有相同内容的微分方程来描述。

（2）物理现象相似，则单值性条件相似。根据单值性条件相似，可以解决如何设计相似实验的问题。对于对流换热问题，单值性条件包括以下方面：

1）几何条件：包括换热壁面的几何形状和尺寸，壁面粗糙度、管子的进口形状等；

2）物理条件：流体的种类与物性；

3）边界条件：壁面温度或壁面热流密度，壁面处速度无滑移条件等；

4）时间条件：指非稳态问题中物理量随时间的变化。

（3）相似物理现象的同名准数必定相等。基于此，实验中只需测量各准数所包含的物理量，即可避免实验测量的盲目性，解决实验中需要测量哪些物理量的问题。

（4）在描述某物理现象的微分方程组和单值性条件中，各物理量组成的准数之间存在着函数关系，如常物性流体外掠平板对流换热准数之间存在如下关系：$Nu = f(Re, Pr)$。因此在整理实验数据时，可以按照准则方程式的内容进行，这样就解决了如何整理实验数据的问题。

4.1.1.2 相似准数

在进行流动模拟研究时，由于实际过程的复杂性，不可能使模型与实际过程完全相似，因此一般只考虑主要方面的相似，如几何相似和动力学相似。流体在流动时主要受到惯性力、重力、黏性力和表面张力的作用，根据这些力的比，就可获得一些重要的无因次组合或无因次数。如果模型和原型内这些无因次数在数值上相等，则可以认为模型和原型动力相似。在进行流体流动的物理模拟时，视不同实际情况，以及研究的主要目的，选择起主要作用的准数相等。

相似准数的推导方法主要包括相似分析方法和量纲分析方法。

A 相似分析方法

在已知物理现象数学描述的基础上，建立两个现象之间的一系列比例系数，如几何比例系数、速度比例系数，并从中导出这些相似系数之间的关系，获得无量纲准数。

例如，若两个对流换热过程相似，则对流换热系数分别为：

$$h = -\frac{\lambda}{\Delta t} \cdot \frac{\partial t}{\partial y}\bigg|_{y=0} \quad 和 \quad h' = -\frac{\lambda'}{\Delta t'} \cdot \frac{\partial t'}{\partial y'}\bigg|_{y'=0} \tag{4-1}$$

根据单值性条件相似，定义相似比例系数：

$$C_h = h'/h; C_\lambda = \lambda'/\lambda; C_t = t'/t; C_l = y'/y \tag{4-2}$$

代入式（4-1）中，整理得到：

$$C_h h' = -\frac{C_\lambda \lambda'}{C_l \Delta t'} \cdot \frac{\partial t'}{\partial y'}\bigg|_{y'=0} \tag{4-3}$$

通过对比式（4-1）和式（4-3），可以得到 $C_h = \dfrac{C_\lambda}{C_l}$，即 $\dfrac{C_h C_l}{C_\lambda} = 1$ 或 $\dfrac{hl}{\lambda} = \dfrac{h'l'}{\lambda'}$。由此可见，两个相似的对流换热的努塞尔数相等，即 $Nu = Nu'$。

由于描述相似现象的物理量各自相互成正比，而这些量又满足同一微分方程组，所以各量的比值不能是任意的，而是相互制约的。以层流对流换热过程为例，能量方程为：

$$u \frac{\partial t}{\partial x} + v \frac{\partial t}{\partial y} = a\left(\frac{\partial^2 t}{\partial x^2} + \frac{\partial^2 t}{\partial y^2}\right) \tag{4-4}$$

其相似的对流换热过程的能量方程为：

$$u' \frac{\partial t'}{\partial x'} + v' \frac{\partial t'}{\partial y'} = a'\left(\frac{\partial^2 t'}{\partial x'^2} + \frac{\partial^2 t'}{\partial y'^2}\right) \tag{4-5}$$

定义相似系数为：

$$C_u = \frac{u'}{u} = \frac{v'}{v}; C_t = \frac{t'}{t}; C_l = \frac{x'}{x} = \frac{y'}{y}; C_a = \frac{a'}{a}$$

将相似系数代入式（4-5），整理得到：

$$\frac{C_u C_t}{C_l} u \frac{\partial t}{\partial x} + \frac{C_u C_t}{C_l} v \frac{\partial t}{\partial y} = \frac{C_a C_t}{C_l^2} a \left(\frac{\partial^2 t}{\partial x^2} + \frac{\partial^2 t}{\partial y^2} \right) \tag{4-6}$$

对比式（4-4）和式（4-6）可得：

$$\frac{C_u C_t}{C_l} = \frac{C_a C_t}{C_l^2} = 1 \tag{4-7}$$

即：

$$\frac{C_a}{C_u C_l} = 1, \text{即} \frac{a}{ul} = \frac{a'}{u'l'} \text{或} \frac{ul}{a} = \frac{u'l'}{a'} \tag{4-8}$$

定义 $Pe = \frac{ul}{a} = \frac{v}{a} \cdot \frac{ul}{v} = Pr \cdot Re$ 为贝克莱（Peclet）数，式（4-8）说明，若两个对流的换热现象相似，则其 Pe 必定相等。同理，从动量方程出发，可以导出 $Re' = Re$，即 Re 应相等，这也说明各相似倍数的选取不是任意的。

B　量纲分析方法

采用量纲分析方法获得无量纲数组的常用方法称为白金汉定理，简称 π 定理，其主要内容如下：若某现象由 n 个物理量所描述，写成数学表达式，即 $f(x_1, x_2, \cdots, x_n) = 0$，设这些物理量包含 m 个基本量纲，则该现象可用（$n-m$）个无量纲数组成的关系式来描述，即 $F(\pi_1, \pi_2, \cdots, \pi_{n-m}) = 0$。

例 4-1　以不可压缩单相黏性流体在圆管内做强制对流换热为例，已知对流换热系数 h 与管内径 d，流体的平均速度 u，流体的密度 ρ、黏度 μ、比热容 c_p 和导热系数 λ 有关，试用无量纲数组表示对流换热系数。

解：采用量纲分析方法的白金汉定理获得无量纲数组。

首先，根据题意可知，该换热现象共有 7 个变量，即 h、u、d、λ、μ、ρ、c_p，变量中包含的基本量纲数目有 4 个，即 [T]、[L]、[M]、[Θ]，因此选择 4 个基本变量，即 u、d、λ、μ，与其他变量进行组合，可以组成 7-4=3 个无量纲数组。

$$\begin{aligned} \pi_1 &= h u^{a_1} d^{b_1} \lambda^{c_1} \mu^{d_1} \\ \pi_2 &= \rho u^{a_2} d^{b_2} \lambda^{c_2} \mu^{d_2} \\ \pi_3 &= c_p u^{a_3} d^{b_3} \lambda^{c_3} \mu^{d_3} \end{aligned} \tag{4-9}$$

然后求解待定指数。对于无量纲数 π_1，根据等式两边量纲相同，则有：

$$\begin{aligned} M^0 L^0 T^0 \Theta^0 &= (M^1 T^{-3} \Theta^{-1}) \cdot (L^{a_1} T^{-a_1}) \cdot L^{b_1} \cdot (M^{c_1} L^{c_1} T^{-3c_1} \Theta^{-c_1}) \cdot (M^{d_1} L^{-d_1} T^{-d_1}) \\ &= (M^{1+c_1+d_1} T^{-3-a_1-3c_1-d_1} \Theta^{-1-c_1}) \cdot L^{a_1+b_1+c_1-d_1} \end{aligned}$$

$$\rightarrow \begin{cases} 1 + c_1 + d_1 = 0 \\ -3 - a_1 - 3c_1 - d_1 = 0 \\ -1 - c_1 = 0 \\ a_1 + b_1 + c_1 - d_1 = 0 \end{cases} \rightarrow \begin{cases} a_1 = 0 \\ b_1 = 1 \\ c_1 = -1 \\ d_1 = 0 \end{cases} \tag{4-10}$$

即 $\pi_1 = hu^{a_1}d^{b_1}\lambda^{c_1}\mu^{d_1} = hu^0d^1\lambda^{-1}\mu^0 = \dfrac{hd}{\lambda} = Nu$。同理可求得 $\pi_2 = Re$，$\pi_3 = Pr$。

即 $f(u,\ d,\ \lambda,\ \mu,\ \rho,\ c_p) \rightarrow Nu = f(Re,\ Pr)$。

从而获得不可压缩单相黏性流体在圆管内做强制对流换热中的无量纲准数。

实际上，冶金过程常常存在压力、弹性力、电磁力等，通过引入特征变量，可以得到一套完整的无因次组合，详见本章末附表 4-1。

4.1.2 物理模拟实验方法

4.1.2.1 相似理论的应用

模型设计的理论基础是相似理论。在模型试验中，首要问题是如何设计模型，以及如何将模型试验的结果推广到原型实体对象中。一般情况下，模型设计步骤为：

（1）模型系统的选择。根据相似理论，在利用模型对现象进行研究时，要保证模型与实物完全相似。然而在实际操作中，要做到这一点是十分困难的。因此，在保证满足实验的基础上，要对模型进行适当的简化，选择并确定一个正确的模型系统是十分重要的。

依据相似理论，适当的模型系统选择依据如下：

1）模型与实物的几何相似；

2）模型与实物间的同名相似准数数值相等；

3）模型与实物间物理相似；

4）模型与实物间初始及边界条件相似。

（2）模型设计计算。模型的设计计算是根据相似定理进行的。计算所需遵循的条件是现象的相似条件。模型计算的目的如下：

1）在已知其他条件下，计算模型的几何尺寸。

2）在确定模型尺寸后，计算其他参数及选择动力设备。

（3）模型材料与工作介质的选择。在描述过程的准数方程和相似准数确定后，便可以进行模型的设计、计算，而后进行模型的制作和试验介质的选择。

一般来说，模型材料、工作介质的选择既要做到满足实验的要求，又要做到价格便宜，如：

1）对于只为了测得数据而不需要进行观察、摄影的模型实验，模型材料可选取木材、金属，或其他建筑材料。例如通道中流体流动阻力损失的研究，通道既可以采用金属结构，也可以采用红砖水泥砌筑。

2）对于研究高温、强震、高冲击条件下建筑物强度的模型，通常由建筑材料构成，其中金属构件的强度由金属构成。

3）对于实验过程中既要测得数据，又要随时观察、摄影的模型，通常由透明的彩棉制成。如研究炉内气流运动规律的加热炉、均热炉、喷雾干燥塔、玻璃池窑、玻璃制品退火窑、喷漆件烘干窑、各种竖炉等模型，都由透明材料做成。透明材料一般选用有机玻璃，这是因为有机玻璃便于加工、黏结。

4）如果工作介质对模型材料有腐蚀作用，则应特别注意模型材料的选择。由于熔渣对耐火材料的浸蚀将导致耐火炉衬的破坏，因此在选用透明材料时，如果工作介质对模型有腐蚀或者磨损作用，则模型材料应选用玻璃而不用有机玻璃制作。一般来说，研究流体流动过程的模型实验多采用水或空气作为工作介质。在以空气作为工作介质的模型实验中，测量工作虽准确可靠，但不便于观察；在以水作为工作介质的模型实验中，由于水的黏度大，易于染色，因此观察、摄影等都很方便，然而水的排入、排出却很麻烦。冷态模型实验中采用的工作介质还有水银、泥浆等。热态模型实验中采用的工作介质有石蜡、低温熔盐、烟气、高温液态金属或低熔点合金和低熔点金属等。

4.1.2.2　物理模型实验方法

物理模型实验是将现场实际的缩放模型置于实验体（如模型架、风洞、水槽、实验装置等）内，以相似理论为基础，在满足基本相似条件（包括几何、运动、热力、动力和单值条件相似）的前提下，通过将模型试验获得的某些量间的规律再回推到原型上，从而获得对原型的规律性认识，以此模拟真实过程主要特征的实验方法。物理模型研究方法如图 4-1 所示。

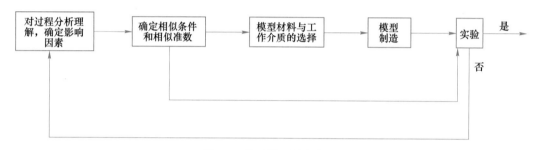

图 4-1　物理模型研究方法

通过物理模拟研究模型的物理参数特性，达到研究实际冶金过程中的物理和化学现象的目的。在物理模拟研究中，通常针对特定的模型，测定其相关的参数和反应特性。

A　混匀时间的测定

由于冶金熔池的混匀时间会直接影响其反应速率，因此研究冶金容器中流动、混合等宏观动力学因素的影响，对于冶金过程具有重要的实际意义。在热态研究中，可以向冶金容器中加入示踪剂（如 Cu）来测定混匀时间；对于模拟实验，可以采用电导法或 pH 值法测定。

（1）电导法。在采用电导法测定混匀时间时，首先将 KCl 溶液（质量浓度为 200 g/L）瞬时注入水模型中，然后连续测量电导率的变化，直至电导率稳定，所需时间称为完全混匀时间。

（2）pH 值法。在水中加入 HCl（或 H_2SO_4）作为示踪剂，用 pH 计或离子计测量水的 pH 值变化，以确定混匀时间。

B　反应器停留时间分布的测定

为了认识冶金反应器内流体的运动模式，需要测定流体在反应器内的停留时间分布特性（remain time distribution，RTD），而刺激-响应实验技术使其成为可能。刺激-响应技术是指在反应器的入口输入一个信号，信号常用示踪剂来实现，然后在反应器的出口或内部获取该输入信号的输出，从响应曲线得到流体在反应器的停留时间分布函数。根据输入方式的不同，常用测定方法有两种：一种是脉冲示踪法；另一种是阶跃示踪法。

（1）脉冲示踪法。脉冲示踪法是指在系统稳定后，在极短时间内向入口一次性注入定量示踪剂，并不断分析出口示踪剂浓度，得到所谓的 C 曲线。

（2）阶跃示踪法。阶跃示踪法是指在系统稳定后，将反应器中的流体切换为另一种包含示踪剂的流体，从切换时即开始在出口处检测示踪剂的浓度变化。

C　界面反应的模拟

冶金过程中存在大量的化学反应现象，包括气-液反应、液-液反应，可以采用 NaOH-CO_2 系模型实验来模拟气-液反应过程的传质现象。实验时，将 NaOH 溶液注入模型中，并将 CO_2 气体吹入溶液中，利用溶液 pH 值的变化，结合反应方程，确定浓度-时间关系，从而求出传质系数。

为模拟钢—渣界面反应，通常采用水模拟钢液，混合油模拟渣，再结合示踪剂，可以研究液-液反应的传质速度，以及相互之间的扩散现象。

D　夹杂物或固体颗粒的模拟

在模拟喷吹或夹杂物的相关实验中，由于需要研究固相在液相中的运动规律，因此需要对固相颗粒进行模拟。通常可以选择聚乙烯塑料粒子模拟夹杂物或喷粉颗粒，研究夹杂物的上浮、气泡与粉料的吸附脱附现象；或采用丙烯、玻璃珠等模拟粉料，研究流化床效应等。

E　液渣层模拟

在反应器中，铁液或钢液上面总是覆盖着一层液渣层，液渣层的分布是影响冶金工艺的重要因素。实验中，采用各种油配置成不同黏度的混合油，用于模拟液渣层。通过摄像的方式，可以研究渣层的分布情况，以及渣—金间的相互作用等。

F　液面波动的测定

由于流体在模型中处于流动状态，因此必然会造成液面波动的现象，尤其是在连铸结晶器中，液面波动过大，则易造成卷渣、液渣分布不均以及吸气等缺陷；液面波动过小，即上回流过弱，液面较死，既不利于传热而影响保护渣的熔化，也不利于坯壳润滑而导致铸坯表面缺陷。实验中通常采用浪高仪测量液面各点的波动情况，液面波动得越均匀越好，为了使实验数据科学准确，实验中每种参数条件下波高的采集时间需要足够长，且采集次数需要足够多。

G　流场分布显示

流场显示是研究反应器内流体流动行为的重要方法之一。通过流场显示，不仅可以直接观察到流体在反应器内的运动轨迹，而且可以辅助分析反应器内的温度场分布和循环流强弱状况。高锰酸钾、苯胺颜料和墨水都可以作为水的染色剂，烟草或其他物体的烟则可作为空气的染色剂。由于水在湍流状态下，所加入的染色剂很快就会搅混，使细致的运动状态变得无法辨别，因此这时最好用专门的细管把染色剂注入至需要观察的位置。实验室主要采用的流场显示方法如下：向反应器入口一次性注入一定量的蓝色墨水作为染色剂，并用摄像机记录下蓝墨水在反应器内的流动过程，这样就可以清楚地看到流体在反应器内的流动状况，从而观察得到染色体在冲击区的混匀情况、流体运行的快慢和流体流动轨迹。

4.1.3　冶金过程物理模拟实验

4.1.3.1　KR法脱硫模拟实验

铁水预处理脱硫工艺是指在铁水进入转炉炼钢前的脱硫预处理过程。由于铁水预处理脱硫能够有效地降低铁水中的硫含量，满足用户对低硫钢、超低硫钢的需求，因此得到了广泛应用。目前，铁水预脱硫技术已有十几种方法，如铺撒法、摇动法、机械搅拌法、喷吹法、气泡搅拌法、连续脱硫法等。其中，应用最为广泛的是KR法和喷吹法。由于KR法比喷吹法更易实现深脱硫和超深脱硫，同时在脱硫的稳定性方面也更具有优势，能够减少脱硫过程中的回硫现象，因此KR法成为近十年来钢铁冶金企业铁水脱硫预处理的主要方式。KR法脱硫的模拟研究主要是通过设计搅拌桨以及搅拌模式，研究多种工艺参数对脱硫的影响机理。

A　实验原理

根据相似原理，KR脱硫模拟实验主要考虑几何相似和动力相似。在研究KR机械搅拌过程中铁水的流动特性和混合效果时，实验所用的物理模型是水模型，即采用有机玻璃板按照一定的比例制成搅拌罐和搅拌器，具体的比例大小视实验条件和原型尺寸而定，一般情况下，实验过程的几何模型尺寸要小于实际原型尺寸。

根据相似第二定理，在KR机械搅拌的过程中，铁水的流动为黏性不可压缩流动。在水模型的模拟实验中，主要考虑惯性力、重力以及黏性力对搅拌混合效果的影响。为了保证KR机械搅拌过程的动力学相似，需要保证以上三种力相似，即保证 Re 和 Fr 准数相等。根据流体力学理论，当流体的 Re 达到并超过第二临界值时，流体内部的流动不再受 Re 的影响，整个流体进入第二自模化区。因此，在KR脱硫水模实验中，只需要保证 Fr 相等，即可保证动力学相似。本实验中的 Fr 如下：

$$Fr = \frac{惯性力}{重力} = \frac{N^2 d}{g} \tag{4-11}$$

式中　d——搅拌器叶片直径，m；

　　　N——搅拌器转速，m/s；

　　　g——重力加速度，取 9.81 m/s²。

搅拌过程中，搅拌桨的基本受力情况是在旋转时受到的铁水阻力，其功率的计算公式如下：

$$N_L = \frac{T\omega}{1000} \tag{4-12}$$

式中　N_L——搅拌桨理论功率，kW；

　　　T——搅拌桨旋转时所受的铁水阻力矩，N·m；

　　　ω——搅拌桨的旋转角速度，r/s。

根据动力学及流体力学的转换，可以得到：

$$N_L = \frac{K_N \rho n^3 d^5}{1000} \tag{4-13}$$

式中　n——搅拌器转速，r/min；

　　　K_N——功率系数；

ρ ——密度，kg/m^3；

d ——搅拌器直径，m。

考虑到原型与模型使用介质的差异，对模型与原型的 Fr 进行修正，可得修正后的 Fr' 为：

$$Fr' = \frac{gL}{\left(\dfrac{N_{\mathrm{L}}\eta^3}{K_{\mathrm{N}}\rho d^5}\right)^{\frac{2}{3}}} \tag{4-14}$$

式中　Fr' ——修正的 Fr；

　　　g ——重力加速度，m/s^2；

　　　L ——尺寸大小，m；

　　　N_{L} ——搅拌功率，kW；

　　　ρ ——密度，kg/m^3；

　　　η ——黏度，kg/(m·s)；

　　　d ——搅拌器直径，m；

　　　K_{N} ——功率系数。

根据上式计算确定模型与原型搅拌速率的相似比为 1：1.89。实验过程中采用聚乙烯塑料粒子模拟石灰脱硫剂，一般情况下，原型脱硫剂的选取需满足 $\rho_{\mathrm{s}}/\rho_{\mathrm{m}} = \rho_{\mathrm{p}}/\rho_{\mathrm{w}}$，其中 ρ_{s}、ρ_{m}、ρ_{p} 及 ρ_{w} 分别代表石灰、铁水、塑料粒子和水的密度。由于实际中很难找到满足相同的密度比的脱硫剂模拟介质，因此为了保证模型与原型内脱硫剂流动和上升过程运动相似，实验所用脱硫剂需满足以下公式：

$$\frac{R_{\mathrm{inc,m}}}{R_{\mathrm{inc,p}}} = \lambda^{0.25}\left(\frac{1 - \dfrac{\rho_{\mathrm{inc,p}}}{\rho_{\mathrm{st}}}}{1 - \dfrac{\rho_{\mathrm{inc,m}}}{\rho_{\mathrm{w}}}}\right)^{0.5} \tag{4-15}$$

式中　　　　　　λ ——模型与实际铁水罐的相似比；

$\rho_{\mathrm{inc,p}}$，ρ_{st}，$\rho_{\mathrm{inc,m}}$，ρ_{w} ——实际脱硫剂、铁水、模拟脱硫剂和水的密度，kg/m^3；

　　　　　　$R_{\mathrm{inc,m}}$ ——模拟的脱硫剂尺寸，m；

　　　　　　$R_{\mathrm{inc,p}}$ ——实际脱硫剂尺寸，m。

将相应的数值代入式（4-15），得到 $R_{\mathrm{inc,m}}/R_{\mathrm{inc,p}} = 0.47$。

B　实验装置

根据某钢铁厂 300 t 脱硫铁水罐的实际结构和尺寸建立物理模型，确定模型与实际铁水罐的相似比例为 1：7。实验采用有机玻璃制作搅拌罐，用水模拟铁水，搅拌桨为十字形四叶桨。原型和模型的主要参数见表 4-1，实验装置及物理模型如图 4-2 所示。

表 4-1　原型和模型的主要几何参数

参数	原型（300 t 脱硫铁水罐）	水模型（尺寸比例 1：7）
铁水罐高度 H/mm	5285	755
铁水罐直径 D/mm	3858	550

续表 4-1

参数	原型（300 t 脱硫铁水罐）	水模型（尺寸比例 1∶7）
铁水液面高度/mm	4040	577
液体密度/kg·m⁻³	7020（铁液）	1000（水）
搅拌桨直径 d/mm	1580	226
搅拌桨高度 h/mm	1000	143
搅拌桨厚度 b/mm	485	69

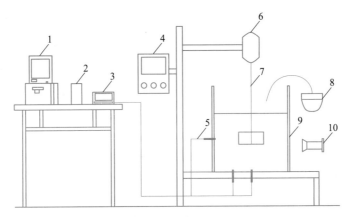

图 4-2　KR 法脱硫模拟实验装置示意图

1—计算机；2—调节器；3—电导仪；4—搅拌设备数控终端；5—电导仪探头；

6—电机；7—搅拌桨；8—加料装置；9—铁水罐模型；10—摄像装置

C　实验方法

KR 脱硫模拟实验需测定的主要参数有分散准数、混匀时间、弱流区比例、塑料粒子卷入数目及传质系数。

a　分散准数

在 KR 机械搅拌过程中，流体在搅拌器的旋转带动下做周向运动，并形成一定深度的漩涡，如图 4-3 所示。

在水模型实验中，在不同的搅拌工艺参数（插入深度、旋转速度）下，可以根据熔池内脱硫剂的分散情况将流体划分为三种流动模式：

（1）未分散阶段：漩涡未达到搅拌桨上部，粒子分散性较差。

（2）过渡阶段：漩涡处于搅拌桨上部和下部之间，粒子分散性一般。

（3）完全分散阶段：漩涡达到并超过搅拌桨底部，粒子分散性良好。

当流体处于流动模式（3）时，传质系数与流动模式（1）和流动模式（2）相比处于最优值，整个流体内部传质速率最快，有利于脱硫剂与铁水间的传质及反应。将搅拌形成的漩涡深度和搅拌桨插入深度的比值定义为分散指数 I，则：

$$I = \frac{漩涡深度}{搅拌桨插入深度} = \frac{\Delta H_1}{L} \tag{4-16}$$

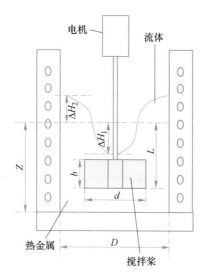

图 4-3 机械搅拌漩涡形状图

Z—静止时液面的高度；L—搅拌桨插入深度；ΔH_1—漩涡深度；

ΔH_2—旋转液面的上升高度

b 混匀时间

对于混匀时间的测量采用激励-响应的方法。本实验采用 NaCl 试剂作为激励物质，采用多功能记录仪得到的铁包模型内的电导率曲线作为响应曲线。实验中，混匀时间定义为当电导率仪探测得到的电导率值达到混匀电导率值的 95% 时所经历的时间。

c 弱流区比例

通过向模型加入蓝墨水（图 4-4），可以看出随着加入时间的增加，墨水在整个模型内开始逐渐扩散，直至完全混合。在搅拌器的正下方，墨水的扩散程度较弱，是整个熔池混合的限制性区域，即弱流区域。为了更加定量地比较不同工艺条件下弱流区域的大小，可通过分析电导率变化曲线，计算出 5 s 时弱流区的比例大小。图 4-5 为典型的电导率与时间的关系曲线。

$t=0\ \text{s}$ $t=1\ \text{s}$ $t=5\ \text{s}$ $t=10\ \text{s}$

图 4-4 蓝墨水加入模型后的扩散图像

根据 5 s 时 1 号电极的电导率及最终平衡时电导率值的大小，计算出 5 s 时弱流区的比例。计算方法如下：

$$c_1 V_1 = c_0 V_0 \tag{4-17}$$

$$V_1 / V_0 = c_0 / c_1 \tag{4-18}$$

$$w = 1 - c_0 / c_1 \tag{4-19}$$

式中　w——弱流区比例；

　　　c_1——5 s 时 1 号电极处 NaCl 浓度值，mol/L；

　　　c_0——达到最终平衡时 NaCl 浓度值，mol/L；

　　　V_1——5 s 时 NaCl 溶液扩散的体积，L；

　　　V_0——整个熔池的体积，L。

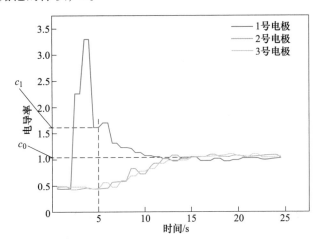

图 4-5　典型的电导率与时间的关系曲线

d　塑料粒子卷入数目

为了表征脱硫剂的分散情况，通过高速摄像机对罐内的塑料粒子进行拍照，卷入的粒子数目选取罐内下方区域的个数。首先，确定基准线位置，选取的区域为基准线下方，采用 Image-Pro Plus 软件对基准线下方的塑料粒子进行标记，然后通过该软件的 Count 功能对粒子数目进行统计并得出结果，该数值即为基准线下方卷入的粒子数目。

e　固液传质系数

为了通过物理模拟实验反映整个脱硫传质过程及传质速率，可通过向搅拌罐内加入 HCl 溶液及与 NaOH 反应后的珍珠岩颗粒来模拟整个过程。首先，需要将珍珠岩浸泡在 NaOH 溶液中 6 h，之后取出放置在室内烘干。整个反应过程如下：

$$珍珠岩 + NaOH =\!=\!= R - Na^+ \tag{4-20}$$

然后将反应后的产物加入 HCl 溶液中，在机械搅拌的作用下，溶液中的 Cl^- 会与珍珠岩表面的 Na^+ 发生反应，反应如下：

$$R - Na^+ + HCl =\!=\!= R - H^+ + NaCl \tag{4-21}$$

HCl 的反应消耗体现于电导率值的变化。随着反应（4-20）的进行，固液传质系数表示为：

$$V\ln(c_0 / c) = k_{s-l} a_{s-l} t \tag{4-22}$$

式中　V——整个熔池的体积，m^3；

　　　c_0——反应初始浓度，mol/L；

c——反应后的浓度，mol/L；

k_{s-l}——固液传质系数；

a_{s-l}——总共的反应面积，m^2；

t——反应时间，s。

4.1.3.2 转炉吹炼工艺水模实验

转炉炼钢工艺过程是在一个不可见的环境下进行的，通过设计模型模拟吹炼工艺可以对转炉冶炼过程的某些物理现象进行认识，研究吹炼工艺参数对冶炼过程的影响。转炉吹炼工艺水模实验主要是通过设计模拟实验方案，研究顶底复吹转炉熔池的搅拌混合、混均时间及其影响因素，明晰各因素对转炉熔池流动行为的影响机理。

A　实验原理

根据相似原理建立物理模型，用有机玻璃代替耐火材料制作反应器（转炉），用水代替钢水，并借助必要的测试手段，对所研究体系的过程进行观察和显示。模型在模拟或再现一个真实系统或原型时，严格来讲必须完全遵从相似第二定理，但由于实际过程通常比较复杂，因此不可能完全做到满足相似第二定理，一般考虑的是主要方面的相似。对于转炉模型而言，主要考虑几何相似与动力相似。

顶底复吹时，根据因次分析至少可以推导出 H_0、Fr'、Re 和几何相似（h/D、H/D）四个相似准数。由于当气体吹入高温液态金属时，在 $Re > 10000$ 后，孔口气体速度对气泡的平均尺寸将不会产生影响，因此可忽略 Re 的影响。相似准数之间的关系常表示为以下形式：

$$H_0 = f(Fr', h/D, H/D) \tag{4-23}$$

式中　　　　H_0——谐时准数（混合相似准数），$H_0 = \tau_m u / D$；

τ_m——混合均匀时间，s；

u——顶枪或底枪喷嘴处的气体流出速度，m/s；

h——熔池深度，m；

D——熔池直径，m；

H——顶吹枪距离液面的距离（枪位），m；

$Fr' = \dfrac{\rho_g v^2}{(\rho_1 - \rho_g) \, gl}$——修正的 Fr；

ρ_g——顶枪或底枪出口处气体密度，kg/m^3；

ρ_1——液体密度，kg/m^3。

关于几何相似，只需保证原型的任一尺寸与模型相应尺寸的比值相同即可；关于动力相似，对于顶底复吹转炉，引起熔池内钢液运动的动力主要是气体的动能，并且流动属于气-液两相流，大量的实验研究表明，保证模型与原型的 Fr' 相等，就基本能保证它们的动力相似。

B　实验装置

模拟对象为某钢铁厂 210 t 转炉，转炉原型的主要参数见表 4-2。物理模拟实验装置如图 4-6 所示。在实验中，用压缩空气模拟氧气、氩气，用水模拟钢液，用彩色塑料粒子代替炉渣，用储气罐和供气切换装置改变供气方式，调压阀、压力表和转子流量计等用于控制和测试供气流量和压力。根据转炉原型，本模拟装置缩放比例取 1∶8，顶底复吹转炉模型的几何尺寸如图 4-7 所示。

表 4-2 210 t 复吹转炉原型的主要介质参数

喷吹方式		熔池液体	液体密度 /kg·m⁻³	气体种类	气体密度 /kg·m⁻³	气体流量/Nm³·h⁻¹	
						脱磷	脱碳
顶吹	原型	钢水	6500	氧气	1.429	18780	45360
底吹	原型	钢水	6500	氩气	1.784	31.5~345（12 砖）	

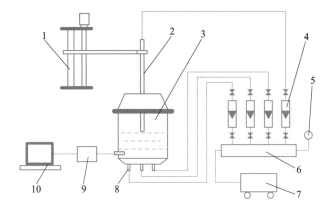

图 4-6 转炉模拟实验装置图

1—氧枪升降装置；2—氧枪；3—转炉模型；4—流量计；5—气瓶减压阀；
6—稳压罐；7—空压机；8—底枪；9—电导仪；10—计算机

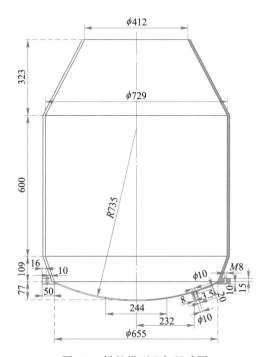

图 4-7 转炉模型几何尺寸图

C 实验方法

由转炉模型相关几何尺寸，根据确定的实验要求及修正弗劳德准数相等的原则，分别计算顶吹流量、底吹流量、空压机流量等范围。综合考虑氧枪枪位、氧枪流量、底吹装置结构、底吹流量、熔池深度、混匀时间等因素设计实验研究方案。按照要求安装、调试实验设备和仪器，并对气体流量进行校正。

向转炉内加入 NaCl 电解质，用电导仪测量转炉内的混匀程度和混匀时间，用计算机记录电导率随时间的变化曲线，并根据曲线计算混匀时间等。混匀时间的测定方法是在熔池的某处以接近脉冲信号的方式加入 NaCl 作为示踪剂，在另一侧测定液体电导率的变化，待电导率稳定后，计算达到此状态的时间，该时间即为熔池混匀时间。

根据实验模型，设计顶吹和底吹的不同工艺条件，针对顶吹工艺条件，研究顶吹气量、顶吹枪位和熔池深度对熔池搅拌、混匀时间的影响；针对底吹工艺条件，研究底吹气量、底吹装置结构和熔池深度对熔池搅拌、混匀时间的影响。此外，还可以研究顶底复吹工艺、氧枪结构、不同底吹布置工艺等对熔池搅拌和混匀时间的影响。

4.2 数学模拟

数学模拟是利用数学方法解决实际问题的一种实践活动，通过抽象、简化、假设、引进变量等处理，将实际过程用数学方式表达，建立数学模型，然后进行求解。数学模型的建立与求解步骤如图4-8所示。冶金数学模拟通常采用数值模拟方式，用数学方程描述实际过程，通过数学模型对实际现象进行描述和求解，从而实现对实际过程的数值解析。数值模拟是指依靠电子计算机，结合有限元或有限容积的概念，通过数值计算和图像显示的方法，对工程问题和物理问题，乃至自然界中的各类问题进行研究。

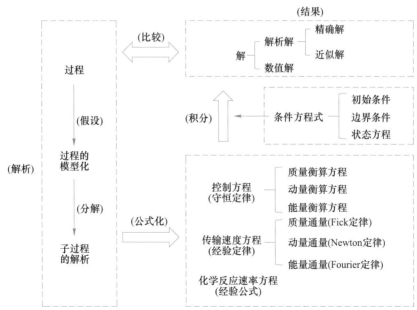

图 4-8　数学模型的建立与求解步骤

数学模拟主要有如下作用：

（1）对于已有工艺，可加深对过程基本现象、反应机理的认识，为改善工艺过程和操作提供依据；探索工艺条件变化对冶金过程的影响和变化规律，以及它们之间的定量关系，为优化工艺、改进设备和操作提供数据和理论依据；实现工艺工程的诊断和过程控制；指导冶金过程中间环节和现场试验的设计和规划，节省开支，节约资源能源。

（2）对于开发新工艺，可对新工艺的可行性和灵活性做出准确的估计；为规划和设计实验室、中间厂或实物试验提供指导；帮助评估中间厂或实物试验结果，并进行比例放大；在一定条件下，可替代中间厂或现场实物进行的开发性实验，节省费用和时间。

4.2.1 数值模拟方法

冶金传输主要包括动量传输、质量传输和热量传输三部分，且这些传输过程都满足三个基本的物理规律，即动量守恒、质量守恒和能量守恒。传输过程数值模拟流程如图 4-9 所示，首先需要选取基本的控制方程，然后建立离散化方程，最后求解。既可以借助商业软件来进行计算，也可以自己编程进行。

4.2.1.1 基本方程

流体传输过程均遵循守恒定律，对质量、动量及热量的传输均有对应的基本方程。

A 连续方程

根据质量守恒定律，从流体中取一微元体做质量衡算可得连续方程（continuity equation），表示单位时间内流体微元体的质量增加等于同一时间内流入该微元体的净质量。用连续方程描述微元体的质量守恒，其微分方程表达式为：

$$\frac{\partial \rho}{\partial \tau} + \nabla \cdot (\rho \boldsymbol{u}) = 0 \qquad (4\text{-}24)$$

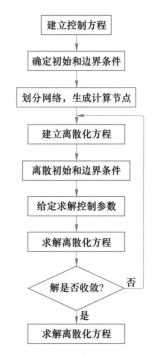

图 4-9 传输过程数值模拟流程

式中　∇——哈密顿（Hamilton）算子，同时具有向量性质和微分性质；

ρ——密度；

τ——时间；

$\boldsymbol{u}$——速度向量，在 x、y 和 z 三个方向的分量分别为 u、v 和 w。

B 动量守恒方程

流体流动时遵循牛顿第二定律反映的动量守恒定律，称为纳维-斯托克斯（N-S）方程，表示作用在流体上的力应与运动流体的惯性力相平衡，即微元体对时间的动量变化等于作用于该微元体的各种力之和，其微分方程表达式为：

$$\rho \left[\frac{\partial \boldsymbol{u}}{\partial \tau} + (\boldsymbol{u} \cdot \nabla) \boldsymbol{u} \right] = - \nabla p - \nabla \cdot \tau + \rho F \qquad (4\text{-}25)$$

式中 $\dfrac{\partial \boldsymbol{u}}{\partial \tau}$ ——单位时间单位体积流体的动量变化率，称为动量积累项，也称非稳态项；

$(\boldsymbol{u} \cdot \nabla)\boldsymbol{u}$ ——流体流动引起的动量变化，称为对流项；

∇p ——压力梯度的影响；

$\nabla \cdot \tau$ ——黏性力引起的动量变化，称为扩散项，τ 为黏性应力；

ρF ——体积力，此处只考虑重力，实际上外加其他作用力（如电磁力）也可计入此项。

C 能量守恒方程

根据热力学第一定律可以推导出能量守恒方程，包含流动和热交换体系所必须遵循的基本定律，表示微元体中能量的增加率等于进入微元体的净热流量与体积力对微元体所做的功的和。对于不可压缩流体，当 ρ 恒定时，其方程形式表示为：

$$\rho c_p \left[\frac{\partial T}{\partial \tau} + (\boldsymbol{u} \cdot \nabla) T \right] = \nabla \cdot (\lambda \nabla T) + \Phi + q_v \tag{4-26}$$

式中 $\dfrac{\partial T}{\partial \tau}$ ——热量在微元体内随时间的变化，称为积累项；

$(\boldsymbol{u} \cdot \nabla) T$ ——流体流动引起的净热量传递，称为对流项；

$\nabla \cdot (\lambda \nabla T)$ ——热扩散传递的热量，称为扩散项；

Φ ——流体流动时，由于黏性作用使部分动能耗散成热能，称为耗散项；

q_v ——体系内存在的其他热源，如辐射热源、反应热源等。

引入实质微分 $D/D\tau = \partial/\partial\tau + (\boldsymbol{u} \cdot \nabla)$，它包括对时间和空间的微分，则式（4-26）可写成：

$$\rho c_p \frac{DT}{D\tau} = \nabla \cdot (\lambda \nabla T) + \Phi + q_v \tag{4-27}$$

式中 Φ ——耗散函数，当流体高速流动或黏性很大时需要考虑。

对于低流速的流动过程，同时又无其他热源的不可压缩流体，能量方程可简化为：

$$\rho c_p \left[\frac{\partial T}{\partial \tau} + (\boldsymbol{u} \cdot \nabla) T \right] = \nabla \cdot (\lambda \nabla T) \tag{4-28}$$

取 $a = \lambda / \rho c_p$，称为热扩散率（thermal diffusivity），式（4-28）可转化为：

$$\frac{\partial T}{\partial \tau} + (\boldsymbol{u} \cdot \nabla) T = \nabla \cdot (a \nabla T) \tag{4-29}$$

对于固体或静止的流体，式（4-28）可再简化为傅里叶（Fourier）导热微分方程：

$$\frac{\partial T}{\partial \tau} = a \nabla^2 T \tag{4-30}$$

对于无内热源的稳态导热，又可简化为拉普拉斯（Laplace）方程：

$$\frac{\partial^2 T}{\partial x^2} + \frac{\partial^2 T}{\partial y^2} + \frac{\partial^2 T}{\partial z^2} = 0 \tag{4-31}$$

D 质量守恒方程

根据质量守恒定律，对微元体导出菲克（Fick）第二定律。对于不可压缩流体，当扩散系数 D 为常数时，A 物质的质量守恒方程为：

$$\frac{\partial c_A}{\partial \tau} + (\boldsymbol{u} \cdot \nabla) c_A = D_A \nabla^2 c_A + R_A \tag{4-32}$$

式中　　c_A——A 物质的浓度；

D_A——A 物质的扩散系数（diffusion coefficient）；

R_A——单位体积流体的 A 物质的生成率，称为物质化学反应生产的源项；

$\dfrac{\partial c_A}{\partial \tau}$——浓度在微元体内随时间的变化，称为浓度的积累项；

$(\boldsymbol{u} \cdot \nabla) c_A$——流体流动引起的宏观浓度在空间的变化，称为对流项；

$D_A \nabla^2 c_A$——扩散造成的微元体浓度变化，称为扩散项。

当流体静止，且无化学反应引起物质的生成和消耗时，式（4-32）简化为菲克第二定律：

$$\frac{\partial c_A}{\partial \tau} = D_A \nabla^2 c_A \tag{4-33}$$

E　湍流控制方程

当流体流动为湍流时，流体质点相互混掺，速度、压力等物理量在空间和时间上都具有随机的脉动值。目前主要通过对非稳态的 N-S 方程做时间平均处理，采用有效传输系数代替原有的层流系数，同时补充反映湍流特性的方程，主要有对于不可压缩流体的湍动能方程（k 方程）和湍动能耗散率方程（ε 方程）。1972 年，Launder 和 Spalding 提出采用 k-ε 方程联合应用的双方程模型，湍流系数 μ_τ 由湍动能耗散率 ε 来决定，其表达式为：

$$\mu_\tau = C_\mu \rho \frac{k^2}{\varepsilon} \tag{4-34}$$

标准的 k-ε 双方程湍流模型中引入了两个新变量 k 和 ε，并构建对应的传输方程。

湍动能方程（k 方程）为：

$$\frac{\partial(\rho k)}{\partial \tau} + \frac{\partial(\rho k u_i)}{\partial x_i} = \frac{\partial}{\partial x_i}\left[\left(\mu + \frac{\mu_\tau}{\sigma_k}\right)\frac{\partial k}{\partial x_j}\right] + G_k + G_b - \rho\varepsilon - Y_M + S_k \tag{4-35}$$

湍动能耗散率方程（ε 方程）为：

$$\frac{\partial(\rho\varepsilon)}{\partial \tau} + \frac{\partial(\rho\varepsilon u_j)}{\partial x_i} = \frac{\partial}{\partial x_i}\left[\left(\mu + \frac{\mu_\tau}{\sigma_\varepsilon}\right)\frac{\partial \varepsilon}{\partial x_j}\right] + C_1 \frac{\varepsilon}{k}(G_k + C_3 G_b) - C_2 \rho \frac{\varepsilon^2}{k} + S_\varepsilon \tag{4-36}$$

式中　　G_k——由平均速度梯度引起的湍动能产生项，$G_k = \mu_\tau\left(\dfrac{\partial u_i}{\partial x_j} + \dfrac{\partial u_j}{\partial x_i}\right)\dfrac{\partial u_i}{\partial x_j}$；

G_b——由浮力引起的湍动能产生项，对于不可压缩流体，$G_b = 0$；

Y_M——可压缩湍流中脉动扩张的贡献，对于不可压缩流体，$Y_M = 0$；

C_1，C_2，C_3——经验常数；

σ_k，σ_ε——与湍动能 k 和耗散率 ε 对应的普朗特数；

S_k，S_ε——根据实际情况定义的源项。

4.2.1.2　离散化处理

由于实际过程很难求出微分方程解析解，因此通常采用数值方法进行求解。首先将研究对象的求解区域划分为若干个有限的区域，并得到相应的节点，即求解区域的离散化。

然后将连续变化的待求变量场用每个有限区域上的一个或多个点的待求变量值表示，即控制方程的离散化。总的来说，离散化就是将研究区域按照一定规则划分为有限个网格节点，节点之间的关系用代数方程表达，然后求解网格节点上的 φ 值（如温度、流场等）的代数方程。

A 求解区域的离散化

要将微分方程变化为一系列离散化代数方程，首先需对求解区域进行离散化处理。将求解区域划分为多个网格单元，两个单元之间的 φ 离散值相互关联，而 φ 值则需要通过计算机来计算。网格的数量和密度直接决定离散化求解数值与微分方程解的接近程度。

求解区域的离散化方法有两种，一种是外节点法或单元顶点法，它是将界面放在两个主节点的中间，而节点位于子区域的顶角上，是以界面为中心的方法；另一种是内节点法或单元中心法，节点位于控制容积的正中心，子区域就是控制容积，是以节点为中心的方法。

B 微分方程的离散化

在求解区域被离散化后，需要对微分方程也进行离散化处理，写出离散化区域内各节点上的表达式，即用节点处的有关物理量的四则运算来表示所求节点上物理量的值。处理方法最常用的是有限差分法、有限元法和有限体积法。

a 有限差分法

有限差分法是用差商代替控制微分方程中微商的方法。有限差分法不能明确解释导出的离散方程中的物理含义和守恒原理。对于简单的情况，所导出的离散化方程看上去类似于其他方法。但是在更复杂的情况下，例如在非结构网格下，这种方法可能无法使用，因此目前用得比较少。

b 有限元法

有限元法是在 20 世纪 60 年代出现的数值方法，70 年代后推广到各类场问题的求解，如温度场、电磁场和流场计算。有限元法解析能力强，能比较精确地模拟各种复杂边界的几何形状，网格划分比较随意，在处理形状复杂的物体时有较大优势。然而有限元法不强求遵守原始的物理意义和守恒原理，离散方程中各项无法给出合理的物理解释，对于计算中出现的误差也难以改进，因此在流体力学和传热学中的应用还存在一定问题。

c 有限体积法

有限体积法也称为控制容积法或控制体积法，是在有限差分法的基础上发展起来的，同时吸收了有限元法的一些优点。它将求解区域划分成有限个网格单元，然后对 φ 进行离散化。在离散化时，强制要求所得积分方程在整个控制容积上，其物理意义要满足通量守恒，而积分区间就是研究节点所在的控制容积。有限体积法着眼于控制容积的积分平衡，并以节点作为控制容积的代表。由于其具有明确的变量分布，因此在求解区域中的任意点的变量值都有确定的差值关系。

4.2.1.3 离散化方程的求解

通过离散化处理可以得到微分方程的一组离散化代数方程组，然后对其求解获得 φ 的离散值。对流体力学和传热学中的计算，迭代法是应用最广泛的求解方法。这种方法采用一种"预估-校正"（guess-and-correct）的原理，通过重复调用离散化方程组来不断改进预设解的方式。迭代法求解过程的描述如下：

（1）预设求解区域内所有网格点处 φ 的离散值。

（2）依次访问每一个网格点，对 φ 值进行校正。

（3）计算覆盖求解区域内的所有网格点，至此完成依次迭代。

（4）判断所求解是否满足一个合适的收敛标准。如果判断满足，则停止计算输出结果；否则，转步骤（2）继续进行计算。

4.2.1.4　数值模拟的步骤

数值模拟的步骤主要包括：

（1）构建几何模型。根据实际问题和研究对象建立几何模型。

（2）网格划分。利用网格划分工具对几何模型进行离散化处理。

（3）构建数学模型。建立反映问题（工程问题、物理问题等）本质的数学模型，就是要建立反映问题各量之间的微分方程及相应的定解条件。

（4）求解计算。利用软件或编制程序进行有限元或有限体积的求解，首先需要确定材料属性，设置边界条件，然后进行初始化，开始迭代计算。

（5）结果显示。将大量数据通过图像形象地显示出来。

（6）数据分析。对模拟结果进行后处理，提取所需要的数据。

4.2.2　数值模拟软件

计算流体力学（computational fluid dynamics，CFD）软件是用来进行流场分析、计算、预测的专用工具。通过 CFD 模拟，可以分析并且显示流体在流动过程中发生的现象，及时预测流体在模拟区域的流动性能，并通过改变各种参数，得到相应过程的最佳设计参数。目前全世界已有大约几十种求解流动和传热问题的商业软件，本书介绍几种常用的计算软件。

4.2.2.1　PHOENICS

PHOENICS 是世界上第一个投放市场的 CFD 商用软件，创始人 Spalding 和 Patankar 等提出的一些基本算法，如 SMRLE 方法、混合格式等，对商用软件的开发产生了较大影响。PHOENICS 中包含了一定数量的湍流模型、多相流模型、化学反应模型，如将层流和湍流分别假设成两种流体的双流体模型 MRM，适用于狭小空间的流动与传热模型 LVBL，用于暖通空调计算的专用模块 HAIR 等。该软件采用有限容积法，可选择一阶迎风、混合格式及 QUICK 等，压力及速度耦合采用 SIMPLEST 算法，对于两相流则纳入了 IPSA 算法（适用于两种介质互相穿透时）及 PSI-Cell 算法（离子跟踪法），代数方程组可以采用整场求解或点迭代、快迭代方法，同时纳入了块修正以加速收敛。

PHOENICS 的特点是计算能力强、模型简单、速度快，便于模拟前期的参数初值估算，以低速热流输运现象为主要模拟对象，尤其适用于单相模拟和管道流动计算。其不足之处在于，计算模型较少，尤其是两相流模型，不适用于两相错流流动计算；所形成的模型网格要求正交贴体（可以使用非正交网格，但容易导致计算发散）；使用迎风一阶差分求值格式进行数值计算，不适合于精馏设备的模拟计算；由于以压力矫正法为基本解法，因而不适合高速可压缩流体的流动模拟。该软件的最新版本默认适用 QUICK 数值求解格式，推荐选用格式为 SMART 和 HQUICK 数值求解。

4.2.2.2 FLUENT

FLUENT 软件推出了多种优化的物理模型，如定常和非定常流动、层流（包括各种非牛顿流模型）、紊流（包括先进的紊流模型）、不可压缩和可压缩流动、传热、化学反应等。针对每一种物理问题的流动特点，都有其适用的数值解法，用户可对显式或隐式差分格式进行选择，以期在计算速度、稳定性和精度等方面达到最佳。

FLUENT 将不同领域的计算软件组合起来，成为 CFD 计算软件群，软件之间可以方便地进行数值交换，并采用统一的前后处理工具，这就省去了科研工作者在计算方法、编程、前后处理等方面投入重复、低效劳动，使科研工作者可以将主要精力和智慧用于物理问题本身的探索上。

4.2.2.3 STAR-CD

STAR-CD（simulation of turbulent flow in arbitrary regions-computational dynamics）软件最初是由英国帝国理工大学计算流体力学领域的专家教授开发的，并由英国 Computational Dynamics Ltd. 公司推出，是全球第一个采用完全非结构化网格技术和有限体积法来研究工业领域中复杂流动的流体分析商用软件。

STAR-CD 根据传统传热基础理论，开发了基于有限体积法的非结构化网格计算程序。在完全不连续网格、滑移网格和网格修复等关键技术上，STAR-CD 经过了来自全球 10 多个国家，超过 200 名知名学者的不断补充和完善，成为同类软件中网格适应性、计算稳定性和收敛性最好的佼佼者。它是流体力学中通用性强、功能强大的一种商用软件，不但可以为工业设计服务，也可以为科学研究所用。

4.2.2.4 CFX

CFX 软件是 CFD 领域中的重要软件平台之一，在欧洲使用广泛，目前在国内应用也较多。该软件主要由三部分组成，即 Build、Solver 和 Analyse。Build 主要是要求操作者建立问题的几何模型，与 FLUENT 不同的是，CFX 软件的前期处理模块与主体软件合二为一，可以实现与 CAD 建立接口，功能非常强劲，其网格生成器适用于复杂外形的模拟计算；Solver 主要是建立模拟程序，在给定的边界条件下，求解方程；Analyse 主要是后处理分析，对计算结果进行各种图形、表格和色彩图形处理。

CFX 软件平台的最大特点是具有强大的前处理和后处理功能，且具有较多的数学模型，比较适合于化工过程的模拟计算。

4.2.2.5 FIDAP

FIDAP（fuid dynamics analysis package）软件于 1983 年由美国 Fuid Dymamics International, Inc. 推出，是世界上第一个使用有限元法的 CFD 软件。可以接受如 I-DEAS、PATRAN、ANSYS 和 ICEMCFD 等著名生成网格的软件所产生的网格。该软件可以计算可压缩及不可压缩流、层流与湍流、单相与两相流、牛顿流体及非牛顿流体的流动问题，以及凝固与熔化问题等，具有网格生成及计算结果可视化处理的功能。

4.2.3 数值模拟的应用

4.2.3.1 高炉炼铁过程数值模拟

高炉是最复杂的冶金反应器之一，为了更好地理解、优化和智能控制高炉炼铁过程，人们开发了大量的高炉数学模型。最早出现的是高炉一维模型，先有稳态模型，随后逐渐发展为动态和非稳态模型。典型的高炉一维静态数学模型考虑了高炉内部的主要化学反应和热量传递过程，基于模拟结果，得到了主要工艺变量沿高炉高度方向上的分布。随后向二维模型过渡，开始考虑简单的流场，并出现了反应特征曲线和传热特征曲线。20 世纪90 年代提出了"多流体理论"，该理论采用多相流和相间相互作用来描述高炉下部区域发生的现象，能够更加合理地分析处理二维或三维问题。

高炉三维模型主要有模拟炉缸内死料柱的多孔介质模型，该模型能考虑到死料柱的焦炭颗粒、孔隙度，并通过在动量方程中加入厄根方程来模拟铁水流经死料柱时引起的压降；用来研究铁水与渣、气界面问题的多相流（VOF）模型，通过将 VOF 模型和出铁预测模型相结合，可以描述不同性质的不混相流体的出铁行为及界面形状；在标准 k-ε 湍流模型基础上改进的剪切应力传输（SST k-w）模型，提供了一种处理焦炭床和无焦区的方法；追踪炉缸内焦炭颗粒运动行为的离散单元（DEM）模型，量化了炉缸内铁水累积量、焦炭消耗率和气体流量对无焦区产生的影响；确定渣铁凝固线的凝固融化模型等。

进入 21 世纪后，鉴于离散元方法（DEM）能够更合理地描述非连续相行为，再加上计算能力的提升和建模方法的进步，高炉数学模型的最新研究成果大多趋向于由两种建模方法有机融合而成的 CFD-DEM 数学模型。CFD-DEM 方法中数学模型可分为三大部分：第一部分是离散相模型，即 DEM 模型；第二部分是连续相模型，即 CFD 模型；第三部分是CFD 和 DEM 的耦合模型。DEM 模型主要是基于牛顿第二定律创建的，可相对更精确地呈现固相颗粒的行为。

图 4-10 给出了 DEM 方法在高炉布料、回旋区固体运动、炉缸焦炭颗粒运动、炉内固相流动等方面的模拟应用。多流体高炉数学模型基于多相流体力学、冶金传输理论和化学反应动力学，充分利用了流体工程学、冶金传输原理、反应动力学、冶金物理化学和各种计算模拟等相关理论。

高炉数值模型中的方程组一般由动量守恒方程、热量守恒方程、物质守恒方程、连续性方程和化学反应及相变速率方程等组成。首先根据计算要求构建高炉区域的几何模型；然后在计算区域内利用 BFC（boundary fitted coordinate，即边界自适应坐标体系）方法进行结构性网格化；再利用控制单元体法（control volume method）在整个网格内离散化所有的方程；最后采用 SIMPLE 法和迭代矩阵法对所有已离散的方程进行求解。利用实际运行高炉的生产数据对多流体数学模型的有效性和计算精度进行充分验证。表 4-3 和图 4-11 的结果表明了多相流模型的准确性。

表 4-3　高炉多相流模型计算值与实际参数对比

参数	计算值	实测值	绝对误差/%
生铁产量/kg·s^{-1}	103.5	104.3	0.7
焦比/kg·t^{-1}	313.6	313	0.2
渣量/kg·t^{-1}	252.8	261	3.1
炉顶煤气利用率/%	53.3	50.6	5.3
炉顶煤气温度/℃	248	240	3.3

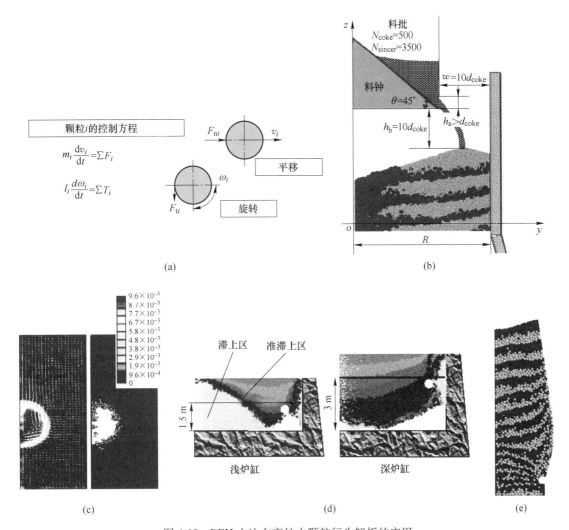

图 4-10 DEM 方法在高炉内颗粒行为解析的应用

（a）控制方程；（b）布料行为的模拟；（c）回旋区颗粒运动；（d）炉缸颗粒运动；（e）炉内固相运动

4.2.3.2 炼钢过程数值模拟

炼钢过程主要是通过喷吹手段以达到脱碳、脱磷、脱硫、去夹杂等目的，其过程涉及复杂的气-金-渣多相流行为和反应动力学，数值模拟已成为解析炼钢过程现象和机理不可或缺的手段。早期的研究主要致力于揭示不同喷吹参数对转炉和钢包钢液流动及混合状态的影响规律，所建立的模型以气-液两相流模型为主。近年来，研究者更多关注钢渣运动、夹杂物去除、喷吹粉粒传输及杂质元素反应等，甚至还需要对钢液中异相颗粒的形核、聚合和破碎等复杂演变行为进行建模描述。

A 多相流模型

针对转炉冶炼和钢包精炼过程的两相或多相流行为，已建立了不同数学模型来描述，主要分为准单相流模型、VOF（volume of fluid）模型、Euler-Lagrange 模型和 Euler-Euler 模型。

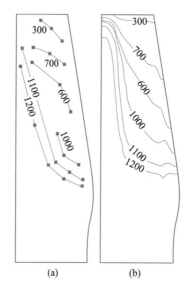

图 4-11 高炉炉内温度分布实测和模型计算值（单位：℃）
（a）实测值；（b）计算值

a 准单相流模型

最初受制于计算条件，主要采用准单相流模型来描述炼钢过程的流动和混合行为，计算效率高，研究有助于加深喷吹对熔池钢液流动与混合行为影响的认识，但因忽略了曳力、升力、虚拟质量力等气-液两相间的相互作用，因此尚未揭示熔池中多相流更详尽的本质特征。

b VOF 模型

VOF 模型最早是由 Hirt 和 Nichols 提出的一种在欧拉网格体系下的界面跟踪方法。VOF 属于一种基于网格直接追踪界面的数值模拟方法，仅需考虑表面张力的相间耦合就可描述相界面的运动、形变、破碎、聚合等行为，然而只有在网格尺寸小于界面特征尺寸时，才能准确地捕获界面运动行为。因此，目前的计算条件并不适合描述熔池底部狭缝或弥散透气砖所形成的大量微小气泡群行为。

c Euler-Lagrange 模型

Euler-Lagrange 模型是在 Euler 坐标系下求解液相的质量和动量守恒方程得到流场，在 Lagrange 坐标系下求解离散相颗粒力平衡方程得到颗粒运动轨迹，通过曳力、升力、虚拟质量力、压力梯度力等相间作用力实现颗粒与流体间的双向耦合。由于 Euler-Lagrange 模型要求颗粒尺寸小于网格特征尺寸，因此限制了其对钢液中大尺寸颗粒或气泡运动的描述。

d Euler-Euler 模型

Euler-Euler 模型将所有相看作是相互贯穿的连续介质，各相的体积分数、质量、动量、能量、传质等守恒方程均在欧拉坐标系下单独求解。Euler 模型大大降低了对网格的要求，不再受库朗数和颗粒尺寸的限制，而且与相间传质反应动力学模型具有更好的兼容性，更适用于冶金过程的工程化描述。但 Euler 模型体系复杂，建立准确的数学模型是一个难点。

B　PBM 模型

炼钢过程的钢液中的异相颗粒（夹杂物、气泡、渣滴）的尺寸及演变行为对流动、传热、传质与反应等传输行为有着重要的影响。Euler-Euler 体系下的颗粒群体平衡 PBM 模型（population balance model）主要用于描述颗粒间的尺寸演变行为。近年来，研究者采用 CFD-PBM 模型描述了钢液或铁液中气泡的聚合和破碎行为、夹杂物的碰撞和去除等。

C　组分传输和反应动力学模型

在炼钢过程中，钢液中各组分（如［Al］、［Si］、［Mn］等元素）的质量传输主要通过分子扩散、钢液对流、湍流扩散以及不同相界面处的相间反应等方式。目前，学者通过耦合 VOF 多相流模型和热力学计算软件 Thermo-Calc，描述了顶吹转炉熔池内的脱碳反应；也有研究者提出了 CFD-SRM（simultaneous reaction model）和 CFD-PBM-SRM 模型分别描述 LF 炉和钢包底喷粉过程所涉及的顶渣-钢液、空气-钢液、粉剂-钢液、气泡-钢液多界面、多组分同时反应动力学。

图 4-12 列出了转炉过程中各种现象的示意图，图 4-13 列出了钢包各组分传输和反应的示意图。通过选用合适的数学模型，或者多种模型的耦合，可有效地揭示转炉和精炼过程中熔池内的多相流行为和反应动力学，以及夹杂物的传输和去除行为等。

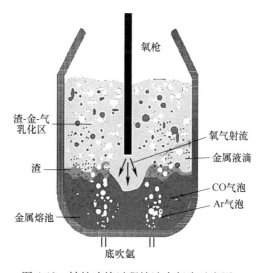

图 4-12　转炉冶炼过程熔池内行为示意图

4.2.3.3　连铸过程数值模拟

连铸是一个涉及传输现象、组织演变、电磁场、应力-应变场等多物理现象、多场耦合的复杂过程，同时还受喷淋、拉矫等过程操作行为的影响。连铸过程重点研究的方向包括凝固传热与应力-应变行为、钢液流动行为、宏观偏析行为以及凝固组织演变过程。

A　凝固传热与应力-应变行为

结晶器作为连铸机的"心脏"，发生着坯壳凝固热/动力学、钢液多相流动、保护渣流动与润滑、气隙形成与发展等复杂的传输与力学行为，且各行为之间相伴而生、相互作用。

早期通过建立结晶器铜板三维稳态热/力耦合模型，揭示了不同工艺条件下铜板温度、

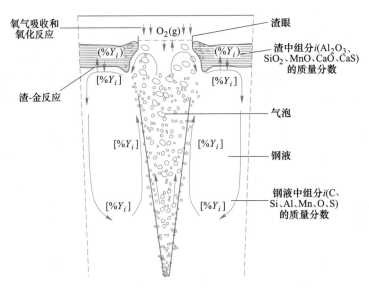

图 4-13   钢包中组分元素质量传输和化学反应示意图

应变及应力分布特征；随后通过界面热阻定性引入了保护渣和气隙对坯壳-结晶器传热的影响，建立了结晶器-坯壳热/力耦合有限元分析模型、二维非稳态完全热/力耦合有限元模型，以描述铜板和坯壳相互作用下的热/力学行为、温度场和应力场。

后期考虑到保护渣动态填充对界面传热行为的影响，建立了坯壳和铜板之间的界面热流模型预测坯壳、渣层温度和厚度沿结晶器高度方向的分布特征，称为 CON1D 模型；随后将 CON1D 模型与考虑坯壳变形行为的弹-黏塑性力学模型进行耦合，实现了对结晶器角部附近气隙沿高度方向分布特征的预测，称为 CON2D 模型；再结合二维坯壳-铜板界面热流模型，多相流动、传热与凝固多物理现象耦合模型，三维热-力耦合模型等，实现了连铸过程各种条件下的热/力行为模拟。

B   钢液流动行为

中间包作为中间反应器，主要应用三维湍流模型研究中间包内流体流动及相应的传递过程。描述钢液流动的湍流模型有零方程模型、单方程模型、k-ε 双方程模型、修正的 k-ε 模型、k-w 模型、代数应力模型、湍流应力模型、湍流涡旋学说的大涡模拟（LES）等。VOF 模型也广泛应用于研究中间包内钢液的流动及传热行为。

针对结晶器内高温熔体的多相流界面多尺度性，考虑离散流界面尺度分布性、混合流界面跨尺度性、凝固界面多尺度性以及湍流在揭示多尺度相界面结构中的作用，数学模型主要包括气泡聚并和破碎模型、双流体模型（TFM）和界面捕捉模型（ICM）的耦合模型、大涡模拟（LES）等。随着电磁制动（EMBr）和电磁搅拌（EMS）的引入，需要考虑电磁力对流场的影响，基于新型电流矢量-磁矢量的混合差分-积分机制，将电磁场与流场进行耦合，分析电磁搅拌和电磁制动作用下钢液流动行为、液面波动特征以及夹杂物在连铸坯内的分布特征。

C   宏观偏析行为

宏观偏析作为合金的共性凝固质量缺陷，备受冶金学者的关注，其数值描述的关键在于枝晶间微观偏析和糊状区多相传输，需耦合凝固热/动力学、枝晶生长动力学、多相计算流体力学和坯壳热/力学。实现宏观-微观跨尺度凝固传输现象的双向耦合是研究的难点和重点，目前主要采用连续介质模型和体积平均模型。

连续介质模型将固液糊状区视为多孔介质区，通过一组传输方程表征熔体流动、传热与传质现象，且采用微观偏析解析模型处理合金凝固过程。一方面，由于微观解析模型通常对固相、液相溶质的扩散进行一定的假设，因此无法实现宏观偏析的定量化预测；另一方面，由于忽略扩散控制的枝晶生长动力学，因此无法充分考虑和揭示固相、液相对流动和凝固组织演变的影响规律。而基于体积平均方法的多场/多相凝固模型，将糊状区认为是由相互作用的固相和液相组成的，根据固/液界面微观传输平衡条件推导多相凝固传输方程，并且考虑固液相对流动行为，成功揭示了连铸坯宏观偏析形成机理，定量预测了不同工艺参数下连铸坯中心的偏析指数。

D　凝固组织演变

典型的模拟方法包括相场（PF）、水平集（LS）和元胞自动机（CA）。PF/LS法通过在扩散界面内光滑分布的相场变量/水平集变量来表征界面位置，受扩散界面厚度的限制，需在极其细小的网格上开展计算。CA法通常将计算区域划分为液相胞、固相胞和界面胞，通过临胞布置和捕捉规则，实现对固/液界面演变过程的追踪。目前，PF法和CA法分别形成了MICRESS和ProCast商业软件包，前者多应用于枝晶生长、夹杂物析出以及微观域内晶粒组织演变的模拟，后者广泛应用于铸造钢锭和连铸钢坯晶粒组织演变的模拟。当前，连铸坯凝固组织演变模拟在晶粒层面上获得了新进展，正在向枝晶领域扩展。

附录　冶金过程相关准数

附表 4-1　冶金过程相关准数

准数	表达式	特征变量	物理意义	应用
邦德准数 Bo	$\dfrac{g(\rho-\rho_f)d_p^2}{\sigma}$	d_p—液体直径 ρ—液体密度 ρ_f—周围液体密度 σ—表面张力	$\dfrac{重力}{表面张力}$	雾化
形阻系数 Cd	$\dfrac{g(\rho-\rho_f)l}{\rho v^2}$	l—物体特征长度 ρ—物体密度 v—相对速度	$\dfrac{重力}{惯性力}$	自由沉降
摩擦系数 f	$\dfrac{(\Delta p_f/\rho)L}{2v^2 l}$	L—管道截面积特征长度 $\Delta p_f/\rho$—摩擦压头 l—管长	$\dfrac{切应力}{速度头}$	管道内摩擦损失
弗鲁劳数 Fr	$\dfrac{v^2}{gl}$	l—流体特征长度	$\dfrac{惯性力}{重力}$	波和排放流股的表面行为
修正弗劳德数 Fr'	$\dfrac{\rho_g v^2}{(\rho_l-\rho_g)gl}$	ρ_g—气体密度 ρ_l—液体密度	$\dfrac{惯性力}{重力}$	气-液系统内的流动行为
伽利略数 Ga	$\dfrac{g\rho^2 l^3}{\eta^2}$	η—黏度	$\dfrac{惯性力\times重力}{黏性力^2}$	黏性液体熔池内流动

准数	表达式	特征变量	物理意义	应用
马赫数 Ma	$\dfrac{v}{v_s}$	v—流体速度 v_s—流体内声速	$\dfrac{惯性力}{弹性力}$	高速流动
傅里叶数 Fo	$\dfrac{at}{L^2}$	a—热扩散系数 t—特征时间 L—热传导发生处特征长度	$\dfrac{热传导速率}{热量储存速率}$	非稳态传热
施密特数 Sc	$\dfrac{\mu}{\rho D}$	μ—动量黏度系数 ρ—密度 D—扩散系数	$\dfrac{运动黏度系数}{扩散系数}$	动量和 质量扩散
普朗特数 Pr	$\dfrac{\eta c_p}{k}$	η—流体黏度 c_p—流体热容 k—热容系数	$\dfrac{动量扩散}{热扩散}$	强制和自 然对流
瑞利数 Ra	$\dfrac{g\rho^2 l^3 c_p \beta \Delta T}{\eta k}$	β—热体积膨胀系数 ΔT—通过膜层的温度差 l—特征尺寸	$\dfrac{对流传热}{传导传热}$	自然对流
哈脱曼数 Ha	$lB\left(\dfrac{\kappa_e}{\eta}\right)^{\frac{1}{2}}$	l—特征长度 B—特征磁通密度 κ_e—电导率	$\dfrac{电磁力}{黏性力}$	磁流体动力学
格拉晓夫数 Gr	$\dfrac{g\rho^2 l^3 \beta \Delta T}{\eta^2}$	β—体积热膨胀系数 $-\left(\dfrac{1}{\rho}\right)\left(\dfrac{\partial \rho}{\partial X}\right)_T$ ΔT—温度差	$(Re)\left(\dfrac{浮力}{黏性力}\right)$ $=(Ga)\beta \Delta T$	自然对流
雷诺数 Re	$\dfrac{\rho v l}{\eta}$	l—流体特征长度 ρ—液体密度 η—流体黏度	$\dfrac{惯性力}{黏性力}$	流体流动
韦伯数 We	$\dfrac{\rho v^2 l}{\sigma}$	v—流体速度 σ—表面张力	$\dfrac{惯性力}{表面张力}$	气泡形成及流 体流股雾化
欧拉数 Eu	$\dfrac{\Delta p}{\rho v^2}$	Δp—压力差 ρ—液体密度 v—流体速度	$\dfrac{压力}{惯性力}$	流体流动过程 动量损失
路易斯数 Le	$\dfrac{\rho c_p D_{AB}}{\lambda}$	ρ—液体密度 c_p—流体热容 D_{AB}—分子扩散系数 λ—热传导系数	$\dfrac{分子扩散}{热扩散}$	传热和传质
莫顿数 Mo	$\dfrac{g\eta_1^4}{\rho_1 \sigma^3}$	η_1—液体黏度 σ—表面张力	$\dfrac{重力 \times 黏性力}{表面张力}$	液体中的 气泡速度

准数	表达式	特征变量	物理意义	应用
功率数 Np	$\dfrac{P'}{\rho n^3 l^5}$	P'—搅拌器输入功率 n—搅拌器转速 l—搅拌器叶片特征尺寸	$\dfrac{叶片上形阻力}{惯性力}$	搅拌器内能量消耗
贝克来数 Pe	$\dfrac{lv\rho c_p}{k}=\dfrac{lv}{a}$	v—流体速度 c_p—流体热容 a—热扩散系数	$\dfrac{对流传热}{传导传热}=RePr$	强制对流
传质贝克来数 Pe'	$\dfrac{lv}{D'_{AB}}$	l—特征长度 D'_{AB}—特征扩散系数	$\dfrac{对流传质}{扩散传质}$	反应器内传质
毕渥数 Bi	$\dfrac{hl}{\lambda}$	h—表面传热系数 l—特征长度 λ—固体导热系数	$\dfrac{内部导热热阻}{界面换热热阻}$	传热
努塞尔数 Nu	$\dfrac{Kl}{\lambda}$	K—传热系数 l—特征长度 λ—对流导热系数	$\dfrac{导热阻力}{对流传热阻力}$	对流换热
舍伍德数 Sh	$\dfrac{k'l}{\rho D_{AB}}$	k'—传质系数 D_{AB}—扩散系数	$\dfrac{对流传质}{扩散传质}$	低速传质
斯特劳哈尔数 Sr	$\dfrac{l}{vt}$	l—特征长度 v—流体速度 t—时间	$\dfrac{非定常运动惯性力}{惯性力}$	物体绕流

复习及思考题

1. 分析数学模拟的方法和优缺点。

2. 传输过程数学模拟涉及的主要基本方程有哪些?

3. 简述数值模拟的步骤。

4. 尝试采用数值模拟计算结晶器流场、速度场和温度场。

5. 简述物理模拟的基本原理。

6. 简述 KR 法和喷吹法脱硫工艺,并对比两种工艺的优缺点。

7. 对于塑料粒子卷入数量实验,如何确定其基准线?

8. KR 法加吹气工艺对于实验测定参数会有什么影响?

9. 分析转炉吹炼工艺的主要工艺参数及其影响,并说明氧枪的主要类型,以及主要应用到哪些生产工艺。

10. 模型比例的选取有什么依据?

11. 实验中采用空气模拟氧气、氩气时,应如何对流量进行修正?

12. 试分析如何计算中间包内流团(短路流、活塞流、死区)的平均停留时间。

参　考　文　献

[1] Szekely J. 冶金中的流体流动现象［M］. 彭一川, 徐匡迪, 樊养颐, 译. 北京: 冶金工业出版社, 1985.

[2] 高家锐. 动量、热量、质量传输原理［M］. 重庆: 重庆大学出版社, 1992.

[3] 肖兴国, 谢蕴国. 冶金反应工程学基础［M］. 北京: 冶金工业出版社, 1997.

[4] 蔡开科. 连续铸钢［M］. 北京: 科学出版社, 1990.

[5] Lowry M L, Sahai Y. Modeling of thermal effects in liquid steel flow in tundishes［C］//Steelmaking Conference Proceedings, 1991: 505-511.

[6] Sahai Y. A criterion for water modeling of non-isothermal melt flows in continuous casting tundishes［J］. ISIJ International, 1996, 36 (6): 681-689.

[7] Sahai Y, Emi T. Criteria for water modeling of melt flow and inclusion removal in continuous casting tundishes［J］. ISIJ International, 1996, 36 (9): 1166-1173.

[8] 方坤. 计算流体力学的几种常用软件［J］. 煤炭技术, 2006, 25 (12): 124-125.

[9] 翟建华. 计算流体力学（CFD）的通用软件［J］. 河北科技大学学报, 2005, 26 (2): 160-165.

[10] Dong X F, Yu A B, Yagi J, et al. Modelling of multiphase in a blast furnace: recent development and future work［J］. ISIJ International, 2007, 47 (11): 1553-1570.

[11] Zhou Z Y, Zhu H P, Yu A B, et al. Numerical investigation of the transient multiphase flow in an ironmaking blast furnace［J］. ISIJ International, 2010, 50 (4): 515-523.

[12] Castro J A, Nogami H, Yagi J. Three-dimensional multiphase mathematical modeling of the blast furnace based on the multifluid mode［J］. ISIJ International, 2002, 42 (1): 44-52.

[13] Yagi J. Mathematical model of blast furnace progress and application to new technology development［C］// The 6th International Congress on the Science and Technology of IronMaking-ICSTI Rio de Janeiro, RJ Brazil, 2012: 1660-1668.

[14] 储满生, 郭宪臻, 沈峰满, 等. 高炉数学模型的进展［J］. 中国冶金, 2007, 17 (4): 10-14.

[15] Austin P R, Nogami H, Yagi J. A mathematical model for blast furnace reaction analysis based on the four fluid model［J］. ISIJ International, 1997, 37 (8): 748-755.

[16] 储满生, 王宏涛, 柳正根, 等. 高炉炼铁过程数学模拟的研究进展［J］. 钢铁, 2014, 49 (11): 1-8.

[17] 朱苗勇, 娄文涛. 炼钢过程多相流及反应动力学数值模拟研究［J］. 材料与冶金学报, 2022, 21 (1): 1-19.

[18] 张华, 王家辉, 方庆, 等. 中间包非稳态浇注过程数值模拟研究进展［J］. 辽宁科技大学学报, 2021, 44 (6): 401-412, 418.

[19] 刘逸波, 杨健. 中间包流场控制技术的进展［J］. 连铸, 2021, 46 (5): 12-33.

[20] 张美杰, 汪厚植, 顾华志, 等. 连铸中间包内钢液流场数值模拟的研究进展［J］. 武汉科技大学学报, 2004, 27 (3): 245-249.

[21] 朱苗勇, 萧泽强. 钢的精炼过程数学物理模拟［M］. 北京: 冶金工业出版社, 1998.

[22] 萧泽强, 朱苗勇. 冶金过程数值模拟分析技术的应用［M］. 北京: 冶金工业出版社, 2006.

[23] 朱苗勇, 娄文涛, 王卫领. 炼钢与连铸过程数值模拟研究进展［J］. 金属学报, 2018, 54 (2): 131-150.

[24] Lou W T, Zhu M Y. Numerical simulation of desulfurization behavior in gas- stirred systems based on computation fluid dynamics- simultaneous reaction model (CFD SRM) coupled model［J］. Metallurgical and Materials Transactions B, 2014, 45 (5): 1706-1722.

[25] Lou W T, Zhu M Y. Numerical simulation of slag-metal reactions and desulfurization efficiency in gas-

stirred ladles with diferent thermodynamics and kinetics [J]. ISIJ International, 2015, 55 (5): 961-969.

[26] Lou W T, Zhu M Y. A mathematical model for the multiphase transport and reaction kinetics in a ladle with bottom powder injection [J]. Metallurgical and Materials Transactions B, 2017, 48 (6): 3196-3212.

[27] Lou W T, Wang X Y, Liu Z, et al. Numerical simulation of desulfurization behavior in ladle with bottom powder injection [J]. ISIJ International, 2018, 58 (11): 2042-2051.

[28] Mazumdar D, Guthrie R I L. The physical and mathematical modelling of continuous casting tundish systems [J]. ISIJ International, 1999, 39 (6): 524-547.

[29] Mazumdar D. Review, analysis, and modeling of continuous casting tundish systems [J]. Steel Research International, 2019, 90 (4): 1800279.

[30] Chattopadhyay K, Isac M, Guthrie R I L. Applications of computational fluid dynamics (CFD) in iron- and steelmaking: Part 2 [J]. Ironmaking & Steelmaking, 2010, 37 (8): 562-569.

[31] 李志国, 伍成波, 王逢春. 连铸结晶器中钢液行为数值模拟研究进展 [J]. 铸造技术, 2002, 23 (4): 197-200.

[32] 朱苗勇. 钢连铸过程流动与凝固传热行为数值模拟 [C]//2020 中国铸造活动周, 2020: 348.

[33] 刘中秋, 李宝宽, 肖丽俊, 等. 连铸结晶器内高温熔体多相流模型化研究进展 [J]. 金属学报, 2022, 58 (10): 1236-1252.

[34] Bottger B, Schmitz G J, Santillana B. Multi-phase-field modeling of solidification in technical steel grades [J]. Transactions of the Indian Institute of Metals, 2012, 65 (6): 613-615.

[35] Bottger B, Apel M, Santillana B, et al. Phase-field modelling of microstructure formation during the solidification of continuously cast low carbon and HSLA steels [J]. IOP Conf. Ser. Mater. Sci. Eng., 2012, 33: 12107.

[36] Hou Z B, Jiang F, Cheng G G. Solidification structure and compactness degree of central equiaxed grain zone in continuous casting billet using cellular automaton- finite element method [J]. ISIJ International, 2012, 52 (7): 1301-1309.

[37] Hou Z B, Cheng G G, Jiang F, et al. Compactness degree of longitudinal section of outer columnar grain zone in continuous casting billet using cellular automaton- finite element method [J]. ISIJ International, 2013, 53 (4): 655-664.

5 湿法冶金及电化学冶金研究方法

本章提要

随着湿法炼锌的工业化应用、拜耳法生产氧化铝的发明、铀工业的发展，以及20世纪60年代羟肟类萃取剂的发明并应用于湿法炼铜等，湿法冶金技术得到了快速发展。近年来，随着矿石品位的不断下降和环境保护要求的日益严格，清洁高效的湿法冶金技术在有色金属生产和冶金固废资源循环利用中得到了广泛应用。

电化学冶金具有应用范围广、产品纯度高、能处理低品位和复杂多金属矿等特点，已广泛应用于 Al、Na、Li、Mg、稀土等负电性很大的金属原材料制备，以及高纯度 Zn、Cu、Ni、Co、Cr、Mn、Nb、Ta 等金属及合金材料的清洁生产。利用电化学原理、方法及技术揭示电冶金过程中的电化学反应历程，指导选择有效的技术途径和适宜的工艺参数，调控冶金过程高效地获得优质冶金产品，是冶金电化学研究的基本任务和目标。

本章介绍了湿法冶金和电化学冶金的主要技术和实验研究方法，包括湿法冶金过程的原料预处理、浸出、溶液的净化与元素分离，以及电化学的测量基础和测量仪器，并对拜耳法制备氧化铝、铜的电解精炼、硫酸锌溶液的电解沉积、电位扫描法测镍阳极极化曲线、电位 ε-pH 图测定等实验技术进行了描述。

5.1 湿法冶金技术基础

湿法冶金是利用浸出剂将矿石、精矿、焙砂及其他物料中的有价金属组分溶解在溶液中或以新的固相析出，从而进行金属分离、富集和提取的科学技术。目前超过80%的 Zn、15%~20%的 Cu、全部的 Al_2O_3 都是利用湿法冶金方法生产的。几乎所有稀有金属矿物（除 Ti、Zr 外）原料的处理及其化合物的制备、贵金属的提取等都是利用湿法冶金方法完成的。此外，湿法冶金技术在冶金"三废"治理及性能优异的新材料制备领域也有突出的应用效果，如纳米级复合金属粉、超导材料和陶瓷材料的制备等。

湿法冶金过程主要包括以下阶段：原料的预处理、浸出、溶液的净化和相似元素分离、析出化合物或金属。

5.1.1 原料预处理

原料预处理主要是改变原料的物理化学性质，为后续的浸出过程创造良好的热力学条件和动力学条件，或预先除去某些有害杂质。原料的预处理包括：

（1）粉碎。原料在经过粉碎后，其粒度变细，具有较大的比表面积，这样可以提高浸出反应的速率。

（2）预活化。利用机械活化、热活化等手段，提高待浸物料的活性。例如，锂辉石($LiAl[Si_2O_6]$)在使用 H_2SO_4 分解前，预先在 $950 \sim 1100$ ℃的高温下煅烧，使其由 α 型转变为结构较疏松且活性较强的 β 型结构。

（3）矿物的预分解。原料中的有价金属有时以稳定的化合物形态存在，难以直接被常用的浸出剂浸出。预分解是指通过某些化学反应破坏原料的稳定结构，使其变为易浸出的形态。

（4）预处理除去有害杂质。预处理除去有害杂质的过程往往与矿物的分解、高温预活化等过程结合使用。

5.1.2 浸出过程

浸出过程是指在水溶液中利用浸出剂（如酸溶液、碱溶液、水等）与固体原料（如矿物原料、冶金过程的固态中间产品、废旧物料等）间的作用，使原料中的有价元素变为可溶性化合物进入水相，而主要伴生元素则进入渣相，从而实现二者的初步分离。浸出过程也可用于从固体物料中除去某些杂质或将固体混合物分离，并将有价元素保留在固相，从而实现二者的分离。

5.1.2.1 浸出反应类型

浸出过程是一种液固反应，有些浸出过程中有气体参与，气体先溶解于液体中，然后溶解在溶液中的气体与固体作用，实质上仍是一个液-固反应。浸出反应有三种情况：

（1）生成物可溶于水。固相的外形尺寸随反应的进行不断减小直至完全消失，此种反应称为"收缩核模型"。可表示为：

$$A(s) + B(aq) \longrightarrow P(aq) \tag{5-1}$$

该反应过程由下列步骤组成：

1）反应物 B 的离子或分子由溶液本体扩散穿过边界层进入固体反应物 A 的表面，称为外扩散。它有别于通过固体反应物 A 的孔穴、裂缝向 A 内部扩散（称为内扩散）。此处假定固体反应物 A 是致密的，从而在讨论中不考虑内扩散。这一外扩散过程可表示为：

$$B(aq) \longrightarrow B(s) \tag{5-2}$$

式中　$B(s)$——经扩散进入固体反应物 A 表面的 B。

2）$B(s)$ 在 A 表面上被吸附，即：

$$B(s) \longrightarrow B(ad) \tag{5-3}$$

式中　$B(ad)$——被 A 表面吸附的 B。

3）$B(ad)$ 在 A 表面发生化学反应，即：

$$B(ad) + A \longrightarrow P(ad) \tag{5-4}$$

式中　$P(ad)$——化学反应的生成物 P 被吸附在 A 表面上。

4）生成物 $P(ad)$ 从 B 表面脱附，即：

$$P(ad) \longrightarrow P(s) \tag{5-5}$$

5）生成物 $P(s)$ 从 A 表面反扩散到溶液本体，即：

$$P(s) \longrightarrow P(aq) \tag{5-6}$$

整个反应的总包过程（图5-1）可视为连续反应：

$$B(aq) \rightarrow B(s) \rightarrow B(ad) + A(s) \rightarrow P(ad) \rightarrow P(s) \rightarrow P(aq) \tag{5-7}$$

（2）生成物为固态并附着在未反 应核上，可表示为：

$$A(s) + B(aq) \longrightarrow P(s) \qquad (5-8)$$

这类反应过程由若干步骤组成：

1）外扩散过程。反应物 B(aq) 从溶液本体扩散到固体产物层 P 表面，即：

$$B(aq) \longrightarrow B(s,1) \qquad (5-9)$$

2）内扩散过程。B 穿过固体产物层 P 扩散到未反应核 A 的表面，即：

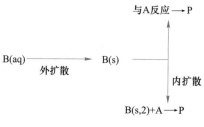

图 5-1　收缩核模型的总包反应过程

$$B(s,1) \longrightarrow B(s,2) \qquad (5-10)$$

3）在未反应核 A 的表面进行化学反应：

$$B(s,2) + A \longrightarrow P(s) \qquad (5-11)$$

此后还有若干反应步骤，如生成物 P(s) 外仍有水溶物种（例如钛铁矿酸溶时与 TiO_2 同时生成了水溶物种 Ca^{2+}），经内外反扩散进入溶液本体。上述总包过程也可视为由若干步骤组成的连续过程。

（3）固态反应物 A(s) 分散嵌布在不反应的脉石基体中。如块矿的浸出，脉石基体通常具有孔穴和裂缝，在此情况下，由内外扩散导致的在矿块表面的反应与内部的反应可能同时进行。

5.1.2.2　浸出剂及其应用

浸出过程在提取冶金中有着广泛的应用，主要包括碱性浸出、酸性浸出、氧化浸出、还原浸出和配位浸出。

A　碱性浸出

碱性浸出为有色冶金中应用较广的浸出方法之一，主要用于从两性金属氧化矿或冶金中间产品中浸出有色金属，以及从精矿或冶金中间产品中除去酸性或两性杂质。碱性浸出主要用 NaOH 或 Na_2CO_3、Na_2S 作为浸出剂，是使用碱性溶浸液将矿石中的有用组分选择性地溶解到溶液中的过程，在某些情况下，氨浸过程也属于碱性浸出。

常用的碱性浸出剂的特性如下：

（1）NaOH。NaOH 属于强碱，可用于从弱碱盐及单体酸性氧化物中浸出各种酸性氧化物，如从 $CaWO_4$ 中浸出 WO_3 等。其沸点和平均活度系数在一定范围内随浓度的增加而增加，例如当 NaOH 的质量分数分别为 10%、20%、30%、40%、50%、60% 时，其沸点分别为 103.5 ℃、108 ℃、117.5 ℃、128 ℃、143 ℃和 162 ℃。当采用 NaOH 浸出时，若在较高浓度下进行，则即使在常压下也可能采用较高的温度，同时可大幅度提高反应物的活性，因此在动力学和热力学上都可得到有利条件。

（2）Na_2CO_3。Na_2CO_3 的碱性较弱，可用于浸出酸性较强的氧化物，如 WO_3 等；也可用于浸出某些钙盐形态的矿物，如白钨矿等。利用其中的 CO_3^{2-} 与 Ca^{2+} 形成难溶的 $CaCO_3$，有利于浸出反应的进行。在一定浓度范围内，Na_2CO_3 溶液的平均活度系数随其浓度的升高而降低，例如在 25 ℃下，当 Na_2CO_3 的浓度分别为 0.01 mol/L、0.1 mol/L 和 1 mol/L 时，其平均活度系数分别为 0.729、0.446 和 0.264。因此从热力学上看，当使用 Na_2CO_3 浸出时，提高浓度并不会明显改善其浸出效果。

（3）NH_4OH。NH_4OH 属弱碱，故当其作为碱性浸出剂时，仅适用于浸出某些酸性氧化物（在铜矿、镍矿的高压氨浸中，氨不是作为碱性浸出剂，而是作为络合剂进行络合浸出，不属此例）。NH_4OH 溶液的特点之一是其 NH_3 的平衡蒸气压随 NH_3 的浓度和温度的升高而增加。

碱浸法在有色冶金中的应用情况见表 5-1。

表 5-1　碱浸法在有色冶金中的应用

浸出名称	浸出剂	简　况
铝土矿的碱溶出	NaOH	温度在 200 ℃左右，NaOH 质量浓度为 300~320 g/L 时，浸出铝土矿
黑钨精矿、白钨精矿或难选钨矿的碱浸出	NaOH	温度在 100~170 ℃，NaOH 质量浓度为 200~500 g/L 时，浸出率达 97%~99%
从铅、锌氧化矿和碳酸盐矿浸出铅、锌	NaOH	对于氧化矿，温度在 40~50 ℃时，经过 1~2 h，铅、锌的浸出率分别为 80%~90% 和 83%~93%
从铅、锌氧化矿浸出 GeO_2	NaOH	NaOH 质量浓度为 200~250 g/L 时，锗、镓的浸出率达 92%~98%
从锗石矿浸出 GeO_2	NaOH	NaOH 的质量分数为 50%
独居石碱分解	NaOH	温度为 150 ℃，NaOH 浓度约为 50% 时，独居石的分解率为 98% 左右
白钨矿 Na_2CO_3 分解	Na_2CO_3	温度在 200~250 ℃，Na_2CO_3 用量为理论量的 3 倍左右时，渣含 WO_3<1%

B　酸性浸出

酸性浸出也是有色冶金中应用最广的浸出方法之一，凡是要从固体物料（如精矿、冶金中间产品等）中溶出（或除去）碱性、两性化合物或某些两性的单质金属时，都可采用酸性浸出。具体来说，从有色金属氧化矿或中间产品中浸出有色金属，将其中的伴生金属氧化物（如 FeO、CaO 等）除去。例如，用盐酸或硝酸分解白钨精矿（$CaWO_4$），用盐酸或稀硫酸分解钛铁矿（$FeTiO_3$）除 FeO；从冶金中间产品中除去某些氧化物或金属杂质，如工业上将钨粉、钽粉进行酸洗，以除去机械夹带的杂质。

常用的酸性浸出剂特性如下：

（1）盐酸。HCl 的水溶液为强酸，是冶金中最常用的酸性浸出剂之一。HCl 浓度越大，其平均活度系数就越大，盐酸溶液中 HCl 的蒸气压随 HCl 的浓度和温度的增加而加大。盐酸的另一特点是其腐蚀性极强，且易挥发，容易进入大气中。因此，工业应用中选择适当的设备材质，以及设备的防腐至关重要。

（2）硫酸。硫酸也是最常用的酸性浸出剂之一。硫酸的特点是其沸点随其浓度的增加而增加。工业上某些物料的硫酸浸出过程为首先将其与浓硫酸混合，在高温下进行处理，使之充分硫酸化，然后用水浸出。

C　氨浸出

氨浸有两种情况，一种是利用其碱性，使酸性化合物溶解，例如钨酸及钼熔砂的氨浸；另一种是利用其与某些金属离子的络合作用，使某些金属形成氨络合物优先进入溶液，例如红土矿还原后的氨浸。

$$Ni + nNH_3 + CO_2 + 1/2O_2 = Ni(NH_3)_n CO_3(aq) \tag{5-12}$$

由于氨容易与铜、钴、镍、锌、银、钯离子等形成络合物，因此氨作为络合剂广泛用于上述金属的湿法冶金中，见表5-2。

表5-2 氨络合浸出在有色冶金中的应用

原料	简 况	备注
红土矿还原焙砂	原料中的镍、钴为金属形态，浸出液中 NH_3 的质量分数为6%~7%、CO_2 的质量分数为3%~5%，浸出时压力为0.15 MPa，温度为50~70 ℃	工业生产方法
铜-镍锍氨浸	原料中 N 的质量分数为45%~50%，Cu 的质量分数25%~30%，S 的质量分数为20%~22%。两段浸出，第一段主要是浸镍，温度为120~135 ℃；第二段是浸铜，温度为150~160 ℃，氧分压为0.15~0.35 MPa；铜、镍以 $Cu(NH_3)_4SO_4$、$Ni(NH_3)_4SO_4$ 形态进入溶液，回收率达99.9%	工业生产方法
铜-银-钴硫化精矿氨浸	原料中 Cu 的质量分数为30.4%，N 的质量分数为0.5%，S 的质量分数为29.7%，温度为95 ℃，总压力为0.7 MPa，$NH_3/Cu(mol)=6:1$，Cu、Ni、S 的浸出率分别为98%、90%和92%	半工业规模
铜阳极泥、铜渣回收银	原料中银以 AgCl 形态存在，浸出反应为 $AgCl+2NH_3 = Ag(NH_3)_2^+ + Cl^-$，常温条件下 NH_3 的质量分数为10%	工业生产方法

D 氯化浸出

氯化浸出主要是利用氯气或氯盐作为氧化剂进行重金属硫化矿的浸出，形成的易溶氯化物溶解进入溶液，从而与其他不溶物分开。

以辉锑矿为例，氯化浸出的主要反应为：

$$Sb_2S_3 + 3Cl_2 = 2SbCl_3 + 3S \tag{5-13}$$

$$SbCl_3 + Cl_2 = SbCl_5 \tag{5-14}$$

$$3SbCl_5 + Sb_2S_3 = 5SbCl_3 + 3S \tag{5-15}$$

最终消耗的氯化剂实际上是 Cl，反应过程通过 $SbCl_5$ 实现。辉锑矿的氯化浸出目前已成功地应用于工业生产。浸出过程在耐酸搅拌槽内进行，一般先用 $SbCl_5$ 溶液将 Sb_2S_3 氧化，得到的 $SbCl_3$ 溶液一部分送去生产锑白，一部分与 Cl_2 作用氧化成 $SbCl_5$，以便返回作为氯化剂。

5.1.3 溶液的净化和相似元素分离

该过程是利用化学沉淀、离子交换、萃取等方法除去溶液中的有害杂质的。同时，也可将其中的相似元素（如稀土元素、镍-钴、锆-铪、铌-钽等）彼此分离。下面主要针对离子交换法和溶剂萃取法进行介绍。

5.1.3.1 离子交换法

A 离子交换法的概念

离子交换法是指当固体离子交换剂与电解质水溶液接触时，溶液中的某种离子与交换剂中的同性电荷离子发生离子交换作用，使得溶液中的离子进入交换剂，而交换剂中的离子转入溶液中。例如：

$$2\overline{R-H} + Ca^{2+} === \overline{R_2 = Ca} + 2H^+ \qquad (5-16)$$

$$2\overline{R-Cl} + SO_4^{2-} === \overline{R_2 = SO_2} + 2Cl^- \qquad (5-17)$$

式中　$\overline{R-H}$——H^+型阳离子交换剂；

　　　　$\overline{R-Cl}$——Cl^-型阴离子交换剂。

离子交换属于多相反应，设溶液中的 B 离子与树脂中的 A 离子进行交换，其交换过程一般经过如下步骤：

(1) 溶液中的 B 离子通过树脂颗粒周围的扩散层到达树脂表面；

(2) 到达树脂表面的 B 离子向树脂内部扩散；

(3) 进入树脂颗粒的 B 离子与树脂内部的 A 离子发生交换反应；

(4) 被 B 离子取代出的 A 离子由树脂内部向树脂表面扩散；

(5) A 离子由树脂表面通过树脂颗粒周围的扩散层进入溶液。

离子交换现象普遍存在于自然界中，早期主要应用于使硬水成为软水。最初一般使用天然交换剂，例如铝基沸石、蒙脱石 $[Al_2(OH)_2 Si_4O_{11} \cdot nH_2O]$ 和海绿石（铁铝酸盐矿物）等。由于天然交换剂是一种无机离子交换剂，交换容量小，因此不能满足工业需要。直到 1935~1936 年，人们成功地合成了交换容量高、化学性质稳定、机械强度大的有机离子交换树脂，才使得离子交换技术很快地应用于多个领域。目前，离子交换主要应用于以下几个方面：

(1) 从贫液中富集和回收有价金属，例如铀的回收、贵金属和稀散金属的回收；

(2) 提纯化合物和分离性质相似的元素，例如钨酸钠溶液的离子交换提纯和转型、稀土分离、锆铪分离和超铀元素分离等；

(3) 处理某些工厂的废水；

(4) 生产软化水。

B　离子交换剂类型

离子交换剂按性质可以分为两大类：一类为无机化合物，称为无机离子交换剂，如自然界中存在的黏土、沸石，人工制备的某些金属氧化物或难溶盐类等；另一类为有机化合物，称为有机离子交换剂，其中应用最为广泛的是离子交换树脂，是人工合成的带有离子交换功能团的有机高分子聚合物。

离子交换树脂一般由以下三部分构成：

(1) 高分子部分。高分子部分是树脂的主干，常用的有聚苯乙烯或聚丙烯酸酯等，它起着联结树脂的功能团的作用。

(2) 交联剂部分。交联剂部分的作用是把整个线状高分子链交联起来，使之具有三维空间的网状结构。这种网状结构就是树脂的骨架。在网状骨架中有一定大小的孔隙，可允许交换的离子自由通过。交联度又称交联指数，通常用交联密度或两个相邻交联点之间的数均分子量或每立方厘米交联点的摩尔数来表示。如果交联度小，则其对水的溶胀性能好，网眼大，交换速度快，但选择性差，树脂的机械性能差；相反，则交联度大，网眼小，交换的选择性高，机械强度高，但对水的溶胀性能差，交换速度慢。

(3) 功能团部分。功能团部分是指固定在树脂高分子部分上的活性离子基团。例如

—SO₃H、—COOH，在电解质水溶液中可电离出可交换离子（如—SO₃H 中的 H⁺）与溶液中的离子进行交换。功能团的种类、含量和酸碱性的强弱决定了树脂的性质和交换容量。

5.1.3.2　溶剂萃取法

A　溶剂萃取法的概念

溶剂萃取在提取冶金及废水处理领域得到了广泛的应用。一般金属的溶剂萃取过程分为萃取、洗涤和反萃取三个主要阶段，如图 5-2 所示。各阶段的特点如下：

（1）萃取。使含有萃取剂的有机相与含有被提取金属离子的水溶液充分混合，被萃取的金属离子与萃取剂发生化学反应，生成萃合物进入有机相，沉清以后，分离残液与萃余液。

（2）洗涤，洗涤又称为萃洗。由于上一阶段得到的含有被萃取金属离子的负载有机相中，含有少量杂质金属离子，因此在与另一合适的水相接触时，会使杂质金属离子进入这一水相。

（3）反萃取，反萃取简称反萃。经洗涤净化后的负载有机相与合适的水溶液接触，使被萃金属离子进入水相，并送往后续提取单元过程处理。此时，有机相可直接返回萃取阶段，或者经适当处理后返回萃取阶段再次使用。

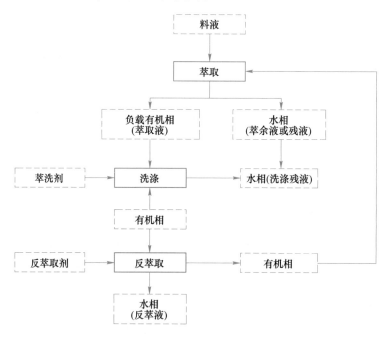

图 5-2　萃取过程主要流程示意图

B　溶剂类型及其互溶规则

a　溶剂类型

正确选择溶剂是实现一个萃取过程的关键因素。一般有机相中的溶剂，按其在萃取过程中所起的作用可分为萃取溶剂、稀释剂、相调节剂三类。

（1）萃取溶剂。萃取溶剂是一种能与被萃物作用，生成一种不溶于水相而易溶于有机相的萃合物的有机溶剂（某些萃取剂在配制有机相以前也可以以固态试剂状态存在）。

（2）稀释剂。稀释剂是一种用于改善有机相的物理性质（如密度、黏度、表面张力等），并使有机相有合适的萃取剂浓度的有机溶剂，原则上它与被萃物间不发生化学结合作用。

（3）相调节剂，相调节剂又称极性改善剂。加入极性改善剂是克服第三相产生的主要办法。相调节剂的作用是增加有机相的极性，从而增加萃取剂与萃合物在有机相中的溶解度。

用于萃取的有机相可以由单纯的萃取溶剂构成，然而在大多数情况下，是由萃取溶剂、稀释剂两者或者萃取溶剂、稀释剂、相调节剂三者混合构成的。

b 溶剂互溶规则

（1）相似性原则。结构相似的溶剂容易互相混溶，结构差别较大的溶剂不易互溶。

溶剂的结构与水的相似性越大，则其在水中的溶解度越大。随着苯基上 OH 基的增加，即与水的相似性增加，其在水中的溶解度也增加，见表 5-3。

表 5-3　苯和酚在水中的溶解度（20 ℃）

化合物	分子式	溶解度/g·(100 g 水)$^{-1}$
苯	C_6H_6	0.072
酚	C_6H_5OH	9.06
苯二酚 [1,2]	$1,2\text{-}C_6H_4(OH)_2$	45.1

如果溶剂的结构与水的相似性减小，则其在水中的溶解度也减小。随着醇中碳链的增长，其在水中的溶解度逐渐减小见表 5-4。这是因为碳氢基团是与水不相同的部分，碳氢基团越大，意味着其与水不相似的部分越大，所以其溶解度就越来越小。

表 5-4　醇的同系物在水中的溶解度（20 ℃）

化合物	分子式	溶解度/g·(100 g 水)$^{-1}$
甲醇	CH_3OH	完全互溶
乙醇	C_2H_5OH	完全互溶
正丙醇	C_3H_7OH	完全互溶
正丁醇	C_4H_9OH	8.3
正戊醇	$C_5H_{11}OH$	2.0
正己醇	$C_6H_{13}OH$	0.5
正庚醇	$C_7H_{15}OH$	0.12
正辛醇	$C_8H_{17}OH$	0.03

相似性原则不仅适用于解释溶剂的互溶性，而且也是物质溶解于溶剂的一条普遍规律。一般而言，极性强的溶质易溶于强极性的溶剂中，而弱极性的溶质易溶于弱极性的溶剂中，可以利用这一规律解释萃合物在有机相中的可溶性。

（2）分子间的相互作用与溶剂的互溶性。一般而言，如果两种溶剂混合生成氢键的数目和强度大于混合前氢键的数目和强度，则有利于互相混溶；反之则不利于互溶。由表5-4 可知，甲醇、乙醇、丙醇都能与水完全互溶，除了相似的原因之外，还是它们与水分子之间产生了氢键而缔合的缘故。

C　常用萃取剂及其分类

比较直观的一种萃取剂分类法是根据萃取剂分子中功能基的特征原子进行分类，由于常用冶金萃取剂的特征原子为氧、氮、磷、硫，所以目前冶金中常用的萃取剂分为四大类：

（1）含氧萃取剂。此类萃取剂分子中只含有碳、氢、氧三种元素的原子，包括醚（R—O—R′）、醇（R—OH）、酮（$\frac{R}{R}{>}C{=}O$）、酸（R—COOH）、酯（$\frac{R}{R—O}{>}C{=}O$）的各种有机化合物，它们与被萃取物的结合是通过氧原子进行的。

（2）含磷萃取剂。此类萃取剂分子中除含有碳、氢、氧三种元素外，还含有磷原子，它们可分为中性磷（膦）型萃取剂和酸性磷（膦）型萃取剂。

（3）含氮萃取剂。含有碳、氢、氮或碳、氢、氧、氮原子的萃取剂称为含氮萃取剂，主要分为如下四类：

1）胺类萃取剂。胺类萃取剂可视为氨的烷基取代衍生物，氨分子中一个氢为烷基所取代的衍生物称为伯胺（RNH_2）；氨分子中两个氢为烷基所取代的衍生物称为仲胺（R_2NH）；氨分子中三个氢为烷基所取代的衍生物为叔胺（R_3N）；季铵盐（R_4NCl）可视为氯化铵分子中的四个氢为烷基所取代的衍生物，它们通过氮原子与金属离子配位。

2）酰胺萃取剂。氨分子中的一个氢为酰基（RO—C）所取代，另两原子氢为烷基所取代的衍生物为酰胺。

3）羟肟与异羟肟酸类萃取剂。同时含有肟基（C＝NOH）及羟基的萃取剂，称为羟肟萃取剂，它们通过羟基氧原子与肟基氮原子和金属离子生成螯合物，从而实现萃取。具有 $R—C{<}^{O}_{NH—OH}$ 结构的萃取剂称为异羟肟酸，金属离子也是由于与它生成螯合物而被萃取。

4）羟基喹啉类萃取剂。最有代表性的羟基喹啉类萃取剂是 Kelex 100，是一种螯合萃取剂。

（4）含硫萃取剂。萃取剂分子中除含碳、氢外，还含有硫，在提取冶金中目前应用的有硫醚类及亚砜类两类萃取剂。硫醚（R_2S）可以看作是硫化氢的二烷基衍生物，而亚砜（$R_2S{-}O$）则可视为硫醚被氧化的产物。硫醚类萃取剂的萃取作用主要是通过硫原子实现的，而亚砜类萃取剂的萃取作用则是通过氧原子配位实现的。冶金学中常用的含硫萃取剂包括：

1）阳离子交换萃取剂（酸性萃取剂）。其特征是被萃物以阳离子的形式与此类萃取剂的氢离子发生交换，故也称为液体阳离子交换剂。

2）阴离子交换萃取剂（碱性萃取剂）。胺类萃取剂属于此类，其基本特征是该类萃取剂与酸形成的胺盐，在萃取过程中与水相中以阴离子形态存在的被萃物发生交换反应，故也称为液体阴离子交换剂。

3）中性萃取剂。中性含磷萃取剂和中性含氧萃取剂均属此类，其基本特征是萃取过程完全依靠特征氧原子的配位作用，既无阳离子交换反应发生，也无阴离子交换反应发生。

5.2　电化学冶金技术基础

电化学冶金的主要任务是利用电化学方法从矿物中分离和提取有价组分，以及进行金属的电沉积和电解精炼等。元素周期表中几乎所有的金属都可以用水溶液或熔盐电解的方法来提取，表 5-5 所示为冶金工业中可大规模使用电解沉积或精炼方法制取的金属种类。电解生产首先要求产品质量好和产量大，同时要求具有较高的电流效率和尽可能少的电能消耗，还要能综合利用和保护环境。因此，电化学冶金实验研究就是运用电化学原理和方法研究冶金过程中的电化学反应特性，诠释冶金过程中涉及的水溶液、熔盐、固体电解质反应规律。

表 5-5　冶金工业中可大规模使用电化学方法制取的金属种类

电解体系	电沉积	电精炼
水溶液电解	Cu、Zn、Co、Ni、Fe、Cr、Mn、Cd、Pb、Sb、Sn、In、Ag、Au 等	Cu、Ni、Co、Sn、Pb、Hg、Ag、Sb、In 等
熔盐电解	Al、Mg、Na、Li、K、Ca、Sr、Ba、Be、B、Th、U、Ce、Ti、Zr、Mo、Ta、Nb、RE 等	Al、V、Ti 等

5.2.1　电化学测量基础

由于电极电势和通过电极的电流是表征复杂的微观电极过程特点的宏观物理量，所以经典的电化学测量基本上就是通过测量电极过程中各种微观信息的宏观物理量（电势、电流）来研究电极过程的各个步骤。具体来说，电化学测量是指应用电化学仪器给研究体系（电解池）施加一定的激励，检测其响应信号，并对实验数据进行分析，从而达到研究体系动力学规律的目的。如图 5-3 所示为大多数电化学研究工作遵照的程序。

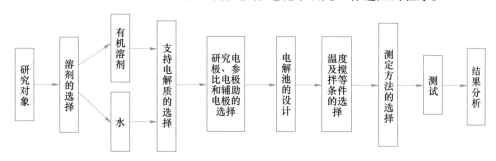

图 5-3　电化学研究工作的一般程序

5.2.1.1　电极电势

电极和溶液界面双电层的电势为绝对电极电势，直接反映了电极过程的热力学和动力学特征。但由于绝对电极电势无法测量，不能单凭一个电极进行电极电势的测量，而必须用两个电极，所以通常使用测量电池电动势的方法来测量电极电势，以获得相对电极电势。

按照 1953 年 IUPAC（国际纯粹化学与应用化学联合会）的斯德哥尔摩惯例，（相对）电极电势的定义为：若任一电极 M 与标准氢电极（standard hydrogen electrode，SHE）组成如下形式的无液接电势的电池，则 M 电极的标准电极电势即是此电池的电动势：

$$\text{Pt,H}_2(101.325\ \text{kPa}) \mid \text{H}^+(a_{\text{H}^+}=1) \parallel \text{Zn}^{2+}(a_{\text{Zn}^{2+}}=1) \mid \text{Zn} \tag{5-18}$$

其电动势 E 即为锌的标准电极电势$\varphi_{Zn^{2+}/Zn}^{\ominus}$：

$$E = \varphi_{Zn^{2+}/Zn}^{\ominus} = -0.763 \text{ V}(25 \text{ ℃}) \tag{5-19}$$

按照这一国际惯例，标准氢电极的电极电势为 0。在原电池表达式中，若以标准氢电极为负极（左端，发生氧化反应），以待测电极为正极（右端，发生还原反应），则此电池的标准电动势就是待测电极在该温度下的标准电极电势。由于它和自由能相关，因而标准电极电势值为计算平衡常数、配位常数和溶度积等提供了手段。

由于氢电极使用不方便，因此经常采用另外一些电极作为比较标准，如甘汞电极、银-氯化银电极、汞-氧化汞电极等，称为参比电极。在测量电极电势时，可将参比电极和被测电极组成电池，用高内阻电压表测量该电池的开路电压，从而获得被测量电极相对于这一参比电极的电势。由于参比电极电势已知，因此可计算出被测电极的电势。测量电极电势的简单电路如图 5-4 所示。

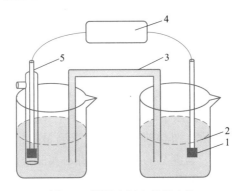

图 5-4　测量电极电势的电路

1—研究电极；2—电解质溶液；3—盐桥；4—测量电动势的仪器；5—参比电极

通过测量电极相对于某参比电极的电势，可知该电池的电动势为：

$$E = |\varphi_{测} - \varphi_{参}| \tag{5-20}$$

实际采用的电路是测量该原电池的路端电压 V_{AB}，即：

$$V_{AB} = |\varphi_{测} - \varphi_{参}| - i_{测} R_{测} - |\Delta\varphi_{极}| \tag{5-21}$$

式中　$i_{测}$——测量回路流过的电流；

　　$R_{测}$——测量回路的电阻，它是电子导体和溶液对电流的阻力；

　　$\Delta\varphi_{极}$——由于电化学反应的迟缓和扩散过程的迟缓造成电极的极化。

只有满足式（5-22）和式（5-23）的条件：

$$i_{测} R_{测} = 0 \tag{5-22}$$

$$\Delta\varphi_{极} = 0 \tag{5-23}$$

才能使得 $V_{AB} = E$，显然这是不可能的。现实中，只要$i_{测}$、$R_{测}$、$|\Delta\varphi_{极}|$足够小，致使 V_{AB} 与 E 的差别小于某允许值（一般允许小于 1 mV），就可以认为 $V_{AB} = E$。

一般来说，引起式（5-21）右侧第二、三项的原因是通过的电流$i_{测}$，

$$i_{测} \approx E/(R_{AB} + R_{测}) \tag{5-24}$$

式中　R_{AB}——测量电动势仪器的内阻。当 $R_{AB} \gg R_{测}$ 时，有：

$$i_{测} \approx E/R_{AB} \tag{5-25}$$

测量回路的电流的大小取决于测量仪器的内阻 R_{AB}，R_{AB} 越大，$i_{测}$ 越小。由金属电极构成的测试体系的内阻大多较小，通常不超过 $10^4\ \Omega$，即一般的电化学测量中要求 $R_{AB}>10^6\sim10^7\ \Omega$。

5.2.1.2 三电极体系

为了测定单个电极的极化曲线，必须同时测定通过该电极的电流和电势，为此常使用三电极体系。三电极体系由研究电极（working electrode，WE）、参比电极（reference electrode，RE）和辅助电极（counter electrode，CE）组成，电流从研究电极流到辅助电极，独立的参比电极只提供参比电势而无电流通过。三电极体系的基本测量电路如图 5-5 所示。电解池为 H 形管，以便于电极的固定。为了防止辅助电极的产物对研究电极产生影响，常用素烧瓷或微孔烧结玻璃板（D）把阴阳区隔开。

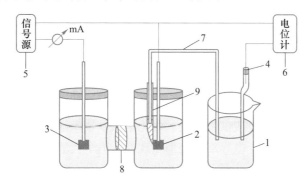

图 5-5　三电极体系的基本电路图
1—电解池；2—研究电极；3—辅助电极；4—参比电极；5—电源；
6—电位计；7—盐桥；8—素烧瓷；9—鲁金毛细管

三电极体系构成了两个回路：一是极化回路（图 5-5 中左侧），由研究电极、辅助电极和极化电源构成，其作用为保证研究电极上发生极化，此回路中有极化电流通过，极化电流大小的控制和测量在此回路中进行；二是测量回路（图 5-5 中右侧），由参比电极、研究电极和电势测量仪器构成，其作用为测量或控制研究电极相对于参比电极的电势。

为了使电势测量与控制的精度高，应注意几方面的问题：首先，参比电极的电势必须稳定；其次，必须考虑液体接界电势的消除；最后，必须尽量减小或消除溶液的欧姆压降。由于在三电极体系中存在盐桥端口（鲁金毛细管口）至研究电极表面之间的溶液，这部分溶液有电阻 R_S，R_S 两端的电压降通常称为溶液的欧姆电势降（ohmic potential drop），是电势测量或控制时的主要误差来源。溶液的欧姆电势降会引起极化曲线的歪曲，如图 5-6 所示的阳极钝化曲线中的虚线。由图中可以看出，电流越大（活化电流峰处），偏差越大，所以在电势的精确测量和控制中必须尽量减少溶液的欧姆电势降。

为了降低溶液的欧姆电势降带来的误差，可使参比电极尽量靠近研究电极表面，且不产生明显的屏蔽作用，一般情况下将鲁金毛细管的外径拉到 $0.5\sim0.1$ mm，使其尖嘴离研究电极表面的距离不小于鲁金毛细管的外径。另外，还可以采用下述方法来减小溶液欧姆电势降的影响：（1）恒电势仪溶液电阻补偿法，即利用电压正反馈方法对溶液压降进行压降补偿；（2）利用电桥线路进行溶液压降补偿；（3）利用断电瞬间测量电极电势，可消除溶液压降的影响。当研究电极为（超）微电极时，用两电极体系就可以完成极化曲线的测量。

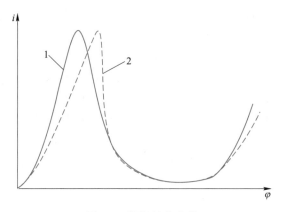

图 5-6　阳极钝化曲线
1—真实的曲线；2—受欧姆压降歪曲的曲线

5.2.1.3　电极

A　研究电极

研究电极也叫作工作电极或试验电极，电化学测量技术强烈依赖研究电极的材料。电极材料的选择需考虑电势窗、电导率、表面重现性、力学性能、成本、可获性和毒性等。

研究电极分为两类：（1）以研讨研究电极本身的电化学特性为目的的研究电极，如电池用的锌负极，或者是光照后具有活性的半导体材料等。（2）以研究溶解于溶液中的化学物质，或者是从外部导入的某气体的电化学特性为目的的研究电极，即提供电化学反应场所的电极，由于电极本身不发生溶解反应，所以叫作惰性电极（inert electrode）。常用的惰性电极有固体金属电极、碳电极、汞电极等。

a　固体金属电极

固体金属电极的优点是电导率高和背景电流低（通常可忽略），在强对流体中很容易增加其灵敏度和重要性，可以通过电沉积或化学方法来修饰电极的表面，电极易于制作和抛光。目前，固体金属电极的应用越来越多。

（1）常用的固体金属电极。Pt 是最常用的一种金属电极材料，这是因为 Pt 具有电势窗宽、氢过电势小、高纯度的 Pt 容易加工等特点。铂电极的氧过电势很大，而氢过电势很小。在产生氢气之前有氢离子的吸附峰，在阳极扫描时会发生氢的氧化和脱附。

Au 和 Pt 一样，也是一种经常使用的电极材料。Au 电极的过电势曲线特点为：不出现氢吸附峰，在阴极区域电势窗口比较宽；在 HCl 水溶液中，由于生成了氯化物的络合物，因此容易发生阳极溶解（$Au+4Cl^- \rightarrow AuCl_4^- +3e$）；易形成薄层氧化膜。

除 Au 和 Pt 之外，Ag、Pd、Os、Ir 等贵金属也经常用作电极材料，特别是 Pd 的氢过电势和 Pt 一样小，而且具有多孔表面，吸氢容易，用作氢电极非常合适。此外，Ni、Fe、Pb、Zn、Cu 等也经常作为电极材料。

（2）固体金属电极的制备与封嵌。电化学测试结果不但与电极材料的本性有关，而且与电极的制备、绝缘的表面状态有关。金属研究电极的形状视研究的要求可以是各种各样的，但在制备电极时应使电极具有确定的、易于计算的表观面积，其非工作表面必须绝缘，而且必须用导线与试样牢固地连接作为引出线。

图 5-7 标示出了几种简单的固体金属电极形式。对于铂丝电极（图 5-7（b）），可取大约 10 mm×10 mm 的铂片及一小段铂丝的另一端在喷灯上封入玻璃管中，并在玻璃管中放入少许汞导电，再插入铜导线。玻璃管口用石蜡密封，以防汞倾出。当用金属圆棒作电极时（图 5-7（c）），把金属棒插进聚四氟乙烯管中，金属棒一端露出，将此端磨平或抛光作为电极的表面。这样制得的电极，金属与聚四氟乙烯密封性良好。

对于加工成圆片状或方片状的电极试样（圆片状比方片状电流分布更均匀），可在其背面焊上铜丝作为导线，非工作面及导线用清漆、纯石蜡或加有固化剂的环氧树脂等涂敷绝缘（图 5-7（d））。较好的绝缘方法是将电极试样封嵌在热固性或热塑性的树脂中。例如将试样加工成圆片状，在其背面焊上带有聚三氟氯乙烯或聚乙烯管的铜导线，然后把试样和导线放在模子中，加入聚三氟氯乙烯粉末，加热到 240 ℃后加压成形，可制得密封性良好的电极（图 5-8）。封嵌后的试样经打磨（图 5-8（b）、（c））、抛光、除油和清洗后即可用于测量。

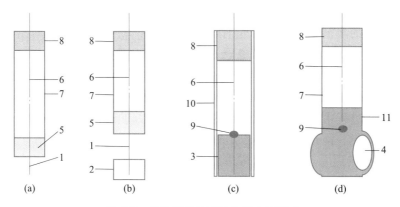

图 5-7　几种简单的固体金属电极形式

1—铂丝；2—铂片；3—圆柱金属；4—方块或圆片金属；5—汞；6—铜丝；7—玻璃管；8—石蜡；
9—试样与铜丝的焊点；10—聚四氟乙烯或聚乙烯管；11—过氯乙烯清漆或环氧树脂

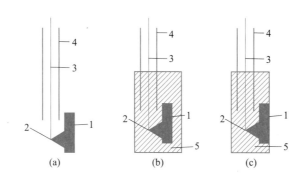

图 5-8　电极的封嵌方法

1—试样；2—焊接点；3—铜导线；4—聚三氟氯乙烯或聚乙烯管；
5—由聚三氟氯乙烯粉末热压成的绝缘层

压缩密封垫法也是一种电极绝缘封装技术，如图 5-9 所示。将聚四氟乙烯加工成垫片，试样的一端加工有带螺纹的盲孔，将螺杆一端拧入，用另一端的螺母通过垫片和厚玻璃管把聚四氟乙烯垫片与试样压紧，由于聚四氟乙烯具有强烈的疏水性，因此溶液不能渗入其间，试样的周围和底面皆为工作面，该法适用于圆柱状电极和片状电极。

（3）固体金属电极的预处理。电极反应过程受电极的微观结构、表面粗糙度、电极表面的吸附层以及电极表面存在的官能团性质等多方面影响。在进行测试之前，一般应经过机械处理、化学处理和电化学处理等步骤，以便获得尽可能清洁且重现的表面状态。

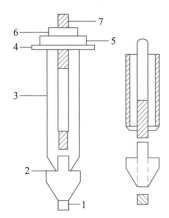

1）机械处理。首先采用从粗到细的砂纸对固体金属电极进行逐级打磨，然后使用抛光粉（金刚砂、抛光膏或抛光喷剂）逐级抛光。抛光的时间依电极表面的状态而定，一般为30 s至几分钟。抛光后，需要使用合适的溶剂（氧化铝抛光剂用蒸馏水洗，金刚砂则用甲醇或乙醇洗）洗去电极表面残留的抛光粉。

图 5-9　电极的压缩密封垫法封嵌方法
1—电极试样；2—聚四氟乙烯密封垫；
3—厚玻璃管；4—聚四氟乙烯垫圈；
5—金属垫片；6—紧固螺母；7—金属螺杆

2）化学处理。电极试样，特别是易钝化的金属，除了在预处理过程中可能会产生氧化膜之外，打磨好的试样在空气中停放也会形成氧化膜，因此经过磨光、抛光后的电极还要进行除油和清洗处理。除油多用有机溶剂，如甲醇、丙酮等。Pt 电极常用王水和热硝酸进行清洗；Au 电极因易溶于王水而多用热硝酸等洗净。

3）电化学处理。将固体金属电极放入与测定用的电解液相同组成的溶液中做几遍电势扫描。通常在开始时使用阳极极化，然后使用阴极极化，反复几次。如此即可产生重现的清洁表面，它将有高度的催化活性。

b　碳电极

碳电极是指以碳质材料为主体制成的电极的总称。由于碳电极具有较低的背景电流、丰富的表面和低成本，所以化学惰性碳基电极广泛应用于电化学研究的各个领域。

在碳电极表面所观察到的电子转移速率一般低于在金属电极上的数值。碳电极的初始结构和处理过程对表面的反应活性有很大的影响。常用的碳电极材料均具有六元芳香环的结构，且均以 sp^2 方式成键，但电极表面的边角和平面的相对密度（含量）不同。对于电子的转移和吸附，取向边角的活性较石墨基平面更高一些。对于一个既定的氧化还原体系，表面具有不同的边角/平面比的电极体现出不同的电子转移机理。同时，边角取向性强的电极，其背景电流也高。有多种预处理方法可以增大电子转移速率。

碳的类型和预处理方法对电极特性有很大的影响，常用的有石墨电极（graphite electrode）、玻碳电极（glaasycarbon electrode）、碳糊电极（carbon-paste electrode）、碳纤维电极（carbon fiber electrode）、碳纳米管（nanocarbon tube）、富勒烯（fullerene）及其衍生物等。碳具有高的表面活性，在碳的表面可以与氢、羟基、羰基和一些醌类成键，这些基团与碳的作用，表明碳电极对于酸度变化较敏感。

c　汞电极

由于汞在-39~356 ℃温度范围内是液体，且氢过电势大，因此在电化学研究中得到了非常广泛的应用。汞电极有滴汞电极（dropping mercury electrode，DME）、悬汞电极（hanging mercury drop electrode，HMDE）、汞膜电极（mercury film electrode，MFE）、静汞电极（static mercury electrode，SME）和汞齐电极（amalgam electrode）等多种形式。其中，由于流动型的滴汞电极能经常保持新鲜的电极表面，不受生成物和杂质吸附的影响，因此不需要进行电极的磨光或者洗净等前处理。

图 5-10 是最简单的滴汞电极装置。它是将一个装有高纯汞的容器通过一根塑料管与一个很细的毛细管相连。通过调节贮汞瓶的高度，使汞在一定的水银柱压力下从毛细管末端逐滴落下，将悬在毛细管末端的汞滴作为电极。滴汞电极最适当的特性参数大致为：汞柱高度 $h=30~80$ cm，流汞速度 $m=1~2$ mg/s，滴下时间 $t_{滴}=3~6$ s。所谓滴下时间，是指滴汞电极从毛细管口开始形成长大到从毛细管口端脱落所经历的时间，也就是滴汞周期。为了得到适当的汞滴大小和滴汞速度，一般地，毛细管长度为 5~10 cm，外径为 6~7 mm，内径约为 0.05 mm，毛细管轴与横断面应当垂直。与汞电极的电接触是通过用铂丝插入毛细管上方的液汞中来实现的。

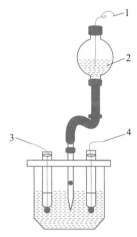

图 5-10　滴汞电极装置示意图
1—滴汞电极引线；2—贮汞瓶；
3—辅助电极；4—参比电极

实验中必须使用高纯汞，汞的纯化通常分为四步：（1）去除汞表面的氧化物或灰尘（通过带有针孔的滤纸过滤）。（2）去除汞中溶解的基本金属（如 Zn、Cd 等）；用真空吸气器在 2 mol/L HNO_3 中搅拌 1~3 d，直到汞的表面有气泡出现为止。（3）蒸馏去除贵金属（Pt、Au、Ag 等）。（4）依次进行水洗、干馏（干燥）、过滤、再蒸馏两次。

与其他金属电极相比，滴汞电极有以下特点：

（1）由于氢过电势很大，所以汞电极的第一特征是在还原区域的电势窗口的范围很宽（如在 1 mol/L KCl 溶液中的电势窗口的范围为+0.1~-1.6 V）。在非水溶剂体系中应用时，由于溶剂本身不易分解，因此可用来观测各种溶解于体系中的有机化合物的还原现象。

（2）由于滴汞电极是液体金属电极，与固体金属相比，其表面均匀、光洁、可重现，比表面积也容易计算，因此在滴汞电极上进行的电极过程的重现性好。

（3）滴汞电极除了具有静汞电极的一般优点外，还具有表面不断更新的特点，这就使得这种电极具有一系列独特的性质，大大提高了实验数据的重现性。

B　辅助电极

辅助电极又称对电极。辅助电极的作用是与研究电极组成极化回路，使得研究电极上的电流畅通。一般要求辅助电极本身电阻小，并且不易发生极化，且辅助电极一侧的反应产物不会严重影响研究电极的反应。当研究阴极过程时，辅助电极作阳极；而当研究阳极过程时，辅助电极作阴极。辅助电极的面积一般比研究电极大，这样就降低了辅助电极上的电流密度，使其在测量过程中的极化可以被忽略，因而常将铂黑或者碳电极作为辅助电极，有时为了简便也可以用与研究电极相同的金属制作。

在铂电极上镀铂，其表面将析出凹凸不平的铂层。这样的铂层由于在吸收光后其表面显黑色，因此叫作铂黑电极。铂黑电极的表观面积可达一般平滑铂电极的数千倍。

铂黑电极的制备方法为：先将铂电极放在王水中浸洗，为了表面不被氧化，镀铂黑前可以在稀硫酸中阴极极化 5~10 min，用水洗净后，在 1%~3% 的氯铂酸（H_2PtCl_6）溶液中电镀铂黑。具体方法为：将大约 1 g H_2PtCl_6 溶解于 30 mL 水中形成电解液，向电解液中添加 5~8 mg 的醋酸铅 [$Pb(CH_3COO)_2$]（在铅共存下可以更好地形成铂黑），放入待处理的铂电极，在 10~30 mA/cm² 的电流密度下进行阴极极化，通电时间为 10~20 min。换向开关是用来改变电流方向的。在接通电源后，每 2 min 换向一次，目的是增加铂黑的疏松度，电流密度的大小应控制在使两电极表面有少量气泡自由逸出为宜。如果得到的铂镀层呈灰色，则应重新配制电解液，重新电镀；如果镀出的铂黑一洗即掉，则应将铂电极用王水浸洗干净，或用阳极极化的方法溶解掉，并用较小的电流密度重新电镀。在得到浓黑疏松的沉积层后，取出电极并用蒸馏水洗净，然后放入稀 H_2SO_4（10% 质量）溶液中进行阴极极化，电解 10 min 以除去吸附在铂黑上的氯。取出镀好的铂黑电极，将其洗净后放入氢电极溶液中，不用时应将其放在蒸馏水或稀硫酸中，切不可让它干燥。

C　参比电极

参比电极的作用是作为测量电极电势的"参比"对象，通过参比电极可以从测得的电池电动势中计算得到被测电极的电极电势。参比电极的性能会直接影响电势测量或控制的稳定性、重现性和准确性。不同的场合对参比电极的性能要求不同，应根据具体的测量对象，合理选择参比电极。在电化学测量中，一般要求参比电极有如下的性能：

（1）理想的参比电极是不极化电极。即当电流流过时，电极电势的变化很微小，这就要求参比电极具有较大的交换电流密度（$j_0 > 10^{-5}$ A/cm²）。当流过的电流小于 10^{-7} A/cm² 时，电极不发生极化。

（2）参比电极要有很好的恢复特性。如果参比电极突然流过电流，那么在断电后，其电极电势应很快恢复到原电势值。改变参比电极所处的温度，电势会发生相应的变化，若温度恢复到原先的温度，则电极电势也应很快恢复到原电势值，且均不发生滞后现象。

（3）参比电极要有良好的稳定性。其温度系数要小，其电势随时间的变化也要小。

（4）电势重现性好。由不同的人制作或多次制作的同种参比电极，其电势应相同。当每次制作的各参比电极稳定后，其电势差值应小于 1 mV。

（5）电极的制作、使用和维护简单方便。

（6）如果要求在准确测量电极电势的同时，还要求其参比电极是可逆的，则其电势应是平衡电势，符合 Nernst 电极电势公式。

（7）在快速测量时，要求参比电极具有低电阻，以减少干扰，提高系统的响应速度。

参比电极广泛应用于电化学测量中，如电极过程动力学的研究、溶液 pH 值的测定、电化学分析、平衡电池研究以及金属腐蚀、化学电源、电镀、电解等各个领域。近年来，随着有机电解质溶液体系的电化学氧化还原和熔盐电化学的不断发展，已经产生了一批适用于有机电解质溶液和熔盐体系的参比电极。

（1）氢电极。氢电极的可逆性好，电势重现性好。优质氢电极的电势能长时间稳定不变，测量误差不超过 10 μV。氢电极的电极反应如下：

酸性溶液：
$$H_2 \rightleftharpoons 2H^+ + 2e$$

碱性溶液：
$$H_2 + 2OH^- \Longrightarrow 2H_2O + 2e$$

为了增加吸附效率和电极表面积，以减小电极的极化作用，铂电极上需镀铂黑。把镀铂黑的铂电极浸在氢离子平均活度为 1 的溶液中，通入 101325 kPa（1 atm）的 H_2 直至其在溶液中达到饱和，将这样的氢电极的电势定为 0，称为标准氢电极，作为电极电势的标准。其他情况下可用下式计算其电极电势：

$$\varphi = \frac{RT}{F}\ln\left(\frac{a_{H^+}}{p_{H_2}^{\frac{1}{2}}}\right) \tag{5-26}$$

若氢气的压力是 1 atm，则在 25 ℃时氢电极的电极电势为：

$$\varphi_{H_2} = -0.059\text{pH} \tag{5-27}$$

由式（5-26）可知，当 p_{H_2} 增加时，氢电极电势向负方向移动。设 p 为气压计的读数，mmHg；p_w 为实验温度下饱和蒸气压力，mmHg；则 $p-p_w$ 为氢的分压。故氢电极的实际电势为：

$$\varphi_{H_2} = \frac{RT}{F}\ln a_{H^+} + \frac{RT}{2F}\ln\frac{760}{p-p_w} \tag{5-28}$$

如实验时氢的分压不是 1 atm，则必须对氢电极的电势进行校正。表 5-6 为 0~60 ℃时氢电极在各大气压下的电势值。

表 5-6　0~60 ℃时氢电极在各大气压下的电势值　　　　　　　　　　（mV）

温度/℃ 大气压/mmHg	0	10	20	25	35	40	50	60
720	0.72	0.82	0.99	1.13	1.30	1.52	2.67	4.12
725	0.63	0.73	0.91	1.03	1.20	1.42	2.57	3.99
730	0.55	0.65	0.82	0.94	1.11	1.32	2.45	3.87
735	0.47	0.56	0.73	0.85	1.02	1.23	2.34	3.74
740	0.39	0.48	0.65	0.76	0.92	1.13	2.23	3.69
745	0.31	0.39	0.55	0.67	0.83	1.04	2.13	3.50
750	0.23	0.31	0.47	0.58	0.74	0.94	2.02	3.38
755	0.15	0.23	0.38	0.49	0.64	0.85	1.91	3.25
760	0.07	0.15	0.30	0.41	0.56	0.76	1.81	3.14

氢电极的制备方法如下：首先将一小块铂片放在小铁砧上，用镊子夹住一段铂丝移近到铂片上，用煤气喷灯将二者烧至赤热，并用小锤头在铂丝和铂片的结合处敲一下，将二者焊在一起；然后将铂丝另一端封入玻璃管中，在封好的玻璃管中加入少许汞，插入铜丝作为引出线，并在管口用石蜡或环氧树脂封住，以免汞流出造成污染；再将封好的铂片电极在热 NaOH 乙醇溶液中浸洗约 5 min，以除去表面油污；最后在浓硝酸中浸洗数分钟，取出后用蒸馏水充分冲洗。为了增加铂电极的真实表面积和活性，使氢电极电势更加稳定，作为氢电极的铂片要镀铂黑。

氢电极通常使用 1 mol/L HCl 溶液作为电解液，铂黑电极的上部要露出液面，并处于氢气氛中，使其存在气、液、固三相界面，以利于氢电极迅速地建立平衡，如图 5-11 所示。溶液中通过稳定的氢气流（氢气需预先净化，一般以每秒 2~3 个气泡为宜），通氢后电极很快达到平衡。而在氢气饱和的溶液中，数分钟内应达到其平衡电势，且误差不大于 1 mV；否则应将铂黑用王水溶液除去后重新电镀。

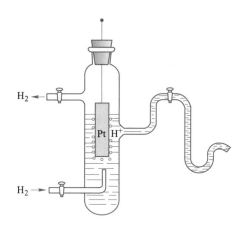

图 5-11　氢电极结构示意图

氢电极不适合用于含强氧化剂的溶液中，如 Fe^{3+}、CrO_4^{2-}、氯酸盐、高氯酸盐、高锰酸盐等，这是因为这些物质能在氢电极上还原，从而使电极电势变正。在含有易被还原的物质（如不饱和有机物及 Cu^{2+}、Ag^+、Pb^{2+} 等离子的溶液）中，也不适合将氢电极作为参比电极，这是因为当这些物质在氢电极上还原后，将会使铂黑的催化活性下降。当电势测定的精度要求很高时，必须严格地进行氢压力的校正。另外，保证电解液的纯度也很重要。由于铂黑有很强的吸附能力，因此如果溶液中某些有害物质（如砷化物、硫化物及胶体杂质等）吸附到铂黑表面，就会使其催化活性区被覆盖，从而使氢电极中毒。

（2）甘汞电极（$Hg \mid Hg_2Cl_2(s) \mid Cl^-$）。甘汞电极（calomel electrode）是最常用的参比电极，它的电极反应是：

$$Hg_2Cl_2(s) + 2e \Longrightarrow 2Hg + 2Cl^- \tag{5-29}$$

甘汞电极的电极电势取决于其所使用的 KCl 溶液的活度，其电极电势的表示式为：

$$\varphi = \varphi^{\ominus} - \frac{RT}{F} \ln a_{Cl^-} \tag{5-30}$$

式中　$\varphi^{\ominus}$——甘汞电极的标准电势，$\varphi^{\ominus} = 0.267$ V。

甘汞电极中常用的 KCl 溶液有 0.1 mol/L、1.0 mol/L 和饱和三种浓度，其中以饱和浓度最常用。

甘汞电极的电势随温度的升高而降低。表 5-7 列出了不同 KCl 溶液浓度和不同温度时甘汞电极的电势。通常甘汞电极内的溶液采用饱和 KCl 溶液，这种电极称饱和甘汞电极（saturated calomel electrode，SCE），它的温度系数（-0.65 mV/℃）较大。有些甘汞电极采用 0.1 mol/L KCl 溶液，其温度系数（-0.06 mV/℃）较小。由于 Hg_2Cl_2 在高温时不稳定，所以甘汞电极一般适用于 70 ℃ 以下的温度。

表 5-7　甘汞电极的电极电势　　　　　　　　　　　　　（V）

温度/℃ KCl 浓度/mol·L⁻¹	10	20	25	30	40	50
0.1	0.3343	0.3340	0.3337	0.3334	0.3316	0.3296
1	0.2839	0.2815	0.2801	0.2786	0.2753	0.2716
饱和	0.2541	0.2477	0.2444	0.2411	0.2343	0.2272

注：各文献上给出的甘汞电极的电势数据常常不相符合，这是因为接界电势的变化对甘汞电极电势有影响，且甘汞电极所用盐桥的介质不同也影响到甘汞电极电势的数据。

　　甘汞电极的外形有多种，图 5-12 所示的甘汞电极的外形图为其中一种。饱和甘汞电极在实验中的制备方法为：取玻璃电极管，在其底部焊接一铂丝。取经重蒸馏的纯汞约 1 mL，加入洗净并干燥的电极管中，铂丝应全部浸没。在一个干净的研钵中放入一定量的甘汞（Hg_2Cl_2）、数滴纯净汞以及少量饱和 KCl 溶液，仔细研磨后得到白色的糊状物（在研磨过程中，如果发现汞粒消失，则再加一点汞；如果汞粒不消失，则再加一些甘汞，以保证汞与甘汞相互饱和）。随后，在此糊状物中加入饱和 KCl 溶液，搅拌均匀成悬浊液。将此悬浊液小心地倾入电极容器中，待糊状物沉淀在汞面上后，注入饱和 KCl 溶液，再静置一昼夜以上后，即可使用。

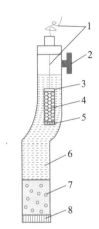

图 5-12　甘汞电极结构示意图
1—导线；2—橡皮帽；3—汞电极；
4—Hg_2Cl_2+Hg；5—石棉；
6—KCl 溶液；7—KCl 固体；
8—多孔烧结玻璃

　　甘汞电极在使用过程中的注意事项如下：

　　1）若被测溶液中不允许含有氯离子，则应避免直接插入甘汞电极，这时应使用盐桥。

　　2）不宜用在强酸或强碱介质中，这是因为液体接界的电势较大，且甘汞电极可能被氧化。

　　3）不能用于侵蚀汞或甘汞的物质以及与氯化钾溶液能起反应的物质中。

　　4）使用前，应取下小橡皮塞及橡皮套，使管内氯化钾溶液以一定流速与被测溶液形成通路。

　　5）安装时，电极中氯化钾与待测液的液面应有一定高度差，以防止待测液向电极中扩散。

　　6）对于要求高的实验，甘汞电极需在恒温下工作，以免其受到温度的影响。

　　7）应每隔一定时间，检测一次电极内阻，保证电极内阻超出规定值（10 kΩ，自制约数千欧姆）。

　　8）当电极内氯化钾溶液未浸过电极内管管口时，应在加液口注入饱和氯化钾溶液，并注意驱除弯管内的气泡，以免发生中断回路。

　　9）电极中应保留少许氯化钾晶体，以保证溶液的饱和度。

　　10）应保持甘汞电极的清洁，不得使灰尘或局外离子进入该电极内部。

（3）汞-氧化汞电极（Hg｜HgO｜OH⁻）。汞-氧化汞电极是碱性体系常用的参比电极，由汞、氧化汞和碱溶液组成，反应式为：

$$HgO(s) + H_2O + 2e \rightleftharpoons Hg + 2OH^- \tag{5-31}$$

其电极电势的表达式为：

$$\varphi_{HgO} = \varphi_{HgO}^{\ominus} - \frac{RT}{F} \ln a_{OH^-} \tag{5-32}$$

式中　$\varphi_{HgO}^{\ominus} = +0.098$ V，氧化汞电极电势随 OH⁻ 离子浓度的变化见表5-8。

表5-8　氧化汞电极的电极电势　　　　　　　　（V）

电极体系	电极电势（$t-25$ ℃）
Hg｜HgO｜1 mol/L NaOH	0.1135-0.00011
Hg｜HgO｜1 mol/L KOH	0.107-0.00011
Hg｜HgO｜0.1 mol/L NaOH	0.169-0.00007

氧化汞电极的制作方法与甘汞电极类似，可用玻璃或聚四氟乙烯加工成容器，将电极管的一端封好铂丝，并在其中放入纯汞，汞上放一层汞-氧化汞糊状物。即在研钵中放一些红棕色的氧化汞（HgO 有红色和黄色两种，制备氧化汞时应采用红色 HgO，这是因为红色 HgO 制成的电极能较快地达到平衡），加几滴汞后充分研磨均匀。再加几滴所用的碱液进一步研磨，但碱液不能太多，研磨后的糊状物应该是比较"干"的。然后加到电极管中，铺在汞的表面，并加入碱液即可。

氧化汞电极只适用于碱性溶液，这是因为氧化汞能溶于酸性溶液中。此电极的另一缺点是在碱性不太强（pH<8）的溶液中会发生下列反应：

$$Hg + Hg^{2+} \longrightarrow Hg_2^{2+} \tag{5-33}$$

从而会形成黑色的氧化亚汞，并消耗汞。应注意到，溶液中若有 Cl⁻ 存在，则会加速此过程，进而形成甘汞。当溶液中的氯离子浓度为 10^{-12} mol/L 时，此电极只能在 pH>9 的情况下使用；当氯离子浓度为 0.1 mol/L 时，只能在 pH=11 以上的环境中使用。

（4）银-氯化银电极（Ag｜AgCl(s)｜Cl⁻）。银-氯化银电极具有非常良好的电极电势重现性、稳定性，作为固体电极时使用方便，是一种常用的参比电极。由于汞有毒性，因此出于环保考虑，银-氯化银电极有取代甘汞电极的趋势。此外，由甘汞电极的温度变化引起的电极电势变化的滞后现象较大，而氯化银电极的高温稳定性则较好，其电极反应为：

$$AgCl + e \longrightarrow Ag(s) + Cl^- \tag{5-34}$$

电极电势可由下式表示：

$$\varphi_{AgCl} = \varphi_{AgCl}^{\ominus} - \frac{RT}{F} \ln a_{Cl^-} \tag{5-35}$$

式中　$\varphi_{AgCl}^{\ominus}$——氯化银电极的标准电势，不同温度下的氯化银电极的标准电势见表5-9。

表5-9　不同温度下氯化银电极的标准电势 $\varphi^{\ominus}$

温度/℃	0	10	20	30	40	50	60
$\varphi^{\ominus}$/V	0.2363	0.2313	0.2255	0.2191	0.2120	0.2044	0.1982

氯化银电极的制作方法有很多种，常用的制备方法如下：取一根 15 cm 长的银丝（直

径约 0.5 mm），将其一端焊上铜丝作为引出线，另一端取约 10 cm 绕成螺旋形，螺旋直径约 5 mm。然后用加有固化剂的环氧树脂将其封入玻璃管内，并将螺旋形银丝用丙酮除油，再用 3 mol/L HNO$_3$ 溶液浸蚀，用蒸馏水洗净后放在 0.1 mol/L HCl 溶液中进行阳极电解，用铂丝作为阴极，外接直流电源进行电解氯化，电解的阳极电流密度为 0.4 mA/cm^2，时间为 30 min，取出后用去离子水洗净，氯化后的氯化银电极呈淡紫色，Ag-AgCl 电极的结构如图 5-13 所示。为防止 AgCl 层因干燥而剥落，可将其浸在适当浓度的 KCl 溶液中，保存待用。

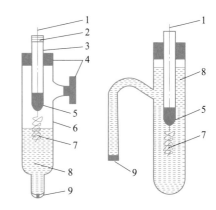

图 5-13　Ag-AgCl 电极
1—导线；2—环氧树脂；3—玻璃管；4—橡皮塞；
5—Hg；6—电极管；7—镀覆 AgCl 的银丝；
8—KCl（或 HCl）溶液；9—石棉绳

AgCl 在水中的溶解度很小，约为 10^{-5} g/L（25 ℃），但是如果在 KCl 溶液中，由于 AgCl 和 Cl$^-$ 能生成络合离子，因此 AgCl 的溶解度会显著增加，其反应为：

$$AgCl(s) + Cl^- \longrightarrow AgCl_2^- \tag{5-36}$$

在 1 mol/L KCl 溶液中，AgCl 的溶解度为 1.4×10^{-2} g/L；而在饱和 KCl 溶液中，AgCl 的溶解度则高达 10 g/L。为保持电极电势的稳定，所用 KCl 溶液需要预先用 AgCl 饱和，特别是在饱和 KCl 溶液中更应注意。此外，为了防止因研究体系溶液对 Ag/AgCl 电极稀释而造成的 AgCl 沉淀析出，可以在电极和研究体系溶液间放一个盛有 KCl 溶液的盐桥。

银-氯化银电极的电极电势在高温下较甘汞电极稳定，但对溶液内的 Br$^-$ 离子十分敏感。如溶液中存在 0.01 mol/L Br$^-$，就会引起电势变动 0.1~0.2 mV。虽然受光照时，Ag/AgCl 电极的电势并不会立即发生变化，但因为光照能促使 AgCl 的分解，因此应避免此种电极直接受到阳光的照射。当银的黑色微粒析出时，氯化银将略呈紫黑色。此外，酸性溶液中的氧也会引起氯化银电极电势的变动，有时变动可达 0.2 mV。

以上介绍了四种参比电极的基本性能、特征和制法，在实际操作中要注意合理选用。氢电极的可逆性非常好，电势稳定性好，但制备困难，使用不太方便，而且容易被许多阴离子和有机化合物中毒。饱和甘汞电极操作方便、持久耐用，其应用很广，但对温度的波动较敏感，而且氯化物的存在也限制了它在某些研究中的应用。在选择参比电极时，除了考虑上述各点外，还应考虑溶液间的相互作用和玷污，因此常使用同种离子溶液的参比电极。在酸性溶液中最好选用氢电极和甘汞电极；在含有氯离子的溶液中最好选用甘汞电极和氯化银电极；当溶液 pH 值较高或在碱性溶液中时，不能把甘汞电极直接插入被测溶液中，这时应选用氧化汞电极。Ag-AgCl 电极溶液中银离子的浓度要比甘汞电极溶液中的汞离子浓度大得多，如果研究电极对银离子特别敏感，则在使用时应采用盐桥使之隔开。

5.2.1.4　电解液

电解液大致可以分为三类，即水溶液、有机溶液和熔融盐。水是最常用的溶剂，有时也会采用非水溶剂，如乙腈和二甲基亚砜等，在某些特定场合还会采用混合溶剂。若采取适当的预防措施，则电化学试验有可能在任何介质中进行，此处只介绍常见的水溶液体系。

在以水作为溶剂的电化学反应体系中，经常发生水分子或者 OH^- 的氧化、H^+ 还原的背景电化学反应。而且由于该反应物的浓度较大，因此所测定的电势区域由以下两个反应决定：

$$2H^+ + 2e \longrightarrow H_2 \tag{5-37}$$

$$H_2O \longrightarrow 1/2\,O_2 + 2H^+ + 2e \tag{5-38}$$

由 Nernst 方程式可得到以上两个反应的平衡电势：

$$E_H = E_{H_2/H^+}^\ominus - 0.059\,pH \tag{5-39}$$

$$E_O = E_{H_2/H^+}^\ominus + 1.23 - 0.059\,pH \tag{5-40}$$

如果假定氧气和氢气的分压均为 1 atm，则有：

$$E_H = -0.059\,pH \tag{5-41}$$

$$E_O = 1.23 - 0.059\,pH \tag{5-42}$$

式（5-39）和式（5-40）反映了当以水溶剂进行研究时的理论电势值的上下限，其电势范围因 pH 值而改变。由式（5-39）和式（5-40）两式得到的电势区域如图 5-14 所示。图 5-14 中的中间区是不产生氧气和氢气的区域，该区域可进行电解液中化合物反应的测定，这个区域叫作水的稳定区，或者水的热力学电势窗，简称电势窗。

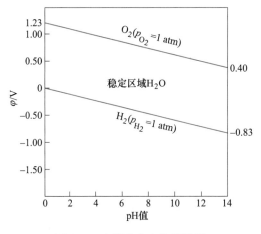

图 5-14   水的稳定电势区域图

产生氢气的实际电势与热力学理论值的偏离值叫作氢过电势。氢过电势的大小就是实际电势超过热力学理论值的部分，氢过电势的重要参数是交换电流密度（i^0），若干有代表性的金属的 i^0 见表 5-10。在一定的介质中，i^0 的值越大，氢气越容易产生。

表 5-10   各种金属电极在 1 mol/L H_2SO_4 中产生氢气的交换电流密度（i^0）

金属	Pd	Pt	Ir	Ni	Au	W	Cd	Mg	Pb	Hg
$-\lg i^0$	3.0	3.1	3.7	5.2	5.4	5.9	10.8	10.9	12.0	12.3

氧化反应区域中氧的析出电势会因金属的不同而不同，析出氧的过电势（称为氧过电势）的准确测定比氢过电势难得多，但从小到大略有以下的倾向：Ni，Fe，Pb，Ag，Cd，Pt，Au。其中，镍的氧过电势最小，镍及镍的氧化物作为电解水的阳极材料受到很大关

注；氢过电势较小的铂，其氧过电势却相当大。所以，铂以及金经常作为有机物或无机物电解氧化的研究电极。另外，PbO_2 也经常用作电解的阳极材料。

5.2.1.5　盐桥

在测量电极电势时，参比电极内的溶液往往与被研究体系内的溶液组成不一样，这时在两种溶液间存在一个接界面。在接界面的两侧，由于溶液的浓度不同，所含离子的种类不同，因此在液接界面上会产生液接界电势。为了尽量减小液接电势，通常会采用盐桥。常见的盐桥是一种充满盐溶液的玻璃管，管的两端分别与两种溶液相连接。盐桥通常会做成 U 形状，充满盐溶液后，把它置于两溶液间，使两溶液导通。在盐桥内充满凝胶状电解液，也可以抑制两边溶液的流动，所用的凝胶物质有琼脂、硅胶等，一般常用琼脂。但由于高浓度的酸、氨都会与琼脂作用，从而破坏盐桥、污染溶液，因此此时不能采用琼脂盐桥。由于琼脂微溶于水，因此也不能用于吸附研究试验中。

选择盐桥溶液时应注意下述几点：

（1）盐桥溶液内阴阳离子的扩散速度应尽量相近，且溶液浓度要大。这样在溶液界面上主要是盐桥溶液向对方扩散，在盐桥两端产生的两个液接电势的方向相反，串联后总的液接电势大大减小，甚至可以忽略不计。

在水溶液体系中，常采用饱和 KCl 或 NH_4NO_3 作为盐桥溶液。例如，当 25 ℃ 的 0.1 mol/L HCl 和 0.01 mol/L HCl 相接界时，液接界电势为 38 mV，在采用饱和 KCl 溶液作盐桥后，总的液接界电势仅约为 2 mV，比原先要小得多。

在有机电解质溶液中的盐桥，可采用苦味酸四乙基胺或高氯酸季铵盐溶液。如果 KCl、NH_4NO_3 在该有机溶剂中能溶解，则也可以采用 KCl、NH_4NO_3 溶液。

（2）盐桥溶液内的离子必须不与两端的溶液相互作用。在长期使用盐桥时，微量的盐桥溶液往往能扩散到被测体系中，因此必须考虑盐桥溶液中离子扩散到被测系统后对测量结果的影响。

为了尽量减小被测溶液、盐桥溶液及参比电极溶液间的相互污染，应减小盐桥内溶液的流动速度和离子扩散速度。有的盐桥可采用玻璃磨口活塞，有的盐桥两端可采用多孔烧结玻璃或多孔陶瓷封结。连接时可直接在喷灯火焰上熔接，或使用聚四氟乙烯或聚乙烯管套接，或使用石棉绳封结盐桥管口。几种常见的盐桥形式如图 5-15 所示。

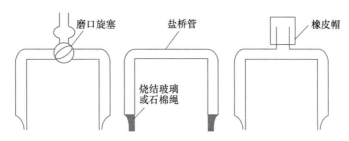

图 5-15　几种常见盐桥的形式

（3）利用液位差使电解液朝一定方向流动，可以减小盐桥溶液扩散进入研究体系溶液或参比电极的溶液内。

常用盐桥（质量分数为 3% 琼脂-饱和 KCl 盐桥）的制备方法如下：首先将盛有 3 g 琼

脂和 97 mL 蒸馏水的烧瓶水浴加热，直到完全溶解。然后加入 30 g KCl，并充分搅拌。待 KCl 完全溶解后，立即用滴管或虹吸管将此溶液装入已制作好的 U 形玻璃管（注意，U 形管中不可夹有气泡）中静置，待琼脂冷却凝成冻胶后，制备即完成。多余的琼脂-KCl 用磨口瓶塞盖好，使用时可重新水浴加热。温度降低后，随着琼脂的凝固，溶于琼脂中的 KCl 将部分析出，玻璃管中出现白色的斑点。这种装有凝固了的琼脂溶液的玻璃管就叫作盐桥。可将其浸于饱和 KCl 溶液中保存待用。在实际使用时应注意选择内阻较小的盐桥，否则易引起电势振荡，并增大响应时间。

5.2.1.6 溶液除氧

由于当气体和液体相接触时，部分气体将溶进溶液，因此电解液（包括非水溶剂）都会不同程度地溶有一定量的气体。氮气是电化学惰性物质，不会影响电化学反应，但是由于氧气具有很强的电化学活性，因此其本身容易被电解还原生成过氧化物或水。

在某些电化学研究中，由于溶解氧将使得电势窗口变小，所以一定要设法把溶解氧从电解液中除去。常采用把电化学惰性气体往电解液中鼓泡的方法，以使溶液中氧的分压降低。一般使用高纯度的干燥氮气或者氩气等作为鼓泡的气体。氩气的优点是比空气重，不易从电解池中逃逸出来，有利于在溶液上方形成保护气氛。而氮气虽然较轻，但其价格比氩气便宜。往电解液中鼓泡的时间与电解液的量、氮气的通气量、导入气体的口径形状有关，一般为 10~15 min。

当测定静止状态下的电流-电势曲线时（例如循环伏安法），一旦完成溶解氧的去除，就必须停止向电解液中进行氮气鼓泡。在停止鼓泡期间，要尽量避免空气（氧气）再进入电解液中，应在电解液上面用氮气封住。有时也会采用把电解池与附件整体放入装满氮气的箱中进行试验的方法。

在进行大气腐蚀之类的研究时，溶解氧作为电活性物质，不应该被去除。

5.2.2 电化学测量仪器及操作

电化学仪器通常包括一个执行控制电极电势的恒电势（potentiostat）或用于控制电流的恒电流仪（galvanostat）、一个产生所需扰动信号的发生器（signal generator）以及测量和记录体系响应的记录仪（recorder），如图 5-16 所示。

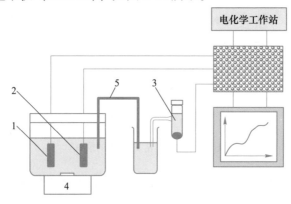

图 5-16 三电极体系测定电流-电势曲线示意图

1—研究电极；2—辅助电极；3—参比电极；4—搅拌器；5—盐桥

5.2.2.1　电化学工作站

计算机在电化学仪器中已得到了广泛的应用，利用计算机可以方便地得到各种复杂的激励波形。这些波形以数字阵列的方式产生并存储于储存器中，然后这些数字通过数-模转换器（digital-to-analog converter，DAC）转变为模拟电压施加在恒电势仪上。在数据获取及记录方面，电化学响应，诸如电流或电势基本上是连续的，可通过模-数转换器（ADC）在固定时间间隔内将它们数字化后进行记录。

由计算机控制的电化学测试仪通常称为电化学工作站（electrochemical work station），其典型的原理方框图如图 5-17 所示。

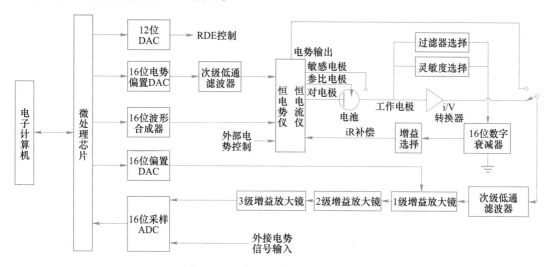

图 5-17　电化学工作站的原理方框图

电化学工作站的主要优点是实验的智能化，可以储存大量的数据，以自动化的方式操作数据，并将数据以更加方便的方式进行展示。更为重要的是，几乎所有商品化的电化学工作站都具有一系列的数据分析功能，如数字过滤、重叠峰的数值分辨、卷积，背景电流的扣除，未补偿电阻的数字校正等。对于一些特定的分析方法，不少仪器制造公司还设计了专门的软件对数据进行复杂的分析和拟合。

5.2.2.2　电化学实验操作

尽管电化学测量仪器正在不断地发展和智能化，但其在实验中还是易于产生一些问题，在此将这些问题分为两类：

（1）观察到的行为基本正确，但电池的响应有噪声；

（2）没有任何响应，或者响应是不正确的或不稳定的。

在电化学中，通常在模拟电解池上检验仪器。最简单的模拟电解池含有一个连接到恒电势仪的工作电极与参比电极终端间的 100 Ω 电阻器，和一个在参比电极与辅助电极终端间的 1 kΩ 电阻器。将施加电压都设置为零，接通模拟电解池，此时应该没有电流流过，但一旦施加电压，就应该观察到电流。记录仪和示波器的正确行为也可用模拟电池加以检查，同加上适当的电压斜坡并观察输出的电流。常见故障多出于连接电缆。

假设仪器运转正常，那么必须检查电池和接线。电的连接经常会产生问题，特别是那些使用鳄鱼夹对电极的连接，容易导致高电阻接触，从而导致性能不良。电极的内部接头，例如焊接到铂上的铜线也经常断裂（通过用数字式电压表测量体系那一部分的电阻可以很容易地检查所有接头）。如果所有接头都接触良好，那么就要考虑参比电极鲁金（Luggin）毛细管。电池室或参比电极的多孔性封口被堵塞、Luggin 毛细管中的空气泡、Luggin 毛细管过分靠近工作电极或电极没有完全封入其套管内等均有可能造成电极响应的不正确。

电化学中的噪声是一个普遍的问题，它通常产生于 50 Hz 电源频率的干扰。虽然可以通过滤波（用一个合适的带阻滤波器或者在 X-Y 记录仪终端间的电容器）来减小它的影响，但最好设法排除这一问题。为了尽量减小噪声，电解池和恒电势仪之间的所有接线都应该尽可能地短，且参比电极/Luggin 毛细管的电阻应尽可能地小。将电池放入屏蔽箱中，可以大大减小噪声。在实际测试过程中遇到的问题通常非常复杂，远非简单文字所能表述，操作者需要根据具体的实验体系多加摸索。只有确保测量结果的正确与可靠，结果分析和数据处理得出的结论才有意义。

5.3　湿法冶金与电化学冶金研究实例

5.3.1　拜耳法制备氧化铝方法

在氧化铝生产工艺中，一般按铝硅比的不同选择不同的方法。当铝硅比小于 4 时，采用烧结法；当铝硅比为 5~7 时，采用拜耳法和烧结法联用；当铝硅比大于 8 时，采用拜耳法。拜耳法是一种工业上广泛使用的从铝土矿生产氧化铝的化工过程，于 1887 年由奥地利工程师卡尔·约瑟夫·拜耳发明，随着矿石中铝硅比的提高，其生产系统的能耗逐渐降低，但降低的幅度逐渐减小。

5.3.1.1　拜耳法制备氧化铝的原理

拜耳法制备氧化铝的基本原理如式（5-43）所示，在不同的条件下，反应会朝着不同的方向交替进行。首先，在高温高压条件下用 NaOH 溶液溶出铝土矿，使其中的 $Al_2O_3 \cdot xH_2O$ 通过向右进行的反应得到 $NaAl(OH)_4$ 溶液，铁、硅等杂质进入赤泥；向经过分离赤泥后的 $NaAl(OH)_4$ 溶液中添加 $Al(OH)_3$ 晶种，使其在不断搅拌和逐渐降温的条件下进行分解，使反应向左进行，析出 $Al(OH)_3$，并得到含大量 NaOH 的母液；母液经过蒸发浓缩后，再返回用于溶出新的铝土矿，从而实现连续化生产。$Al(OH)_3$ 经焙烧脱水后得到产品 Al_2O_3。

$$Al_2O_3 \cdot xH_2O + NaOH + aq \underset{<100\,℃}{\overset{>100\,℃}{\rightleftharpoons}} NaAl(OH)_4 + aq \tag{5-43}$$

式中，当溶出一水铝石和三水铝石时，x 分别为 1 和 3；当分解铝酸钠溶液时，x 为 3。

铝土矿中除氧化铝外，还含有其他脉石成分，如 SiO_2、TiO_2、Fe_2O_3 和碳酸盐等。在溶出过程中，矿石中的杂质与碱作用发生下述反应：

（1）含硅矿物。一般以蛋白石（$SiO_2 \cdot nH_2O$）、石英（SiO_2）和高岭石（$Al_2O_3 \cdot 2SiO_2 \cdot 2H_2O$）等形式存在。其中高岭石的活性较大，在较高的溶出温度下，矿石中各种形态的 SiO_2 都会与碱发生反应，产物 Na_2SiO_3 将进一步与 $NaAl(OH)_4$ 发生脱硅反应，化学反应式如下：

$$SiO_2 + 2NaOH \longrightarrow 2Na_2SiO_3 + H_2O \tag{5-44}$$

$$x Na_2SiO_3 + 2NaAl(OH)_4 + aq \longrightarrow Na_2O \cdot Al_2O_3 \cdot x SiO_2 \cdot n H_2O + 2x NaOH + aq$$

$$\tag{5-45}$$

脱硅反应生成的水合铝硅酸钠在溶液中形成沉淀,即钠硅渣,造成 Al_2O_3 与 Na_2O 的化学损失。在溶出过程中,生成的水合铝硅酸钠由于溶解度很小,因此基本进入赤泥中。

(2)含钛矿物。一般以金红石、锐钛矿等形式存在,在铝土矿溶出时,TiO_2 与碱产生如下反应:

$$3TiO_2 + 2NaOH + aq \longrightarrow Na_2O \cdot 3TiO_2 \cdot 2H_2O + aq \tag{5-46}$$

在添加石灰的情况下,CaO 与 TiO_2 产生如下反应:

$$2CaO + TiO_2 + 2H_2O \longrightarrow 2CaO \cdot TiO_2 \cdot 2H_2O \tag{5-47}$$

在溶出过程中,上述反应生成的产物几乎不溶解,基本全部进入赤泥。

(3)含铁矿物。主要以赤铁矿(Fe_2O_3)、黄铁矿(FeS_2)等形式存在,溶出时赤铁矿不会与碱作用,Fe_2O_3 及其水合物将全部残留于固相中,成为赤泥的重要组成部分。

(4)碳酸盐类矿物。通常以石灰石($CaCO_3$)、白云石($MgCO_3$)和菱铁矿($FeCO_3$)等形式存在,在溶出过程中,碳酸盐与苛性碱作用产生的氢氧化物会进入赤泥中。

5.3.1.2 拜耳法制备氧化铝的生产过程

拜耳法生产氧化铝包括原矿浆制备、高压溶出、压煮矿浆的稀释及赤泥分离和洗涤、晶种分解、氢氧化铝分级和洗涤、氢氧化铝焙烧、母液蒸发及苏打苛化等主要工序,如图 5-18 所示。

(1)原矿浆制备。首先用粉碎机将铝土矿破碎到符合要求的粒度(如果处理一水硬铝土型铝土矿,则需加少量的石灰),然后用水冲洗掉颗粒表面的黏土等杂质。将其与含有游离 NaOH 的循环母液按一定的比例进行配合,并一道送入湿磨内进行细磨,制成固体粒径小于 300 μm 的原矿浆,在矿浆槽内贮存和保温。

(2)高压溶出。原矿浆经预热后进入反应釜,通过提高压力使铝土矿中的氧化铝和氢氧化钠发生反应,生成可溶解的铝酸钠[$NaAl(OH)_4$]进入溶液,称为溶出。溶出所得的矿浆称为压煮矿浆,经自蒸发器减压降温后送入缓冲槽。铝土矿溶出过程的方程式如下:

$$Al_2O_3 + 2NaOH + 3H_2O \longrightarrow 2NaAl(OH)_4 \tag{5-48}$$

溶出过程反应釜的温度和压力根据铝土矿的组成决定。对于含三水铝石较多的铝土矿,可在常压和 150 ℃ 条件下进行反应;而对于含一水硬铝石和勃姆石多的铝土矿,则需要在加压条件下进行反应,常用条件为加压 3~4 MPa,温度 200~250 ℃。在和氢氧化钠反应时,铝土矿中所含的铁的各种氧化物、氧化钙和二氧化钛基本不会和氢氧化钠反应,而是形成固体沉淀,留在反应釜底部,从而被过滤掉,形成的滤渣呈红色,称为赤泥;而铝土矿中含有的二氧化硅杂质则会和 NaOH 反应,生成同样溶于水的 Na_2SiO_3,进一步与 $NaAl(OH)_4$ 发生脱硅反应,生成的水合铝硅酸钠溶解度很小,大部分也进入赤泥中。

从溶出动力学的角度分析,影响铝土矿溶出效果的主要因素为溶出温度、碱液浓度、搅拌强度和溶出时间等。一般情况下,提高溶出温度既可以加快反应速度,也可以提高扩散速度。随着温度的增加,可使矿石在矿物形态方面的差别造成的影响趋于消

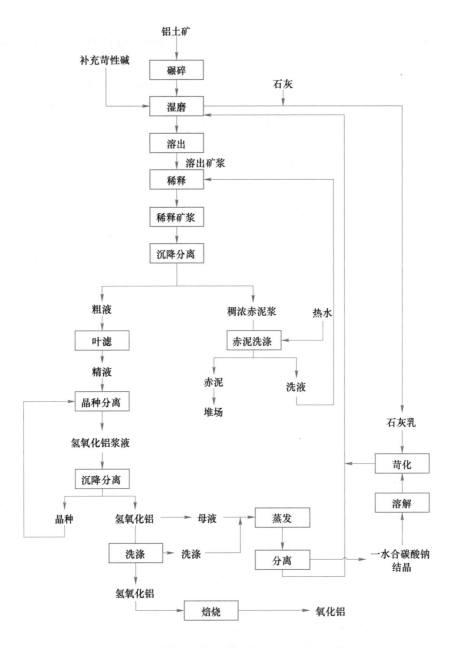

图 5-18　拜耳法制备氧化铝的生产过程流程图

失,对溶出有利;但碱溶液的蒸气压也随之增加,需要使用高压容器来提高氧化铝的溶出率。

(3)压煮矿浆的稀释及赤泥的分离和洗涤。压煮矿浆含氧化铝浓度高,为了便于赤泥的沉降分离和下一步的晶种分解,首先应加入赤泥洗液,将压煮矿浆进行稀释,然后利用沉降槽进行赤泥与铝酸钠溶液的分离,分离后的赤泥经过几次洗涤回收所含的附碱后,排至赤泥堆场,赤泥洗液则用来稀释下一批压煮矿浆。

(4)晶种分解。分离赤泥后的铝酸钠溶液(生产上称为粗液)经过进一步的过滤净化后，制得精制液体，经过热交换器冷却到一定的温度，在添加晶种的条件下分解，结晶析出氢氧化铝。

（5）氢氧化铝的分级和洗涤。分解后所得的氢氧化铝浆液送去沉降分离，并按氧化铝颗粒大小进行分级，细粒可用作晶种，粗粒则经洗涤后送去焙烧，制得氧化铝。分离氢氧化铝后的种分母液和氢氧化铝洗液（统称母液）经热交换器预热后送去蒸发。

（6）氢氧化铝焙烧。氢氧化铝含有部分附着水和结晶水，在回转窑或流化床内经过高温焙烧脱水，并进行一系列的晶型转变，制得含有一定 γ-Al_2O_3 和 α-Al_2O_3 的氧化铝产品。

（7）母液蒸发和苏打苛化。预热后的母液在经蒸发器浓缩后，得到合乎浓度要求的循环母液，补加 NaOH 后又返回湿磨，准备溶出下一批矿石。

影响拜耳法经济效益的因素主要包括：一是铝土矿中所含三水铝石的比例，所含三水铝石越多，能源的消耗越小；二是铝土矿中的铝硅比例，拜耳法将二氧化硅转化为水合铝硅酸钠，这一过程中损失了氧化铝和氢氧化钠，随着铝硅比高的铝土矿储量逐渐匮乏，这一过程中损失的氧化铝和氢氧化钠也逐渐升高，已有研究者和公司提出了拜耳法结合烧结法的改进方案。此外，拜耳法会导致部分氢氧化钠进入赤泥，由于其 pH 值高达 $11 \sim 12$，因此不仅给赤泥带来了强腐蚀性，还带来了严重的环境问题。

5.3.2 铜的电解精炼方法

铜的电解精炼是将火法精炼的铜铸成阳极板，一般用纯铜薄片作为阴极板，相间地装入电解槽内，用硫酸铜和硫酸的水溶液作为电解液，在直流电的作用下使阳极溶解，在阴极析出更纯金属铜的过程。根据电化学性质的不同，阳极中的杂质或者进入阳极泥，或者保留在电解液中被脱除。

铜电解的条件如下：温度为 $55 \sim 60$ ℃，电流密度为 300 A/m^2，电解液成分 Cu^{2+} 的浓度为 45 g/L，H_2SO_4 的浓度为 210 g/L，硫脲的浓度为 0.03 g/L。

由于铜的电解精炼是在由硫酸铜和硫酸组成的水溶液中进行的，因此根据电离理论，水溶液中存在的 H^+、Cu^{2+}、SO_4^{2-} 和水分子，将发生如下的化学反应：

（1）阳极反应：

$$Cu - 2e = Cu^{2+} \qquad \varphi_{Cu^{2+}/Cu} = 0.34 \text{ V} \tag{5-49}$$

$$Me - 2e = Me^{2+} \qquad \varphi_{Me^{2+}/Me} < 0.34 \text{ V} \tag{5-50}$$

$$H_2O - 2e = 2H^+ + 1/2O_2 \qquad \varphi_{O_2/H_2O} = 1.229 \text{ V} \tag{5-51}$$

$$SO_4^{2-} - 2e = SO_3 + 1/2O_2 \qquad \varphi_{O_2/SO_4^{2-}} = 2.42 \text{ V} \tag{5-52}$$

根据电化学原理，在阳极上溶解的是电极电位较小的还原态物质。由于 H_2O 及 SO_4^{2-} 的标准电位远比铜的电位正，因此式（5-51）和式（5-52）的反应不可能进行。电位比铜负的碱金属将在阳极上优先溶解，但其含量很少；贵金属（如 Au、Ag 电位远比铜的电位正，不能进行阳极溶解）和某些金属（如硒、碲等，可与铜形成不溶解的化合物）不溶解，成为阳极泥沉入槽底。由此可见，在阳极上进行的主要反应是铜以二价形态溶解。

（2）阴极反应：

$$Cu^{2+} + 2e = Cu \qquad \varphi_{Cu^{2+}/Cu} = 0.34 \text{ V} \tag{5-53}$$

$$2H^+ + 2e = H_2 \qquad \varphi_{H^+/H_2} = 0 \text{ V} \tag{5-54}$$

$$Me^{2+} + 2e \Longrightarrow Me \quad \varphi_{Me^{2+}/Me} < 0.34\ V \tag{5-55}$$

根据电化学原理，在阴极上析出的是电极电位较大的氧化态物质。由于氢的标准电位较铜负，而氢在铜阴极上析出的超电压又很大，故在正常情况下，式（5-54）不可能进行，电位较负的碱金属不能在阴极上析出，留在电解液中，待电解液定期净化时除去。因此在阴极上进行的主要反应是二价铜离子的析出。这样在阴极上析出的铜的纯度很高，称为电解铜，简称电铜（含铜量高于99.9%）。

铜电解精炼时的电流效率，一般是指阴极电流效率，它是电铜实际产量与按照法拉第计算的理论产量之比，是以百分数表示的一个指标。电流效率直接影响铜电解精炼的电能消耗，电流效率越低或槽电压越高，电能消耗越大。一般情况下，工厂中的电流效率为95%~98%。

5.3.3　硫酸锌溶液的电解沉积实验方法

锌焙砂经浸出、净化除杂后得到硫酸锌溶液，为了进一步获得金属锌，需要进行电解沉积作业。将净化后的硫酸锌溶液送入电解槽内，用含有0.5%~1%Ag的铅板作为阳极，压延纯铝板作为阴极，并联悬挂在电解槽内，通以直流电，在阴极上析出金属锌（阴极锌）。硫酸锌溶液电解沉积的总反应为：

$$ZnSO_4 + H_2O \longrightarrow Zn + H_2SO_4 + 0.5O_2 \tag{5-56}$$

随着锌电积过程的不断进行，水溶液中的锌离子会不断减少，而硫酸浓度会相应增加。为了保持锌电积条件的稳定，必须维持电解槽中的电解液成分不变。因此，必须不断从电解槽中抽出一部分电解液作为电解废液返回浸出，同时加入净化后的中性硫酸锌溶液，以维持电解液中离子浓度的稳定。硫酸锌溶液电解沉积的实验装置如图5-19所示。

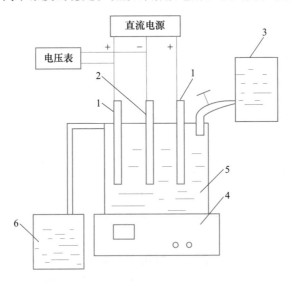

图 5-19　硫酸锌溶液电解沉积实验装置

1—铅银阳极；2—铝阴极；3—高位槽；4—数显恒温水浴；5—电解槽；6—低位槽

（1）阳极反应。工业生产中大都采用铅银合金板作为不溶阳极，当通直流电后，阳极上发生的主要反应是氧气的析出。阳极放出的氧，大部分逸出造成酸雾，小部分与阳极表面的铅作用，形成 PbO_2 阳极膜，还有一部分与电解液中的 Mn^{2+} 发生化学反应，生成 MnO_2。这些 MnO_2 一部分沉于槽底形成阳极泥，另一部分黏附在阳极表面上形成 MnO_2 薄膜，可加强 PbO_2 膜的强度，阻止铅的溶解。

（2）阴极反应。在工业生产条件下，锌电积液中含有 50~60 g/L 的 Zn^{2+} 和 120~180 g/L 的 H_2SO_4。如果不考虑电积液中的杂质，则通电时在阴极上仅可能发生两个反应：

1）锌离子放电，在阴极上析出金属锌：

$$Zn^{2+} + 2e \stackrel{}{=\!=\!=} Zn, E^0_{Zn/Zn^{2+}} = 0.763 \text{ V} \tag{5-57}$$

2）氢离子放电，在阴极上放出氢气：

$$2H^+ + 2e \stackrel{}{=\!=\!=} H_2, E^0_{H_2/H^+} = 0.000 \text{ V} \tag{5-58}$$

从各种金属的电位序来看，氢具有比锌更大的正电性，将从溶液中优先析出，而不是析出金属锌。但在工业生产中却能从强酸性硫酸锌溶液中电积锌，这是因为在实际电积过程中，存在由于极化而产生的超电压。金属的超电压一般较小，约为 0.03 V，而氢离子的超电压则随电积条件的不同而变化。由于极化作用，氢离子的放电电位会发生很大的改变，使得氢离子在阴极上的析出电位值比锌更负而不是更正，因而使得锌离子在阴极上优先放电析出。

5.3.4 电位 ε-pH 图测定方法

绘制各种体系的电位 ε-pH 图已成为研究各种工艺过程热力学规律的重要方法之一。它可以为选择水溶液中矿石浸出过程的条件，以及氧化还原体系的元素转化规律和分离等提供参考，也可以为研究金属在介质中的腐蚀行为提供线索。

很多氧化还原反应不仅与溶液浓度和离子强度有关，还与溶液的 pH 值有关。在一定浓度的溶液中，改变其酸碱度，同时测定电极电势 ε 和溶液的 pH 值，然后以电极电势 ε 对 pH 值作图，就可以得到等温、等活度的 ε-pH 值曲线，称为 ε-pH 图。

以 Fe^{3+}/Fe^{2+}-EDTA 体系为例，根据能斯特（Nernst）公式，溶液的平衡电极电势与浓度的关系为：

$$\varepsilon = \varepsilon^0_1 + \frac{2.303RT}{nF} \lg \frac{a_{ox}}{a_{re}} = \varepsilon^0_1 + \frac{2.303RT}{nF} \lg \frac{c_{ox}}{c_{re}} + \frac{2.303RT}{nF} \lg \frac{\gamma_{ox}}{\gamma_{re}} \tag{5-59}$$

式中　a_{ox}，c_{ox}，γ_{ox}——氧化态的活度、浓度和活度系数；

　　　a_{re}，c_{re}，γ_{re}——还原态的活度、浓度和活度系数。

当温度及溶液离子强度恒定时，式（5-59）中 $\frac{2.303RT}{nF} \lg \frac{\gamma_{ox}}{\gamma_{re}}$ 为一常数，用 b 表示，则电动势为：

$$\varepsilon = (\varepsilon^0_2 + b) + \frac{2.303RT}{nF} \lg \frac{c_{ox}}{c_{re}} \tag{5-60}$$

由此可以看出，在一定温度下，体系的电极电势 ε 与溶液中氧化态和还原态浓度比值的对数呈线性关系。

在 Fe^{3+}/Fe^{2+}-EDTA 络合体系中，以 Y^{4-} 代表 EDTA 酸根离子 $[(CH_2)_2N_2(CH_2COO)^{4-}_4]$，则体系的基本电极反应为：

$$FeY^- + e \stackrel{}{=\!=\!=} FeY^{2-} \tag{5-61}$$

其电极电势为：

$$\varepsilon = (\varepsilon_2^0 + b) + \frac{2.303RT}{F}\lg\frac{c_{FeY^-}}{c_{FeY^{2-}}} \tag{5-62}$$

由于 FeY^- 和 FeY^{2-} 这两个络合物都很稳定，其 $\lg K_稳$ 分别为 25.1 和 14.32，因此在 EDTA 过量情况下，所生成的络合物的浓度就近似地等于配制溶液时的铁离子浓度，即：

$$\begin{cases} c_{FeY^-} = c_{Fe^{3+}} \\ c_{FeY^{2-}} = c_{Fe^{2+}} \end{cases} \tag{5-63}$$

这里 $c_{Fe^{3+}}$ 和 $c_{Fe^{2+}}$ 分别代表 Fe^{3+} 和 Fe^{2+} 的配置浓度，所以式（5-62）变为：

$$\varepsilon = (\varepsilon_2^0 + b) + \frac{2.303RT}{F}\lg\frac{c_{Fe^{3+}}}{c_{Fe^{2+}}} \tag{5-64}$$

由式（5-64）可知，Fe^{3+}/Fe^{2+}-EDTA 络合体系的电极电势随溶液中 $c_{Fe^{3+}}/c_{Fe^{2+}}$ 的值变化，而与溶液的 pH 值无关。对于具有某一定 $c_{Fe^{3+}}/c_{Fe^{2+}}$ 值的溶液，其 ε-pH 曲线为水平线。

然而，Fe^{3+} 和 Fe^{2+} 除了能与 EDTA 在一定 pH 范围内生成 FeY^- 和 FeY^{2-} 外，在低 pH 值时，Fe^{2+} 还能与 EDTA 生成 $FeHY^-$ 型的含氢络合物，甚至可以生成溶解度很小的 HY 沉淀，影响含氢络合物的生成；在高 pH 值时，Fe^{3+} 则能与 EDTA 生成 $Fe(OH)Y^{2-}$ 型的羟基络合物。

在低 pH 值时的基本电极反应为：

$$FeY^- + H^+ + e \Longrightarrow FeHY^- \tag{5-65}$$

则电极电势为：

$$\begin{aligned} \varepsilon &= (\varepsilon^0 + b') + \frac{2.303RT}{F}\lg\frac{c_{FeY^-}}{c_{FeHY^-}} - \frac{2.303RT}{F}pH \\ &= (\varepsilon^0 + b') + \frac{2.303RT}{F}\lg\frac{c_{Fe^{3+}}}{c_{Fe^{2+}}} - \frac{2.303RT}{F}pH \end{aligned} \tag{5-66}$$

在较高 pH 值时的基本电极反应为：

$$Fe(OH)Y^{2-} + e \Longrightarrow FeY^{2-} + OH^- \tag{5-67}$$

$$\begin{aligned} \varepsilon &= \left(\varepsilon^0 + b'' - \frac{2.303RT}{F}\lg K_w\right) + \frac{2.303RT}{F}\lg\frac{c_{Fe(OH)Y^{2-}}}{c_{FeY^{2-}}} - \frac{2.303RT}{F}pH \\ &= \left(\varepsilon^0 + b'' - \frac{2.303RT}{F}\lg K_w\right) + \frac{2.303RT}{F}\lg\frac{c_{Fe^{3+}}}{c_{Fe^{2+}}} - \frac{2.303RT}{F}pH \end{aligned} \tag{5-68}$$

式中　K_w——水的离子积。

由此可知，在低 pH 值和高 pH 值时，Fe^{3+}/Fe^{2+}-EDTA 络合体系的电极电势不仅与 $c_{Fe^{3+}}/c_{Fe^{2+}}$ 的值有关，还与溶液的 pH 值有关。当 $c_{Fe^{3+}}/c_{Fe^{2+}}$ 的值不变时，其 ε-pH 为线性关系，斜率为 $-2.303RT/F$。

因此，只要将 Fe^{3+}/Fe^{2+}-EDTA 络合体系和惰性电极相连，与参比电极组成电池，就可以测得体系的电极电势，同时用酸度计测出相应条件下的 pH 值，就可以准确绘制出该体系的 ε-pH 图。如图 5-20 所示为 Fe^{3+}/Fe^{2+}-EDTA 络合体系的 ε-pH 曲线。

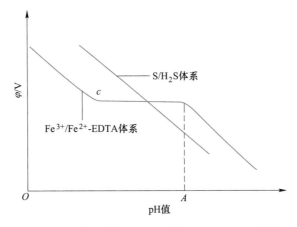

图 5-20 Fe^{3+}/Fe^{2+}-EDTA 络合体系的 ε-pH 示意图

5.3.5 电位扫描法测镍阳极极化曲线方法

金属的阳极过程是指在外电压作用下,阳极发生电化学溶解的过程,反应如下:

$$M \longrightarrow M^{n+} + ne \tag{5-69}$$

在金属的阳极溶解过程,其电极电位必须高于其热力学平衡电位,电极过程才能发生。这种电极电位偏离其热力学平衡电位的现象,称为极化。当电极电位高到某一数值时,其溶解速度达到最大。此后,阳极溶解速度随电位变正,反而大幅度地降低,这种现象称为金属的钝化现象。

用慢扫描法测定极化曲线,就是利用慢速线性扫描信号控制恒电位仪或恒电流仪,使极化测量的自变量连续线性变化,同时用 X-Y 记录仪自动记录极化曲线。对于大多数金属而言,其阳极极化曲线大都具有如图 5-21 所示的曲线,该曲线可分为四段:

(1)AB 段。AB 段为金属正常阳极溶解过程,它的溶解度,即阳极电流,随着电极电位正移而增大,此段称为活化溶解区。

(2)BC 段。当阳极电流达到 B 点时,随着电位继续正移而急剧下降,处于不稳定状

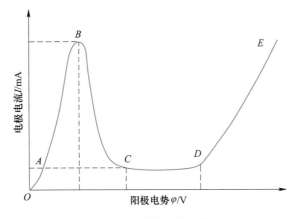

图 5-21 金属阳极极化曲线

态，这是由于电极发生了钝化现象。通常把相应于 B 点的电流称为致钝电流。此段常称为活化-钝化过渡区（坡度区）。

（3） CD 段。过 C 点后，随着电位正移，阳极电流只有很小的变化或几乎不变，对应 CD 段的电极状态称为钝态，此段的电极电位称为钝态电极电位，电流称为维钝电流。经常把 A 点与 C 点电位范围的电极状态称为"活化态"。CD 段称为钝化区或稳定钝化区。

（4） DE 段。电位从 D 点正移，阳极电流又重新升高，此段称为过钝化区。电流增大的原因可能是高价金属离子的产生，也可能是 OH^- 在阳极上放电析出氧气，还可能是两者同时发生。此曲线通常称为阳极钝化曲线，在电化学过程中，这种形式的极化曲线相当普遍，而且有很大的实际意义。

复习及思考题

1. 试比较火法冶金与湿法冶金的优缺点。
2. 使用湿法冶金处理矿物时有何要求？
3. 电位 ε-pH 图中曲线的各段表示什么意思？
4. 简述拜耳法的基本原理。
5. 影响电极电势的因素有哪些？
6. 简述电极的种类及其作用。
7. 阐述阳极极化曲线各阶段的含义。
8. 查阅资料，简单描述使用熔盐制备一种其他金属（如铝、钕、钨、硅等）的实验方法。

参 考 文 献

［1］李洪桂. 湿法冶金学 ［M］. 长沙：中南大学出版社，2002.

［2］杨显万，邱定蕃. 湿法冶金 ［M］. 2 版. 北京：冶金工业出版社，2011.

［3］唐长斌，薛娟琴. 冶金电化学原理 ［M］. 北京：冶金工业出版社，2013.

［4］李继东，宁哲，王一雍，等. 有色金属冶金学实验教程 ［M］. 北京：冶金工业出版社，2019.

［5］刘喜斌. 用循环过程法求解某些与温度有关的热力学问题 ［J］. 烟台师范学院学报（自然科学版），2001，17（4）：313-316.

［6］王卫东，向翠丽，明珍珠，等. 非水溶剂中电解质活度系数的测定：NaCl 在 1，2-丙二醇中活度系数的测定 ［J］. 盐湖研究，2004，12（1）：43-45.

［7］王卫东，周素珍. KCl 在 1.2-丙二醇非水溶剂中热力学性质的研究 ［J］. 商丘师范学院学报，2005，21（5）：117-120.

［8］郁彩红，虞大红，秦原，等. NaCl 在聚电解质溶液中活度系数的实验测定 ［J］. 化工学报，2001，52（8）：738-741.

［9］Bartlett P N, Ghoneim E, El-Hefnawy G, et al. Voltammetry and determination of metronidazole at a carbon fiber microdisk electrode ［J］. Talanta, 2005, 66（4）：869-874.

［10］宋永红，尤金跨，林祖赓. 异丙醇在 Pt 微盘电极上的电化学氧化 ［J］. 电源技术，1998，22（3）：93-95.

［11］Xiang J, Liu B, Liu B, et al. A self-terminated electrochemical fabrication of electrode pairs with angstrom-sized ［J］. Electrochemistry Communications, 2006, 8（4）：577-580.

［12］Chen L C, Ho K C. Interpretations of voltammograms in a typical two-electrode cell application to complementary electrochromic systems [J]. Electrochins Acta, 2001, 46 (13/14): 2159-2166.

[13] 李斐, 曹学静, 张恒彬, 等. 2-甲基吡啶在丙酮—水混合溶剂中的电氧化 [J]. 精细化工, 2006, 23 (8): 788-792.

[14] 伍远辉, 李滑兵, 金裁. 电导法测定醋酸在 H_2O 和 THF 混合溶剂中的活度系数 [J]. 遵义师范学院学报, 2006, 8 (4): 57-58.

[15] 起晖, 杨辉, 邢囊, 等. 混合溶剂对可溶性聚酰亚胺电化学行为的影响 [J]. 南京师大学报 (自然科学版), 2002, 25 (3): 76-78.

[16] Bertolini L, Carsana M, Pedeferri P. Corrosion behaviour of steel in concrete in the presence of stray current [J]. Corrosion Science, 2007, 49 (3): 1056-1068.

[17] Cains J, Du Y, Law D. Influence of corrosion on the friction characteristics of the steel/concrete interface [J]. Construction and Building Materials, 2007, 21 (1): 190-197.

[18] Ouglowa A, Berthand Y, Francois M, et al. Mechanical properties of an iron oxide formed by corrosion in reinforced concrete structures [J]. Corrosion Science, 2006, 48 (12): 3988-4000.

[19] Hansson C M, Poursaee A, Laurent A. Macrocell and microcell corrosion of steel in ordinary Portland cement and high performance concretes [J]. Cement and Concrete Research, 2006, 36 (11): 2098-2102.

[20] Kamada K, Tsutsumi Y, Yamashita S, et al. Selective substitution of alikali cations in mixed alkali glass by solid state electrochemistry [J]. Journal of Solid State Chemistry, 2004, 177 (1): 189-193.

[21] De Stryeker J, Westbroek P, Temmerman E. Electrochemical behaviour and detection of Co (Ⅱ) in molten glass by cyclic and square wave voltamenetry [J]. Electrochemistry Communications, 2002, 4 (1): 41-45.

[22] Cogan S F, Guzelian A A, Agnew W F, et al. Over-pulsing degrades activated iridium oxide films used for intracortical neural stimulation [J]. Journal of Neuruscience Methods, 2004, 137 (2): 141-150.

[23] Skinner K A, Crow J P, Skinne H B, et al. Free and protein-associated nitrotyrosine formation following rat liver preservation and transplantation [J]. Archieves of Biochernistry and Biophysics, 1997, 342 (2): 282-288.

[24] 沈时英. 熔盐电化学理论基础 [M]. 北京: 中国工业出版社, 1965.

[25] 谢刚. 熔融盐理论与应用 [M]. 北京: 冶金工业出版社, 1998.

[26] 张明杰. 熔盐电化学原理与应用 [M]. 北京: 化学工业出版社, 2006.

[27] 曹晓燕, 袁华堂, 等. 镍电极在水溶液中析氧行为的研究 [J]. 电化学, 1998, 4 (4): 428-433.

[28] 宋红, 耿新华, 周作祥, 等. 镍铁氧化物康电极的制备及其在碱性溶液中析氧的研究 [J]. 人工品体学报, 2005, 34 (4): 661-665.

6 # 冶金物料检测与表征技术

本章提要

在整个冶金工艺生产过程中，除原料和产品外，还会产生多种新产物，而各种产物的检测分析对于优化工艺过程、改善工艺方法、提高产品质量、降低过程消耗、开发新技术和新产品等具有重要的作用。现代分析科学方法是人类知识宝库中最重要、最活跃的领域之一，它不仅是研究的对象，更是观察和探索世界，特别是探索微观世界的重要手段，各行各业都离不开它。

本章将介绍现代冶金工艺中常用的分析和表征技术，包括成分分析、粒度分析、热分析、冶金物相及结构分析以及能谱、波谱与光谱分析的理论及方法。

6.1　成分分析

在冶金过程中，各原料的成分是调节炉料配比、评价矿石应用的主要依据，金属和炉渣的化学组成都有其合理的范围。目前冶金原料及产物的成分分析方法主要包括化学分析法、X射线荧光光谱分析法和电感耦合等离子体分析法等。

6.1.1　化学分析方法

化学分析（chemical analysis，CA）法是以化学反应为基础的分析方法，包括滴定分析法和重量分析法。

6.1.1.1　滴定分析法

滴定分析法是化学分析中最基本的方法，是将一种已知准确浓度的试剂溶液，通过滴定管加入被测物质的溶液中，或将被测物质的溶液加入已知准确浓度的溶液中，直到所加的试剂溶液与被测物质按化学计量关系反应完全为止，根据试剂溶液的浓度和消耗的体积，计算被测物质含量的分析方法。由于该方法的技术手段主要是滴定，因此称为滴定分析法。此外，由于该方法是以测量容积为基础的，所以又称为容量分析法。

在滴定分析法中，已知准确浓度的试剂溶液称为标准溶液（也可称为滴定液），其中所用的试剂称为滴定剂。将标准溶液通过滴定管加入被测物质溶液中的操作过程称为滴定。当标准溶液中物质的量与被测组分物质的量恰好符合化学反应所表示的化学计量关系时，称为等量点或等当点。在大多滴定实验中，当反应达到等当点时，外观没有明显的变化，为了确定滴定终点，通常在被测物质的溶液中加入一种辅助试剂，即指示剂。当滴定到达等当点时，指示剂的颜色会发生突变，据此终止滴定。实验过程中是根据指示剂的颜色变化来确定滴定终点的，而化学计量点则是滴定剂与待测溶液按化学计量关系完全反应的理论点，滴定终点与计量点不一定恰好相等，它们之间可能存在很小的差别，称为滴定误差。滴定误差的大小取决于滴定反应和指示剂的性能及用量，因此只有选择合适的指示剂，才能促使滴定终点无限接近于计量点。

适用于滴定分析法的化学反应必须具备以下条件：反应必须具有确定的化学计量关系；反应必须定量进行（≥99.9%），且无副反应；必须具备较快的反应速度；能用比较简单的方法确定滴定终点。根据反应类型的不同，滴定反应主要分为以下四种：

（1）酸碱滴定法。酸碱滴定法是利用酸碱中和反应，以质子传递反应为基础的分析方法，包括酸和碱的测定，弱酸盐和弱碱盐的测定。可测定钢铁中氮、硼、磷、碳、硅等元素。

（2）氧化还原滴定法。氧化还原滴定法是以氧化还原反应为基础的分析方法，包括高锰酸钾法、重铬酸钾法、碘量法、亚铁盐法等。可测定锰、铬、钒、铜、铁、硫、锡、钴等。

（3）络合滴定法。络合滴定法是以络合反应为基础的分析方法，该类滴定方法的最终产物为络合物，如 EDTA 滴定法。可测定铝、镁、锌、铅等。

（4）沉淀滴定法。沉淀滴定法是以沉淀反应为基础的分析方法，该类滴定方法的滴定过程中会有沉淀产生。目前应用较广的是以生成难溶银盐为反应基础的方法，称为银量法。可测定氯、溴等卤化物。

滴定分析法使用广泛，仪器设备简单、易于掌握和操作，测定速度快、准确度高。采用滴定法的被测组分的含量通常在1%以上，有时也可测微量组分，一般情况下，测定的相对误差在0.1%左右。这种方法适用于多种化学反应，因此在生产实践和科学研究中具有重要的应用价值。

6.1.1.2 重量分析法

重量分析法是指将被测组分与试样中其他组分分离后，转化为一定的称重形式，然后用称重的方法测定该组分的含量。重量分析包括分离和称量两个过程，根据分离的方法不同，重量分析法可分为挥发法、萃取法、沉淀法。

（1）挥发法。挥发法是指通过加热或其他方法使试样中的可挥发组分逸出，再根据试样重量的减轻来计算待测组分的含量。可以测定试样中的水分、挥发分和灰分等。

（2）萃取法。萃取法是指将试样利用水、酸进行溶解处理，或用有机溶剂抽取，根据残留物的量来测定试样中可溶性或不溶性组分的含量。可用于水不溶物、酸不溶物、脂肪等的测定。

（3）沉淀法。沉淀法是指利用沉淀反应，将被测组分以沉淀形式从溶液中分离出来，转化为称量形式，再将沉淀滤洗、烘干，并称取质量，然后测定待测组分含量。

重量分析法的优点是常量分析准确；缺点是操作烦琐、费时，对低含量组分的测定误差大。目前重量分析法主要应用于硫、硅、镍、磷、锆、钨、钼等元素的分析。

6.1.2 X 射线荧光光谱分析方法

X 射线是一种具有高能量的电磁波，能够穿透不明物体的表面。对于每一种元素，都有其特定波长（λ）或能量（E）的特征 X 射线，通过测定试样中特征 X 射线的波长或能量，便可确定试样中的具体元素。元素特征 X 射线的强度与该元素在试样中的含量成比例，通过测量试样中某元素的特征 X 射线强度，并采用适当方法进行校准和校正，便可得到该元素的含量。由此可见，X 射线荧光光谱（X-ray fluorescence spectrum，XRF）分析技术可以测定试样的元素构成，其工作原理如图 6-1 所示。

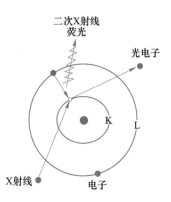

图 6-1　XRF 分析工作原理图

在 XRF 分析方法中，从 X 光发射管里放射出来的高能初级射线光子照射试样表面，初级射线光子与样品原子发生碰撞，使得原子最里层（K 层或 L 层）的电子脱轨。这时，原子变成了不稳定的离子。由于电子会本能地寻求稳定，因此外层 L 层或 M 层的电子会进入内层弥补内层的空间。在这些电子从外层进入内层的过程中，它们会释放出能量，这些电子称为二次 X 射线光子，整个过程则称为荧光辐射。每种元素的二次射线都有其各自的特征。X 射线光子荧光辐射产生的能量是由电子转换过程中内层和外层之间的能量差决定的，这个关系可以用公式表示为：

$$E = hc\lambda^{-1} \tag{6-1}$$

式中　h——普朗克常数，$h = 6.6262 \times 10^{-34}$ J·s；

　　　c——光速，$c = 2.998 \times 10^8$ m/s；

　　　λ——光子的波长，m。

各种元素的特征 X 射线的波长都取决于其原子序数，原子序数越高，特征 X 射线的波长越短。

XRF 分析方法的试样可以是固体、粉末、压制片、玻璃等，分析试样的制备简单，如抛光得到平面或研磨粉末制片等。因此，对于金属、炉渣、矿物质都能进行成分分析。对于粉末样，试样的粒度效应和矿物效应对分析结果有较大影响，特别是对轻元素。

6.1.3　电感耦合等离子体分析方法

电感耦合等离子体原子发射光谱（inductively coupled plasma atomic emission spectroscopy，ICP-AES）技术主要是利用电感耦合等离子体作为离子源，通过分析原子发射光谱来进行元素的定性及定量分析。

当物质中的原子或离子受到外界能量的作用时，处于基态的原子或离子在吸收一定能量后，其核外电子就从一种能量状态（基态）跃迁到另一能量状态（激发态）。处于激发态的原子或离子很不稳定，会跃迁返回到基态，并将激发所吸收的能量以一定的电磁波辐射出来，将这些电磁波按照一定的波长顺序排列，即可得到原子光谱（线状光谱）。由于原子或离子的能级有很多，且不同元素的结构不同，因此对于特定元素的原子或离子，会产生一些不同波长的特征光谱，通过识别待测元素的特征谱线存在与否，可进行定性分析。光谱发射原理如图 6-2 所示。

发射光谱的定量分析采用强度对比法进行，当条件一定时，谱线强度 I 与待测元素含量 c 的关系为 $I = ac$，其中 a 为常数，与蒸发、激发过程有关，考虑到发射光谱存在自吸现象，需要引入自吸常数 b，可以得到发射光谱分析的基本关系式，称为塞伯-罗马金公式。

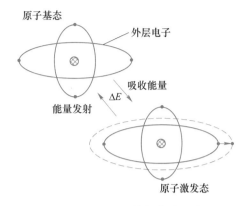

图 6-2　原子发射光谱原理图

$$I = ac^b \tag{6-2}$$
$$\lg I = b\lg c + \lg a \tag{6-3}$$

自吸常数 b 随浓度 c 的增加而减小，当浓度很小、自吸常数消失时，$b=1$。影响谱线强度的因素较多，直接测定谱线的绝对强度难以获得准确结果，在实际测试中，多采用内标法（相对强度法）进行定量分析。常用的分析方法有内标标准曲线法；摄谱法中的标准曲线法，即三标准试样法；标准加入法，无合适内标物时采用。

采用 ICP 分析法可以快速测定 Li(3)~U(92) 内的 73 种元素，尤其是可以测量 Li、Be、B 三类元素的前序元素。其特点为所需试样少，过程可全自动进行，灵敏度和分析精度高，可进行常量分析、微量分析和痕量分析，最低检出限可达 ppb(10^{-12}) 级。

6.2　粒度分析

粒度分析通常指对颗粒的大小进行分析。粒度分析方法较多，对于不同原理的粒度分析仪器，所依据的测量原理不同，其颗粒特性也不相同，只能进行等效对比，不能进行横向直接对比。

6.2.1　筛分法

筛分就是将粒径大小不同的散装混合物料通过单层或多层筛面的筛孔，按其粒度大小分为两种或多种不同粒级产品的分级过程。多孔的工作面称为筛面，筛面上的孔称为筛孔。当在一层筛面上筛分物料时，可得到两种产品，透过筛孔的物料称为筛下产品，而留在筛面上的物料则称为筛上产品。筛分作业可分为干式筛分和湿式筛分两种。对于冶金工业，在高炉冶炼时，进入高炉中的原料和燃料须事先进行筛分，通过筛分将粉状物料从混合物料中分离出来，利用筛分分析法可以确定散装物料的粒度组成和粒度特性，避免高炉中发生严重事故。

6.2.1.1　散物料的粒度

粒度是指一个颗粒的大小，对于规则的球形颗粒，其大小可以用直径来准确描述。但在大多数情况下，颗粒的形状都是不规则的几何形状，因此通常采用一个尺寸——平均直径或等值直径来表示颗粒的大小。

　　A　单个颗粒的平均直径 d

　　对于较大的单个颗粒，平均直径用颗粒的二维尺寸或三维尺寸的平均值来表示，单个颗粒的平均直径可由下式表示：

$$d = \frac{l + b}{2} \tag{6-4}$$

$$d = \frac{l + b + h}{3} \tag{6-5}$$

式中　l——颗粒长度，mm；

　　　b——颗粒宽度，mm；

　　　h——颗粒高度，mm。

　　B　单个颗粒的等值直径 d

　　当料块的粒度很小时，可用等值直径来表示其粒径，即与颗粒体积相等的球形颗粒的直径，若颗粒的体积为 V，则单个颗粒的等值直径 d 为：

$$d = \sqrt[3]{\frac{6V}{\pi}} = 1.24 \sqrt[3]{\frac{m}{\rho}} \tag{6-6}$$

式中　V——颗粒体积，mm^3；

　　　m——颗粒质量，kg；

　　　ρ——颗粒密度，kg/m^3。

　　C　粒级的平均直径 d

　　对于由不同粒度混合组成的粒度群，通常用筛分的方法来确定粒度群的平均直径。即通过筛孔尺寸为 d_1 的上层筛面，而留在筛孔尺寸为 d_2 的下层筛面上的物料群，这时该物料群的粒度既不能用 d_1 表示，也不能用 d_2 表示，常用下述方法表示：

$$d_1 \sim d_2 \quad 或 \quad -d_1 + d_2$$

　　当 $-d_1 + d_2$ 粒级的粒度范围很窄时，若上、下层筛面的筛孔尺寸之比不超过 $\sqrt{2} = 1.414$，则粒级平均直径可用下式计算：

$$d = \frac{d_1 + d_2}{2} \tag{6-7}$$

6.2.1.2　物料的粒度分析

　　筛分分析一般采用国际标准化组织（ISO）系列标准筛，如图 6-3 所示。标准筛是由一组不同筛孔尺寸的套筛组成，上层筛孔的尺寸最大，下层筛孔的尺寸按一定规律逐渐减小。标准套筛使用正方形筛的筛面，筛孔大小用网目表示。网目是指一英寸长度内所具有的筛孔数目。网目越多，筛孔越小。标准套筛以 200 目（筛孔边长 0.074 mm）的筛网为基本筛网，筛网由上至下逐渐缩小，构成筛序。两个相邻筛的筛孔尺寸之比称为筛比。泰勒标准筛有两种筛比，分别为基本筛比（$\sqrt{2} = 1.414$）和补充筛比（$\sqrt[4]{2} = 1.189$）。补充筛比由在筛比为 $\sqrt{2}$ 的基本筛序的中间又插入一套筛比为 $\sqrt{2}$ 的附加筛序构成，其筛孔尺寸可根据筛比计算。泰勒标准筛的筛序见表 6-1。

(a)　　　　　　　　　　(b)

图 6-3　筛分分析用系列标准筛

（a）系列标准筛；（b）不同层的筛子

表 6-1　泰勒标准筛的筛序

筛号/网目		2.5	3	3.5	4	5	6	7	8
筛孔尺寸 /mm	现标准	8.00	6.70	5.60	4.75	4.00	3.35	2.80	2.36
	旧标准	7.925	6.680	5.613	4.699	3.962	3.327	2.794	2.362
网丝直径/mm		2.235	1.778	1.651	1.651	1.118	0.914	0.833	0.813
筛号/网目		9	10	12	14	16	20	24	28
筛孔尺寸 /mm	现标准	2.00	1.70	1.40	1.18	1.00	0.850	0.710	0.600
	旧标准	1.981	1.651	1.397	1.168	0.991	0.833	0.701	0.589
网丝直径/mm		0.838	0.889	0.711	0.635	0.597	0.437	0.353	0.318
筛号/网目		32	35	42	48	60	65	80	100
筛孔尺寸 /mm	现标准	0.500	0.425	0.355	0.300	0.250	0.212	0.180	0.150
	旧标准	0.495	0.417	0.351	0.295	0.246	0.208	0.175	0.147
网丝直径/mm		0.300	0.310	0.254	0.234	0.178	0.183	0.162	0.107
筛号/网目		115	150	170	200	230	270	325	400
筛孔尺寸 /mm	现标准	0.125	0.106	0.090	0.075	0.063	0.053	0.045	0.038
	旧标准	0.124	0.104	0.088	0.074	0.063	0.053	0.044	0.038
网丝直径/mm		0.097	0.066	0.061	0.053	0.041	0.041	0.036	0.025

6.2.1.3　筛分法的操作过程

　　首先，将要筛分的物料均匀混合，称出适量的试样，放入标准套筛的顶部筛面，用盖子封闭好，然后振动筛分，筛分时间一般为 15 min 左右，以保证物料在各层筛面上分级。将筛分好的物料从各层筛面上取出，称其质量并记录结果，便可得到每级相应的产率，用百分数表示。根据筛分所得的数据，对原料或破碎产品的粒度特性进行分析。

6.2.2 激光粒度分析法

激光粒度分析法是于 20 世纪 70 年代发展起来的高效快速测量粒度分布的一种方法。由于光散射测量粒度分析法的适用范围较宽,测量时不受颗粒材料的光学特性及电学特性参数的影响,因此,近年来激光粒度分析法已成为材料颗粒分析最为重要的方式之一。

6.2.2.1 激光粒度仪的基本结构和工作原理

激光粒度仪主要由激光器、扩束系统、样品池、聚光系统、光电检测器、数据采集和计算机等构成,如图 6-4 所示。He-Ne 激光器发出的激光束经扩束系统扩束后,平行照射到颗粒槽中的试样颗粒上,其中一部分光被散射。散射光经聚光系统聚光后,照射到光电检测器阵列上。光电检测器阵列由一系列同心环带组成,每个环带都是一个独立的探测器,检测器上的任意一点都对应于某一确定的散射角。检测器阵列将接收到的散射光转换成电压,再将电信号放大,通过 A/D 转换后送入计算机。采用预先编制的优化程序对计算值与实测值进行比较,即可快速反推出颗粒群的尺寸分布。

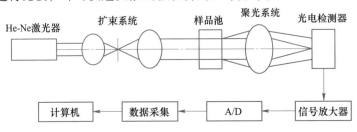

图 6-4　激光粒度仪的原理结构示意图

计算机在仪器测量范围内取 n 个代表粒径,x_1,x_2,$\cdots$,x_n。如果第 j 个代表粒径的尺寸为 x_j,那么这个粒径尺寸为 x_j 的单位质量的颗粒个数正比于 $1/x_j^3$。

检测器上第 i 个单元接收到的光能量为:

$$m_{ij} = \frac{1}{x_j^3} \int_{\theta_i}^{\theta_i+\Delta\theta_i} I(\theta)\,\mathrm{d}\theta \tag{6-8}$$

式中　θ_i,$\Delta\theta_i$——第 i 个探测单元对应的散射角下限和相应的角范围。

测量范围内所有代表粒径的单位质量的颗粒散射在所有探测单元(n 个)上的光能,组成了光能矩阵 M,有:

$$M = \begin{bmatrix} m_{11} & m_{12} & \cdots & m_{1n} \\ m_{21} & m_{22} & \cdots & m_{2n} \\ \vdots & \vdots & & \vdots \\ m_{n1} & m_{n2} & \cdots & m_{nn} \end{bmatrix} \tag{6-9}$$

矩阵中的每一列代表一个代表粒径,即单位质量的颗粒产生的散射光能分布。散射能量分布 s_1,s_2,$\cdots$,s_n 与代表颗粒的质量分布的 w_1,w_2,$\cdots$,w_n 存在如下关系:

$$\begin{bmatrix} s_1 \\ s_2 \\ \vdots \\ s_n \end{bmatrix} = \begin{bmatrix} m_{11} & m_{12} & \cdots & m_{1n} \\ m_{21} & m_{22} & \cdots & m_{2n} \\ \vdots & \vdots & & \vdots \\ m_{n1} & m_{n2} & \cdots & m_{nn} \end{bmatrix} \begin{bmatrix} w_1 \\ w_2 \\ \vdots \\ w_n \end{bmatrix} \tag{6-10}$$

根据上式，只要测量试样散射光能分布 s_1，s_2，…，s_n，并采用适当的理论方法，就可以计算出与之相应的粒度分布。

6.2.2.2 激光粒度分析法的原理

当一束波长为 λ 的激光照射在一定粒度的球形小颗粒上时，会发生衍射和散射两种现象。通常情况下，当颗粒的粒径大于 10λ（$\lambda = 632$ nm）时，以衍射现象为主，称为激光衍射式；而当颗粒的粒径小于 10λ 时，则以散射现象为主，称为激光动态光散射式。

一般激光衍射式仅对粒度在 5 μm 以上的颗粒样品分析得较准确；而动态光散射粒度的测量范围宽，可以在 20~3500 nm 范围内获得等效球体积分布，用量少，测量准确，重复性好，速度快，适合混合试样的测量。

当光照射在颗粒上时，会有一部分光偏离原来的传播方向，这种现象称为光的散射或衍射，图6-5为光的散射现象示意图。散射光的传播方向将与入射光束的传播方向形成一个夹角。散射角度与颗粒尺寸相关，颗粒尺寸越大，产生的散射光的散射角就越小；颗粒尺寸越小，产生的散射光的散射角就越大。散射光的强度代表该粒径颗粒的数量。根据在不同的角度上测量的散射光的强度，可以得到样品的粒度分布情况。激光粒度仪就是根据光的散射现象测量颗粒的大小及分布的。

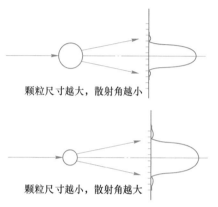

颗粒尺寸越大，散射角越小

颗粒尺寸越小，散射角越大

图 6-5 光的散射现象示意图

6.2.2.3 激光粒度分析法的影响因素

（1）分散介质的影响。在进行粉体的粒度测试时，选择的分散介质非常重要，不但要考虑分散介质对粉体是否有浸润作用，而且要求其成本低、无毒且无腐蚀性。通常使用的分散介质有水、乙醇、乙醇+水、乙醇+甘油、水+甘油、环己醇等。对于大多数粉体，乙醇的浸润作用比水强，更容易使颗粒得到充分的分散。

（2）粉体试样溶液浓度的影响。当粉体试样溶液的浓度小到一定程度时，由于样品中的颗粒数太少，因此会产生较大的取样及测量随机误差，致使样品不具有代表性。当粉体试样分散液中单位体积溶液的颗粒数相对较少时，光线大都畅通无阻地通过样品池，这样产生的散射角较小，会得到粒径比较小、分布范围比较窄的结果；当粉体试样溶液的浓度较大时，颗粒在溶液中分散得比较困难，容易造成颗粒间相互吸附团聚，同时颗粒间容易发生复散射，造成测试结果的平均粒径偏大、粒度分布范围较宽、测试结果误差较大。

（3）分散剂种类及浓度的影响。选择合适的分散剂非常重要，分散剂中使用最多的是表面活性剂。粉体在水中通常带电，通过加入具有同种电荷的表面活性剂，利用电荷之间的相互排斥作用来阻碍表面吸附，从而达到分散粉体的目的。

（4）颗粒分散条件的影响。颗粒分析结果是反映体系分散性优劣的一项重要指标。分散条件对颗粒粒度的分布影响非常大，良好的分散条件是准确测量颗粒粒度的前提。试样通常采用不同的转速和超声分散，如果颗粒的结构比较松散，那么增加转速就可以将其分散开。如果分散效果不理想，则可以使用超声波振动分散，但超声分散的时间不宜过长，以免造成试样颗粒经超声波分散后再次破碎，颗粒变小，导致测量误差。

（5）粉体试样溶液温度的影响。当温度较低时，粉体颗粒不易分散，会增大测量误差；当温度升高后，颗粒的内能增大，振动加剧，尽管有利于颗粒的分散，但容易使颗粒的粒径进一步变小。一般粉体试样的测试温度应该控制在 20~35 ℃。

（6）试样溶液在样品池中停留时间的影响。随着粉体试样溶液在样品池中滞留的时间增长，颗粒粒径会有不断增大的趋势，而且粒度分布范围也会有不断加宽的趋势。溶液中颗粒间的相互吸引作用，使部分分散的颗粒又团聚在一起，形成粒径较大的颗粒。

6.3 热分析

热分析主要研究的是物质受热引起的各种物理变化（晶型转变、熔融、升华及吸附等）和化学变化（脱水、分解、氧化及还原等），在各学科的热力学和动力学研究中得到广泛应用。冶金过程中应用最广的是热重法（TG）和差热分析法（DTA）。

6.3.1 热重分析法

热重法是在程序控制温度下，测定物质的物理化学性质随温度变化的一类技术，简称 TG。在程序升温的条件下，不断记录试样的重量变化，即可得到 TG 曲线。

6.3.1.1 热重分析仪

热重分析仪是由精密天平和线性程序控温的加热炉组成，所以又称热天平。热天平的基本单元是微量天平、炉子、温度程序器、气氛控制器以及同时记录这些输出的仪器，如图 6-6 所示。根据试样与天平横梁支撑点之间的相对位置，热天平可分为下皿式、上皿式与水平式三种。热重分析仪的主要操作步骤为：（1）备样和称样；（2）归零和装样；（3）参数设置（升温制度、气氛制度）；（4）升温实验；（5）降温及结束实验；（6）输出数据及分析。

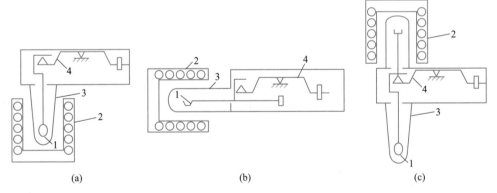

图 6-6 热天平结构示意图

（a）下皿式；（b）水平式；（c）上皿式

1—坩埚支持器；2—炉子；3—保护管；4—天平

6.3.1.2 DTG-TG 曲线

将 TG 曲线中的质量（或百分率）对时间（或温度）进行一次微分计算，可得到 DTG 曲线。目前，新型 TG 仪附带有质量微商单元，可直接记录和显示 TG 曲线和 DTG 曲线。DTG 曲线的横坐标为温度 T（或时间 t），纵坐标为质量随温度（或时间）的变化率 $\mathrm{d}m/$

dt（或 dm/dT）。典型的 TG 曲线和 DTG 曲线如图 6-7 所示。从 TG 曲线可以计算出 DTG 曲线，其对应关系为：DTG 曲线的峰的起止点对应 TG 曲线的起止点；DTG 曲线的相应峰值温度（d^2m/dt^2=0）与 TG 曲线的拐点相对应；DTG 曲线的峰面积与失重成正比，可以更准确地用于定量分析。

　　TG 曲线上质量基本不变的部分称为天台。累计质量变化达到热天平可以检测时的温度称为反应起始温度。累积质量变化达到最大值时的温度称为反应终止温度。反应起始温度和终止温度之间的温度间隔称为反应区间。相比于 TG 曲线，DTG 曲线有以下特点：（1）能精确地反映出起始反应温度、达到最大反应速率（峰顶）时的温度和反应终止温度；（2）能很好地显示重叠反应，并区分各个反应阶段；（3）DTG 曲线峰的面积精确地对应质量的变化量，即可以根据 DTG 的峰面积算出相应的失重量。

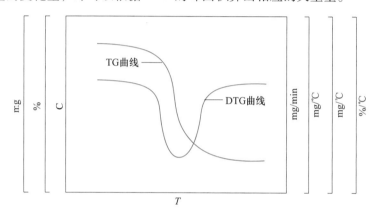

图 6-7　TG 曲线及 DTG 曲线

6.3.1.3　影响 TG（DTG）曲线的因素

　　尽管随着技术的进步，在设计 TG 仪器时已尽量进行了周密的考虑，减少各种因素的影响，但是在客观上这些因素依然不同程度地存在着，如仪器因素（如试样支持器、浮力、对流、挥发冷凝物等）、实验条件（如升温速率、气氛）和试样本身（如粒度及数量等）的影响。

　　A　试样支持器（坩埚与支架）的影响

　　试样容器为坩埚，坩埚的几何形状、大小、结构材料对 TG 曲线有着不可忽略的影响。试样坩埚的材质有玻璃、陶瓷、石英和金属等。石英和陶瓷会与碱性试样反应而改变 TG 曲线，聚四氟乙烯在一定条件下会与之生成四氟化硅。铂对某些物质有催化作用，而且不适于含磷、硫和卤素的高聚物。因此，坩埚的选择对于实验结果尤为重要。

　　B　气氛和挥发物冷凝的影响

　　常见的气氛有空气、O_2、N_2、He、H_2、CO_2 和水蒸气等。气氛的影响不仅与气体的种类有关，也与气体的存在状态、气体的流量等有关。一般来说，气氛对曲线的影响取决于反应的类型、分解产物的性质和气氛的类型。如果使用惰性气氛，则会把分解反应释放的气体带走（动态气氛）。

　　当温度发生改变时，炉内试样周围的气氛密度也随之变化。在升温过程中，炉气密度逐渐减小，使其对连接到天平梁上的试样支架、试样盘等相应部分的浮力逐渐降低，这样会导致在试样质量毫无变化的情况下，由于升温，似乎试样在增重，这种现象通常称为表观增重 ΔW，可用下列公式计算：

$$\Delta W = Vd(1 - 273/T) \tag{6-11}$$

式中 d——试样周围气体在 273 K 时的密度；

V——试样、试样盘和试样支持器的体积；

T——温度，K。

C   升温速率的影响

升温速率会直接影响炉壁与试样、外层试样与内部试样间的传热和温度梯度，对 TG 曲线有明显影响，一般来说对失重并无影响。升温速率越大，其所产生的热滞后现象越严重，往往会导致 TG 曲线的起始温度、终止温度偏高且反应区间变宽，但失重百分比一般并不会发生改变。

如果升温速率快，则不利于中间产物的检出，导致在 TG 曲线上呈现出的拐点不明显；如果升温速率慢，则可在曲线上得到与中间产物对应的平台，获得准确的实验结果。

D   试样粒度及数量的影响

试样粒度对传热、气体扩散的影响较大。样品的粒度不同，会导致其反应速率和 TG 曲线形状的改变。由于样品粒度越小，反应速率越快，起始温度和终止温度降低，反应区间变窄，所以应尽量用小颗粒的样品。由于样品量大，不利于热传导和气体的扩散，因此在热重分析中，样品用量在满足仪器灵敏度的前提下应尽量少。

试样数量对 TG 曲线的影响有三个方面：（1）试样吸热或放热，会使其温度偏离线性程序温度，从而改变 TG 曲线的位置；（2）反应产生的气体通过试样粒子间空隙向外扩散，其速率会受到试样用量的影响；（3）试样的温度梯度会受到试样用量的影响，并随试样用量的增加，三种影响均增大。

6.3.2   差热分析法

差热分析是在程序控制温度下，测量物质和参比物之间的温度差与温度（或时间）的关系的一种热分析技术，简称 DTA。DTA 曲线是描述样品与参比物之间的温差（ΔT）随温度（或时间）的变化关系。DTA 曲线的各种吸热峰与放热峰的个数、位置与形状及其相应温度，是用以定性鉴定所研究物质的依据；根据峰面积与热量的变化成比例，也可用来半定量测定反应热。

6.3.2.1   差热分析仪

差热分析仪的主要组成为差热系统，加热装置和温度控制装置，信号放大与记录系统，如图 6-8 所示。差热分析法中检测温度的常用装置为热电偶，用于在线取得试样和参比物实际温度的正确读数。

A   加热装置

加热装置的作用是加热试样，按照电炉加热的炉温可分为低温加热炉、普通加热炉、超高温加热炉。一般在氧化气氛条件下，1800 ℃ 以上的高温电炉称

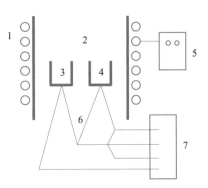

图 6-8   差热分析仪结构
1—加热炉；2—坩埚；3—试样；4—参比物；
5—控温仪；6—差热电偶；7—记录仪

为超高温电炉。按照电炉的结构又分为立式和卧式两种。

B 温度控制装置

温度控制装置按照一定的程序调节炉温的升降，以保证炉温以按一定的速度稳定升温或降温。在 $1 \sim 100$ ℃/min 内可调，常用速度为 $1 \sim 20$ ℃/min。

C 差热系统

差热系统主要由均热板、试样坩埚、热电偶等组成。均热板根据工作温度采用不同的材料。当使用温度小于1300 ℃时，常用金属镍作为承载样品的容器；当使用温度超过1300 ℃时，常用刚玉瓷、坩埚作为承载样品的容器。根据使用温度和导热系数的选择，通常采用石英、刚玉、镍、铂等材质的坩埚，而且坩埚的形状有多种。热电偶具有测量温度和传递温差电动势的功能，它的测量精度会直接影响差热分析的结果。因此，热电偶需要产生较高的温差电动势，并与温度呈线性关系。

D 信号放大与记录系统

通过直流放大器将热电偶产生的微弱温差电动势放大，然后传输到记录系统。将信号放大系统检测到的物理参数对温度作图，并由计算机软件记录信息。

6.3.2.2 差热分析的原理

将试样和参比物分别放入坩埚，置于炉中以一定速率 $v = \mathrm{d}T/\mathrm{d}t$ 进行程序升温，以 T_s、T_r 分别表示各自的温度，设试样和参比物的热容 c_s、c 不随温度而变，其升温曲线如图6-9所示。

图 6-9 试样和参比物的升温曲线

若以 $\Delta T = T_s - T_r$ 对 t 作图，则所得 DTA 曲线如图6-10所示。从图中可以看到，在 $o \sim a$ 区间内，ΔT 大体上是一致的，形成 DTA 曲线的基线。随着温度的增加，试样产生了热效应，其与参比物间的温差变大，在 DTA 曲线中表现为峰。实际上，DTA 曲线的纵坐标往往不是直接用温度差 ΔT 来表示，而是用电动势、电压（单位为 V 或 μV）来代替。在 DTA 曲线上，$\Delta T > 0$，在 ΔT 曲线上是一个向上的放热峰；反之，当试样发生吸热变化时，$\Delta T < 0$，在 ΔT 曲线上是一个向下的吸热峰。

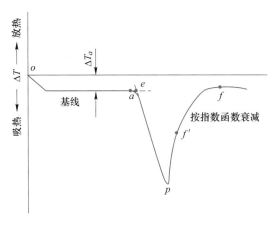

图 6-10 DTA 吸热转变曲线

DTA 曲线所包围的面积 S 可用下式表示：

$$\Delta H = \frac{gC}{m} \int_{t_2}^{t_1} \Delta T \mathrm{d}t = \frac{gC}{m} S \tag{6-12}$$

式中　ΔH——反应热；

m——反应物的质量；

g——仪器的几何形态常数；

C——样品的热传导率；

ΔT——温差；

t_1，t_2——DTA 曲线的积分上限和积分下限。

6.3.2.3　差热曲线的影响因素

差热分析结果的不一致性大部分是由实验条件的不同引起的，因此在进行热分析时，必须严格控制选择实验条件，注意实验条件对所测数据的影响，并且公布数据时应注明测定时所采用的实验条件。

A　升温速率的影响

升温速率可以影响差热曲线峰的形状、位置和相邻峰的分辨率。升温速率越快，差热曲线向高温方向移动，峰顶温度也越高，峰的形状越陡、越高，从而提高了检测灵敏度，有利于热效应小的过程（如有些相变）的检测。但是，快速升温会使相邻峰之间的分辨率降低。

B　试样粒度、用量的影响

（1）试样用量。样品用量越多，总热效应越大，差热曲线峰面积也越大，有利于提高检测灵敏度。对一些热效应较小的物理、化学过程，可适当提高试样的用量。但是试样用量的增加，会使热传导和扩散阻力也增加，导致差热曲线加宽和相邻反应峰的重叠，造成相邻峰之间的分辨率降低。通常试样用量的范围为几毫克到数十毫克，有的热分析仪可达到几百毫克。近年来，由于仪器灵敏度的提高，因此多采用微量分析，仪器也在不断地小型化。但随着试样用量的减少，对样品的均匀性和代表性的要求也越来越高。

（2）试样粒度。试样粒度对差热曲线的影响比较复杂，它与热传导、气体扩散和堆积程度等因素有关。此外，还要注意试样破碎过程对试样物理、化学性质的影响，如表面活性、结晶度、晶体结构和气体吸附等。一般认为采用小颗粒粉末试样为好。

C　气氛的影响

有的气氛可能会与试样发生反应，气氛的种类与压力的大小会给有气体参与的反应带来不同的影响。当试样在变化过程中有气体释放或与气氛组分作用时，气氛对 DTA 曲线的影响很大，主要是对可逆的固体热分解反应的影响，而对不可逆的固体热分解反应影响不大。对于易氧化的试样，分析时可通入氮气或氦气等惰性气体。

D　仪器因素的影响

（1）加热炉的形状与尺寸。加热炉的形状与尺寸决定了炉内温度均匀区域的范围及炉子的热容量，进而影响基线的稳定性。若均温好，则基线平直，检测性能也稳定。

（2）差热电偶性能。差热电偶的型式不同，其检测性能也不一样。电偶的灵敏度越高，试样与参比物两个测温热电偶的对称性越好，则基线就越平直，分析效果就越好。

6.3.3 高温激光共聚焦扫描显微镜

6.3.3.1 工作原理

高温激光共聚焦显微镜的工作原理可分解为两部分，即红外成像加热炉的工作原理和显微镜的工作原理。

高温激光共聚焦显微镜的加热炉内部为椭球结构，根据椭圆的光学性质可知，从椭圆的一个焦点发出的光线，经过椭圆反射后，反射光线交于椭圆的另一个焦点上。如图 6-11 (a) 所示，一个 1.5 kW 的卤素灯位于椭球体下部的焦点上，通过椭球镜面反射作用，将红外光聚集到上部的焦点处，形成一个 $\phi 10$ mm×10 mm 的圆柱形超高温加热空间，通过铂铑热电偶测温，实现了程序控温。没有多余的加热物和构造物，隔离的光源加热可保证加热环境的高纯度氛围，升降温速度快，在氦气作用下，最快可实现 100 ℃/s 的降温速度。加热炉的真空度可达 10^{-2} Pa，可防止试样氧化，配合软件提供的多段程序控温，可进行各种复杂的实验。加热炉的顶部有一个观察窗，通过上面的激光共聚焦显微镜可以观察和记录整个实验过程。激光共聚焦显微镜的工作原理图如图 6-11 (b) 所示。由 He-Ne 激光器发射激光束，激光束经过放大和导向，在电流镜的作用下逐点扫描样品表面，经过样品反射的信号在返回过程中通过小孔成像，经由 CCD 图像传感器，从而获得样品表面的形貌特征。鉴于激光束的波长特性，共聚焦显微镜的分辨率比普通光学显微镜高很多，最高能够清晰地放大到约 2000 倍。

通过将红外加热技术与常规的激光共聚焦显微镜结合起来，形成了超高温激光共聚焦显微镜，实现了高温实验的可视化，为冶金生产和研究带来了新的技术变革。

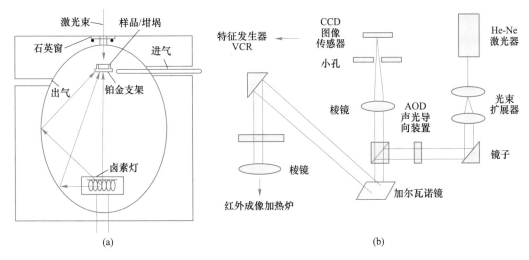

图 6-11 超高温激光共聚焦显微镜原理图
(a) 红外成像加热炉；(b) 激光共聚焦显微镜

6.3.3.2 实验装置及仪器特性

超高温激光共聚焦显微镜由供气系统、冷却系统、加热系统、真空系统、风冷系统、激光系统、显微镜系统、温控系统和数据采集系统组成，其装置图如图 6-12 所示。样品在加热炉内熔化和冷却凝固，可通过上部的显微镜实时地观察和记录实验过程。加热前，先将放入试样的坩埚放到铂金支架上，调好位置并盖上炉盖。采用真空泵和惰性气体排出加热炉内的空气，并连续通入惰性气体。显微镜可以切换不同的放大倍数，以满足观察需求。通过实验将获得的视频进行解剖分析，找出相应的性质变化规律。

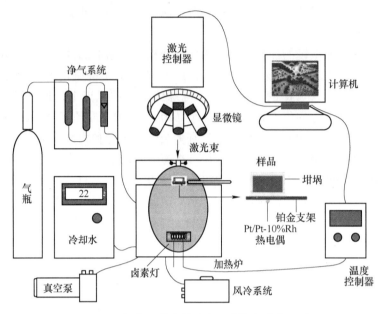

图 6-12　超高温激光共聚焦显微镜实验装置图

高温激光共聚焦显微镜主要有以下特性：

（1）可对应于惰性气体、大气、真空等的气密构造椭圆球形反射集光室。

（2）没有多余的加热物和构造物，由隔离的光源进行成像加热，实现了高纯度的氛围。

（3）采用观察窗气流吹扫方式，使得窗上不会附着升华物，能够长期保持清晰的观察效果。

（4）可以超高速升温、降温，在温度程序控制下可以以 0.1 ℃为单位控制温度。

（5）温度控制程序有 16 个模式、16 个区间，以及可在监视器上简单地实现 PID 设定。

（6）高精细的数码动态图像可以用最大 1024×1024 像素进行表现，根据扫描速度，像素可以为 1024×512、1024×256 或 1024×128。表现模式有普通模式和插值模式（1∶1 表示）。

（7）鲜明的数码图像可以长时间地录制在系统的 PC 中，有间断录像、指定时间/指定温度域的录像模式，可以防止不必要的录像，以便有效地观察和编辑。

6.3.3.3　高温激光共聚焦显微镜的应用

高温激光共聚焦显微镜堪称是材料研究与开发领域的理想工具，可实现对材料组织结构的变化（熔融、凝固、结晶等）进行实时、高清晰地观察与分析。目前，应用高温共聚焦可以实现金属、炉渣等的研究。

（1）金属试样的原位观察。针对金属试样的熔化、凝固过程，在升温过程中，可观察金属的熔化过程,研究夹杂物的上浮、聚集和吞没;在降温过程中,可观察凝固过程初相的产生以及相变;在凝固过程中,可对夹杂物、第二相产生的热力学、动力学进行研究;在降温过程中,可观察合金中某一金属相的凝固长大及其生长方式。还可观察合金元素的浮出和析出行为,以及金属样的回热保温过程;观察组织的形成,以及组织形成后的分裂和合并。

(2)渣样的原位观察。研究炉渣凝固过程的结晶热力学与动力学。

(3)渣-金界面性质研究。通过熔渣在金属表面的铺展率和熔渣质量密度,计算渣-金界面的张力。

(4)表面粗糙度和三维成像分析。通过常温分析软件,可以分析试样的表面粗糙度,包括线和面的粗糙度测试;还可以对观察面进行简单的三维成像分析,研究表面立体形貌。

6.4 冶金物相及结构分析

6.4.1 光学显微镜分析

6.4.1.1 金相显微镜

金相分析是通过金相显微镜来研究金属和合金显微组织的大小、形态、分布、数量和性质的一种方法。显微组织是指如晶粒、包含物、夹杂物以及相变产物等特征组织。金相分析可用来考察如合金元素、成分变化及其与显微组织变化的关系,冷热加工过程对组织引入的变化规律等。应用金相检验还可对产品进行质量的控制和检验,以及失效分析等。

A 金相显微镜的成像原理

人眼对客观物体细节的鉴别能力是很低的,一般为 0.15~0.30 mm。因此,观察认识客观物体的显微形貌,必须借助于显微镜。

显微镜放大的光学系统由两级组成:第一级是物镜,细节 AB 通过物镜得到放大的倒立实像 A_1B_1。A_1B_1 的细节虽已被区分开,但其尺度仍然很小,不能为人眼所鉴别,因此,还需第二次放大。第二级放大是通过目镜来完成的。当经第一级放大的倒立实像处于目镜的主焦点以内时,人眼可通过目镜观察到二次放大的 AB 的正立虚像。

a 物镜的成像

根据几何光学可知,当被观察的物体处于该透镜的1倍焦距与2倍焦距之间时,物体的反射光通过物镜,经折射后,在透镜的另一侧可以得到一个放大的倒立实像。为了充分发挥物镜的能力,在设计时,通常要让被观察物体处于非常接近焦点处。在计算其放大倍数时,可以利用物镜的焦距 f,如图 6-13 所示。

$$M_{物} = \frac{A_1'B_1'}{AB} \approx \frac{L}{f_{物}} \tag{6-13}$$

式中 $f_{物}$——物镜焦距,mm;

L——f 到实像间的距离,mm;

$M_{物}$——物镜的放大倍数。

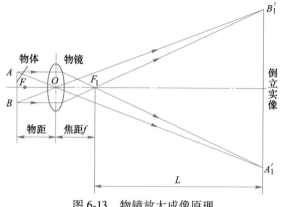

图 6-13 物镜放大成像原理

b 目镜的成像

同理,由几何光学成像规律可知,当被观察物体处于该透镜的 1 倍焦距以内时,人眼通过透镜观察,可以在 $S = 250$ mm 远处看到一个放大了的正立虚像(250 mm 在这里称为明视距离),如图 6-14 所示。目镜的放大倍数为:

$$M_{目} = \frac{250}{f_{目}} \tag{6-14}$$

式中 $f_{目}$——目镜的焦距,mm;

250——人眼的明视距离,mm;

$M_{目}$——目镜的放大倍数。

c 显微镜成像

当被观察物体的细节经物镜放大后的实像落到目镜主焦点以内时,人眼可观察到经两次放大后的虚像。A_2B_2 虚像就是经物镜和目镜两次放大后的组合物像,如图 6-15 所示。

$$M_{总} = M_{物} \times M_{目} = \frac{L}{f_{物}} \times \frac{250}{f_{目}} \tag{6-15}$$

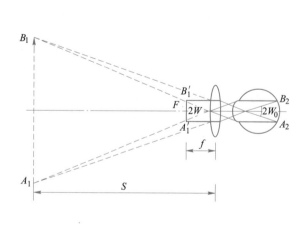

图 6-14 目镜放大成像原理

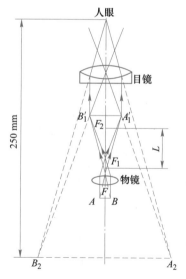

图 6-15 显微镜成像原理

B　金相显微镜的构造

金相显微镜的种类、型号有很多，按功能可分为教学型、生产型、科研型；按结构形式可分为台式、立式、卧式；此外，还有紫外、红外、高（低）温、偏光、相衬、干涉等各种特殊用途的金相显微镜。任何一种金相显微镜均主要由光学系统、照明系统、机械系统、附件装置（包括摄影或其他如显微硬度装置）等组成。

a　台式金相显微镜

台式金相显微镜的光学系统按倒置式光程设计（图 6-16），它的照明系统属于科勒照明（图 6-17）。由灯泡发出的一束光线，经过透镜组、反光镜，会聚于孔径光阑，随后经过聚光镜，再将光线聚焦在物镜后焦面，最后光线投射到试样上。从试样磨面反射回来的光线复经物镜、辅助透镜、半反射镜及棱镜，形成一个放大倒立的实像，由目镜再次放大在明视距离处，形成虚像。

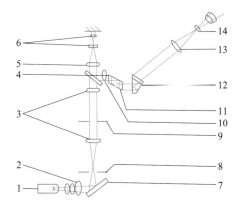

图 6-16　金相显微镜的光学系统

1—灯泡；2—聚光镜组（一）；3—聚光镜组（二）；4—半反射镜；5—辅助透镜（一）；6—物镜组；7—反光镜；
8—孔径光阑；9—视场光阑；10—辅助透镜（二）；11—棱镜（一）；12—棱镜（二）；13—场镜；14—接目镜

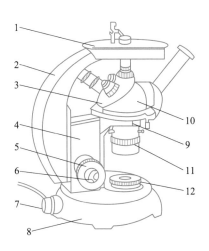

图 6-17　金相显微镜的机械结构

1—载物台；2—镜臂；3—物镜转换器；4—微动座；5—粗动调焦手轮；6—微动调焦手轮；
7—照明装置；8—底座；9—平台托架；10—碗头组；11—视场光阑；12—孔径光阑

b 立式金相显微镜

立式金相显微镜的光学系统如图6-18所示。光源发出的光束，通过聚光镜会聚在孔径光阑上，经滤色片、转向棱镜、视场光阑、明场变换滑板、聚光镜、半透反射镜后，再通过物镜将一束平行光投射到试样上。从试样磨面反射的光线又经过物镜、平面半镀铝反射镜、补偿透镜、五角棱镜，成像在目镜的焦平上。用目镜观察时，可看到清晰的金相组织。

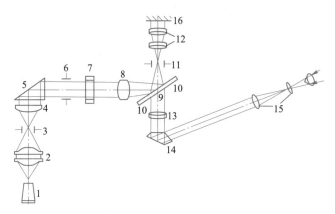

图 6-18   立式金相显微镜明场照明系统

1—光源；2—聚光镜（一）；3—孔径光阑；4—聚光镜（二）；5—转向棱镜；6—视场光阑；7—明暗场变换滑板；
8—聚光镜（三）；9—半反射镜；10—暗场环形反光镜；11—物镜孔径光阑；12—物镜；13—补偿透镜；
14—反光棱镜；15—目镜；16—试样

c 金相样品的制备及观察

为了在金相显微镜下研究金属材料的内部组织，必须事先制备金相样品。由于金相样品的质量是正确观察显微组织的先决条件，所以金相样品的制备是金属及热处理工作者的一项基本技能。金相样品的制备包括四道工序，即取样、粗磨、抛光和浸蚀。

（1）取样。根据金相检验的目的，在金属材料上有代表性的部位取一小块作为试样，试样的形状和尺寸以方便制样为原则，圆形试样为 ϕ12 mm×12 mm 左右、方形试样为12 mm×12 mm×12 mm 左右，磨面应小于2 cm^2。

（2）磨光。磨制的目的是获得平整且光洁的观察面，为显示组织准备好条件。试样的磨制分为粗磨和细磨。

（3）抛光。由于磨光后的表面仍有细的砂纸磨痕，不能有效地显示出显微组织，因此必须进行抛光，以获得光滑的镜面，并去除磨光时产生的形变扰乱层。常用的抛光方法有机械抛光、电解抛光、化学抛光或它们的综合应用。

（4）组织显露。抛光好的试片，在显微镜下只能看到孔洞、裂纹、石墨、非金属夹杂等，而无法观察到晶粒界、各类相和组织。若要显示组织，则必须采用适当的显示方法。

通常采用的方法是化学腐蚀法，通过利用化学试剂溶液，借助于化学或电化学作用，来显露金属的组织。化学试剂在金相试样表面的不同相间及晶界会产生选择性腐蚀，结果晶界腐蚀成窄沟，而不同位向的晶粒和不同的组织也被腐蚀为高低不平的凹凸面，呈现不同的色泽。不同的金属采用不同的浸蚀剂，浸蚀深浅根据组织的特点和观察的放大倍数来确定。一般腐蚀的抛光表面微微发暗、失去金属光泽即可；高倍腐蚀的抛光表面抛光得浅些；低倍腐蚀抛光表面抛光得深些。腐蚀后的试样要立即用水冲干净，并用酒精洗去表面的水分，吹干后即可进行金相观察。

6.4.1.2 岩相显微镜

岩相法是借助于岩相显微镜，在透射光下测定透明矿物的物理光学性质，以鉴定和研究渣样、矿样物相的一种方法。岩相法经常和 X 射线衍射分析配合，以确定物相的结构式。岩相显微镜由目镜、勃氏镜、偏光镜、补偿器、物镜、样品台、聚光镜、光阑、光源反射镜、光源和机架等部分组成。补偿器有石膏试板、云母试板和石英楔子，用以在正交偏光下测定矿物干涉色和晶体延性符号。在显微镜上插上不同的部件，可构成单偏光、正交偏光和锥光三种光路视场。

A　单偏光

在光路中仅插入下偏光镜（起偏镜），在偏光下观察物相的形状、大小、数量、分布、透明度、颜色、多色性及解理。透明矿物所显示的颜色是矿物对白光选择性吸收的结果，又称体色，如锰尖晶石呈棕红色，硫化锰呈绿色。刚玉本应是无色透明的，但由于其常含有各种微量杂质，因而呈现出各种颜色，如含铅时为红色，含钛时为蓝色，含铁或锰时为玫瑰色。对于立方晶系或非晶质的均质体，由于其光学性质各方向一致，故只有一种颜色；但对正方、三方、六方、斜方及单斜晶系等非均质体，由于其光学性质具有各向异性，因此其所呈现的颜色会随光在矿物中的传播方向及偏振方向而变化。

B　正交偏光

在单偏光光路的基础上，加入上偏光镜（检偏镜），即构成正交偏光光路，可对矿物的消光性和干涉色级序等光学性质进行测定。由于偏光在通过均质体矿物时，其振动方向不发生变化，所以光不能通过上偏光镜，视场呈黑暗消光现象，转动物台出现全消光。非均质体矿物由于其光学性质具有各向异性，因此当光射入矿物时会发生双折射，产生振动方向互相垂直的两条偏光。当其振动方向和上下偏光镜的振动方向一致时，由于从下偏光镜出来的偏光，在经过矿物时不会改变其振动方向，无法通过上偏光镜，因此会出现消光现象。将物台旋转一周，由于出现了四次这种情况，所以出现了四次消光现象。而其他位置由于产生了双折射，改变了从下偏光镜出来的偏光的振动方向，使得一个与上偏光镜振动方向平行的分偏振光能够通过上偏光镜，因此出现了四次明亮现象。由此可见在正交偏光下观察到有四次消光现象的矿物，一定是非均质矿物。

非均质矿物在不发生消光的位置上会发生另一种光学现象——干涉现象。由于双折射会产生振动方向和折光率都不相同的两条偏光，这两条偏光在矿物中必然具有不同的传播速度，因此在透过矿物后，它们之间必有光程差，从而发生干涉现象。由于光程差与波长有关，所以当以白光为光源时，白光中一些波长的光因双折射而产生的两束光，在通过上偏光镜后，会因相互干涉而加强；在通过检偏镜后，会因相互干涉而抵消。所有未消失的各色光混合起来便构成了与该光程差相应的特殊混合色，由于它是由白光干涉而成的，因此称为干涉色。

C　锥光

在正交偏光的基础上，加入聚光镜，换用高倍物镜（如 63 倍），并转入勃氏镜于光路中，便构成锥光系统（图6-19），可测定矿物的干涉图、轴性和光性正负等光学性质。其中，聚光镜是由一组透镜组成的，可将从下偏光镜出来的平行偏光变成偏锥光。勃氏镜是一个凸透镜，可与目镜一起放大锥光干涉图。

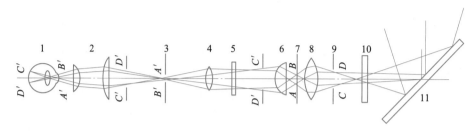

图6-19　锥光光学系统光路图

1—眼睛；2—目镜；3—视场光阑；4—勃氏镜；5—上偏光镜；6—物镜；
7—物平面；8—聚光镜；9—孔径光阑；10—下偏光镜；11—反光镜

在偏锥光中，除中央一条光线是垂直射入矿物的以外，其余均倾斜入射，且越靠外，倾角越大，所产生的光程差一般也越大。由于非均质矿物的光学性质具有各向异性，因此当许多不同方向的入射光同时进入矿物后，到上偏光镜时所发生的消光和干涉现象也不同。由此可见，在锥光镜下所观察到的应是偏锥光中各个入射光入射至上偏光镜时所产生的消光现象和干涉现象的总和，结果会产生各式各样特殊的干涉图形。在锥光下，可根据干涉图及其变化来确定非均质矿物的轴性（一轴晶或二轴晶）和光性正负等性质。由于均质矿物在正交偏光下呈全消光，因此在锥光下不会产生干涉图。

6.4.2　X射线衍射仪分析

在利用X射线照射晶体时，晶体中的电子由于受迫振动而产生相干散射波。同一原子内的各电子的散射波相互干涉，形成原子散射波。各原子散射波相互干涉，会在某些方向上一致加强，即形成了晶体的衍射波（线）。通过衍射方向和衍射强度的分析，可以实现材料的结构分析。衍射方向以衍射角 2θ 表达，其值与产生衍射晶面的晶面间距 d_{HKL}（HKL为干涉指数）及入射线波长 λ 的关系满足布拉格方程：

$$2d_{HKL}\sin\theta = n\lambda \tag{6-16}$$

实际中使用的材料多为多晶体材料，多晶体X射线衍射分析的基本方法有（粉末）照相法与衍射仪法。（粉末）照相法以X射线管发出的单色光（特征X射线，一般为Kα射线）照射（粉末）多晶体（圆柱体）样品，用底片记录产生的衍射线。如果采用其轴线与样品轴线重合的圆柱形底片记录，则称为德拜（Debye）法；如果采用平板底片记录，则称为针孔法。衍射仪由光源、测量角、检测器、辐射测量电路及读出部分组成。衍射仪法同样以单色照射多晶体样品，检测器与样品台同步转动（保持2:1的角速度比），扫描接收衍射线，并将其转换为电脉冲信号，信号经处理后进行记录或显示，得到 I（衍射强度）-2 曲线。目前，衍射仪法已在绝大多数场合中取代了照相法，成为衍射分析的主要方法。

X射线衍射方法的大致应用见表6-2。

表 6-2　X 射线衍射分析方法的应用

分析方法	分 析 项 目
衍射仪法	物相定性和定量分析，点阵常数测定，残余应力测定，晶粒度测定，织构测定，非晶态结构分析
（粉末）照相法	物相定性分析，点阵常数测定，丝织构测定
劳埃法	单晶定向，晶体对称性测定
四圆衍射仪法	单晶结构分析，晶体学研究，化学键测定

　　记录和研究物质的 X 射线衍射图谱仪器的基本组成包括 X 射线源、样品及样品位置取向的调整机构或系统、衍射线方向和强度的测量系统、衍射图的处理分析系统四部分，如图 6-20 所示。对于多晶 X 射线衍射仪，主要由 X 射线发生器、测角仪、X 射线探测器、X 射线数据采集系统和各种电气系统、保护系统构成。

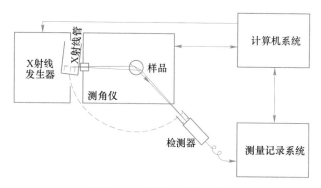

图 6-20　X 射线衍射仪的结构

　　现代衍射用的 X 射线管均属于热电子二极管，有密封式和转靶式两种。前者的最大功率在 2.5 kW 以内，视靶材料的不同而异；后者是为获得高强度 X 射线而设计的，功率一般在 10 kW 以上，目前常用的功率为 9 kW、12 kW 和 18 kW。

　　密封式 X 射线管的结构如图 6-21 所示，其阴极接负高压，阳极接地。灯丝罩的作用为控制栅，使灯丝发出的热电子在电场的作用下聚焦轰击到靶面上。阳极靶面上受电子束轰击的焦点便成为 X 射线源，向四周发射 X 射线。在阳极一端的金属管壁上一般开有四个射线出射窗，X 射线可通过这些窗口向管外发射。密封式 X 射线管除阳极一端外，其余部分都是由玻璃或陶瓷制成的。管内的真空度为 $10^{-5} \sim 10^{-6}$ Torr（1 Torr = 1mmHg = 133.3224 Pa），高真空可以延长发射热电子的钨质灯丝的寿命，防止阳极表面污染的发展。现代的衍射用射线管窗口一般使用铍片（厚 0.25 ~ 0.3 mm）作为密封材料，对于 Mo Kα、Cu Kα、Cr Kα 分别具有 99%、93%、80%左右的透过率。

　　阳极靶面上受电子束轰击的焦点呈细长的矩形状（称为线焦点或线焦斑），从射线出射窗中心射出的 X 射线与靶面的掠射角为 3°~6°。因此，从出射方向相互垂直的两个出射窗观察靶面的焦斑，所看到的焦斑的形状是不一样的（图 6-22）；从出射方向垂直于焦斑长边的两个出射窗口观察，发现焦斑呈线状，称为线光源；从另外两个出射窗口观察，发现焦斑如点状，称为点光源。由于粉末衍射仪一般要求使用线光源，因此衍射仪在每次安装管子的时候，必须辨别所使用的 X 射线出射窗是否为线焦点方向（管子上有标记）。此外，还要求测角仪相对于靶面平面有适当的倾斜角。

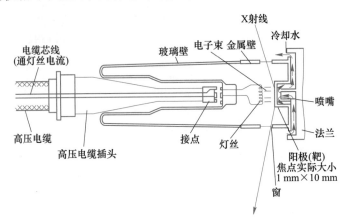

图 6-21　密封式衍射用 X 射线管结构示意图

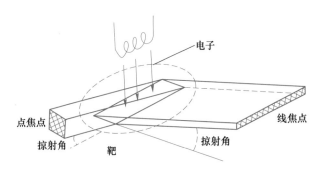

图 6-22　线焦点与点焦点的方向

6.4.3　电子显微镜分析

　　电子显微分析以材料微观形貌、结构与成分分析为基本目的，是基于电子束（波）与材料的相互作用而建立的各种材料的现代分析方法，见表 6-3。透射电子显微（镜）分析与扫描电子显微（镜）分析及电子探针分析是基本的、得到了广泛应用的电子显微分析方法，俄歇能谱分析也得到了较广泛的应用。

表 6-3　电子显微分析方法

方法或仪器	分析原理	检测信号	样品	主要应用
透射电镜（TEM）	透射和衍射	透射电子和衍射电子	薄膜	形貌分析，晶体结构分析，成分分析
高压透射电镜（HVEM）	透射和衍射	透射电子和衍射电子	薄膜	形貌分析，晶体结构分析，成分分析
扫描电镜（SEM）	电子激发的二次电子、背散射电子及吸收电子等	二次电子、背散射电子及吸收电子	固体	形貌分析，结构分析，成分分析，断裂过程动态研究

方法或仪器	分析原理	检测信号	样品	主要应用
扫描透射电镜（STEM）	透射和衍射	透射电子和衍射电子	薄膜	形貌分析，晶体结构分析，成分分析
电子探针（EP-MA）	电子激发的特征 X 射线	X 光子	固体	成分分析，表面结构与表面化学分析
俄歇电子能谱（AES）	电子激发俄歇效应	俄歇电子	固体	成分分析
场发射显微镜（FEM）	场致电子发射	场发射电子	针尖状（电极）	晶面结构分析，晶面吸附、扩散和脱附分析
场离子显微镜（FIM）	场电离	正离子	针尖状（电极）	形貌分析，表面缺陷、表面重构、扩散等分析
原子探针-场离子显微镜（AP-FIM）	场蒸发	正离子	针尖状（电极）	确定单个原子种类，元素分布研究
扫描隧道显微镜（STM）	隧道效应	隧道电流	固体（具有一定导电性）	表面形貌与结构分析，表面力学行为、表面物理与表面化学研究
原子力显微镜（AFM）	隧道效应，针尖原子与样品表面原子的作用力	隧道电流	固体	表面形貌与结构分析，表面原子间力与表面力学性质测定
扫描电子声学显微镜（SEAM）	热弹性效应	声波	固体	材料力学性能与马氏体相变研究，集成电路性能与缺陷分析

6.4.3.1　扫描电子显微镜分析技术

扫描电子显微镜（scanning electron microscope，SEM）简称扫描电镜，1935 年 Knoll 在设计透射电镜时，提出了扫描电镜的原理及设计思想。1940 年英国剑桥大学首次成功试制扫描电镜，由于分辨率很差，照相时间过长，因此没有进入实用阶段，直到 1965 年英国剑桥科学仪器有限公司开始生产商用扫描电镜。20 世纪 80 年代后，扫描电镜的制造技术和成像性能提高得很快。目前，高分辨型扫描电镜（如日立公司的 S-5000 型）通过使用冷场发射电子枪，分辨率已达 0.6 nm，放大率达 80 万倍。我国国产的扫描电镜于 20 世纪 70 年代开始生产，主要厂家是北京中科科仪技术发展有限责任公司，其生产的钨灯丝扫描电镜分辨率可达 3.5 nm，放大倍数达 25 万倍。

A　扫描电镜的特点

光学显微镜虽可以直接观察大块试样，但其分辨本领、放大倍数、景深都比较低；透射电镜的分辨本领和放大倍数虽高，但要求样品比较薄，制样极为困难。扫描电镜是继透射电镜（TEM）之后发展起来的另一种电子显微镜。扫描电镜的成像原理与光学显微镜和透射电镜不同，不是利用透镜放大成像，而是以电子束为照明源，将聚焦很细的电子束以光栅状扫描方式照射到试样上，产生各种与试样性质有关的信息，然后加以收集、处理，从而获得试样微观形貌的放大像。

相对于透射电镜和光学显微镜,扫描电镜有其独特的优势,主要包括以下方面:

(1)高的分辨率。扫描电镜具有比光学显微镜高得多的分辨率,其二次电子像的分辨本领可达 7~10 nm。近年来,随着超高真空技术的发展和场发射电子枪的应用,扫描电镜的分辨本领得到进一步提高,现代先进扫描电镜的分辨率可以达到 0.6 nm 左右。

(2)放大倍数高且连续可调。扫描电镜放大倍数可达 20 万~100 万倍,且连续可调。

(3)景深大,成像富有立体感。可直接观察各种试样凹凸不平表面的细微结构。

(4)多功能化。如果配以波长色散 X 射线谱仪(简称波谱仪,WDS)或能量色散 X 射线谱仪(简称能谱仪,EDS),那么在进行显微组织形貌观察的同时,还可对试样进行微区成分分析。如果配以不同类型的样品台和检测器,则可以直接观察处于不同环境(如高温、冷却、拉伸等)中的样品显微结构形态的动态变化过程,实现样品的原位分析。

(5)试样制备简单。块状或粉末、导电或不导电的样品不经处理或略加处理,就可以直接进行观察,比透射电镜的制样简单,且得到的图像更接近于样品的真实状态。

B 扫描电镜的工作原理

扫描电镜的工作原理如图 6-23 所示。在高压作用下,由热阴极发射出的电子经由阴极、栅极、阳极之间的电场聚焦、加速,在栅极与阳极之间形成一个笔尖状的具有很高能量的电子束斑(称为电子源)。电子束斑经聚光镜(磁透镜)会聚成极细的电子束,聚焦在样品表面上。高能量细聚焦的电子束在扫描线圈的作用下,在样品表面上进行扫描,并与样品间相互作用,激发出各种物理信号(二次电子、背散射电子、吸收电子、X 射线、俄歇电子、阴极发光、透射电子等)。物理信号的强度与样品的形貌、成分、结构等有关,采用不同的探测器分别对信号进行检测、放大、成像,以用于各种微观分析,扫描电镜用于成像的信号是二次电子和背散射电子。

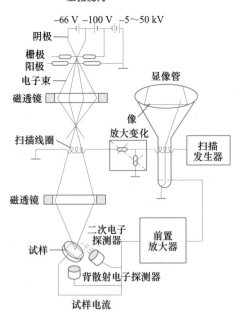

图 6-23 扫描电镜的工作原理

扫描电镜的工作原理为光栅扫描，逐点成像。光栅扫描是指电子束受扫描系统的控制，在样品表面上做逐行扫描。同时，由于控制电子束的扫描线圈上的电流与显示器相应偏转线圈上的电流同步，因此试样上的扫描区域与显示器上的图像相对应，每一物点均对应于一个像点。逐点成像是指当电子束照射到物点时，每一物点均会产生相应的信号（如二次电子和背散射电子等），产生的信号被接收放大后，可用来调制像点的亮度，信号越强，像点越亮。电镜中的电子束对样品的扫描与显像管中电子束的扫描保持严格同步，显像管荧光屏上的图像就是样品上被扫描区域表面特征的放大像。

C　扫描电镜的结构

扫描电镜主要由电子光学系统、扫描系统、信号检测和放大系统、图像显示与记录系统、真空系统和电源系统组成。扫描电镜的外观及其结构原理如图 6-24 所示。

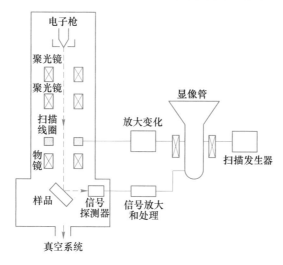

图 6-24　扫描电镜的结构原理

D　扫描电镜试样的制备

扫描电镜可以对所有的固态样品（块状的、粉末的、金属的、非金属的、有机的、无机的）进行观察。与光学显微镜和透射电镜相比，扫描电镜样品的制备要简单得多。扫描电镜对样品的要求包括样品大小要适当，导电性要好。

扫描电镜的景深大，样品室也比较大。样品尺寸的可变化范围大，只要样品的大小和质量适合样品室的要求即可。扫描电镜的样品室一般可放置 $\phi20\ mm \times 10\ mm$ 的块状样品，而且对于断口实物等大零件，还有可放置尺寸在 $\phi125\ mm$ 以上的样品的大样品台。

扫描电镜要求样品应具有良好的导电性，实际上就是要求样品表面（所观察的面）与样品台之间要导电，否则当电子束入射样品时，在样品表面上会积累电荷，产生放电现象，从而影响入射电子束斑的形状，使出射的低能量二次电子运动轨迹发生偏转，进而影响图像的质量。

对于导电性良好的块状样品（如金属），基本不需要进行制备，用导电胶将样品黏结在样品座上，即可放在扫描电镜中观察。对于块状的非导电或导电性较差的材料（如无机非金属材料和高分子材料等），要先进行镀膜处理，在材料表面形成一层导电膜，以避免电荷积累，影响图像质量，并可防止样品的热损伤。常见的镀膜材料为热传导性良好且二次电子发射率高的 Au、Ag、Cu、Al 或 C。镀膜层厚为 10~20 nm，通常通过观察喷镀表面的颜色变化来判断。

镀膜的方法主要有两种：一种是真空蒸镀；另一种是离子溅射镀膜。离子溅射镀膜的原理为：在低气压系统中，气体分子在相隔一定距离的阳极和阴极之间的强电场的作用下，电离成正离子和电子，正离子飞向阴极，电子飞向阳极，两电极之间形成辉光放电；在辉光放电过程中，具有一定动量的正离子撞击阴极，使阴极表面的原子被逐出，称为溅射，阴极表面为用来镀膜的材料（靶材）；将需要镀膜的样品放在作为阳极的样品台上，被正离子轰击而溅射出来的靶材原子会沉积在样品上，形成一定厚度的镀膜层。离子溅射常用的气体为氩气，当要求不高时，也可以用空气，气压约为 6.666 Pa。

6.4.3.2 透射电子显微镜分析技术

透射电子显微镜（简称透射电镜，TEM）是以波长很短的电子束为照明源，用电磁透镜汇聚成像的一种具有高分辨本领、高放大倍数的电子光学仪器。透射电镜同时具备两大功能，即物相分析和组织分析。物相分析利用电子和晶体物作用可以发生衍射的特点，获得物相的衍射花样；而组织分析则利用电子波遵循阿贝成像原理，可以通过干涉成像的特点，获得各种衬度图像。

A 透射电镜的特点

与扫描电子显微镜相比，透射电子显微镜具有明显的优势：

（1）可以实现微区物相分析。由于电子束可以汇聚到纳米量级，因此透射电镜可实现样品选定区域电子衍射（选区电子衍射）或微小区域衍射（微衍射），同时获得目标区域的组织形貌，从而将微区的物相结构（衍射）分析与其形貌特征严格对应起来。

（2）高的图像分辨率。由于电子可以在高压电场下加速，因此可以获得较短波长的电子束，相应地，电子显微镜的分辨率会大大提高。电子束的波长为：

$$\lambda = \frac{h}{P} = \frac{h}{\sqrt{2meU}} \tag{6-17}$$

式中　h——普朗克常数，$h = 6.626 \times 10^{-34}$ J·s；

　　　U——加速电压；

　　　e——电子所带电荷，$e = 1.6 \times 10^{-19}$ C。

在高加速电压下，需要引入相对论，对电子的能量和静止质量进行修正，即：

$$eU = mc^2 - m_0 c^2$$

$$m = \frac{m_0}{\sqrt{1 - \dfrac{v^2}{c^2}}}$$

$$\lambda = \frac{h}{\sqrt{2m_0 eU\left(1 + \dfrac{eU}{2m_0 c^2}\right)}} = \frac{12.25}{\sqrt{U(1 + 10^{-6}U)}} \tag{6-18}$$

可见光的波长为 390~780 nm，电子束的波长是光的波长的万分之一，只要能使加速电压提高到一定值，就可得到波长很短的电子波。目前常规的透射电镜的加速电压为 200~300 kV，虽然仍存在透镜像差等会降低透射电镜的分辨率的因素，但最终的图像分辨率依然可以达到 1 nm 左右，从而获得原子级的分辨率，可直接观测原子像。

（3）获得立体丰富的信息。透射电镜若配备能谱、波谱、电子能量损失谱，就可实现微区成分和价键的分析；且这些功能的配合使用，可以获得物质微观结构的综合信息。

B　透射电镜的工作原理与结构

透射电镜的工作原理与光学显微镜一样，为阿贝成像原理，即平行入射波受到有周期性特征的物体散射作用，在物镜的后焦面上形成衍射谱，各级衍射波通过干涉，可重新在像平面上形成反映物的特征像。

在对布拉格方程的讨论中提到，入射线的波长决定了结构分析的能力。只有当晶面间距大于 $\lambda/2$ 的晶面时，才能产生衍射，即入射波长小于 2 倍的晶面间距时，才能产生衍射。一般的晶体晶面间距与原子直径在一个数量级，即为十分之几纳米，光学显微镜显然无法满足这种要求，不能对晶体结构进行分析，只能进行低分辨率的形貌观察。透射电镜的电子束波长很短，完全能够满足晶体衍射的要求，如在 200 kV 的加速电压下，电子束的波长为 0.0251 nm。根据阿贝成像原理，在电磁透镜的后焦面上可以获得晶体的衍射谱，故透射电镜可以做物相分析；在物镜的像面上可以形成反映样品特征的形貌像，故透射电镜还可以做组织分析。

透射电镜由电子光学系统、真空系统及电源与控制系统三部分组成，如图 6-25 所示。电子光学系统是透射电镜的核心，而其他两个系统可为电子光学系统的顺利工作提供保障。

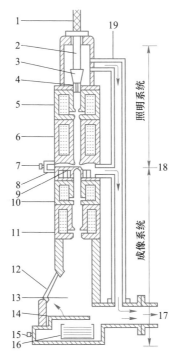

图 6-25　透射电镜的结构

1—高压电缆；2—绝缘子；3—栅极和灯丝；4—阳极；5—聚光镜；6—物镜；7—样品室阀；
8—样品室气锁；9—样品台；10—中间镜；11—投影镜；12—铅玻璃室；13—投影室；
14—荧光镜；15—照相室门；16—底板暗盒；17—接真空泵；18—样品平面；19—真空管道

C　透射电镜试样的制备

在透射电镜显微分析中，试样的制备是极为重要的。由于电子束的穿透能力比较低，因此用于透射电镜分析的样品必须很薄，除粉末试样外，其他试样都要制成薄膜，即试样的厚度对电子束来说应是"透明"的。根据样品的原子序数大小的不同，用于透射电镜观察的试样薄区的厚度一般在 50~500 nm。除少数可以用物理气相沉积（PVD）或化学气相沉积（CVD）等方法直接制备成薄膜材料外，大多数块体材料需通过一系列减薄手段，制备出电子束能够透过的薄膜。

a　块体材料制备透射电镜薄膜样品

在使用块体材料制备透射电镜薄膜样品时，最重要的是在制备过程中，试样的组织结构和化学成分不发生变化，即制备成的薄膜试样应保持与块体材料相同的性质。从块体材料制备薄膜试样主要包括以下三个步骤：

（1）利用超薄砂轮片、金属丝锯或电火花线切割（又称线切割）等方法从大块试样切取 0.7 mm 左右的薄片，切取薄片的方法因材料的不同而不同，对于金属材料，常使用线切割方式；对于无机非金属材料，则使用金刚石切刀进行切割。切割必须保持在冷却条件下进行。

（2）利用机械研磨、化学抛光或电解抛光等方法将薄片试样减薄至 100~150 μm。

（3）利用离子减薄仪或双喷装置对薄片试样进行最后减薄，直至试样穿孔。在孔洞附近的薄区越大，越有利于试样的观察和分析。薄区部分的试样为楔形，通常楔形的夹角越小，试样的薄区越大。对于脆性材料，通常在最终减薄之前，需将试样粘在两个内孔直径为 1.5~2 mm 的铜片之间，以保护试样不会在减薄过程或观察时受到损伤。

最终减薄阶段是最重要的，因为它决定了试样薄区的厚度和面积，以及试样的损伤程度。最终减薄方法有两种，即离子减薄和电解双喷减薄。离子减薄可用于各种金属、陶瓷、多相半导体和复合材料等薄膜的减薄，甚至纤维和粉末也可以用离子减薄；电解双喷减薄只能用于导电薄膜试样的制备，如金属及其合金。

b　粉末试样制备透射电镜薄膜样品

超细粉体及纳米材料是材料科学研究领域的热点。由于粉体的粒径及分布、形态对材料的性能有显著的影响，因此采用透射电镜对超细粉体的尺寸和形态进行观察是粉体研究的重要手段。如果要对粉体样品进行较好的观察，就需要使超细粉体的颗粒分散开来，各自独立而无团聚。

对于超细粉体试样，由于其粒径一般均小于铜网孔径，因此不能直接放在铜网上，需要用带支持膜的铜网来承载。支持膜材料应具备如下条件：本身没有结构，对电子束的吸收不大，以免影响对试样结构的观察；本身颗粒度要小，以提高试样的分辨率；本身有一定的力学强度和刚度，能承受电子束的照射而不发生畸变或破裂。

c　复型样品制备透射电镜薄膜样品

复型法是指用对电子束透明的薄膜把材料表面或断口的形貌复制下来，此薄膜即为复型。复型法是最早使用的薄膜制备技术，这主要是因为早期透射电镜的性能和制样水平的限制，难以对样品进行直接观察分析。近年来，随着电镜水平的提高，复型法已很少采用，但是由于复型法具有断口观察清晰的优点，因此仍用于表面断口或表面组织形貌和第二相粒子的显微观察和分析。

6.5 能谱、波谱与光谱分析

6.5.1 能谱分析

能谱仪全称为 X 射线能量色散谱仪，是分析电子显微学中广泛使用的最基本、可靠且重要的成分分析仪器，通常称为 X 射线能谱分析法，简称 EDS 或 EDX 方法。

6.5.1.1 特征 X 射线的产生

特征 X 射线是由于入射电子使内层电子激发而产生的，即内壳层电子被轰击后跳到其费米能高的能级上，当电子轨道内出现的空位被外壳层轨道的电子填入时，释放出的多余能量就是特征 X 射线。由于特征 X 射线是元素固有的能量，因此在将它们展开成能谱后，根据其能量值就可以确定元素的种类，而且根据能谱的强度分析就可以确定其含量。

在电子从内壳层形成空位时的激发状态变到基态的过程中，除产生了 X 射线外，还放出了俄歇电子。一般来说，随着原子序数增加，X 射线产生的概率（荧光产额）增大，而与它相伴的俄歇电子的产生概率却减小。因此，在分析试样中的微量杂质元素时，EDS 对重元素的分析特别有效。

6.5.1.2 X 射线探测器的种类和原理

试样产生的特征 X 射线有两种展成谱的方法，即 X 射线能量色散谱方法（energy dispersive X-ray spectroscopy，EDS）和 X 射线波长色散谱方法（wavelength dispersive X-ray spectroscopy，WDS）。在分析电子显微镜中均采用探测率高的 EDS。图 6-26 所示为 EDS 探测器系统的示意图。从试样产生的 X 射线通过测角台进入探测器中。EDS 中使用的 X 射线探测器，一般都是用高纯单晶硅中掺杂有微量锂的半导体固体探测器（solid state delector，SSD）。SSD 是一种固体电离室，当 X 射线入射时，室中就会产生与这个 X 射线能量成比例的电荷。这些电荷在场效应管（field effect transistor，FET）中聚集，会产生一个波峰值比例于电荷量的脉冲电压。用多道脉冲高度分析器（multichannel pulse height analyzer）来测量其波峰值和脉冲数，就可以得到横轴为 X 射线能量，纵轴为 X 射线光子数的谱图。为了使硅中的锂稳定和降低 FET 的热噪声，无论在平时或在测量时都必须用液氮冷却 EDS 探测器。保护探测器的探测窗口有两类，其特性和使用方法各不相同，具体如下：

（1）铍窗口型（beryllium window type，BWT）。用厚度为 $8 \sim 10 \ \mu m$ 的铍薄膜制作窗口来保持探测器的真空，这种探测器使用起来比较容易，但是由于铍薄膜对低能 X 射线的吸收，因此不能分析比 Na（$Z=11$）轻的元素。

（2）超薄窗口型（ultra thin window type，UTWT）。该窗口使用厚度为 $0.3 \sim 0.5 \ \mu m$ 的铝沉积有机膜制作，吸收 X 射线少，可以测量 C（$Z=6$）以上的比较轻的元素。但是当采用这种窗口时，探测器真空保持得不太好，所以在使用时要多加小心。目前对轻元素探测灵敏度很高的超薄窗口型的探测器已被广泛使用。

此外，还有去掉探测器窗口的无窗口型（windowless type）探测器，可以探测 B（$Z=5$）以上的元素。为了避免背散射电子对探测器的损伤，通常将这种无窗口型的探测器用于扫描电子显微镜等采用低速电压的情况。

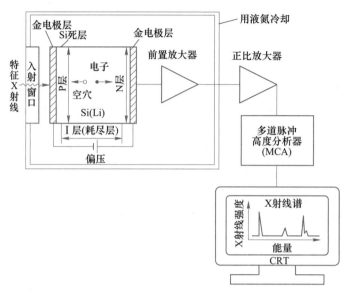

图 6-26　EDS 探测器系统示意图

6.5.1.3　EDS 分析技术

A　X 射线的测量

连续 X 射线和从试样架产生的散射 X 射线都进入 X 射线探测器，形成谱的背底。为了减少从试样架散射的 X 射线，可以采用铍制的试样架。对于支持试样的栅网，采用与分析对象的元素不同的材料制作。当用强电子束照射试样，产生大量的 X 射线时，系统漏计数的百分比就称为死时间 T_{dead}，它可以用输入侧的计数率 R_{IN} 和输出侧的计数率 R_{OUT} 来表示：

$$T_{dead} = (1 - R_{OUT}/R_{IN}) \times 100\% \tag{6-19}$$

B　空间分辨率

图 6-27 所示为入射电子束在不同试样内的扩展情况。对于分析电子显微镜使用的薄膜试样，入射电子几乎都会透过。因此，入射电子在试样内的扩展不像在大块试样（通常为扫描电镜样品）中扩展得那样大，分析的空间分辨率比较高。入射电子束在试样中的扩展对空间分辨率是有影响的，加速电压、入射电子束直径、试样厚度、试样的密度等都是决定空间分辨率的因素。

C　峰背比（P/B）

特征 X 射线的强度与背底强度之比称为峰背比（P/B）。在进行高精度分析时，通常希望峰背比较高。如果加速电压降低，那么尽管产生的特征 X 射线强度稍有下降，但是来自试样的背底 X 射线却大大减小，从而提高了峰背比。

D　定性分析

定性分析是分析未知样品的第一步，即鉴别样品中所含的元素。如果不能正确地鉴别样品的元素组成，那么最后定量分析的精度就毫无意义。EDS 通常能够可靠地鉴别出一个样品的主要成分，但对于确定次要元素或微量元素，只有认真地处理谱线干扰、失真和每

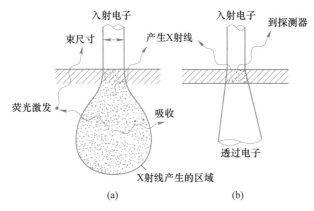

图 6-27　入射电子束在不同试样内的扩展
（a）块状试样；（b）薄膜试样

个元素的谱线系等问题，才能做到结果准确无误。为保证定性分析的可靠性，采谱时必须注意以下两点：

（1）采谱前要对能谱仪的能量刻度进行校正，使仪器的零点和增益值落在正确值范围内。

（2）选择合适的工作条件，以获得一个能量分辨率好、被分析元素的谱峰有足够计数、无杂峰和杂散辐射干扰最小的 EDS 谱。

通常能谱仪使用的操作软件都有自动定性分析的功能，直接单击"操作/定性分析"按钮就可以根据能量位置来确定峰位，并在谱的每个峰的位置显示出相应的元素符号。其分析优点是识别速度快，然而由于能谱的谱峰重叠干扰严重，因此自动识别时极易出错，比如把某元素的 L 系误识别为另一元素的 K 系。为此，分析者在仪器自动定性分析过程结束后，必须对识别错了的元素用手动定性分析进行修正。因此，虽然已有自动定性分析程序，但对于分析者来说，具有一定的定性分析技术是必要的。

　　E　定量分析

定量分析是指通过 X 射线强度来获取组成样品材料的各种元素的浓度。根据实际情况，人们寻求并提出了测量未知样品和标样的强度比的方法，并把强度比经过定量修正换算成浓度比。最广泛使用的一种定量修正技术是 ZAF 修正。实验所用的两种定量分析方法分别为无标样定量分析法和有标样定量分析法。

　　F　元素的点面分布分析方法

电子束只打到试样上的一点，并得到该点的 X 射线谱的分析方法称为点分析方法。与点分析方法不同的是，用扫描像观察装置，使电子束在试样上做二维扫描，测量特征 X 射线的强度，使与这个强度对应的亮度变化和扫描信号同步在阴极射线管（CRT）上显示出来，从而得到特征 X 射线强度的二维分布的像，这种观察方法称为元素的面分布分析方法，它是一种测量元素二维分布非常方便的方法。

6.5.2　波谱分析

6.5.2.1　波谱分析原理

波谱分析是将试样产生的特征 X 射线展成谱的另一种方法，即 X 射线波长色散谱方法。该方法应用晶体衍射原理，可以接收单色的特征 X 射线，晶体衍射条件由布拉格定律决定。根据该定律，可以计算出产生衍射的某一特征 X 射线的波长值：

$$\lambda = 2d\sin\theta \tag{6-20}$$

式中　d——分光晶体晶面间距；

　　　　θ——衍射角。

莫塞莱定律给出了特征 X 射线波长与元素原子序数的关系：

$$\lambda = P(Z - \beta)^{-2} \tag{6-21}$$

式中　P，β——常数，与电子跃迁的类型（K 系、L 系或 M 系）有关。

因此可见，$\lambda \propto Z^{-2}$，只要确定特征 X 射线的波长，便可以知道样品中含有什么元素。

6.5.2.2　波谱仪的结构和工作原理

波谱仪是电子探针 X 射线显微分析的主要部件。波谱仪电子探针镜筒部分的结构与扫描电镜相同（图 6-28），区别在于波谱仪在检测部分使用的是 X 射线谱仪，专门用来检测 X 射线的特征波长（波谱仪）或特征能量（能谱仪），以此来进行微区的化学成分分析。

X 射线波谱仪由谱仪与记录和数据处理系统组成，如图 6-29 所示。其中，谱仪由分光晶体、X 射线探测器和相应的机械传动装置组成。

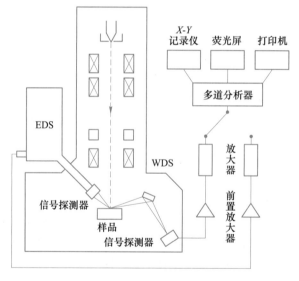

图 6-28　电子探针的结构示意图

分光晶体是波谱仪中的关键零件，它的作用是使不同元素产生的特征 X 射线分别得到检测。分光晶体由单晶体制成，晶体表面半径为 R，某个衍射最强的衍射曲面的曲率半径为 $2R$。从 X 射线点光源发出的 X 射线打到晶体上，在某个方向上将产生衍射线并聚焦于一点，如图 6-30 所示。

由同弧圆周角的几何定理可知，$\angle SAM = \angle SBM = \angle SCM = 90° - \theta$。由于入射角等于反射角，因此 $\angle SAP = \angle SBP = \angle SCP = 180° - 2\theta$，因此可见，以 R 为半径画一圆，只要光源 S 点位于其圆的圆周上，符合布拉格衍射条件的衍射线就必定会聚焦在圆周上与光源对称的某一点 P 上，为此，称这个圆为聚焦圆（即 Rowland 圆）。

下面分析晶体是如何展谱的，即如何计算特征 X 射线波长。在图 6-30 的直角三角形

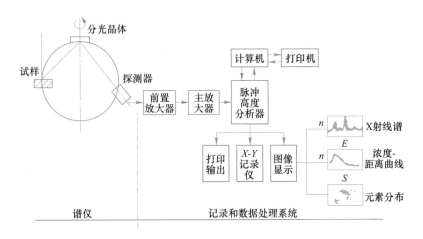

图 6-29　X 射线波谱仪的结构示意图

SBM 中：

$$SB = 2R\cos(90° - \theta) = 2R\sin\theta \tag{6-22}$$

由于 $\sin\theta = \lambda/(2d)$，所以，

$$SB = R\lambda/d \tag{6-23}$$

式中　R, d——常数。

产生衍射的 X 射线的波长与晶体到样品表面的距离成正比。波长与衍射角虽有对应关系，但在实际分析中，衍射角不易被测量，由式（6-23）可见，波长与晶体到光源的距离有着对应关系。改变 SB 的长度，在 P 点便可得到不同波长的特征 X 射线。因此只要测量 SB 的长度，就可以计算波长的数值，从而达到定性分析的目的。

目前的波谱仪，其分光系统的结构一般都是全聚焦直进式，其工作原理如图 6-31 所示。样品（相当于图 6-30 中的 S 点）、分光晶体和计数管（相当于图 6-30 中的 P 点）都在聚焦圆的圆周上。分光晶体在 SB 方向上做直线运动，不断改变与样品的距离 L，同时旋转一定角度，保持与聚焦圆的圆周相切，计数管也随之一起运动，其窗口始终朝着分光晶体中心。在运动过程中，聚焦圆的半径 R 不变，只是当 L 变化时，聚焦圆的圆心位置会发生相应改变。分光晶体及计数管的移动由精度很高的机械部分来完成。将 L 与 λ 的关系制成表格，在实际分析中，当晶体移动到某一 L 值处时，会出现 X 射线计数的最大值，根据标尺上的读数，通过查表便可以确定发生衍射的 X 射线波长及相对应的元素名称。对于一块分光晶体，由于其晶面间距是固定的，谱仪的衍射角只能在一定的范围内变动，L 的移动范围有限，所以一块晶体所能检测的波长范围也有限。为了检测尽可能多的元素，必须配备多块晶体。与扫描电镜配合的波谱仪一般带有 2~8 道分光谱仪，每道有两块分光晶体。

波谱仪中的另一个重要的部件是探测系统，它的作用是将由分光晶体衍射的特征 X 射线的光子信号转换成电子信号，然后进行放大和波高分析，最后从定标器、计数率表、记录仪和荧光屏上输出数据与图像。

波谱仪的操作比较烦琐，测量速度慢，而且其测量精度高的优越性会受到人为误差的限制。随着电子计算机技术的发展，微处理机在电子显微分析方面得到了应用，产生了波谱仪与微处理机组合的新方式。

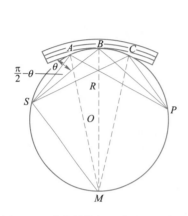

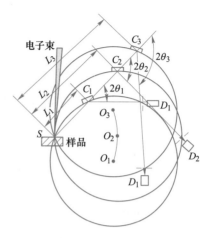

图 6-30 分光晶体的对称聚焦示意图 图 6-31 直进式波谱仪工作原理示意图

6.5.3 红外光谱分析

目前主要有两类红外光谱仪，分别是色散型红外光谱仪和傅里叶变换红外光谱仪。

6.5.3.1 色散型红外光谱仪

色散型红外光谱仪及其原理的示意图如图 6-32 所示，主要由光源、吸收池、单色器、检测器和记录系统等构成。

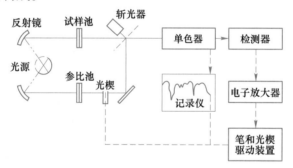

图 6-32 双光束红外光谱仪原理示意图

A 光源

红外光谱仪中所用的光源通常是一种惰性固体，通过电加热可使其发射高强度的连续红外辐射。常用的光源为能斯特（Nernst）灯或硅碳棒。能斯特灯是用氧化锆、氧化和氧化钍烧结而成的中空棒或实心棒，其工作温度约为 1700 ℃，可在此高温下导电并发射红线；由于能斯特灯在室温下是非导体，因此在工作之前要先预热。其优点是发光强度高，尤其是在大于 1000 cm^{-1} 的高波数区，其使用寿命长，稳定性较好；缺点是价格比硅碳棒高，机械强度差，且操作不如硅碳棒方便。硅碳棒是由碳化硅烧结而成的，工作温度在 1200~1500 ℃。由于硅碳棒在低波区域发光较强，因此其使用波数范围较宽，可以低至 200 cm^{-1}。其优点是坚固，发光面积大，寿命长。

B 吸收池

红外吸收池要用可透红外光的 NaCl、KBr、CsI、KRS-5（TiI 58%∶TiBr 42%）等材料

制成窗片。用 NaCl、KBr、CsI 等材料制成的窗片需注意防潮。KRS-5 窗片虽然吸潮，但透光较差。固体样品常与纯 KBr 混匀压片，然后直接进行测定。

C 单色器

单色器由色散元件、准直镜和狭缝构成。复制的闪耀光栅是最常用的元件，其分辨本领高，易于维护。红外光谱仪常用几块光栅常数不同的光栅自动更换，从而使测定的波谱范围更为扩展，并得到更高的分辨率。

D 检测器

常用的红外检测器是高真空热电偶、热释电检测器和碲镉汞检测器。

E 记录系统

红外光谱仪一般都有记录仪，可自动地记录谱图。新型的仪器还配有微处理机，以控制仪器的操作，谱图中各种参数的计算、谱图的检索等，都由计算机来完成。

红外光谱仪一般采用双光束，将光源发射的红外光分成两束，一束通过试样，另一束通过参比池。利用半圆扇形镜（斩光器）使试样光束和参比光束交替通过单色器，然后被检测器检测。在光学零位法中，当试样光束与参比光束的强度相等时，检测器不产生交流信号；当试样有吸收光束强度，导致两光束强度不等时，检测器会产生与光强差成正比的交流信号，通过机械装置推动锥齿形的光楔，使参比光束的强度减弱，直至与试样的光束强度相等。此时，与光楔连动的记录笔就会在图纸上记下吸收峰。

6.5.3.2 傅里叶变换红外光谱仪（FTIR）

傅里叶变换红外光谱仪没有色散元件，主要由光源（硅碳棒、高压汞灯）、迈克尔逊干涉仪、检测器、计算机和记录仪等组成，如图 6-33 所示。该设备的核心部分是迈克尔逊干涉仪，它将光源来的信号以干涉图的形式送往计算机进行傅里叶变换的数学处理，从而将干涉图还原成光谱图。

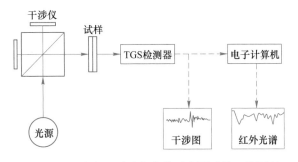

图 6-33 迈克尔逊干涉仪光学示意图及其工作原理

在图 6-34 中，M_1 和 M_2 为两块互相垂直的平面镜，M_1 固定不动，M_2 可沿图示方向做微小的移动。在 M_1 和 M_2 之间放置一呈 45°角的半透膜光束分裂器 BS，它能将来自光源 S 的光分为相等的两部分，即光束 I 和光束 II。光束 I 穿过 BS 被动镜 M_2 反射，沿原路回到 BS 后，被反射到达检测器 D；光束 II 则反射到固定镜 M_1，再由 M_1 沿原路反射回来，通过 BS 到达检测器 D。这样，在检测器 D 上所得到的是光束 I 和光束 II 的相干光。如果进入干涉仪的是波长为 λ 的单色光，那么在开始时，由于 M_1 和 M_2 与 BS 的距离相等，光束 I 和光束 II 到达检测器时的位相相同，因此会发生相长干涉，亮度最大。当动镜 M_2 移动入

射光的 $\lambda/4$ 距离时，则光束 I 的光程变化为 $\lambda/2$，在检测器上两光位相相反，发生相消干涉，亮度最小。即当动镜移动 $\lambda/4$ 的奇数倍距离时，会发生相消干涉；当 M_2 移动 $\lambda/4$ 的偶数倍距离时，会发生相长干涉。而部分相消干涉则发生在上述两种位移之间。因此，匀速移动 M_2，即连续改变两束光的光程差，在检测器上记录的信号呈余弦变化，每移动 $\lambda/4$ 的距离，信号都会从明到暗周期性地改变一次，如图 6-35（a）所示。图 6-35（b）所示为当入射光为波长为 $\lambda/2$ 的单色光时所得到的干涉图。如果两种波长的光一起进入干涉仪，则会得到两种单色光的叠加，如图 6-35（c）所示。

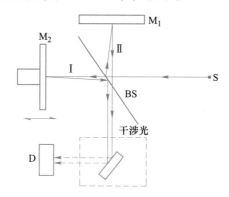

图 6-34   傅里叶变换红外光谱仪工作原理示意图

M_1—固定镜；M_2—动镜；S—光源；D—检测器；BS—光束分裂器

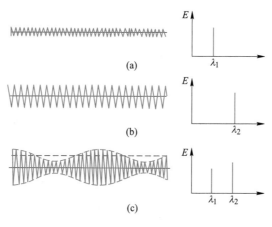

图 6-35   波的干涉

6.5.4   拉曼光谱分析

拉曼光谱分析技术是以拉曼效应为基础建立起来的分子结构表征技术，与红外光谱相比，信号来源于分子的振动和转动。应用激光具有单色性好、方向性强、相干性好等特性，与表面增强拉曼效应相结合，便产生了表面增强拉曼光谱，使分析拉曼光谱灵敏度提高 $10^4 \sim 10^7$ 倍，信噪比大大提高。共振拉曼光谱是建立在共振拉曼效应基础上的另一种激光拉曼光谱法。共振拉曼效应产生于激发光频率与待测分子的某个电子吸收峰接近或重合时，这一分子的某个或几个特征拉曼谱带强度可达到正常拉曼谱带的 $10^4 \sim 10^6$ 倍，有利于低浓度和微量样品检测，已用于无机、有机、生物大分子、离子乃至活体组成的测定和研究。激光拉曼光谱与傅里叶变换红外光谱相配合，已成为分子结构研究的主要手段。

6.5.4.1 激光拉曼光谱产生的原理与特点

当单色光入射到介质上时，除了被介质吸收、反射和透射外，总会有一部分被散射。根据散射光相对于入射光波数的改变情况，可将散射光分为三类：第一类，其波数基本不变或变化小于 10^{-5} cm^{-1}，称为瑞利散射；第二类，其波数变化大约为 0.1 cm^{-1}，称为布里渊散射；第三类，其波数变化大于 1 cm^{-1} 的散射，称为拉曼散射。从散射光的强度来看，瑞利散射最强，拉曼散射最弱。

在经典理论中，拉曼散射可以看作是入射光的电磁波使原子或分子极化以后所产生的，由于原子和分子都是可以极化的，因而产生瑞利散射；因为极化率又随着分子内部的运动（转动、振动等）而变化，所以产生拉曼散射。

在量子理论中，把拉曼散射看作是光量子与分子相碰撞时产生的非弹性碰撞过程。当入射的光量子与分子相碰撞时，既可以是弹性碰撞散射，也可以是非弹性碰撞散射。在弹性碰撞过程中，光量子与分子均没有能量交换，其频率保持恒定，称为瑞利散射。在非弹性碰撞过程中，光量子与分子有能量交换，光量子转移一部分能量给散射分了，或者从散射分子中吸收一部分能量，从而使其频率发生改变，光量子取自或给予散射分子的能量只能是分子两定态之间的差值。当光量子把一部分能量交给分子时，光量子将以较小的频率散射出去，称为频率较低的光（斯托克斯线）。散射分子接受的能量会转变成为分子的振动或转动能量，从而处于激发态 E_1，这时的光量子频率 $\nu' = \nu_0 - \Delta\nu$。当分子已经处于振动或转动的激发态 E_1 时，光量子从散射分子中取得了能量 ΔE（振动或转动能量），将以较大的频率散射，称为频率较高的光（反斯托克斯线），这时的光量子频率为 $\nu' = \nu_0 + \Delta\nu$。如果考虑更多能级上分子的散射，则可产生更多的斯托克斯线。

最简单的拉曼光谱在光谱图中有三种线，中央是瑞利散射线，频率为 ν_0，强度最强；低频一侧是斯托克斯线，与瑞利线的频差为 $\Delta\nu$，强度比瑞利线的强度弱很多，约为瑞利线的强度的几百万分之一至万分之一；高频一侧是反斯托克斯线，与瑞利线的频差也为 $\Delta\nu$，和斯托克斯线对称地分布在瑞利线两侧，强度比斯托克斯线的强度又弱很多，因此并不容易观察到反斯托克斯线的出现，但反斯托克斯线的强度会随着温度的升高而迅速增大。斯托克斯线和反斯托克斯线通称为拉曼线，其频率常表示为 $\Delta\nu$（称为拉曼频移），它与激发线的频率无关，以任何频率激发这种物质，拉曼线均会伴随出现。因此，根据拉曼频移的数值，就可以鉴别拉曼散射样品池所包含的物质。

由于拉曼散射强度正比于入射光的强度，并且在产生拉曼散射的同时，必然存在强度大于拉曼散射至少 1000 倍的瑞利散射。因此，在设计或组装拉曼光谱仪和进行拉曼光谱实验时，既要尽可能地增强入射光的光强和最大限度地收集散射光，又要尽量地抑制和消除主要来自瑞利散射的背景杂散光，提高仪器的信噪比。

6.5.4.2 激光拉曼光谱的实验装置

激光拉曼光谱的实验装置主要由激光光源系统、样品装置、散射光收集和分光系统、检测和记录系统等部分组成。

（1）激光光源系统。激光光源一般采用连续式的气体激光器，如 He-Ne 激光器（波长 6328 nm）、Ar 离子激光器（波长 514.5 nm）以及 Kr 离子激光器等。光源应符合以下要求：单线输出功率为 10~100 mW；功率稳定性好，变动不大于 1%；寿命在 1000 h 以上。在光源系统中，除激光器外，还有透镜和反射镜等。透镜将激光束聚焦于样品上，反射镜则将透射过样品的光再反射回样品，以提高对光束能量的利用，增强信号强度。

（2）样品装置。样品架的设计要考虑最有效地照射样品和聚焦散射辐射，即保证使照明最有效和杂散光最少，尤其要避免入射激光进入光谱仪的入射狭缝。对于透明样品，最佳的样品布置方案是使样品被照明的部分呈光谱仪入射狭缝形状的长圆柱体，并使收集光的方向垂直于入射光的传播方向。

（3）散射光收集和分光系统。拉曼散射信号是十分微弱的，为了尽可能地获得大的拉曼散射信号，需要提高对散射光的收集率，如在透镜设计时应考虑最佳立体收集角，或增加凹面反射镜等。分光系统一般采用光栅单色仪，对单色仪的要求是光谱纯度高，还要有优良的抑制杂散光的能力。

（4）检测和记录系统。拉曼散射信号的接收类型分为单通道接收和多通道接收两种。对于落在可见光区的拉曼散射光，可采用光电倍增管作为检测器，光电倍增管的接收类型是单通道接收；也可通过光子计数器进行检测，然后用记录仪或计算机接口软件画出图谱。

6.5.5 质谱仪

质谱法常简称为质谱（MS），是现代物理、化学以及材料领域使用的一种极为重要的分析技术。质谱分析法通过对样品离子的质量和强度测定来进行成分和结构的分析，它的基本原理是首先将被分析的样品离子化，然后利用离子在电场或磁场中的运动性质，将离子按质荷比（m/z）分开，并按质荷比大小排列成谱图形式，根据质谱图即可确定样品的成分、结构和相对分子质量。

质谱仪按用途可分为两类，即同位素分离用质谱仪和分析用质谱仪。后者包括有机分析用质谱仪，其分辨率较高，但灵敏度较低；还包括火花源质谱仪，主要用于无机化合物的分析，其灵敏度高，但分辨率低。

质谱仪一般具备以下部分：进样系统、离子源、质量分析器和检测器。除此之外，由于质谱仪需要在高真空（$10^{-6} \sim 10^{-4}$ Pa）下进行工作，因此还有真空系统。质谱仪的基本结构如图 6-36 所示。

质谱仪的基本工作原理如图 6-37 所示。在进行质谱分析时，首先通过合适的进样装置将样品引入，并蒸发气化；气化后的样品进入离子源进行电离；电离后的离子经过适当的加速进入质量分析器，然后按质荷比的不同进行分离，依次到达检测器，记录不同信号，从而获得质谱图。

以扇形磁场单聚焦质谱仪为例，对质谱仪器各主要部分的工作原理进行讨论。图 6-38 为单聚焦质谱仪的工作原理示意图。

（1）真空系统。真空系统为质谱仪的离子源、质量分析器和检测器提供所需的真空，而且是高真空。

（2）进样系统。进样系统的目的是将分析样品在可重复的低气压下以气体形式引入离子源，而且不能使其真空度下降，有三种进样方式：

1）间隙进样。适用于气体、液体或中等蒸气压的固体样品。样品可直接或加热成气

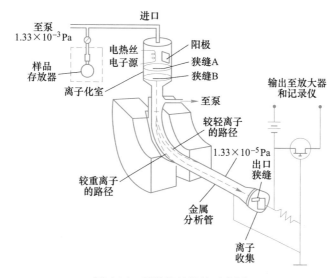

图 6-36 质谱仪的结构示意图

图 6-37 质谱仪工作原理图

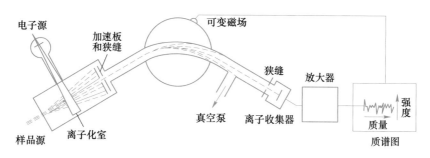

图 6-38 单聚焦质谱仪工作原理示意图

态进入储气球构成的进样系统，系统处在低气压状态，具有加热装置，可使样品保持气态。由于离子源的压强要比进样系统小 1~2 个数量级，因此采用分子漏孔方法，使在储气球中加入的样品通过小孔，以分子流的方法渗透入离子源。

2）直接探针进样。适用于高沸点的液体和固体。用探针直接将微克级以下的样品送入离子源，并在数秒内将探头加入，使样品气化。直接探针进样法使质谱法的应用范围扩大，可对少量的复杂有机化合物，如甾族化合物、糖、双核苷酸等有机化合物以及金属有机化合物，进行有效的分析。

3）色谱进样系统。实际上是色谱仪与质谱仪之间的接口。

（3）离子源。离子源是将分子转化成离子的装置。由于质谱仪的分析对象是样品离子，样品离化所需的能量随其分子的不同而不同，因此，对于不同的分子应选择不同的解离方法。

6.5.6 核磁共振波谱技术

核磁共振波谱（NMR）技术是将核磁共振现象应用于分子结构测定的技术。对于有机分子的结构测定，核磁共振谱扮演了非常重要的角色。核磁共振谱与拉曼光谱、红外光谱和质谱一起被有机化学家们称为"四大名谱"。

6.5.6.1 核磁共振波谱的基本原理

通常情况下，原子核的自旋系统处于平衡状态，当外加磁场后，平衡系统被破坏，在一定时间内自旋系统要恢复平衡状态，这个过程被称为弛豫过程。弛豫过程包括自旋-晶格弛豫，也称纵向弛豫，用 T_1 表示；自旋-自旋弛豫，也称横向弛豫，用 T_2 表示。在外磁场的作用下，处于低能态的核子数要高于处于高能态的核子数，正是由于这一差异的存在，才能观察到核磁共振波谱信号。

核磁共振谱一般按照所观测的磁核分类，如测定氢核，则称为氢谱，用 $^1H\text{-NMR}$ 表示；如测定碳-13 核，则称为碳谱，用 $^{13}C\text{-NMR}$ 表示。理论上，自旋量子数不等于零的原子核，都可观测到 NMR 信号。在结构研究中常见的还有 ^{19}F、^{15}N、^{29}Si 和 ^{31}P 等，其中使用最普遍的是氢谱和碳谱。

在核磁共振谱中，表征分子结构的最重要的参数是化学位移。化学位移来源于分子中电子对核的屏蔽作用，处于不同化学环境中的原子核，因其受到的屏蔽不同，将在不同的频率处发生共振，产生吸收峰，一般把这个不同核之间的频率差称为化学位移。由于化学位移的差别很小，因此为了便于比较，应消除外加磁场强度的变化对其产生的影响，通常用无因次的参数 δ 来表示共振吸收峰的位置：

$$\delta = (v_S - v_R)/v_R = (H_S - H_R)/H_R \tag{6-24}$$

式中 v_S，v_R，H_S，H_R——样品与参考物质的共振频率和共振磁场值。

在液体样品中，由于分子的快速运动可以平均化学位移的各向异性，以及偶极相互作用等内部作用的各向异性，因此可以得到高分辨的图谱。然而对于固体粉末样品，由于分子处于相对固定的位置和取向，因此固体中存在各种很强的相互作用，如偶极-偶极相互作用、化学位移相互作用、标量耦合相互作用、四极相互作用等，这些相互作用通常都是各向异性的，会造成固态的谱线相对于液态的谱线有三个数量级的增宽，以至于只能看到没有特征结构的宽谱线型。要改善固体 NMR 的分辨率，就必须消除或削弱这些相互作用对谱线的增宽。1958 年，Andrew 等发现当样品绕与外磁场方向呈 54.74°的轴旋转时，样品的谱线变窄，分辨率提高，这就是魔角旋转方法（MAS）。这种方法能够成功地窄化由较小同核偶极耦合和化学位移各向异性引起的谱线增宽。通过将 MAS 与异核大功率去偶及交叉极化技术相结合，使人们能够较方便地获得稀核（^{13}C、^{15}N 等）的高分辨同体 NMR 谱图，同时可通过各种有效的方法来获得原子核间的距离和取向、各向异性的相互作用、自旋扩散、分子动力学等信息，从而使固体 NMR 具备液体 NMR 应用于化学和生物学等研究领域时的各种特点。

6.5.6.2 核磁共振谱仪的结构

核磁共振谱仪包括以下几个部分，如图 6-39 所示。

（1）磁铁：用以提供外磁场。在有效的样品范围内，磁场的均匀度通常要达到应有的数量级，稳定度也是如此。磁场场强的提升可以提高样品的灵敏度和分辨率。

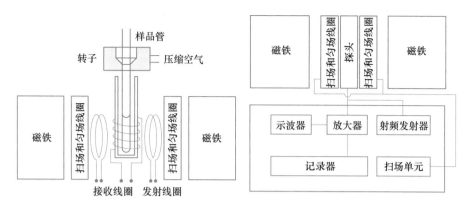

图 6-39 高分辨核磁共振谱仪构造示意图

（2）射频振荡器：其线圈围绕在样品管外围，用以产生电磁波。电磁波的频率可以是固定的，也可以是能够连续改变的。若将外磁场的强度固定，通过改变电磁波的频率来产生核磁共振，则称为"扫频"。

（3）扫描发生器：其线圈缠绕在磁铁上，用以改变外磁场的强度。固定电磁波的频率，通过改变外磁场的强度来产生核磁共振的方法称为"扫场"。扫场比扫频方便，应用也更广泛。

（4）射频检测器：也称射频接收器，用以检出被吸收的电磁波的能量的强弱。

（5）记录仪：用以记录检出的信号。

（6）样品管：用以装盛被测定的样品。样品管装在管座中，外部围绕着射频振荡器和射频检测器的线圈。管座可为样品管提供恒温条件，并使样品管旋转，样品在磁场中以一定的转速旋转，以克服与旋转方向垂直的平面内的不均匀性。

复习及思考题

1. 如果需要测量某样品中的碳、锌含量，需要分别采用化学分析法中的哪种方法？
2. 简述激光粒度分析仪的原理和特点。
3. 简述差热分析法的原理。
4. 简述高温激光共聚焦扫描显微镜的原理和特点。
5. 光学金相显微镜主要由哪几部分组成？
6. 简述 X 射线衍射仪的结构及原理。
7. 电子显微镜的分析方法有哪些？简述其中三种的原理及应用。
8. 简述能谱仪、波谱仪的原理。

参 考 文 献

[1] 李刚，岳群峰，林惠明，等. 现代材料测试方法 ［M］. 北京：冶金工业出版社，2013.

[2] 刘淑萍，孙彩云，吕朝霞，等. 现代仪器分析方法及应用 ［M］. 北京：中国质检出版社，中国标准出版社，2013.

[3] 闻邦椿，刘树英. 现代振动筛分技术及设备设计 ［M］. 北京：冶金工业出版社，2013.

[4] 潘清林，徐国富，李慧，等. 材料现代分析测试实验教程 ［M］. 北京：冶金工业出版社，2011.

［5］葛利玲．材料科学与工程基础实验教程［M］．北京：机械工业出版社，2019.

［6］葛利玲．光学金相显微镜技术［M］．北京：冶金工业出版社，2017.

［7］饶克．金属材料专业实验教程［M］．北京：冶金工业出版社，2018.

［8］周玉．材料分析方法［M］.4版．北京：机械工业出版社，2020.

［9］刘强春．材料现代分析测试方法实验［M］．合肥：中国科学技术大学出版社，2018.

［10］廖晓玲．材料现代测试技术［M］．北京：冶金工业出版社，2010.

［11］周上祺．X射线衍射分析［M］．重庆：重庆大学出版社，1991.

炉料制备及冶金性能检测方法

本章提要

　　长期以来，高炉冶炼要求贯彻"精料"方针，原料是高炉冶炼的基础，高炉冶炼指标的好坏与原料的质量密不可分。当设备的条件一定时，原料的冶金性能将直接影响高炉的技术经济指标和稳定顺行。高炉原料质量的好坏，除了与原料的化学成分、物相及矿相结构有关外，还与炉料进入高炉后所表现出的冶金性能紧密相关。

　　本章主要介绍炉料的制备及冶金性能检测，包括铁矿石的制备方法以及铁矿石、喷吹煤粉和焦炭的冶金性能检测方法，涵盖了烧结矿和球团矿的制备方法，铁矿石还原性、低温还原粉化和软熔滴落性能的检测方法，高炉喷吹煤粉的可磨性、爆炸性、灰熔融性、着火点等性能的检测方法，焦炭冷态强度和热态强度的检测等，了解炉料冶金性能检测的方法要点，分析炉料性能指标的影响因素。

7.1 炉料制备

　　目前，高炉炼铁过程使用的铁矿石原料，除配加少量的天然块矿外，主要使用烧结矿和球团矿。本节主要对烧结矿和球团矿的制备实验研究方法做详细介绍。

7.1.1 烧结矿制备

　　铁矿石烧结是将各种含铁粉料，通过配入适量的燃料和熔剂，并加入一定量的水，经混合和造球后，在烧结机上使物料发生一系列物理化学变化，然后黏结成块的过程。烧结过程是一个复杂的物理和化学反应的综合过程，包括燃料燃烧的热交换、水分的蒸发与冷凝、碳酸盐的分解与矿化作用、硫和其他有害元素的去除，以及烧结料间的固相反应、软化、局部熔化所形成的熔融物的固结，冷却结晶，最后形成具有相当强度且多孔的烧结矿块。烧结生产可以合理、充分地利用矿产资源，还可以回收利用工业生产的废弃含铁物料（如轧钢铁皮、除尘灰等），减少环境污染。

　　铁矿石烧结实验研究可用来评价各类铁矿石烧结的可行性，获得提高烧结矿产量和质量的主要途径，通过研究厚料层烧结、低温烧结、烧结热风循环、料面富氢气体喷吹、烧结返矿高效回收利用等绿色低碳烧结技术，查明各类铁矿石的烧结成矿机理，从而探索开发烧结新工艺与新设备，为烧结厂设计提供依据等。

7.1.1.1 实验设备

　　烧结实验是在根据模化条件设计的烧结杯实验装置上进行的，烧结杯的杯体有圆形和正方形两种。尽管烧结杯与带式烧结机的几何形状并不相似，但是当烧结杯的蓄热、散热和气体力学等特性与烧结机相似时，通过控制风量、负压、温度等边界条件，可以使之与烧结机的生产实际相似，所以把烧结杯理解为是从烧结机上截取的一个单元体，以用来研究烧结过程中的各种变化是完全可行的。将两种形状的烧结杯进行比较，圆形烧结杯具有较小的散热面积和边缘效应，因此大多数烧结实验装置都采用圆形烧结杯。烧结杯的体积越大，模拟结果的代表性越好。

　　铁矿石烧结杯实验装置如图 7-1 所示，由点火器、烧结杯、抽风室、除尘器和抽风机等系统组成。铁矿石的烧结过程在烧结杯中进行，烧结杯底部放有炉箅子，抽入的空气在经烧结料燃烧后，生成废气并进入抽风室，抽风室内装有用于测量废气温度的热电偶和测压管，可由温度仪表和 U 形压力计读出相应的参数。废气进入除灰斗除去漏下的大颗粒料，通过除尘器除去大部分灰尘和水汽，然后被抽风机抽入消音器，最终排入大气。若废气温度过高，则可由吸风阀吸入冷气进行混合降温。

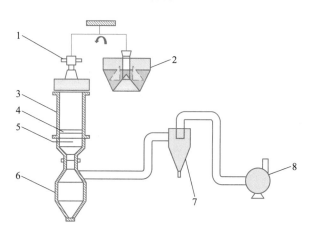

图 7-1   铁矿石烧结杯实验装置示意图

1—点火器；2—自动布料器；3—烧结杯；4—炉箅子；

5—测温热电偶；6—除灰斗；7—除尘器；8—抽风机

7.1.1.2 烧结实验的主要技术指标

在完成烧结杯实验后，根据获得的实验数据计算烧结实验的主要技术指标：

（1）垂直烧结速度：

$$u = h/t \qquad (7\text{-}1)$$

式中　u——垂直烧结速度，mm/min；

　　　h——烧结料层高度，mm；

　　　t——烧结时间，min。

（2）烧成率：

$$\eta_s = \frac{Q_s}{Q_d} \times 100\% \qquad (7\text{-}2)$$

式中　η_s——烧成率，%；

　　　Q_s——烧结终了倒出的全部烧结矿质量（包括粉末），g；

　　　Q_d——干混合料质量，g。

（3）成品率：

$$\eta_{sp} = \frac{Q_{sp}}{Q_d} \times 100\% \qquad (7\text{-}3)$$

式中　η_{sp}——烧结矿成品率，%；

Q_{sp}——粒度大于 5 mm 的烧结矿质量，g。

（4）返矿率：

$$\eta_{sr} = \frac{Q_s - Q_{sp}}{Q_d} \times 100\% = (1 - \eta_{sp}) \times 100\% \qquad (7\text{-}4)$$

式中　η_{sr}——烧结返矿率，%。

（5）烧结杯利用系数：

$$N = \frac{60 Q_{sp}}{At} \qquad (7\text{-}5)$$

式中　N——烧结杯利用系数，$g/(m^2 \cdot h)$；

A——炉算面积，m^2；

t——烧结时间，min。

7.1.2　球团矿制备

由于烧结工艺存在工序能耗高、烟气和污染物排放量大等问题，而球团工艺的能耗仅为烧结工序的50%以下，CO_2 排放为烧结工艺的30%左右，所以用球团矿替代烧结矿，有利于减少炼铁系统的污染物和碳排放。因此，提高球团矿入炉比例是低碳高炉炼铁的重要发展方向之一。

造球技术是将细粒铁精矿粉用造球设备制取为具有一定粒度（一般为10~15 mm）的生球，然后进行高温焙烧或冷固结，使球团矿获得满足钢铁冶炼要求特性的技术。实验室用细磨铁精矿粉加黏结剂，在造球机上通过喷水使铁矿粉颗粒受多种不同力（范德华力、磁力、静电引力、毛细水力和表面张力等）的相互作用，从而彼此连接滚动成球。造球开始时形成的小球称为母球，当母球在造球盘内滚动时，毛细水被挤压到球表面从而产生过湿，然后滚粘新的矿粉逐渐长大成为大球。要成为高炉能用且具有足够机械强度的球团矿，生球必须经过高温焙烧固结，实验室一般采用氧化焙烧，包括预热、焙烧和均热三个阶段。焙烧固结机理主要分为四类，即赤铁矿晶桥的形成、赤铁矿微晶的再结晶、磁铁矿微晶的再结晶长大和黏结液相的黏结。

造球实验的主要目的是通过研究造球过程及其影响因素，包括成球水分、造球时间、造球物料的粒度及粒度组成、添加的黏结剂种类与用量等，对造球中成球和生球、干球强度的影响，从而确定最佳的造球工艺参数，分析铁矿粉的成球机理，开发氢基直接还原竖炉用氧化球团技术等。

7.1.2.1　实验设备

现代钢铁厂广泛使用圆盘造球机来生产球团矿，实验室也用圆盘造球机装置制备球团矿，如图 7-2 所示为圆盘造球机装置示意图。圆盘造球机的圆盘直径为 800 mm，边高为80 mm，最高可升至 150 mm。圆盘转速可以在 0~45 r/min 内连续调节，圆盘倾角可在40°~55°内连续调整。

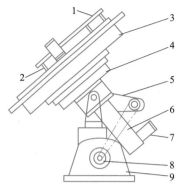

图 7-2　实验室用圆盘造球机示意图

1—刮刀架；2—刮刀；3—圆盘；4—伞齿轮；5—减速器；
6—中心轴；7—调倾角螺栓杆；8—电动机；9—机座

7.1.2.2　实验方法

实验前，应根据实验要求拟定一个实验方案。例如，若需要研究成球水分、造球物料的粒度及粒度组成、添加黏结剂用量等对成球性能的影响，并确定最佳的工艺参数，则可采用 $L_4(2^3)$ 的正交实验方案安排实验，正交实验方案见表 7-1。

表 7-1　$L_4(2^3)$ 的正交实验方案表

实验编号 ＼ 影响因素	成球水分	粒度组成	黏结剂用量
1	水平 1	水平 1	水平 1
2	水平 1	水平 2	水平 2
3	水平 2	水平 1	水平 2
4	水平 2	水平 2	水平 1

在设计好实验方案之后，开始造球实验。将造好的生球按照不同粒度置于载物托架上，然后放入恒温干燥箱中，按一定的升温制度缓慢升温，当干燥箱达到 105 ℃ 后，烘干生球直至其质量保持不变，所得到的球即为干球。

7.1.2.3　造球实验的主要技术指标

（1）造球机生产率：

$$N = \frac{60G}{A} \tag{7-6}$$

式中　N——造球机的生产率，$kg/(m^2 \cdot h)$；

　　　G——成品生球量，kg/min；

　　　A——圆盘面积，m^2。

（2）成球率：

$$\eta = \frac{G}{G_0 + q} \times 100\% \tag{7-7}$$

式中　G_0——加料量，kg/min；

　　　q——补加水的质量，kg/min。

7.2 铁矿石冶金性能检测

由于铁矿石的质量和物理性质对高炉冶炼的影响很大，因此改善铁矿石的冶金性能是高炉精料的主要内容，检验铁矿石的冶金性能也极为重要。

7.2.1 铁矿石强度测定

7.2.1.1 烧结矿落下强度测定

烧结矿落下强度是用来表示烧结矿的抗冲击能力的。目前这一检测方法的试样量、落下高度、落下次数等都不完全统一，我国也没有制定测试标准，大都采用日本标准（JISM 8711—1987）规定的参数。

铁矿石落下强度的实验装置由装料箱、提升机和冲击铁板组成。在落下试验中，取 10~40 mm 的烧结矿（3±0.1）kg，装入一个方形料箱中，提升至 2 m 高度处，让其自由落在厚度大于 20 mm 的钢板上往复 4 次。然后用 10 mm 的方孔筛分级，以粒级大于 10 mm 试样的质量百分数表示落下强度指标，即：

$$F = \frac{m}{M} \times 100\% \tag{7-8}$$

式中　F——落下强度,%；

　　　m——落下 4 次后粒径大于 10 mm 的试样质量，kg；

　　　M——试样总质量，kg。

当铁矿石的落下强度 F 为 80%~83% 时，为合格烧结矿；当 F 为 86%~87% 时，为优质烧结矿。在实验条件下，当试样量不足 3 kg 时，可按实际样品数量进行计算，其操作参数不变。

7.2.1.2 球团矿落下强度测定

生球的粒度组成一般分为三个范围：<10 mm、10~15 mm、>15 mm。选取同一直径的生球 10 个，然后将每一个生球都从 0.5 m 高度自由落至 10 mm 厚的钢板上，重复坠落至生球出现明显裂纹或碎裂为止，坠落至碎裂的次数，即为其落下强度。以 10 个球的平均落下次数为落下强度指标。

7.2.1.3 球团矿抗压强度测定

选取直径为 11.8~13.2 mm 的生球 10 个，在压力试验机上逐个测定每个球的破碎压力，加压速度不得大于 1 kN/min，用 10 个球的平均值来表示抗压强度，单位为 kN/球。

7.2.1.4 铁矿石转鼓强度测定

转鼓强度是评价烧结矿、球团矿抗冲击和耐磨性能的一项重要指标。目前主要参照《烧结矿和球团矿转鼓强度的测定方法》（GB 8209—1987）对铁矿石转鼓强度进行测试。

铁矿石转鼓强度测定装置如图 7-3 所示，转鼓内径为 1000 mm，内宽为 500 mm，鼓内侧有两个呈 180°相互对称的提升板（50 mm×50 mm×5 mm），长为 500 mm 的等边角钢焊接在鼓的内侧。

在转鼓强度测试过程中，取 3±0.05 kg 的铁矿石试样（烧结矿按 40~25 mm、25~

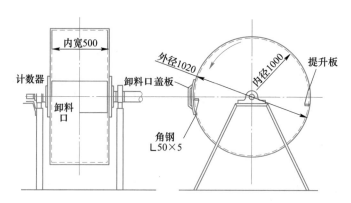

图 7-3　铁矿石转鼓强度测定装置示意图（单位：mm）

16 mm、16~10 mm 三个粒级配制）放入转鼓内，在转速为 25 r/min 的条件下转动 200 r，然后从鼓内取出试料，用机械摇筛（筛孔为 6.3 mm×6.3 mm）分级，反复次数为 20 次/min，筛分时间为 1.5 min，共往复 30 次。利用获得的实验数据计算铁矿石转鼓强度指标：

转鼓指数：

$$T = \frac{m_1}{m_0} \times 100\%$$ （7-9）

抗磨指数：

$$A = \frac{m_0 - (m_1 + m_2)}{m_0} \times 100\%$$ （7-10）

式中　m_0——入鼓试样质量，kg；

　　　m_1——转鼓后粒径大于 6.3 mm 的试样质量，kg；

　　　m_2——转鼓后粒径为 0.5~6.3 mm 的试样质量，kg。

T、A 均取两位小数，要求 $T \geq 60.00\%$，$A \leq 5.00\%$。实验误差要求：（1）入鼓试样量和转鼓后筛分分级总出量之差不超过 1.0%，若试样损失量大于 1.5%，则实验作废。（2）对于两个试样，要求 $\Delta T = |T_1 - T_2| \leq 1.4\%$，且 $\Delta A = |A_1 - A_2| \leq 0.8\%$。

7.2.2　铁矿石还原性测定

铁矿石还原是高炉冶炼的基本任务，包括间接还原和直接还原。目前高炉冶炼希望尽量发展间接还原，充分利用高炉煤气中的 $CO(H_2)$，达到节焦降耗的效果。铁矿石的还原性是指铁矿石中的 Fe_2O_3 被 $CO(H_2)$ 还原的难易程度。即通过模拟炉料自高炉上部进入高温区的条件，测试用还原气体从铁矿石中夺取与铁结合的氧的难易程度，它是评价铁矿石冶金性能的重要指标。由于高炉炼铁过程需要铁矿石具有良好的还原性，因此需要通过实验研究鉴定铁矿石的还原性，常用还原度指数（RI）表示。

7.2.2.1　测试装置

铁矿石还原性的测定按照《铁矿石　还原性的测定方法》（GB/T 13241—2017）的检测方法，将一定粒度范围的试样置于固定床中，在 900 ℃下用 CO 和 N_2 组成的还原气体（CO 含量为 30%±0.5%）进行等温还原，利用电子天平连续称量试样的质量变化。假定铁矿石中的铁全部以 Fe_2O_3 形式存在，并把这些 Fe_2O_3 中的氧算作 100%，以还原

180 min 后的失氧量计算铁矿石的还原度 RI，以及当原子比 O/Fe = 0.9 时的还原速率 RVI。铁矿石还原性测定装置如图 7-4 所示。主要构件包括还原罐、电炉、电子天平和还原气体控制装置。还原炉由三段电阻丝绕制，各自分别控温，能保证足够长的恒温区。如图 7-5 所示，还原罐由耐热不起皮钢制成，能耐 900 ℃ 以上的温度，内有多孔板放置试样，管内径 $\phi = (75+1)$ mm。实验时，温度保持在 (900 ± 10) ℃。电子天平的称量范围为 0~10 kg，精度为 0.1 g，可连续称量和在线显示。

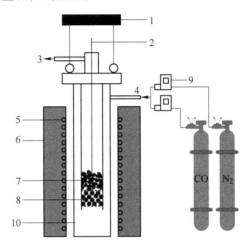

图 7-4 铁矿石还原性测定装置示意图

1—电子天平；2—铠装 K 型热电偶；3—出气口；4—进气口；5—电热元件；
6—电炉；7—铁矿石试样；8—氧化铝球；9—流量计；10—还原罐

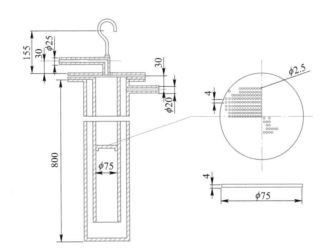

图 7-5 铁矿石还原性测定用还原罐剖面示意图（单位：mm）

7.2.2.2 还原度指数

还原度指数计算公式：

$$\mathrm{RI} = \left(\frac{0.111\mathrm{FeO}}{0.430\mathrm{TFe}} + \frac{m_1 - m_t}{m_0 \times 0.430\mathrm{TFe}} \times 100 \right) \times 100\% \qquad (7\text{-}11)$$

式中　m_0——试样的质量，g；

　　　m_1——还原前装入还原罐的试样质量，g；

　　　m_t——还原后还原罐内的试样质量，g；

　　　FeO——实验前试样中 FeO 的含量，%；

　　　TFe——实验前试样中 TFe 的含量，%。

实验应做两次，对于烧结矿样品，两次实验结果相差不能超过 5%；对于球团矿样品，两次实验结果相差不能超过 3%。如果超过允许误差，则需要再做两次实验；如果仍超过允许误差，则将四次实验结果求平均值。

7.2.3　铁矿石低温还原粉化测定

铁矿石低温还原粉化是指在高炉炼铁过程中，由于含铁矿物在 400~600 ℃发生低温还原时出现晶型转变，再生的赤铁矿由 $\alpha\text{-Fe}_2\text{O}_3$ 转变为 $\gamma\text{-Fe}_2\text{O}_3$，即 $\alpha\text{-Fe}_2\text{O}_3$ 的三方晶系六方晶格转变为 $\gamma\text{-Fe}_2\text{O}_3$ 的等轴晶系立方晶格，造成结构扭曲，产生极大的内应力，导致铁矿石发生碎裂的现象，常用还原粉化指数（RDI）表示铁矿石的粉化程度。影响铁矿石低温还原粉化性能的因素较多，包括铁矿石的化学成分、矿物组成和还原性等。

7.2.3.1　测试装置

铁矿石低温还原粉化测定采用静态法，按照《高炉炉料用铁矿石　低温还原粉化率的测定　动态实验法》（GB/T 24204—2009）中的实验方法进行。首先将一定粒度范围的试样置于固定床中，在 500 ℃下，用由 CO、CO_2 和 N_2 组成的还原气体进行静态还原 60 min，然后将试样冷却至 100 ℃以下，用小转鼓转动 300 r，再分别用宽度为 6.30 mm、3.15 mm 和 0.5 mm 的方孔筛依次进行筛分。

铁矿石低温还原粉化测定装置与铁矿石还原性测定装置相同，二者的不同点主要是还原气体成分不同，铁矿石低温还原粉化测定的还原气体成分为：CO 含量为 20%±0.5%，CO_2 含量为 20%±0.5%，N_2 含量为 60%±0.5%（当煤气中 H_2 含量为 2.0%±0.5% 时，N_2 含量为 58%±0.5%）。

铁矿石还原后的粉化实验是在小型冷转鼓内进行的。鼓内径为 130 mm，内长为 200 mm，壁厚不小于 5 mm，鼓内沿轴向有两块高 20 mm、厚 2 mm 的提料板。鼓一端封闭，一端有盖。

7.2.3.2　转鼓实验方法

从还原罐中小心倒出试样，称其质量为 m_0；然后将其装入转鼓，盖上端盖并固定牢固，以 30 r/min 的转速转动 10 min，共转动 300 r，由控制箱上的计数器自动控制，当计数器显示 300 r 时转鼓停止，打开盖用毛刷将试样取出，称量后分别用宽度为 6.3 mm、3.15 mm 和 0.5 mm 的方孔筛依次进行筛分，测定并记录各筛上物的质量。在转鼓实验和筛分中损失的粉末可视为小于 0.5 mm 部分，并计入其质量中。

还原粉化指数 RDI 用质量百分数表示，由式（7-12）~式（7-14）计算如下：

低温还原强度指数：

$$\text{RDI}_{+6.3} = \frac{m_1}{m_0} \times 100\% \tag{7-12}$$

低温还原粉化指数：

$$RDI_{+3.15} = \frac{m_1 + m_2}{m_0} \times 100\% \qquad (7\text{-}13)$$

磨损指数：

$$RDI_{-0.5} = \frac{m_0 - (m_1 + m_2 + m_3)}{m_0} \times 100\% \qquad (7\text{-}14)$$

式中　m_0——还原后转鼓前试样的质量，g；

m_1——留在 6.3 mm 筛上的试样质量，g；

m_2——留在 3.15 mm 筛上的试样质量，g；

m_3——留在 0.5 mm 筛上的试样质量，g。

$RDI_{+3.15}$ 作为考核指标，$RDI_{+6.3}$ 和 $RDI_{-0.5}$ 只作为参照指标。实验次数与铁矿石还原性测定实验中决定实验次数的要求完全相同。

7.2.4 铁矿石软熔滴落性能测定

铁矿石软熔滴落性能是指铁矿石在被加入高炉后，伴随着高温还原反应的发生而出现的软化熔融及滴落等行为。在高炉内铁矿石出现软化熔融后，一方面由于其气孔率显著减小影响还原气体的扩散，使未还原的铁矿石发生进一步还原将需要大量的热量，会消耗更多的焦炭；另一方面恶化了高炉料柱的透气透液性，对高炉冶炼产生不利影响。此外，铁矿石开始软化温度及软化温度区间在很大程度上决定着初渣的性质和成渣带的大小。因此，铁矿石软化温度及软化温度区间等的测定对于铁矿石性能评价及高炉适宜炉料结构选择具有重要意义。

目前各国对铁矿石软熔性能的测定装置、试验参数和结果表示方法都没有统一的标准，且大多数的实验条件与铁矿石在高炉内经受的气氛、压力等不符，导致测定结果与实际高炉内铁矿石的软熔滴落行为出现差异，不利于评价铁矿石的性能和选择高炉适宜的炉料结构等。为解决上述问题，重庆大学开发了一种连续变压变气氛式铁矿石软熔性能测试方法。本节将对国标法和变压变气氛法测定铁矿石软熔滴落性能分别进行介绍。

7.2.4.1　国标法测定铁矿石软熔滴落性能

A　测试装置

铁矿石软熔滴落性能测定装置如图 7-6 所示。加热炉使用二硅化钼高温发热元件，最高加热温度可达 1600 ℃，其炉膛内下端有一支承管，将试样容器承放在炉膛高温带，试样容器为石墨坩埚，其底部有小孔，坩埚直径 $\phi = 70$ mm，坩埚内存放所测试样。试样上面有加压头，加压头上面是石墨制的加压杆，这根可拆卸压杆紧连支承杆，支承杆上有荷重砝码。试样在炉内因温度升高而产生的膨胀和试样在高温下开始软化收缩的数值，可通过位移传感器传递到计算机进行读数。

B　测试方法

（1）试样准备。首先，取一定量的粒级为 10 ~ 12.5 mm 的焦炭（120 g）和铁矿石（500 g），先于石墨坩埚底部放置 80 g 焦炭，并施加 2 kg/cm² 的压力使料面平整；然后装入 500 g 铁矿石，在施加 2 kg/cm² 的压力后，记录铁矿石料层的高度 H；最后，在铁矿石料面上摆放 40 g 焦炭，将整体试料压平。

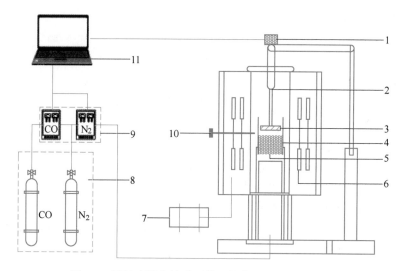

图 7-6   国标法测定铁矿石荷重软化试验装置示意图

1—砝码；2—加压杆；3—加压头；4—石墨坩埚；5—铁矿石；6—发热体；

7—真空泵；8—气瓶；9—流量计；10—热电偶；11—控制系统

（2）气密性检查。将石墨坩埚放入高温炉内，并将石墨坩埚上口密封，通入 5 L/min 的 N_2，当压差显示值不小于 20 kPa 时，方可开始试验。

（3）炉内气体控制。启动真空泵排出整个系统里的空气，在炉温达到 500 ℃前，通入 N_2，流量为 5 L/min；当炉温达到 500 ℃时，切为还原气体，还原气体的成分为 $CO/N_2 = 30/70$，流量为 5 L/min；试验结束后通入 N_2，流量为 2 L/min，在料层温度低于 200 ℃后，停止通入 N_2。

（4）升温测定。当试样温度在室温至 900 ℃范围内时，升温速率为 10 ℃/min；当试样温度为 900~1100 ℃时，升温速率为 2 ℃/min；当试样温度为 1100~1600 ℃时，升温速率为 5 ℃/min；当试料温度达到 1580 ℃时，30 min 后试验结束。实际温度与应达到的炉温温差不应超过 5 ℃。

（5）参数确定。铁矿石软熔滴落性能参数包括软化开始温度、软化终了温度、熔化开始温度、滴落温度、软化区间及最大压差值等，详细的指标名称及其意义如表 7-2 所示。

表 7-2   铁矿石软熔滴落性能参数

指标名称	指标符号	指标意义
软化开始温度	$T_{10\%}/℃$	试样软化 10%时的温度
软化终了温度	$T_{40\%}/℃$	试样软化 40%时的温度
熔化开始温度	$T_s/℃$	压差到 500 Pa 时的温度
滴落温度	$T_d/℃$	第一滴铁液滴落温度
软化区间	$\Delta T_1/℃$	软化终了温度与软化开始温度差
软熔区间	$\Delta T_2/℃$	滴落温度与软化开始温度差
熔滴区间	$\Delta T_3/℃$	滴落温度与熔化开始温度差
最大压差值	$\Delta p/Pa$	压差曲线达到最大时的数值

7.2.4.2　变压变气氛法测定铁矿石软熔滴落性能

A　测试装置

变压变气氛法测定铁矿石软熔滴落性能的装置示意图与图7-6类似，不同之处在于，一是由荷重砝码变为可编程式加压电机，其施加的载荷可随时间或温度连续变化；二是CO、CO_2、H_2和N_2四组流量计共同控制还原气体成分，使其与温度、载荷协调匹配变化。

B　测试方法

测试步骤与国标法类似，但升温、通气及荷重等试验条件不同，具体见表7-3。

表7-3　变压变气氛法测定铁矿石软熔滴落性能的试验条件

炉温的温度范围/℃	升温速率/℃·min^{-1}	N_2流量/L·min^{-1}	CO_2流量/L·min^{-1}	CO流量/L·min^{-1}	H_2流量/L·min^{-1}	荷重速率/kPa·min^{-1}
室温~500	10	5	0	0	0	1.34
500~900	10	2.5	1~0.75	1.25~1.5	0.25	1.34
900~1100	2	2.5	0.75~0.15	1.5~2.1	0.25	0.06
1100~1400	3	2.5	0.15~0	2.1	0.25~0.4	0
1400~1600	5	2.5	0	2.1~2	0.4~0.5	0

C　测试结果

对于同一种铁矿石，分别采用国标法和变压变气氛法测定其荷重软化性能，结果如图7-7所示。可以看出，由于国标法施加的载荷大于变压变气氛法，其测得的铁矿石软化收缩速率较快，熔化开始温度降低，料层压差增大，导致国标法测得的铁矿石软熔区间比其在高炉内的实际软熔区间温度低，位置高。

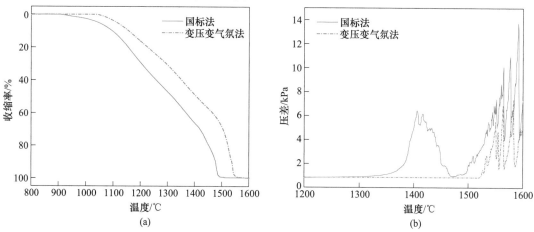

图7-7　国标法和变压变气氛法测定铁矿石荷重软化性能
（a）炉料软化收缩曲线；（b）炉料压差曲线

7.3　高炉喷吹煤粉的冶金性能检测

高炉喷吹煤粉是现代高炉炼铁的重大技术进步，通过在高炉风口喷入廉价的煤粉，代替昂贵的冶金焦炭提供冶炼过程需要的热量和还原剂，具有节焦降耗、降低成本和实现高炉下部调剂的作用。提高喷煤比和煤焦置换比是高炉冶炼的发展方向，而喷煤比的大小和煤焦置换比的高低与喷吹煤粉的性能紧密相关。因此，高炉喷吹煤粉的冶金性能检测具有重要的意义。

7.3.1 煤粉可磨性测定方法

煤的可磨性是煤的物理-机械（如硬度和强度）等性能的综合体现，是指煤被磨碎成煤粉的难易程度，常用煤的可磨性指数表示。高炉喷吹用煤为了使煤粉在处于高炉回旋区时的有限停留时间（20~50 ms）内尽可能充分燃烧，需要使喷吹煤粉具有相当小的粒度（小于 0.074 mm 的不少于 70%）。因此，煤的可磨性至关重要，可帮助判断高炉喷煤过程磨煤的成本与能耗。煤的可磨性指数也是煤质研究的重要数据，与煤化度，煤岩组成，煤中水分含量和矿物质的种类、数量及分布情况等有关。

一般用哈氏可磨性指数测定仪测定煤的可磨性指数。在一定粒度范围内的具有一定质量的煤样，经哈氏可磨性指数测定仪研磨后在规定的条件下进行筛分，称量筛上煤样的质量，用研磨前的煤样质量减去筛上的煤样质量，得到筛下煤样的质量，由煤的哈氏可磨性指数标准物质绘制的校准图上查得或者从一元线性回归方程中计算出煤的哈氏可磨性指数。

实验室中测定煤的可磨性指数有不同的方法，国家标准《煤的可磨性指数测定方法》（GB 2565—2014）和国际标准《硬煤　哈氏（Hardgrove）可磨性指数测定方法》（ISO 5074—1994）规定用哈德格罗夫法测定。哈氏可磨性用符号 HGI 表示。在实际测定时用被测定煤样与标准煤样相比较而得出的相对指标表示。

图 7-8 所示为哈氏可磨性指数测定仪装置示意图。在实验中，哈氏可磨性指数测定仪

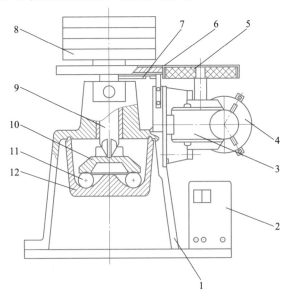

图 7-8　哈氏可磨性指数测定仪示意图

1—机座；2—转数控制器；3—减速器；4—电动机；5—小齿轮；6—大齿轮；
7—传感器；8—重块；9—主轴；10—研磨环；11—钢球；12—研磨碗

在用于测定煤的可磨性指数之前，应先进行校准得到 HGI 与 0.074 mm 筛下物质量算数平均值的图像或一元线性回归方程。之后称取 0.63~1.25 mm 粒级的煤样 50 g，放在内部装有 8 个钢球的哈氏可磨性试验仪中，研磨环以（20±1）r/min 转 3 min 后，过 0.074 mm（200 目）的筛子，得到 0.074 mm 筛下物质量算数平均值，计算样品的 HGI 值。如果实测的煤的可磨性指数较大，则容易粉碎；反之，则较难粉碎。

7.3.2　煤粉爆炸性测定方法

煤炭具有可燃性，在开采、运输、储存和使用的过程中，有发生爆炸的可能。高炉喷煤过程中，由于高速喷入高炉风口回旋区的煤粉经历高温、高压和有限狭小空间的快速燃烧，也具有爆炸的危险，所以对高炉喷吹用煤进行爆炸性难易程度的检测十分重要。

图 7-9 所示为煤粉爆炸性测试装置示意图。实验时，取 1 g 试样装入试样管中，将其喷入气压为 0.05 MPa、温度为 1100 ℃ 的玻璃管中，观察是否产生火焰。同一个试样做五次相同实验，如果五次实验均未产生火焰，则还要再做五次试验。若十次实验中有一次出现火焰（长度大于 3 mm，火星不算），则该鉴定试样为"有煤粉爆炸性"；若十次实验均未出现火焰，则该鉴定试样为"无煤粉爆炸性"。

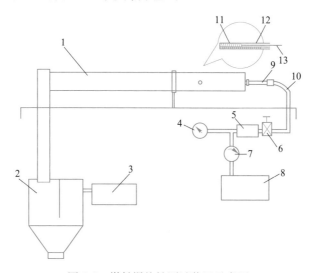

图 7-9　煤粉爆炸性测试装置示意图

1—玻璃管；2—除尘箱；3—吸尘器；4—压力表；5—气室；6—电磁阀；7—调节阀；
8—微型空气压缩机；9—试样管；10—弯管；11—铂丝；12—加热器瓷管；13—热电偶

在实验过程中应注意：

（1）煤粉爆炸性鉴定装置必须安装在有排风扇的实验室内。

（2）煤样的粒度应小于 0.075 mm，试验前，煤样和岩粉要在（100±5）℃ 下烘干 2 h。

（3）缩分后的煤样，如果因潮湿而不宜用球磨机粉碎，则应将煤样放入盘中（煤样厚度小于 10 mm），置于空气中晾干，或放在 45~50 ℃ 鼓风干燥箱内干燥，除去其外在水分（以过筛时不糊筛网为准）。

（4）要及时清扫玻璃管和加热器上的残留煤样。每试验完一个鉴定煤样，都要清扫一次玻璃管，并用牙刷顺着铂丝缠绕方向轻轻地刷掉加热器表面上的浮尘（每 60 个鉴定煤样更换一个加热器），同时开动装在窗上的排风扇进行通风，置换实验室内的空气。

（5）每次试验时，加热器的温度都应保持在（1100±20）℃。

7.3.3　煤灰熔融性测定方法

煤灰的熔融性是指煤灰在受热时由固态向液态逐渐转化的特性。由于煤灰是一种由硅、铝、铁、钙和镁等多种元素的氧化物构成的复杂混合物，所以没有固定的熔点，常用煤灰在加热过程中表现出的变形温度（DT）、软化温度（ST）、半球温度（HT）和流动温度（FT）四个特征温度值表征煤灰的熔融性。工业上多用软化温度（ST）作为煤灰的熔融性指标，称为灰熔点。如果高炉喷吹煤粉的灰熔点太低，则会加速煤粉颗粒间的聚集及沉积，易导致风口或喷枪前结渣。在熔化时也会阻碍氧气进入尚未燃尽的煤粉颗粒内部，降低煤粉燃烧率；如果灰熔点太高，则会影响高炉脱硫及炉渣的排放。因此，灰熔融特性是高炉喷吹煤粉不可忽视的性质。

煤灰熔融性常用灰熔融性测试仪进行测定。测试时，将煤灰与糊精混合，制成灰锥，在高温炉弱还原性气体介质中加热，分别测定灰熔融性变形温度（DT）、软化温度（ST）、半球温度（HT）和流动温度（FT），如图 7-10 所示为灰锥熔融特征示意图。

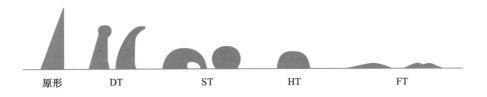

| 原形 | DT | ST | HT | FT |

图 7-10　灰锥熔融特征示意图

变形温度（DT）是指灰锥尖端或棱开始变圆或弯曲时的温度（如灰锥尖保持尖锐和笔直，灰锥体收缩和歪斜，则不算作 DT）。某些高熔点（一般为 ST 大于 1400 ℃）的煤灰，在升温过程中会出现低温下灰锥尖开始微弯，然后变直，到一定温度后又弯曲的现象。由于第一次弯曲不是灰锥局部熔化，而是由灰分发生热分解造成的，因此应以第二次弯曲时的温度作为 DT。

软化温度（ST）是指灰锥弯曲至锥类触及托板或灰锥变成球形时的温度。在后一种情况下，无论试样的体积是膨大还是缩小，只要观察到它的高度等于或小于底长，就可算作 ST。

半球温度（HT）是指灰锥形状变为近似半球形，即高约为底长一半时的温度。

流动温度（FT）是指灰锥熔化展开成高度在 1.5 mm 以下的薄层时的温度。

煤灰软化温度（ST）在不超过 1100 ℃时，称为易熔灰分；在 1100~1250 ℃时，称为低熔灰分；在 1250~1500 ℃时，称为高熔灰分；在大于 1500 ℃时，称为难熔灰分。

7.3.4　煤粉着火点测定方法

煤的着火是由于煤受热释放出的挥发分与大气形成混合物，在一定的温度下开始燃烧，此温度称为着火点，也称为着火温度或燃点。各种煤的着火点各不相同，与煤化程度有关，低阶煤的着火点较低，而高阶煤的着火点则较高。煤的着火温度是煤的特性之一。在生产、储存和运输过程中可根据煤的着火温度来采取预防措施，以避免煤炭自燃，减少环境污染和经济损失。高炉喷煤的着火点高低对煤粉在风口回旋区的燃烧率有着重要的影响。

测试煤的着火温度的方法有两种：一种是基于煤爆燃时空气体积膨胀现象的人工观测法；另一种是基于煤爆燃时温度骤然上升现象的自动测定法。人工观测法测量煤的着火点与自动测定法的原理相同，只是人工观测法以密闭容器内气体体积发生突变时的温度为着火温度。自动测定法先将煤样与氧化剂（亚硝酸钠）按一定比例混合，放入自动测定仪中，并以一定的速度加热，到达一定温度时，煤样突然燃烧。记录下测量系统内升温速度突然增加时的温度，将其作为煤的着火温度，煤的着火温度以摄氏度（℃）表示。

图 7-11 所示为煤粉着火温度测定仪示意图。在实验过程中，按照《煤样的制备方法》（GB 474—2018），将煤样制成粒度小于 0.2 mm 的一般分析煤样。使用之前需要在温度为 55~60 ℃、压力为 53 kPa 的真空干燥箱中干燥 2 h，之后用过氧化氢处理，并再次干燥。每个煤样分别进行两次重复测定，将重复测定结果的算术平均值（取整数）作为煤粉着火温度。

在实验过程中应注意：

（1）亚硝酸钠易吸水，须先研细再进行烘干处理，然后贮藏在干燥器内。只有用完全干燥的氧化剂，才能获得再现性较好的结果。潮湿的氧化剂会降低煤的着火点。

（2）煤样必须经过真空干燥，以接近恒重，这是因为真空干燥能使煤的内水分脱除得比较完全。

（3）每个煤样应进行两次平行测定，允许差值不得超过 6 ℃。

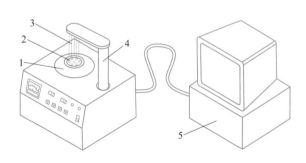

图 7-11 煤粉着火温度测定仪示意图
1—加热炉；2—铜加热体；3—测温电偶；4—升降杆；5—控制测量系统

7.4 焦炭冶金性能检测

焦炭是高炉炼铁不可或缺的入炉原料，发挥着热源、还原剂、料柱骨架和铁水渗碳剂四大作用。料柱骨架作用对于高炉冶炼十分重要，因此，焦炭必须具有足够的强度。如果焦炭强度低，则会引起诸如炉身和炉缸透气性降低、气流和温度分布紊乱悬料等操作问题，严重影响高炉顺行。随着高炉大型化、大喷煤比和强化冶炼等技术的发展，焦炭在高炉内的负荷不断增加，保障焦炭质量，从而维持高炉的顺行十分重要。

高炉内焦炭的劣化因素及降解机理如图 7-12 所示。焦炭自高炉上部入炉后，不仅会受到挤压、磨损和碰撞等机械作用的影响，还会受到高温条件下的碳熔损反应、碱金属侵蚀、焦炭中矿物质的还原反应、渣铁溶蚀、石墨化以及向铁水溶解等化学作用的影响，呈现平均粒度变小、强度降低、气孔增大、粉化率增加等劣化现象。

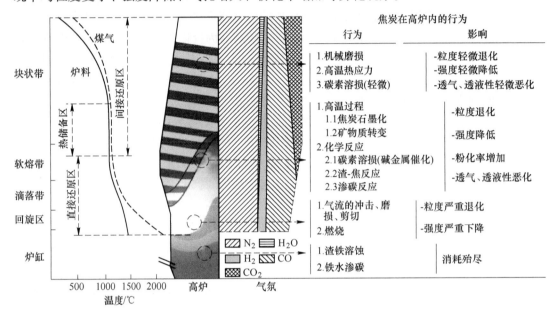

图 7-12　高炉内焦炭的劣化因素及降解机理示意图

目前，我国评价焦炭质量主要从焦炭的冷态性能和热态性能两个方面进行。其中，冷态性能主要包括焦炭的抗碎强度（M_{40}、M_{25}）和耐磨强度（M_{10}）；热态性能主要包括焦炭的反应性（CRI）和反应后的强度（CSR）。

7.4.1 焦炭冷态强度

焦炭冷态强度是表征焦炭在运输、转运过程，以及在高炉块状带（低于炼焦温度）下经受碰撞、挤压和磨损等过程中发生破碎、粉化等劣化行为的强度指标。

7.4.1.1 冷态强度指标

（1）抗碎强度（M_{40}、M_{25}）。焦炭的抗碎强度是指焦炭能抵抗冲击力而不沿结构裂纹或缺陷处破碎的能力，用 M_{40} 或 M_{25} 表示。M_{40} 或 M_{25} 越高，表示焦炭的抗碎能力越强。

（2）耐磨强度（M_{10}）。焦炭的耐磨强度是指焦炭能抵抗外来摩擦力而不形成碎屑或粉末的能力，用 M_{10} 表示。M_{10} 越低，表示焦炭的耐磨性越好。

7.4.1.2 测量仪器

我国采用米库姆转鼓在常温下对焦炭的冷态强度指标进行测定，测定装置示意图如图 7-13 所示。转鼓鼓体是由钢板制成的密闭圆筒，无穿心轴。鼓内直径为（1000±5）mm，鼓内长为（1000±5）mm，鼓壁厚度不小于 5 mm（制作时为 8 mm），在转鼓内壁沿转轴的方向焊接四根 100 mm×50 mm×10 mm（高×宽×厚）的角钢作为料板，把鼓壁分成四个相等面积。角钢的长度等于转鼓的内壁长度（为清扫方便，每根角钢两端可留 10 mm 间隙），角钢 100 mm 的一边对着转鼓的轴线；50 mm 的一边和转鼓曲面接触，并朝向转鼓旋转的反方向。转鼓圆柱面上有一个开口，开口的长度为 600 mm，宽为 500 mm，由此将焦炭装入、卸出和清扫。开口安装鼓盖，盖内壁的大小与鼓体上的开口相同，且其曲率及材质与转鼓鼓壁一致。当盖关紧时，其内表面与转鼓内表面将在同一曲面上。为了减少试样的损失，应在盖的四周镶嵌橡胶垫或羊毛毡。转鼓由电动机（1.5~2.2 kW）带动，经减速机以 25 r/min 的恒定转速运转 100 r。

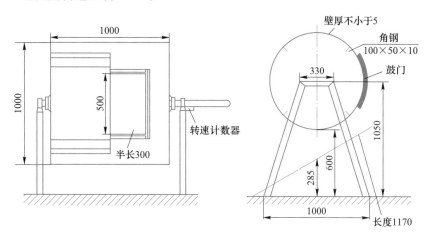

图 7-13　米库姆转鼓测定装置示意图（单位：mm）

7.4.1.3　测量方法

焦炭冷态强度的测定参照《焦炭机械强度的测定方法》（GB/T 2006—2008）进行，依照焦炭试样初始粒度的不同，分别规定了当测定粒度大于 25 mm 及大于 60 mm 时，焦炭冷态强度的测量方法，按照两种粒度的测试方法进行转鼓实验，然后计算焦炭的抗碎强度和耐磨强度。

焦炭抗碎强度 M_{40} 或 M_{25} 按式（7-15）计算：

$$M_{40}(M_{25}) = m_1/m \times 100\% \tag{7-15}$$

焦炭耐磨强度 M_{10} 按式（7-16）计算：

$$M_{10} = m_2/m \times 100\% \tag{7-16}$$

式中　m——入鼓焦炭的质量，kg；

　　m_1——出鼓后粒径大于 40 mm 或大于 25 mm 的焦炭的质量，kg；

　　m_2——出鼓后粒径小于 10 mm 的焦炭的质量，kg。

试验结果均保留一位小数。

7.4.1.4　国标规定的焦炭冷态强度指标

《冶金焦炭》（GB/T 1996—2017）中规定了冶金焦炭的技术指标。其中，焦炭冷态强度的指标见表 7-4。

7.4.2　焦炭热态性能

焦炭热态性能是表征焦炭在高炉热储备区及软熔带区域与铁矿石间接还原产生的 CO_2

表 7-4　国标 GB/T 1996—2017 规定的焦炭冷态强度指标

指标/%		等级	粒度/mm		
			>40	>25	25~40
抗碎强度	M_{25}	一级	≥92.0		按供需双方协议
		二级	≥89.0		
		三级	≥85.0		
	M_{40}	一级	≥82.0		
		二级	≥78.0		
		三级	≥74.0		
耐磨强度	M_{10}	一级	≤7.0		
		二级	≤8.5		
		三级	≤10.5		

气体相遇，并发生溶损反应，导致裂纹的生成与气孔壁变薄，引起焦炭强度的下降等劣化行为的指标。

目前世界范围内使用的焦炭热态性能检测方法主要是新日铁公司于 20 世纪 60 年代末提出的新日铁（Nippon Steel Corporation，NSC）法，可用于测定焦炭反应性指数（CRI）及焦炭反应后强度指数（CSR）。一般认为，优质焦炭具有较低的 CRI 和较高的 CSR。然而，高炉生产实践表明，CRI、CSR 指数差异较大的焦炭均可在大高炉中使用，焦炭 CRI 的大幅变化对于高炉顺行的影响并不大。近年来，国内外学者对 CRI 和 CSR 测定实验条件的有效性提出了一些质疑，包括测定实验条件中升温制度、反应时间、反应气氛等与高炉内焦炭碳素溶损实际反应环境的差异以及被忽略的高温热应力、碱金属催化等劣化因素。为定量分析焦炭在高炉内的劣化行为，准确评价焦炭质量，重庆大学开发了炼铁高炉用焦炭的高温热性能测试方法，本节将对国标法和高炉内焦炭热性能测量新方法分别进行介绍。

7.4.2.1　国标法检测焦炭热态性能

NSC 法是新日铁公司通过高炉解剖分析发现，碳素溶损反应是焦炭在高炉内粒度和强度降解的主要原因，为表征不同焦炭与 CO_2 气体在高炉内的反应能力，以及高炉内焦炭在碳素溶损、机械力及热应力的综合作用下强度的保持情况，专门研发的焦炭热态性能检测方法。我国将其做适当修改后，制定了国家标准《焦炭反应性和反应后强度试验方法》（GB/T 4000—2017）。

A　热态性能指标

（1）焦炭反应性指数（CRI）。CRI 是指焦炭与 CO_2 气体进行化学反应的能力。为减缓高炉内焦炭强度的劣化，普遍希望其具有较低的反应性。

（2）焦炭反应后强度指数（CSR）。CSR 是指碳素溶损反应后的焦炭在机械力和热应力作用下抵抗碎裂和磨损的能力。高炉生产中普遍希望焦炭的 CSR 指数越高越好。

B　检测设备

国标法检测焦炭反应性及反应后强度的装置主要包括高温电阻炉及 I 型转鼓，如图 7-14 所示。电阻炉采用电阻丝、碳化硅或其他能满足试验要求的加热元件加热均可。在炉腔内的（1100±3）℃恒温区的长度不小于 150 mm，最好采用三段式加热炉，以保证 CO_2 气体在与焦炭反应时，进入试样层的气体温度、试样层温度稳定在（1100±3）℃。此外，反应管材质要求采用 GH3044，且其内径为（80±1）mm，壁厚不小于 1.5 mm。Ⅰ型转鼓要求转鼓转速恒定在 20 r/min，转动 600 r 所需的时间不得超过（30±1）min。转鼓鼓体由内径为 130 mm，厚度为 5~6 mm 的无缝钢管加工而成，鼓内净长度为（700±1）mm，鼓盖厚度为 5~6 mm。

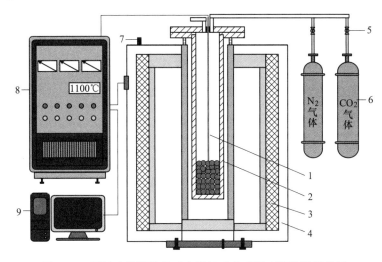

图 7-14　国标法检测焦炭反应性及反应后强度的装置示意图

1—热电偶；2—反应器；3—耐火砖；4—炉壳；5—流量计；6—气瓶；7—水冷阀门；8—控制柜；9—计算机

C　检测方法

我国按照国标《焦炭反应性及反应后强度试验方法》（GB/T 4000—2017）中规定的检测方法进行制样、碳素溶损实验和转鼓实验。试验结束后，按式（7-17）和式（7-18）分别计算焦炭的 CRI 和 CSR，计算结果数值以%表示，保留到小数点后一位。

$$CRI = (m - m_1)/m \times 100\% \tag{7-17}$$
$$CSR = m_2/m_1 \times 100\% \tag{7-18}$$

式中　m——反应前焦炭质量，kg；

　　　m_1——反应后残余焦炭质量，kg；

　　　m_2——转鼓后粒径大于 10 mm 的焦炭质量，kg。

D　国标规定的焦炭热态性能指标

《冶金焦炭》（GB/T 1996—2017）中有关焦炭热态性能的指标见表 7-5。

7.4.2.2　高炉内焦炭热态性能测量新方法

高炉内焦炭热态性能测量新方法采用自主研发的高温连续变压变气氛的焦炭热性能测试装置，真实地再现了焦炭在高炉块状带、软熔滴落带内受到热应力、碳素溶损及碱金属催化后焦炭宏观性能（粒度、强度）、孔隙结构（孔隙率，孔的平均面积、周长和直径）以及微晶结构（微晶堆垛高度、宽度和石墨化度）的变化情况。与传统的焦炭冶炼性能测定方法相比，高炉内焦炭热态性能递变测量新方法通过气氛、压力以及温度的协调连续变化，充分模拟了高炉内不同部位的实际环境，检测结果更接近炼铁高炉的实际工况，更能反映焦炭在高炉内的降解行为。

表 7-5   焦炭热态性能的标准指标

指标/%	等级	粒度/mm		
		>40	>25	25~40
焦炭反应性指数（CRI）	一级	≤30		
	二级	≤35		
	三级	—		—
焦炭反应后强度指数（CSR）	一级	≥60		
	二级	≥55		
	三级	—		

A   检测设备及方法

高炉内焦炭热态性能测量装置如图 7-15 所示，主要包括高温电阻炉、压杆及其升降装置、控制柜以及微机系统。加热炉采用 $MoSi_2$ 元件加热，最高可达 1700 ℃的极限高温，炉体左侧采用 B 型热电偶测量炉温，炉体右侧设有气体流量计，可实现气氛控制。炉体内采用优质的耐火保温材料，可延长设备的使用寿命，并节约能源。实验装置能实现编程式精准控温、控压、变气氛。

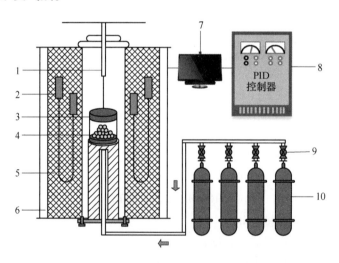

图 7-15   焦炭炉内炭化规律测试设备示意图
1—压杆；2—$MoSi_2$ 加热原件；3—热电偶；4—石墨坩埚；5—耐火砖；
6—炉壳；7—计算机；8—控制柜；9—流量计；10—气瓶

实验过程中，首先准确称取（200±0.5）g 粒度在 23~25 mm 的焦炭样品，将其置于石墨坩埚中，并将石墨坩埚放置在实验设备内。抽真空后，按相应的升温、升压以及通气制度进行实验。实验结束后，保持配气系统以 5 L/min 的流量向炉膛内通入 N_2，样品随炉冷却至室温后停止通气，取出样品并烘干称重。其中，在模拟热应力、碳素溶损对焦炭消耗行为的影响时，分别按照模拟实验条件 1 及模拟实验条件 2 进行实验，具体的实验条件分别见表 7-6 和表 7-7。在模拟热应力、碳素溶损、碱金属催化对焦炭消耗行为影响时，采用"浸渍法"对焦炭进行浸渍后按模拟实验条件 2 进行实验。实验结束后,采用 I 型转鼓、万能材料试验机、光学显微镜、X 射线衍射仪等检测设备对反应前后焦炭样品的失碳率、粒度、抗压强度、孔隙结构以及微晶结构等进行表征分析。

表 7-6 焦炭炉内劣化规律测试模拟实验条件 1

温度范围 /℃	升压速率 /kPa·min⁻¹	升温速率 /℃·min⁻¹	通气制度 /10 L·min⁻¹
室温~200	0	10	$N_2 : CO_2 = 1 : 0$
200~900	0.134	10	$N_2 : CO_2 = 1 : 0$
900~1100	0.060	2	$N_2 : CO_2 = 1 : 0$
1100~1400	0.060	3	$N_2 : CO_2 = 1 : 0$
1400~1600	0	5	$N_2 : CO_2 = 1 : 0$

表 7-7 焦炭炉内劣化规律测试模拟实验条件 2

温度范围 /℃	升压速率 /kPa·min⁻¹	升温速率 /℃·min⁻¹	通气制度 /10 L·min⁻¹
室温~200	0	10	$N_2 : CO_2 = 100 : 0$
200~500	0.134	10	$N_2 : CO_2 = 100 : 0$
500~900	0.134	10	$N_2 : CO_2 = 80 : 20 \sim 85 : 15$
900~1100	0.060	2	$N_2 : CO_2 = 85 : 15 \sim 95 : 5$
1100~1400	0.060	3	$N_2 : CO_2 = 95 : 5 \sim 100 : 0$
1400~1600	0	5	$N_2 : CO_2 = 100 : 0$

B 检测结果

以国内某企业生产现场的顶装焦、捣固焦为例,对其热态性能进行对比分析。将两种焦炭在热应力影响下经过软熔滴落带后的样品命名为 T_{1600};在热应力、碳素溶损影响下经过软熔滴落带后的样品命名为 TC_{1600};在热应力、碳素溶损、碱金属催化影响下经过软熔滴落带后的样品命名为 TCA_{1600}。采用国标法获得两种焦炭的冶金性能,见表 7-8。捣固焦的 CRI 指数低于顶装焦;CSR 指数高于顶装焦。参照 NSC 法评价指标,捣固焦的冷态、热态性能均优于顶装焦。

表 7-8 焦炭的冶金性能分析 (%)

样品	M_{40}	M_{10}	CRI	CSR
顶装焦	91.25	6.83	25.1	66.1
捣固焦	93.13	4.25	24.8	68.3

a 焦炭的失碳率及影响因素

顶装焦、捣固焦在受到不同劣化因素的影响时,其失碳率的变化如图 7-16 所示。由图可知,焦炭通过软熔滴落带后总失碳 26%~32%,且捣固焦失碳率大于顶装焦与 NSC 法的评价结果相反。进一步分析发现,碱金属催化对顶装焦以及捣固焦失碳的影响均很大,占比分别为 57%、64%。由于碱金属催化对捣固焦失碳率影响程度大于顶装焦,导致其总失碳率超过顶装焦。这说明,由于忽视碱金属的催化作用,因此 CRI 指数并不能准确地反映焦炭在高炉内的失碳情况。

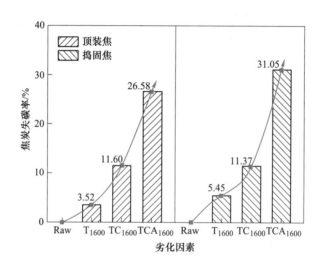

图 7-16   高炉内不同劣化因素对焦炭失碳率的影响

b   高炉内焦炭粒度变化及影响因素

高炉内焦炭在受到不同劣化因素的影响时,其粒度的变化如图 7-17 所示。由图可知,粒度大于 20 mm 的焦炭在高炉内减少了 38%~46%,小于 5 mm 的焦炭细粉生成了 22%~25%。NSC 法中 CSR 指数主要考虑焦炭受碳素溶损后大粒度焦炭的保持情况,无法有效地评价实际高炉内焦炭的高温强度。

此外,焦炭细粉的生成主要是由热应力导致的,其占比分别达到 79%、70%。由于导致焦炭粉化的主要原因与大颗粒焦炭降解的主要原因不同,因此应单独设立评价指标。通过对比两种焦炭粒度变化差异还发现,捣固焦在受热应力及碳素溶损侵蚀时粒度的保持情况优于顶装焦,但在碱金属催化后,细粉迅速产生。由此可见,在实际生产中,当高炉冶炼碱金属的含量较低时,可选用捣固焦;当碱金属的含量较高时,应优先选用顶装焦。

c   高炉内焦炭的抗压强度变化及影响因素

高炉内焦炭在受到不同劣化因素的影响时,其抗压强度变化如图 7-18 所示。由图可知,高炉内焦炭抗压强度降低了 50%~72%,且捣固焦抗压强度的劣化大于顶装焦。通过对比不同劣化因素对焦炭抗压强度的影响发现,造成顶装焦抗压强度劣化的主要原因为碳素溶损反应,受热应力及碱金属催化的影响较小。造成捣固焦抗压强度劣化的主要原因为热应力及碱金属催化,受碳素溶损反应的影响较小。由于不同劣化因素对顶装焦、捣固焦抗压强度劣化的影响程度恰好相反,所以合理的顶装焦与捣固焦搭配有利于减少抗压强度的损失。

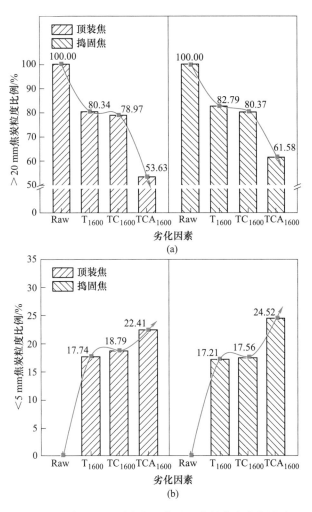

图 7-17 高炉内不同劣化因素对焦炭粒度变化的影响

（a）焦炭粒度>20 mm；（b）焦炭粒度<5 mm

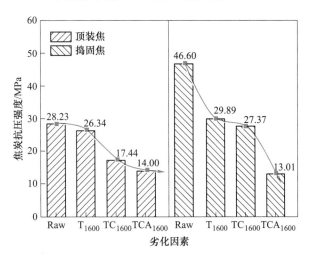

图 7-18 高炉内不同劣化因素对焦炭抗压强度的影响

　　d　高炉内焦炭的孔隙结构及微晶结构

　　通过焦炭炉内劣化规律的测试方法，也可获得焦炭的孔隙结构参数（孔隙率，圆度，孔平均面积、周长、直径）及微晶结构参数（石墨化度，微晶堆垛高度、宽度）等指标的变化趋势，由于篇幅原因，相关数据不再列举。

　　C　新型焦炭热态性能评价指标

　　在综合分析不同钢铁企业焦炭样品的实验数据后，确定高炉内焦炭热态性能劣化测量新方法的主要评价指标及推荐值见表7-9。

表 7-9　新型焦炭高温性能评价方法的主要评价指标

质量评价指标/%	计算公式	解释说明
溶损指数 CDI	$CDI=\dfrac{m-m_1}{m}\times100\%$	m、m_1 分别为反应前后的焦炭质量（g）
溶损后强度 CSD_{20}	$CSD_{20}=\dfrac{m_2}{m_1}\times100\%$	m_2 为反应且转鼓后粒度大于 20 mm 的焦炭质量（g）
粉化指数 CSD_5	$CSD_5=\dfrac{m_3}{m_1}\times100\%$	m_3 为反应且转鼓后粒度小于 5 mm 的焦炭质量（g）
抗压强度 CCS	$CCS=\dfrac{4P}{\pi d^2}\times100\%$	d、P 分别为柱状焦直径（mm）及承受最大载荷（MN）
孔隙指数 CPI	$CPI=\dfrac{n_1-n}{n}\times100\%$	n、n_1 分别为反应前后的焦炭孔隙率（%）

　　注：本评价方法中各评价指标对焦炭冶金性能的影响程度从大到小依次为：CDI、CSD_{20}、CSD_5、CCS、CPI。其中，CDI、CSD_{20}、CSD_5、CCS 作为主要评价指标，CPI 作为补充指标。

复习及思考题

1. 烧结的意义是什么？
2. 简述烧结的主要步骤。
3. 铁矿石还原度所代表的意义是什么？
4. 低温还原粉化实验所用还原气体的成分为什么与铁矿石还原性测定所用的不同？
5. 什么是铁矿石的软化温度，其在高炉内相对应的那个部位叫作什么？
6. 国标法和变压变气氛法测定铁矿石软熔滴落性能有何不同？
7. 简述煤粉的主要冶金性能及其检测方法。
8. 分别简述焦炭的冷态强度和热态性能的检测方法。

参 考 文 献

[1] 伍成波. 冶金工程实验 [M]. 重庆：重庆大学出版社，2005.
[2] 吴胜利，王筱留. 钢铁冶金学（炼铁部分）[M]. 4 版. 北京：冶金工业出版社，2019.
[3] 许满兴，何国强，张天启，等. 铁矿石烧结生产实用技术 [M]. 北京：冶金工业出版社，2019.
[4] 任素波，白明华，梁宏志. 烧结球团设备新技术及仿真 [M]. 北京：冶金工业出版社，2020.
[5] 张生富，朱荣锦，邓青宇，等. 一种高温连续变压、变气氛条件下铁矿石性能测定方法：CN110346538B [P]. 2021-03-09.

［6］ Zhang S F，Bai C G，Zhu R J，et al. Device and method for measuring softening and melting performances of iron ore in blast furnace under reducing condition：US11493273［P］. 2022-11-08.

［7］ 张生富，方云鹏，谢皓，等 . 一种高炉内焦炭性能递变的测定方法：CN110411852B［P］. 2021-09-07.

［8］ 张生富，陈静波，白晨光，等 . 低炭素製鉄用鉄チタン複合コークス及びその製造方法［P］. 2022-04-08.

8 冶金熔渣物性检测方法

本章提要

　　冶金熔体是指在火法冶金过程中处于熔融状态的反应介质和反应产物（或中间产品），如高炉炼铁的铁水和高炉渣、转炉炼钢的钢水和转炉渣等。根据组成熔体的主要成分不同，一般将冶金熔体分为四种类型，即金属熔体、冶金熔渣、冶金熔盐和冶金熔锍。冶金熔体的性质直接影响到冶炼过程的进行、冶炼工艺的指标以及冶金产品的质量等诸多方面。因此，了解冶金熔体的物理化学性质及其与温度、压力和组成等因素之间的关系，对于有效控制和调节冶金过程、提高冶金产品的质量具有十分重要的意义。

　　炉渣是钢铁冶金中形成的以氧化物为主要成分的多组分熔体，是金属冶炼、精炼及浇铸过程中除金属熔体外的另一产物，其性能直接影响到冶炼过程的顺行和产品质量。不同的冶金过程，对炉渣组成及物理化学性质的要求不同。

　　本章主要介绍冶金炉渣的熔化温度、黏度、表面张力、润湿性、结晶特性、密度、电导率以及传热性能等的测定方法。

8.1 炉渣熔化温度

　　熔化温度是炉渣最基本、最重要的性能之一，对于冶金工艺过程的控制有重要作用。冶金生产所用渣系包括高炉渣、转炉渣、连铸保护渣、电渣、精炼渣等，无论是自然形成的原料还是人工配置的，其组成都非常复杂，为多元体混合物。按照热力学理论，熔点是指标准大气压下固-液两相平衡共存时的平衡温度。在简单的二元或三元体系，可以根据相图的液相线温度，分析不同组分的熔化温度，然而炉渣是多元系，其平衡温度随固-液相成分的变化而变化，一般没有适合的相图可供查阅。

　　炉渣熔点是指加热过程中，固态渣完全转变为均匀液相，或冷却时液态渣开始析出固相时的温度。炉渣没有固定的熔点，熔化过程在一个温度范围内进行，因此要从理论上确定炉渣的熔化温度，既不现实，也不可靠，只能通过实验测定。

8.1.1 实验原理

　　通常采用半经验的试样变形法测定炉渣的熔化温度。在升温过程中，当炉渣体系中有液相产生时，试样的形状会发生改变，根据这种现象制订了试样变形法，用于测定炉渣的熔化温度。将炉渣制成圆柱体的试样，放置在垫片上，随着温度的升高，圆柱体试样受热烧结收缩并开始熔化变形，其高度逐渐降低，如图 8-1 所示。当渣柱高度降低到原始高度的 3/4 时的温度，称为开始熔化温度或软化温度；当试样高度降低到原渣柱高度一半时的温度，称为半球点温度或熔化温度，此时试样的形状为半球；当渣柱高度降低到原渣柱高度的1/4时的温度，称为完全熔化温度或流动温度。开始熔化温度与完全熔化温度的温度区间称为熔化温度区间。

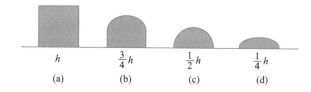

图 8-1　炉渣熔化过程试样高度变化
（a）原始渣样；（b）开始熔化温度；（c）半球点温度；（d）完全熔化温度

8.1.2　实验装置

使用变形法测试熔化温度时的实验装置通常称为半球点熔化温度测定仪，如图 8-2 所示，包括高温加热系统、测温系统和成像系统。加热系统采用铂铑丝或硅钼元件作为发热体，利用双铂铑热电偶测定温度并通过程序控温。采用高清摄像头对样品进行放大观测并拍照记录，同时存储显示试样熔化过程的形状、温度和时间。加热炉还可以控制气氛，针对一些特殊样品，可以进行通气实验。

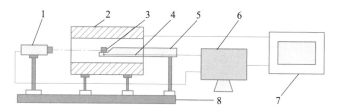

图 8-2　半球点熔化温度测定仪装置示意图
1—图像采集系统；2—炉体；3—渣样；4—测温热电偶；5—送样管；
6—计算机处理系统；7—控温系统；8—支撑轨道

8.1.3　实验方法

8.1.3.1　样品的制备

对于实验室配置的炉渣和工业生产的炉渣，都可以进行测试。准备 50 g 左右的炉渣，研磨至 200 目完全过筛，加少许糊精水或酒精，用特制的制样装置将试样制成 $\phi3$ mm× 3 mm 的圆柱体渣柱，并置于刚玉载片上，然后将样品烘干待用。对于实验室配置的炉渣，要注意保证原料充分混匀，保障炉渣成分均匀。对于工业应用的炉渣，要注意选取渣样的批次、原料的差异，以及选取渣样的代表性，如果是含碳的渣样，则需要预先进行脱碳处理。

8.1.3.2　仪器温度的校正

为了保证温度测量的准确性，需要对装置的测温电偶进行温度校正。由于热电偶测量的是炉体的空间温度，与渣样不直接接触，因此需要通过测量空间温度的动态变化来校正仪器的测量温度。通常采用 K_2SO_4（化学纯）作为参照物，将 K_2SO_4 研磨制成标准圆柱，通过仪器测量其熔点，以测试的半球点温度为基准，对比 K_2SO_4 的理论熔点（1069 ℃），校正补偿温度。

通过实验测试，可以获得样品的开始熔化温度、半球点温度、完全熔化温度以及熔化温度区间。对于不同的炉渣，可以对比成分的变化对熔化温度的影响。实验过程中可能会产生一些特殊现象，如烧结后样品高度不变，渣样表面形成硬壳；样品熔化过程中产生鼓泡现象；样品熔化过程中高度突然变化等，一方面可能与实验操作有关，另一方面可能与炉渣的成分和熔化过程的一系列反应有关，可以结合实验图片和热力学行为做进一步的分析。

8.2　炉渣黏度

黏度是熔渣最基本和最重要的物理性质之一，对于冶金过程的传质、传热及反应动力学等有显著影响。黏度也是冶金生产设计和管理必须关注的一项指标，与渣-金分离、生产顺行、炉衬侵蚀和产品质量等密切相关。

8.2.1　黏度的定义

把流体想象成无数相互平行的液层，当相邻的两液层间有相对运动时，由于分子间力的存在，沿液层平面会产生运动阻力，称为内摩擦力，这种性质就是流体的黏性。根据牛顿内摩擦定律，流体内部各液层间的内摩擦力 F 与液层面积 S 和垂直于流动方向的两液层间的速度梯度 dv/dy 成正比，可表示为：

$$F = \eta \frac{dv}{dy} S \tag{8-1}$$

或

$$\eta = \frac{F}{S} \bigg/ \frac{dv}{dy} \tag{8-2}$$

式中　η——黏度，也称为动力黏度，$N/(m^2 \cdot s)$ 或 $Pa \cdot s$。

国际上黏度也曾用单位 $g/(cm^2 \cdot s)$，称为泊，符号为 P。两种黏度的单位换算关系为：

$$1\ Pa \cdot s = 10\ P \tag{8-3}$$

运动黏度是动力黏度 η 与同温度下流体密度 ρ 的比值，可以在实际应用中使用，但不能用于衡量流体流动阻力的大小。

根据式（8-2），F/S 为剪切应力，用 τ 表示；dv/dy 为剪切速率，用 D 表示。可以获得本构方程：

$$\tau = \eta D \tag{8-4}$$

具有黏度与剪切速率无关的流动特性的流体，称为牛顿流体；反之，则称为非牛顿流体。非牛顿流体的黏度用表观黏度表示，它与剪切速率有关。

8.2.2　黏度与成分和温度的关系

熔体黏度与其化学成分和温度有关，当炉渣成分和温度改变时，会造成熔体结构发生变化，炉渣黏度也发生相应的变化。

8.2.2.1 黏度与组分的关系

炉渣成分种类多样，采用玻璃的无规则网络学说，将炉渣中的常见组分按化合物单键 M-O 键能的大小划分为网络形成体（氧化物单键键能大于 335 kJ/mol）、网络外体（氧化物单键键能在 251.1~334.9 kJ/mol）和网络中间体（氧化物单键键能小于 251 kJ/mol）。

表 8-1 给出了各类冶金渣中常见物质的物性参数。炉渣中 SiO_2、B_2O_3 为网络形成体，能够单独形成玻璃网络结构。在以 SiO_2 为网络形成体的网络结构中，以 Si 原子为核心形成 $[SiO_4]$ 四面体结构，Si 原子之间通过共用 O 原子形成 Si-O-Si 结构（这类 O^0 被称为桥氧，BO），使其空间结构能够向四个方向不断延伸，最终形成三维网状结构，SiO_2 也正是由于这种骨架作用而被称为网络形成体，B_2O_3 与其相似。网络外体是指不能单独形成玻璃，处于玻璃网络结构之外的物质。渣中的常见网络外体为 CaO、MgO、Na_2O、FeO 等，其阳离子静电势较小，而配位数较高，与 O 之间通过离子键连接，在加入熔渣中后，由于其携带的 O^{2-} 易于摆脱阳离子的束缚，因此能够提供 O^{2-} 用于断裂桥氧，从而解聚熔渣网络，改变熔渣性能，而阳离子自身则处于网络结构间隙，起到电荷平衡的作用。

表 8-1　常见化合物和离子的物性参数

类型	化合物或离子	离子半径 /10^{-10}m	静电势 Z/r	单键能 $E_d/C/kJ \cdot mol^{-1}$	配位数 C/mol
网络形成体	SiO_2	0.41	9.76	443	4
	B_2O_3	0.26	11.54	498	3
				372	4
网络中间体	Al_2O_3	0.50	6.00	330~422	4
				222~280	6
	TiO_2	0.68	5.88	305	6
网络外体	MgO	0.65	3.08	155	6
	CaO	1.06	1.89	134	8
	BaO	1.43	1.40	138	8
	MnO	0.91	2.20	121	8
	Li_2O	0.60	1.67	151	4
	Na_2O	0.95	1.05	84	6
	K_2O	1.39	0.72	54	
阴离子	F^-	1.36	0.74		
	O^{2-}	1.32	1.52		

网络中间体是指不能单独形成玻璃的物质，其作用介于网络形成体和网络外体之间。Al_2O_3 是渣中常见的网络中间体，当 Al^{3+} 与其他阴离子形成离子键时，其作为网络外体存在（此时 Al 的配位数为 5 或 6）；当其通过 Al-O 共价键形成 $[AlO_4]$ 四面体参与网络结构生成时，其作为网络形成体存在（此时 Al 的配位数为 4）。这类物质的配位状态与其所处的环境有关，由于其既可作为网络外体，又可作为网络形成体，因此被称为网络中间体。由于其两性作用，因此确定渣中 Al^{3+} 所起的作用对于研究含 Al_2O_3 渣系的结构和性能至关重要，TiO_2 也有相似的作用。

除了氧化物之外，还有一类特殊的物质，为氟化物（如 CaF_2）。根据现有的研究理论，CaF_2 在硅酸盐熔渣中的作用与其所处的环境有关，当它在酸性硅酸盐熔渣中时，能够解体硅酸盐网络；而当它在碱性硅酸盐熔渣中时，则仅仅作为稀释剂。在不同体系的熔渣结构中，F^- 扮演着不同的角色，因此 CaF_2 也被称为网络外体，且其具有更强的降低黏度的作用。

熔渣主要通过调整网络形成体和网络外体的配比来改变结构，调整熔渣的黏度。

8.2.2.2 黏度与温度的关系

当炉渣的成分确定时，黏度的最大影响因素是温度。黏度与温度的关系可表示为：

$$\eta = A e^{\frac{E_\eta}{RT}} \tag{8-5}$$

式中　A——常数；

$\quad\quad E_\eta$——黏流活化能，J/mol；

$\quad\quad R$——气体常数，$R = 8.314$ J/(mol·K)；

$\quad\quad T$——热力学温度，K。

可见，黏度与温度存在指数函数关系。黏度的大小取决于黏流活化能，温度的变化虽不能改变黏流活化能的大小，但可以使具有黏流活化能的质点数量发生变化；同时，质点热振动的加强或减弱，会造成质点间的分裂或聚合，导致网络结构单元尺寸发生变化，从而使得黏度发生变化。当熔渣出现不均匀性时，比如其中有不溶解的组分质点，或在温度降低时析出固相质点，这时熔渣的黏度将会发生突变，不再服从牛顿黏性定律。

温度对黏度的影响还与炉渣的化学性质有关。如图 8-3 所示，碱性渣的黏度通常小于酸性渣，这是因为碱性渣的网络结构单元尺寸更小。酸性渣随着温度的降低，其黏度随网络单元的聚合逐渐增大，但黏度变化没有明显的转折。这种渣在冷却时可以拉丝，其断面为玻璃态。碱性渣随着温度的降低，其在均匀相状态时的黏度缓慢增大，然而当温度低于液相线时，熔渣中会出现固相质点，导致黏度发生陡增，具有一个明显的转折点。这种渣在冷却时不能拉丝，其断面主要为结晶体。

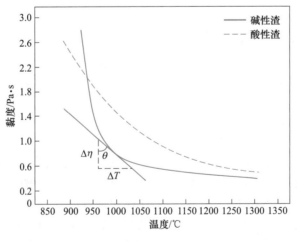

图 8-3　熔渣黏度-温度变化曲线示意图

黏流活化能可通过实验获得，即在均匀液相状态下，通过准确测量熔渣黏度与温度的变化曲线，依据式（8-5）取黏度的对数（$\ln\eta$）与温度的倒数（$1/T$）作图，可以得到一条直线，通过直线的斜率就能求出黏流活化能。

　　长期以来，人们致力于熔体黏度的测定与研究，但由于高温实验的困难性，因此始终没有形成完整的黏度体系数据库。黏度的测量方法主要有基于泊肃叶定律的细管法、旋转柱体法、扭摆振动法、垂直振动法以及落体法。适用于高温炉渣黏度测量的主要为旋转柱体法，实验室和工业上采用相同的标准，适应性广，测量准确可靠。

8.2.3.1　实验原理

　　旋转柱体法分为内柱体旋转和外柱体旋转，冶金中通常为内柱体旋转。旋转柱体法的测试装置由两个半径不同的同心柱体组成，如图 8-4 所示。外柱体通常为坩埚，内部装有待测黏度的液体。内柱体为测头，插入待测液之中且不与待测液发生反应，当施加外力使得内柱体匀速转动时，在两柱体之间的径向距离上的液体内部会出现速度梯度，于是便在液体中产生了内摩擦力，并在旋转内柱体上产生一个力矩：

$$M = \eta \cdot 2\pi R^2 h \cdot \frac{\mathrm{d}w}{\mathrm{d}R} = 4\pi\eta h\omega\left(\frac{1}{r^2} - \frac{1}{R^2}\right) \tag{8-6}$$

式中　　M——力矩；

　　　　h——内柱体浸没深度；

　　　　ω——内柱体转动角速度；

　　　　r——内柱体半径；

　　　　R——外柱体（坩埚）内部半径。

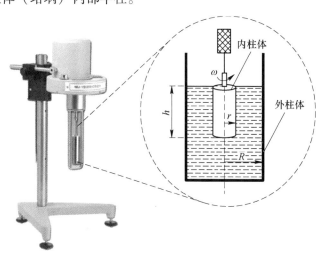

图 8-4　旋转柱体法测试原理图

　　当旋转达到稳态时，将上式分离变量，可得：

$$\eta = \frac{M}{4\pi h\omega}\left(\frac{1}{r^2} - \frac{1}{R^2}\right) \tag{8-7}$$

　　由此可见，若能测定出力矩、浸没深度、角速度和内外柱体半径，就能得出液体的黏度。

通常，坩埚内径和测头外径为常数，当柱体进入液体的深度 h 恒定不变时，黏度公式可进一步简化为：

$$\eta = K \frac{M}{\omega} \tag{8-8}$$

式中　K——仪器常数，可以采用已知黏度的液体进行标定。

由式（8-8）可见，采用旋转柱体法测试液体的黏度，实际上就是力矩 M 和角速度 ω 的测量。预先设定一定的转速，通过测量由液体黏度引起的摩擦力矩的变化，就能得到黏度值。多数情况下，很难测定力矩的绝对值，故可通过观察与力矩 M 成比例的其他物理量的变化，从而实现黏度的测量。这些物理量包括质量、弹性吊丝的扭转角和电磁量等，通过信号的转化可以实现快速、准确的黏度测量，并且为自动化数据处理提供了可能。

8.2.3.2　实验装置

基于旋转柱体法设计的旋转黏度计不断地更新换代，早期的黏度计通常采用吊丝（直径为 $0.15\sim0.21$ mm 的钢丝）作为传感器，在定转速的条件下，通过光电感应时间差来测量黏度值。这种方法虽然简单，但测量范围受限，精度不够，已逐渐被淘汰。目前广泛应用的黏度计均对传感器进行了升级，设计了适应不同范围的黏度计型号。常用的旋转黏度计包括美国的 Brookfield、Koehler，德国的 Haake、IKA，西班牙的 Fungilab，英国的 Hydramotion 和我国重庆大学、东北大学等单位自主开发的高温黏度计等，仪器的原理大都相似。

图 8-5 所示为高温黏度测定装置示意图，包括黏度计和高温加热炉两部分。加热炉采用 $MoSi_2$ 元件加热，最高可达 1700 ℃的极限高温，炉体底部采用 B 型热电偶测量炉温，炉体底部有通气孔，可实现气氛控制；炉体内采用优质的耐火保温材料；高温加热炉采用程序控温，可实现升温、恒温和降温等各种温度控制，满足不同温度条件的测试需求。

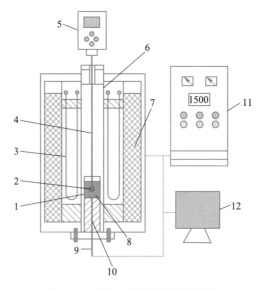

图 8-5　高温黏度测定装置示意图

1—坩埚；2—测头；3—加热元件；4—测杆；5—黏度计；6—炉管；7—炉体；
8—熔体；9—通气孔；10—热电偶；11—控制柜；12—计算机

由于在不同的测试条件下，设备测量的绝对值会有差异，因此需要对设备的测量值进行修正，即仪器常数的标定。通常用甲基硅油或蓖麻油标定仪器常数，将标定液倒入与实验坩埚内部尺寸相当的容器内，液体深度也与待测熔渣大体相同。将盛有标定液的容器放入恒温水浴池中进行保温，待标定液的温度恒定以后，将测头（内柱体）插入标定液，其插入深度与插入待测液的位置相同，采用黏度计测量当前温度下标定液的测试黏度，并与理论值进行比较，计算出仪器常数 K。

8.3 熔渣表面张力

熔渣的表面张力与其构成分子或离子间的结合力有着密切的关系，通过研究表面张力，可以探究熔体表面结构与熔体中质点之间的作用力。表面张力在冶金反应、渣-金分离、非金属夹杂物的聚集长大和排出、熔渣的起泡、渣-金之间的乳化、熔渣对炉衬或耐火材料侵蚀等方面都具有重要影响。

8.3.1 表面张力的定义

熔体表面层的质点比内部质点具有更多的能量，这种多余的能量称为表面能。表面能可以看作熔体表面经受使其缩小的切应力的作用，该切应力被称为表面张力，用符号 σ 表示。表面张力通常指单一液相与气相之间的切应力，而对于两种相（液相-液相、液相-固相）之间的作用力，则称为界面张力。

表面张力与液体质点间的结构状态有关，分子液体表面张力最小，金属液体表面张力最大，熔渣通常被认为是离子液体，表面张力介于二者之间。

8.3.2 表面张力与组分及温度的关系

熔渣的组分及温度均对表面张力有着直接的影响，但温度对表面张力的影响远小于组分的影响作用。随着温度的升高，熔体内质点的热运动和质点间距增加，质点间作用力减弱，会造成熔体表面张力减小；然而，当温度升高时，质点的动能增加，促进了吸附在熔体表面的络离子的脱附，使其离开熔体表面进入熔体中，从而造成熔体的表面张力增大。因此，表面张力与温度的比值关系（$d\sigma/dT$）既可能为正，也可能为负。

熔渣的表面张力与其组分含量息息相关。纯氧化物的表面张力主要与离子间的键能有关。氧化物表面主要为 O^{2-} 所占据，由于 O^{2-} 的半径比阳离子大，形成熔体时氧化物的表面张力取决于 O^{2-} 与邻近阳离子的作用力，因此，阳离子的静电势大，且离子键分数高的氧化物具有较大的表面张力。熔渣中能使表面张力降低的物质称为表面活性物，这些物质要么阳离子的静电势小，要么能够形成络离子，和阳离子间的键能弱，能被排至表面层并发生吸附，从而降低熔体的表面张力。表面活性物质主要包括 SiO_2、TiO_2、P_2O_5、Na_2O 等，此外，由于 F^- 和 S^{2-} 比 O^{2-} 的静电势小，能从表面排走 O^{2-}，因此 CaF_2、FeS 等也是表面活性物。

8.3.3 表面张力的测量

表面张力的测量方法有很多，分为静力学和动力学两大类。静力学法通过测量某一状态下的一些特定数值来计算表面张力，包含毛细管上升法、气泡最大压力法、座滴法、悬滴法、拉筒法、滴重法、基于热丝法表面张力快速测试法等；动力学法通过测量决定某一过程特征的数值来计算表面张力，主要包括毛细管波法和振动滴法。目前，动力学法测量表面张力还不够完善，测量误差大，因此实际应用很少。对于金属熔体、熔盐和熔渣表面张力的测量，最常用的方法是气泡最大压力法、座滴法和拉筒法，在此重点对这三种表面张力的测试方法进行详细叙述。

8.3.3.1 气泡最大压力法

早在 19 世纪 50 年代，便采用气泡最大压力法来测量液体的表面张力，如今该方法也被用于高温熔体表面张力的测量。

A 实验原理

利用气泡最大压力法测量熔体表面张力的实验原理如图 8-6 所示。将毛细管垂直插入液体中，并向毛细管内缓慢吹气，在毛细管的端部将形成一个气泡。随着气体压力的增加，气泡逐渐长大。当气泡恰好是半球状时，其曲率半径最小，气泡内的压力达到最大值，随后气泡将脱离毛细管并逸出液体。通过测量气泡形成过程的最大压力，就能计算出液体的表面张力。

对于半径为 r 的毛细管，插入液体的深度为 h，设液体的密度为 ρ，表面张力为 σ，根据拉普拉斯方程和液体静压理论，有：

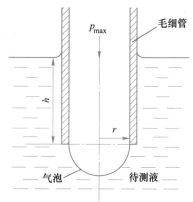

图 8-6 气泡最大压力法测试原理图

$$p_{max} = \frac{2\sigma}{r} + \rho g h \tag{8-9}$$

式中　$2\sigma/r$——液体表面张力引起的毛细附加力；

　　　$\rho g h$——毛细管端部的液体静压力。

当气泡半径与毛细管半径相同时，气泡具有最小的曲率半径和最大的毛细附加力，即气泡内的压力达到最大值。因此，只要测得气泡内的最大压力，就可根据式（8-9）计算出表面张力。

实验中，在通过测压装置测量气泡的最大压力时，可以采用 U 形压力计测压，也可配置霍尔式微压变送器测压。通过霍尔元件测压，首先将压力信号转换为电信号，并利用计算机采集压力变化。然后通过压力计确定液面位置，并控制毛细管插入深度。采用此法测定的表面张力数据准确，设备简单。但对于高温熔体，由于温度的影响或者熔体在毛细管内发生凝结等现象，可能会使实验结果产生误差，所以，对于高温熔体表面张力的测量，还可以进行更多的探究，以提高测量的准确性。

B 实验装置

气泡最大压力法实验装置如图 8-7 所示，由高温炉、毛细管及其升降机构、测压设备和气体净化单元组成。其中，高温炉用于试样熔化；坩埚不能与熔体发生化学反应。对于熔渣，可以采用石墨、铂铑合金或钼质坩埚，但使用钼质坩埚时需要通入保护性气氛。毛细管的材质与规格也要根据试样来选定，对于常温液体，可以采用内径为 1 mm 的玻璃管；对于熔盐，可选用管径为 1~2 mm 的石英玻璃；对于金属或熔渣，可选用内径为 2~3 mm

的刚玉或金属（铁、钼、铂等）管。测压系统的气路要保障气密性，并控制长度和弯曲。毛细管升降机构可保证毛细管平缓地上下移动，以准确控制插入深度。实验气体有空气、氩气等，不仅需要保障气体的纯度，而且需要通过精密气阀精确地控制气体的流量，以控制气泡的生成速度。

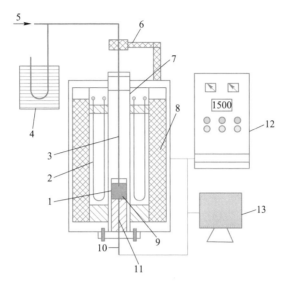

图 8-7　气泡最大压力法测量装置示意图

1—坩埚；2—加热元件；3—毛细管；4—压力测量；5—吹气；6—升降机构；7—炉管；
8—炉体；9—熔体；10—通气孔；11—热电偶；12—控制柜；13—计算机

对于炉渣，由于试样的密度通常是未知的，因此需要通过仪器进行测量。可通过改变毛细管的插入深度，以测量一系列最大压力的方式来获得熔渣的表面张力。在同一体系，炉渣的密度、表面张力均为定值，则式（8-9）可变为：

$$p_h = b + Kh \tag{8-10}$$

式中　p_h——插入深度对应的气泡最大压力，与插入深度 h 呈线性关系；

　　　b——截距，可由下式计算：

$$b = \frac{2\sigma}{r} \tag{8-11}$$

此时：

$$\sigma = \frac{br}{2} \tag{8-12}$$

因此，通过测量多个插入深度下的压力值，利用线性回归得到式（8-10）的截距 b，然后根据式（8-12），即可求出表面张力。

8.3.3.2　座滴法

座滴法既可以测量熔体的表面张力，也可以测量熔体与固体之间的接触角。

A　实验原理

当液滴静置在水平垫片上时，主要受两种力的相互作用，一种是重力产生的静压力以及液体对固体的润湿作用力，使液滴铺展在垫片上；另一种是液体表面张力产生的毛细附加力，促使液滴趋于球形。当两种力达到平衡时，液滴保持一定的形状，如图 8-8（a）所示。理论上，可以通过液滴的质量和几何形状计算出表面张力。

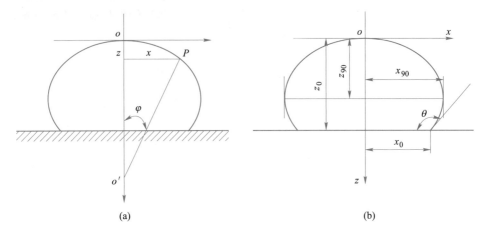

图 8-8　座滴法测量熔体表面张力的原理示意图
（a）原理；（b）液滴投影特征尺寸

在液滴表面任取一点 P，分析其受力情况，该点处的静压力 p_1 为：

$$p_1 = p_o + (\rho_1 - \rho_g)gz \tag{8-13}$$

式中　p_o——液滴顶点（o 点）处的静压力；

ρ_1，ρ_g——液相和气相的密度；

g——重力加速度；

z——以 o 为原点，P 点的垂直坐标。

P 点处因表面张力所受的毛细附加力 p_2 为：

$$p_2 = \sigma\left(\frac{1}{R_1} + \frac{1}{R_2}\right) \tag{8-14}$$

式中　σ——表面张力；

R_1，R_2——P 点处液面的主曲率半径，其中取通过法线 Po' 并垂直于水平面的截面与曲面交线的曲率半径为 R_2，则 $R_2 = x/\sin\varphi$，另一主曲率半径取通过纵坐标 oz 的主截面与曲面交线的曲率半径 R_1。

当液滴稳定时，两力处于平衡，即 $p_1 = p_2$，则有：

$$\sigma\left(\frac{1}{R_1} + \frac{1}{R_2}\right) = p_o + (\rho_1 - \rho_g)gz \tag{8-15}$$

当 P 点在液滴顶点 o 处时，$z=0$，且 $R_1 = R_2 = b$，此处 b 为液滴顶点处的曲率半径。由此可得 $p_o = 2\sigma/b$，代入式（8-15）可得：

$$\sigma\left(\frac{1}{R_1} + \frac{\sin\varphi}{x}\right) = \frac{2\sigma}{b} + (\rho_1 - \rho_g)gz \tag{8-16}$$

定义形状因子 β，令：

$$\beta = (\rho_1 - \rho_g)g\frac{b^2}{\sigma} \tag{8-17}$$

将 β 代入式（8-16），并乘以 b，可得：

$$\frac{1}{R_1/b} + \frac{\sin\varphi}{x/b} = 2 + \beta\frac{z}{b} \tag{8-18}$$

若能测出 R_1、b、x、z 和 φ 的值，则可以通过式（8-18）计算出 β，再通过式（8-17）计算出表面张力。但上述尺寸大都是液滴内部的尺寸，无法直接测量。对于主曲率半径 R_1，可用曲线坐标的微分式表示：

$$R_1 = \left[1 + \left(\frac{dz}{dx}\right)^2\right]^{\frac{3}{2}} \Big/ \frac{d^2z}{dx^2} \tag{8-19}$$

由此可得：

$$\frac{b\left(\frac{d^2z}{dx^2}\right)}{\left[1+\left(\frac{dz}{dx}\right)^2\right]^{\frac{3}{2}}} + \frac{\sin\varphi}{x/b} = 2 + \beta\frac{z}{b} \tag{8-20}$$

由于式（8-20）为二阶微分方程，无法求解。为此 Bashforth 和 Adams 做了大量计算，将液滴投影尺寸和内部尺寸联系起来，编制出投影尺寸与液滴体积、形状因子相关联的数据表。利用数字解法计算出当 $\varphi = 0\sim180$ 度，$\beta = 0.1\sim100$ 时所对应的 x/z、x/b 和 z/b 的数值，其中包括当 $\varphi = 90$ 度时的 β 和 x/z。计算时需预先称重，并测量出液滴投影尺寸的赤道半径 x_{90} 和液滴顶点到赤道平面的极顶半径 z_{90}，如图 8-8（b）所示，利用数表求出 β、b 和 ρ_1 值，代入式（8-21），计算出表面张力：

$$\sigma = (\rho_1 - \rho_g)g\frac{b^2}{\beta} \tag{8-21}$$

当液滴周围是气体介质时，其密度 ρ_g 相对于液体的密度来说很小，可忽略不计。采用 Bashforth 和 Adams 表格来处理数据，不仅过程烦琐，而且容易出错，现在可利用计算机编程求算表面张力。

B　实验装置

座滴法测量熔体表面张力的实验装置如图 8-9 所示，由高温真空电炉、真空系统、摄像系统、控制系统组成。高温真空电炉的外壳是采用不锈钢制成的水冷套壳，炉内设有水

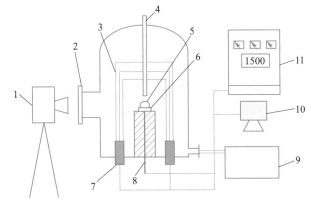

图 8-9　座滴法测量熔体表面张力的实验装置示意图

1—摄像系统；2—观察窗；3—加热元件；4—加样管道；5—试样；6—垫片；
7—电极；8—热电偶；9—真空系统；10—计算机；11—控制柜

平底座和测温热电偶，底座上放置水平垫片，并且水平可调。观察窗用于观察试样熔化状态和拍摄。加热炉与真空系统相连，真空系统一般由机械泵和扩散泵组成，可最大限度地控制内部的真空度。摄像系统为定焦摄像机，可将拍摄数据直接传输到计算机系统进行后续分析。

8.3.3.3　拉筒法

拉筒法也称拉环法，主要用于测量炉渣和玻璃熔盐的表面张力。

A　实验原理

当一个水平的金属环或垂直的金属圆筒与液体表面接触时，液体的表面张力对它们有向下的拉力，利用这个拉力及相关参数就能计算液体的表面张力。拉筒法有三种测量方式，目前主要采用拉脱法来测量表面张力，即当液体表面上的金属环或圆筒被拉离液体表面时，以测量其最大拉力的方式来获得表面张力。

如图 8-10 所示，当垂直的圆筒从液面被拉起时，被测液体也被提起，液体对拉筒的作用逐渐增大，在液体即将脱离拉筒的瞬间，拉力达到最大。向上的总拉力减去拉筒的重量与被拉起的环形液柱的重量相等，同时也与拉筒内外的表面张力之和相等。拉筒拉起的液体形状是 R^3/V 和 R/r 的函数（V 为拉起液体的体积），同时也是表面张力的函数，即：

$$\sigma = \frac{\Delta mg}{4\pi R} f\left(\frac{R^3}{V}, \frac{R}{r}\right) = K\Delta mg \qquad (8\text{-}22)$$

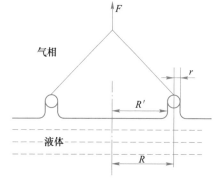

图 8-10　拉筒法测试熔体表面张力原理图

式中　σ——表面张力；

　　　R——拉环或拉筒的平均半径；

　　　r——拉环环线的半径或拉筒壁半径；

　　Δm——拉起液体的质量；

　　　g——重力加速度；

　　　K——仪器常数。

为了获得常数 K，采用同样的方法测定已知表面张力的液体。在已知表面张力的液体中测量获得拉起液体的最大质量 $\Delta m_{已知}$，代入已知液体的表面张力 $\sigma_{已知}$，则有：

$$\sigma_{已知} = K\Delta m_{已知}g \qquad (8\text{-}23)$$

结合两式可得：

$$\sigma = \frac{\Delta m}{\Delta m_{已知}}\sigma_{已知} \qquad (8\text{-}24)$$

B　实验装置

拉筒法测量表面张力的实验装置如图 8-11 所示。由高温炉、质量检测系统和升降机构组成。通常采用 $MoSi_2$ 炉加热试样，采用质量传感器实时测量质量的变化。拉筒通过悬丝与质量传感器连接，并保证拉筒下端面水平地接触液体表面。实验过程中可以实时获得拉筒插入位置和质量的对应关系，以便实验可以顺利、快速地进行。

确定液面位置是使用拉筒法测定表面张力中的一个关键步骤。当拉筒靠近液面时，通过升降机构让拉筒匀速缓慢下降，同时记录其插入位置和质量读数。随着拉筒接触液面，

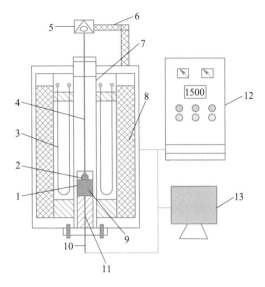

图 8-11　拉筒法测试装置示意图

1—坩埚；2—拉筒；3—加热元件；4—悬丝；5—质量传感器；6—升降机构；7—炉管；
8—炉体；9—熔体；10—气孔；11—热电偶；12—控制柜；13—计算机

拉筒会受到表面张力的作用，使得质量发生陡增，质量陡增的点就是液面位置。

8.4　炉渣润湿性

8.4.1　润湿的概念及特征

润湿也是固液界面作用的一种现象，固液界面的润湿行为在高温冶金过程中扮演着重要的作用，如金属-金属的润湿性、金属与耐火材料的润湿性、钒钛矿冶炼过程中 Ti(C，N) 与铁水的润湿性等。高温润湿过程分为溶解型润湿、吸附型润湿和反应型润湿。

8.4.1.1　溶解型润湿

在高温润湿体系研究中，特别是金属-金属的润湿，通常一种金属在另一种金属熔体中有一定的溶解度。溶解型润湿，认为在润湿过程中基片不断地向金属液中溶解，导致在液滴正下方的基片上形成了一个较深的溶蚀坑，当液滴达到饱和溶解度后，其成分被完全改变，同时能获得很小的表观接触角，这是由于溶蚀坑的形成导致液滴高度显著下降。溶解型润湿要求在固-液界面上没有反应产物析出，不仅在三相线处达到界面张力平衡，而且还获得了化学平衡，即固相元素在固-液两相间的化学势相等。液滴中的浓度梯度作为溶解的驱动力，通常在冷却之后，由于成分过冷及温度梯度的作用，可在界面上观察到大量的树枝晶沿着液滴内部生长。Sharps 等从特定体系的润湿中发现，溶解能有效地影响润湿过程，即溶解能使润湿进一步发展。

8.4.1.2　吸附型润湿

界面吸附型润湿，通常认为在界面化学反应发生之前，反应活性元素先在界面上发生富集、吸附，当吸附量超过界面元素的临界浓度后，会在界面处发生化学反应，同时反应产物在界面形核并析出。国际上对于界面吸附对润湿过程的作用存在着不同的看法。Saiz

等认为吸附能显著地促进润湿过程进行，甚至认为在铺展过程中不需要反应产物相的析出，只要反应活性元素在界面吸附，即能推动三相线的移动；而 Eustathopoulos 等认为吸附能比较显著地促进润湿通常只是在铺展开始的一瞬间，即界面吸附过程仅在刚开始润湿的微秒至毫秒级别内是有作用的，相对于整个体系润湿性的改善，吸附的作用很小。

8.4.1.3 反应型润湿

界面反应型润湿，普遍被认可的是界面反应产物控制润湿理论，主要有两种观点：一是以 Aksay 等为代表的界面反应自由能变化决定润湿论，认为获得良好润湿性的必要条件是在界面上发生强烈的化学反应，并且界面的反应越激烈，润湿性就会越好，强烈的化学反应会显著地降低界面的势能；二是以 Eustathopoulos 为代表的界面反应产物决定润湿论，他们发现界面反应自由能对润湿性的影响很小，于是提出界面反应产物决定润湿，并且认为界面反应产物决定了铺展动力学，由于界面产物的生成，引起了界面成分及结构的改变，这种改变往往倾向于界面能的降低，从而向着润湿性更好的方向发展。

目前，对于润湿性的表征仍沿用 1804 年 Thomas Young 提出的固-液-气三相平衡方程：

$$\delta_{gs} = \delta_{sl} + \delta_{gl}\cos\theta \tag{8-25}$$

式中　δ_{gs}，δ_{sl}，δ_{gl}——气-固界面能、固-液界面能和气-液界面能；

θ——固-液界面的接触角。

方程（8-25）是基于理想表面（基板表面光滑、均质、刚性）及固-液-气三相在交汇处的力学平衡推得的，如图 8-12 所示。当 $\theta=0$ 时，液体在固体表面发生铺展，即铺展润湿；当 $\theta<90°$ 时，液体对固体产生黏性润湿；当 $\theta>90°$ 时，液体不润湿固体；当 $\theta=180°$ 时，液体完全不润湿固体。

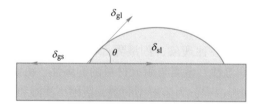

图 8-12　三相界面能在杨氏平衡下的示意图

8.4.2 界面润湿的研究方法

研究固-液界面润湿的方法有很多，如座滴法、垂棒法、旋板法、毛细上升法等，其中以座滴法最容易实现，如图 8-13 所示。

图 8-13（a）所示为传统座滴法示意图。当采用此方法时，通常将待测物和基板一同加热到实验温度，然后测量润湿参数。在这种情况下，待测物有可能在实验温度还未达到时就已经熔化成球，无法准确定位时间零点；再则，由于待测物和基板有可能在加热过程中就已经发生相互作用，从而影响润湿时的界面结构；另外，此方法还要求待测物最好为立方体，否则有可能影响接触角测量的精度。采用图 8-13（b）或（c）所示的两种方法克服了上述传统座滴法中的主要缺点，但是在液滴刚滴落时的震动可能会造成数据的波动（持续约 100 ms），这样的波动对于一般的高温润湿铺展往往可以忽略不计。在采用图 8-13（b）或（c）所示的方法时，要求实验中的熔体与图 8-13（b）中的滴落管和

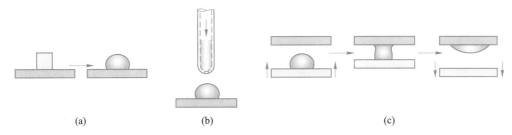

图 8-13 高温润湿过程测量接触角的三种常见形式
（a）传统座滴法；（b）滴定法；（c）液桥过渡法

图 8-13（c）中的下方基板呈化学惰性（即两者不发生强的化学作用），且相互的润湿性较差，否则实验将较难实现。

8.4.3 高温炉渣润湿性测量

高温润湿性测试装置如图 8-14 所示，主要由炉体、加热控制系统、真空系统、气路循环系统、样品支撑台升降系统、滴落系统、摄像及数据处理系统等组成。炉体由不锈钢水冷腔体、金属钽加热体（99.95 wt.%）、六层 Mo 绝缘屏蔽层、带水冷不锈钢保温层、垂直两方向上的四个石英玻璃观察窗组成。加热控制系统主要由钨铼热电偶、石墨发热体和 PID 温度控制装置组成。气路循环系统主要由原始纯度为 99.99% 的氩气、脱水管、加热至 573 K 的镁炉净化管（利用镁的活性脱氧脱水）、粗脱氧管和精脱氧管组成。样品支撑台升降系统主要由高纯氧化铝样品台和水冷升降装置组成。摄像及数据处理系统主要由激光照明光源、滤波片、数码相机及计算机终端组成。为了避免背景辐射带来的影响，采用红色激光发生器作为光源，水平照射液滴和基板。在润湿过程中，使用带有光圈长焦镜头的数码相机拍照，并将拍摄图像实时传输到计算机上。

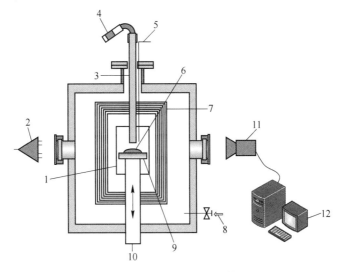

图 8-14 高温润湿性测试装置
1—钽加热器；2—He-Ne 激光；3—氧化铝通管；4—样品；5—热电偶；6—熔滴；7—Mo 屏蔽罩；
8—氩气；9—基片；10—升降机构；11—高速数码相机；12—计算机

实验过程中的润湿图像如图 8-15 所示。对拍摄的照片利用 Surftens 软件进行接触角计算，图 8-16 所示为 1250 ℃时铁酸钙系列渣在 TiO₂ 基底的润湿角随时间的变化关系。Surftens 软件是目前测量接触角的主要软件之一，它对座滴图片没有尺寸大小的限制，可以用于拟合对称接触角、非对称接触角，在拟合时需要手动描点，主要的拟合方法有优化圆法和插值法。

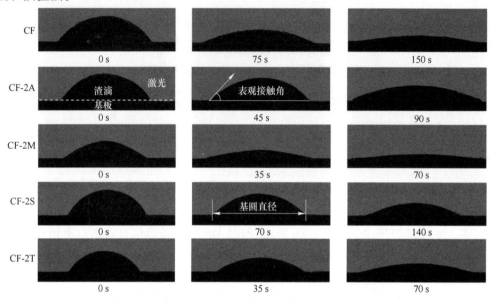

图 8-15　1250 ℃时铁酸钙系列渣在 TiO₂ 基底的润湿图像

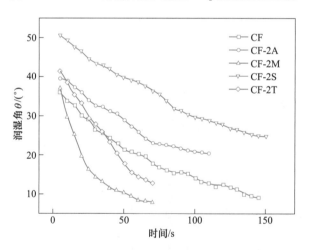

图 8-16　1250 ℃时铁酸钙系列渣在 TiO₂ 基底的润湿角随时间的变化关系

8.5　炉渣结晶特性

8.5.1　炉渣的结晶行为

结晶是炉渣发生物理化学变化的一种常见特性。炉渣在经高温熔化后会形成一种能量较高的熔体状态，而当温度降低时，熔体会放出能量并产生结晶现象，或转变为玻璃态。玻璃态实则为炉渣冷却后形成的一种不稳定状态；当熔体释放出所有的多余能量后，熔体将全部变成晶体态，处于最稳定的状态。晶体的形成包括两个步骤，即晶核的形成和晶体长大。

根据弗兰克尔形核动力学理论，新相核的产生与相起伏有关。如熔渣体系内个别微小体积因浓度起伏产生浓度增加，当浓度高于饱和值时会产生新的相核。当熔体处于稳定条件下，体系只有一个均匀相，一旦进入过冷状态，就会产生新相，即形成晶核。在相变过程中，新相常常容易围绕某些不均匀处产生和发展。如液体中的悬浮杂质，晶体中的夹杂以及晶体内部的位错、晶界等，都比其他区域更容易引起新相核心的形成。这时的晶核将不是均匀分布，称为非均匀形核，实际中多为非均匀的形核过程。均匀形核过程是指在均匀的单一母相中形成新相结晶核心的过程。

以均匀形核为例，在恒温恒压下，当出现晶核时（设形成晶核为球状），体系的自由能变化（ΔG）可表示为：

$$\Delta G = \frac{4}{3}\pi r^3 \Delta G_{\mathrm{V}} + 4\pi r^2 \sigma \tag{8-26}$$

式中　r——球形晶核的半径；

　　　σ——新相单位面积的表面能；

　　ΔG_{V}——单位体积新相形核的吉布斯自由能变量。

当晶核的半径达到一定数值时，式（8-26）数值为零，此时的半径称为临界形核半径，设为 r^*，只有当 $r \geq r^*$ 时，晶核才能形成，并且逐渐长大。对于非均匀形核，由于第三相的存在，致使晶核形成时所消耗的用于形成新相核界面的能量大大降低，也就是晶核在熔体和第三相上形成时所增加的表面能比在熔体中形成时所增加的小，更有利于晶核的产生。因此，非均匀形核所需的过冷度较均匀形核小得多。

晶核产生以后，晶体会沿着晶核逐渐长大。根据 Frank 提出的位错理论，晶体内存在的螺旋位错可使晶体迅速长大。晶体中位错的出现将使晶面上产生永不消逝的阶梯，在接近位错轴线处，永远存在着三角面，当新的质点附着时，将首先在接近轴线附近的三面角位置上成长，使晶面呈螺旋形发展，层层叠加。晶体长大的速度以单位时间内晶体长大的线性长度来表示，称为长大线速度。按照晶体成长理论，长大速度也取决于成核所需的能量涨落因子和扩散因子，即与晶核的形成速度有相似关系。

8.5.2　炉渣结晶行为的研究方法

目前研究炉渣结晶行为的方法主要包括差热分析法、热丝法和超高温激光共聚焦显微镜法。差热分析法是指利用炉渣相变过程所对应的吸热或放热现象，获得炉渣温变过程的热流曲线，从而分析炉渣的结晶温度。然而，当使用差热分析法对部分结晶率较小的炉渣进行分析时，由于炉渣相变过程放出的热量小，差热分析天平不能感应到其放热，从而不能观测到放热峰，无法完全读出正确的结晶温度。此外，该方法的冷却条件比较局限，结晶过程无法观测。高温激光共聚焦显微镜可以实现炉渣结晶过程的观察和不同冷却条件的测试，但其放大倍数较大，观测比较局限，而且对试样要求苛刻，多数炉渣很难采用该方法进行观察。热丝法可以实现各种冷却条件下的研究，且能在线观察试样的结晶过程，并将有价值的图片及曲线自动连续捕捉并保存，此方法可直观、迅速、准确、方便地研究炉渣的结晶行为。

8.5.3.1   实验原理

热丝法技术包括单丝法（single hot thermocouple technique，SHTT）和双丝法（double hot thermocouple technique，DHTT）。采用单丝法构建等温时间转变曲线（temperature time transformation，TTT）和连续冷却转变曲线（continuous cooling transformation，CCT），研究熔渣的结晶孕育时间、结晶温度和临界冷却速度等。采用双丝法构建非等温结晶条件，研究熔渣的凝固分数和结晶分数等。

如图 8-17 所示，将一对双铂铑热电偶做成"U"字形，它既可作为加热元件使用，又可作为测温元件使用。将被测试样直接放在热电偶的 U 形端顶点附近，热电偶丝放在微型电炉中，使用计算机系统控制热电偶按预定温速加热，同时采集热电偶的热电势，并将数据通过计算和线性化处理后传送给计算机，计算机以图文方式直接显示出热电偶的温度值。通过图像采集系统拍摄图片，整个试样的物性变化过程都可以在显示屏上观察。双丝法则采用两对相同的热电偶，分别放置到微型电路内的两个加热通道上，在两对热电偶之间形成渣膜区，对其进行观察，此时两端可以设置不同的温度条件进行实验。

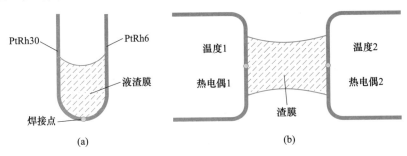

图 8-17   热电偶形状及熔化后渣膜示意图
(a) 单丝法；(b) 双丝法

热丝法研究炉渣结晶特性的优点：（1）升降温快速，测量一个试样只需几分钟；（2）能对物质在升温、降温或恒温过程中的熔化、结晶等行为进行原位观察；（3）能对物质的工况条件进行模拟，利用双丝法可以模拟不同温度梯度下的凝固结晶行为。

8.5.3.2   实验装置

热丝法实验装置如图 8-18 所示。热丝法设备由微型电炉、控制箱、显微镜、CCD 成像系统和计算机等组成。采用直径为 0.5 mm 的 B 型双铂铑热电偶作为加热测温元件，通过体视显微镜对试样进行放大观察，放大倍数在 5~50 倍。采用高清数字摄像头对实验过程进行图片拍摄，通过控制软件对实验数据进行采集和整合。

A   TTT 和 CCT 曲线的构建

TTT 测试温控曲线如图 8-19（a）所示，将试样快速升温至液相线温度以上 100~150 ℃，恒温 60 s 左右，均匀成分、温度以及去除气泡后，以大于 80 ℃/s 的冷却速率将温度降至各等温温度，并将达到等温温度的时间记为零时刻，记录各等温温度的结晶孕育时间，构

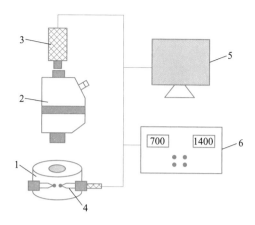

图 8-18　热丝法实验装置示意图

1—微型电炉；2—显微镜；3—摄像头；4—加热元件；5—计算机；6—控制柜

建 TTT 曲线。

CCT 测试温控曲线如图 8-19（b）所示，将试样快速升温至液相线温度以上 100~150 ℃，恒温 60 s 左右，以不同的冷却速率将温度降至 700 ℃以下，并记录不同冷却速率下的结晶温度和时间，构建 CCT 曲线，将结晶率为 0 时的冷却速度记为临界冷却速度。

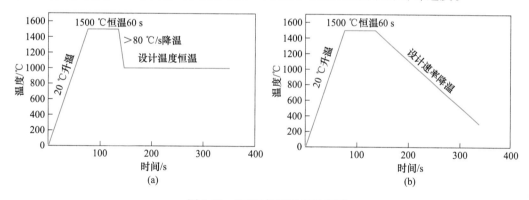

图 8-19　SHTT 控温制度示意图
（a）TTT 实验；（b）CCT 实验

B　凝固分数和结晶分数的测定

将两对热电偶做成双丝实验形状，保持热电偶前段有长度 10~15 mm 的竖直段，控制两端热电偶在同一水平面上，并调整至适宜间距，将调好的糊状试样放置在两对热电偶之间进行升温熔化，并形成渣膜区。DHTT 测试温控曲线如图 8-20 所示，两对热电偶同时升温，将试样快速升温至液相线温度以上 100~150 ℃，恒温 60 s，然后将两对热电偶分别快速冷却到预定温度保温，将达到等温温度的时间记为零时刻，记录一定时间内渣膜的相变过程。

实验完成后，分析渣膜中晶体的析出特性，测量渣膜总长度 L_1、玻璃区长度 L_2 和结晶区长度 L_3，计算渣膜的凝固分数（F_s）和结晶分数（F_c），计算公式如下：

$$F_s = \frac{L_2 + L_3}{L_1} \times 100\%$$

$$(8-27)$$

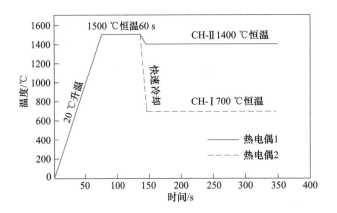

图 8-20　DHTT 控温制度示意图

$$F_c = \frac{L_3}{L_2 + L_3} \times 100\% \tag{8-28}$$

通过分析实验图片，获得相应的实验数据，并且附上实验中捕捉的特征图片。利用采集的实验图片，分析晶体的大概形貌，以及晶体的析出位置和生长方式，并计算晶体的生长速率等。

8.6　熔体密度

8.6.1　密度的测定方法

冶金熔体主要分为金属熔体和熔渣，冶金过程中炉渣和金属的分离、金属熔体中夹杂物的上浮等都与熔体的密度有关。高温熔体的密度测量的影响因素多，技术难度大，如果测量方法不同，那么测试结果可能就会存在差异。密度的测量方法有很多，按照测试参数的差别，可归纳为三类：基于测定体积的方法，包含膨胀计法和座滴法；基于测定质量的方法，包含比重计法和阿基米德法；基于测定压力的方法，包括压力计法和气泡最大压力法。对于炉渣，一般采用阿基米德法和气泡最大压力法进行测量。

8.6.2　阿基米德法测量熔体密度

8.6.2.1　实验原理

阿基米德法是利用阿基米德原理测量密度的方法，通过测定熔体中固定体积的重锤的浮力来计算熔体的密度，其测试原理如图 8-21 所示。

将体积为 V 的重锤悬挂在天平上，测量重锤在空气中的质量 m_0；然后将重锤沉入待测熔体中，测定重锤的质量 m_1。根据阿基米德原理，推导出以下方程：

$$\rho_{待测} V g = (m_0 - m_1) g \tag{8-29}$$

因此，如果已知重锤体积 V，就能计算出熔体密度。但如重锤体积 V 是未知的，则可以采用相同的方法对已知密度的液体进行测量，测定重锤在液体中的质量 m_2，可得：

$$\rho_{已知} Vg = (m_0 - m_2)g \qquad (8\text{-}30)$$

结合两式，可得待测液的密度为：

$$\rho_{待测} = \frac{m_0 - m_1}{m_0 - m_2} \rho_{已知} \qquad (8\text{-}31)$$

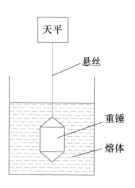

已知密度的液体通常选用水，这是因为可以根据温度和大气压获得水的精确密度值，将其代入式（8-31）中，即可计算出熔体的密度。

图 8-21　阿基米德法
测试密度的原理图

测量过程中，由于熔体表面张力对悬丝的作用，会造成一定的测试误差。此时表面张力引起的附加力可表示为 $f = 2\pi R\sigma\cos\theta$。$R$ 为悬丝的半径，σ 为熔体的表面张力，θ 为悬丝与熔体的润湿角。为了消除这种影响，人们提出了二球法，即采用两个相同材质、不同体积的重锤，在同一条件下分别测量二者的浮力。此时，由于由表面张力所引起的附加力为同一数值，因此可以在后续计算中减掉，从而消除表面张力的影响。

8.6.2.2　实验装置

熔体密度测定装置如图 8-22 所示，由高温炉和称量系统组成。重锤和悬丝选用不会与熔体发生反应的材料，且重锤密度要足够大，常用钨、钼、铂等材料制成。重锤表面应尽可能光滑，以避免黏附气泡，便于清洁附着物。悬丝直径要控制在合理范围内，不能太粗，否则会导致误差较大。天平的精度至少要达到 0.001 g，同时要防止热气流干扰称量。实验过程中可以实时地获得重锤沉入位置和质量的对应关系，以便于在无法观察时确定重锤的插入深度。

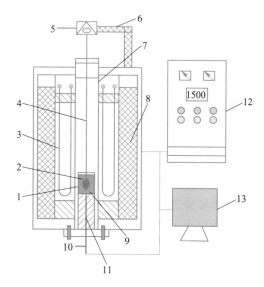

图 8-22　阿基米德法密度测定装置示意图

1—坩埚；2—重锤；3—加热元件；4—悬丝；5—称量天平；6—升降机构；7—炉管；
8—炉体；9—熔体；10—气孔；11—热电偶；12—控制柜；13—计算机

8.7 熔体电导率

在某些冶金生产领域，需要测定熔体和电解质的电导率。如电渣重熔、LF 炉精炼等工艺会利用电流使炉渣熔化、制造泡沫渣，都会涉及炉渣的电导率性质；在用电解法制备金属时，也需要确定熔盐或电解质的电导率，从而制订合适的电解工艺，这是因为电解过程的能耗和电解效率与电导率息息相关，电导率越大，则电阻损耗越低，效率越高。

8.7.1 电导率的概念

在一个导体两端施加恒定的电压，其电流和施加的电压成正比，即：

$$I = GU \tag{8-32}$$

式中，比例常数 G 与导体性质、几何尺寸和温度有关，称为物质的电导，单位是西门子（S）。可见，电导就是电阻的倒数。导体电阻与物质的长度 L 成正比、与截面积 S 成反比，因此电导与其截面积成正比、与长度成反比，即：

$$G = \kappa \frac{S}{L} \tag{8-33}$$

式中 κ——电导率，为电阻率的倒数，S/cm。

电解质溶液的电导率随着温度的升高而增大，其关系通常可表示为：

$$\kappa = \kappa_0 e^{-\frac{E_k}{RT}} \tag{8-34}$$

式中 κ_0——常数；

E_k——电导激活能。

8.7.2 熔体电导率的测定

由电导率的概念可知，在测量物质的电导率时，可以通过测量物质的电阻，然后根据该物质的尺寸（长度 L 和截面积 S）获得电导率。对于固体物质，由于很容易获得准确尺寸，所以只要测出电阻，就能计算出电导率。然而，由于对于电解质溶液或熔渣体系的电导率的测定，都是在电导池中进行的，无法精确测定其长度 L 和截面积 S，因此需要通过其他方式来标定电导池的常数，从而获得熔渣的电导率。

8.7.2.1 实验原理

测量熔体的电导率包含两方面：一是测量熔体电阻；二是标定电导池常数。通常采用交流电桥法进行测量，交流电桥可分为交流单电桥和交流双电桥。因为直流电在经过电导池时会产生电解和极化现象，所以为了减少极化影响，采用高频正弦交流电作为电源。向熔渣电导池中通入交流电，测量熔渣电阻。根据欧姆定律可知，熔体的电阻为：

$$R = \rho \frac{L}{S} \tag{8-35}$$

式中 L——导体长度；

S——导体截面积；

ρ——电阻率。

则熔体的电阻率为:

$$\eta = R \frac{S}{L} \qquad (8\text{-}36)$$

而电导率为电阻率的倒数,可得熔体的电导率为:

$$\kappa = \frac{1}{R} \cdot \frac{L}{S} \qquad (8\text{-}37)$$

对于固定的电导池来说,L 和 S 总是一定的,可将其看作一个整体,则有:

$$\kappa = K \frac{1}{R} \qquad (8\text{-}38)$$

式中　K——电导池常数;

　　　R——熔体电阻。

这样,就把对 L 和 S 的测量转换为对 R 的测量。将一个已知准确电导率的物质溶液放在相同的电导池内,通过对该物质电阻的测量,求出电导池常数 K。然后应用该电导池测量试样的电导率,采用相同的电导池常数,获得试样的电阻,从而代入式(8-38),计算出试样的电导率。

作为电导池常数的标定液,要求其中的物质是常见的,配制容易,性质稳定且数据已知。目前通常选用 KCl 配制水溶液作为标准物。表 8-2 中列出了不同浓度 KCl 水溶液在对应温度下的电导率,测试时可根据要求配制相应的溶液来标定电导池常数。

表 8-2　**KCl 水溶液电导率与浓度及温度的对应关系**　　　　　(S/cm)

温度/℃	浓度/mol·L^{-1}		
	1.0	0.1	0.01
0	0.06541	0.00715	0.000776
15	0.09252	0.01048	0.001147
18	0.09822	0.01119	0.001225
20	0.10207	0.01167	0.001278
25	0.11180	0.01288	0.001413

8.7.2.2　实验装置

采用交流四电极法测量炉渣的电导率,其电导池结构如图 8-23(a)所示。电导率测定装置由高温炉、控制柜、电导率测定系统以及微机系统组成,如图 8-23(b)所示。根据电导率测试系统可知,四电极法外侧的两个电极为电流回路,中间的两个电极为电压回路,参比电阻和溶液处于同一回路中,电流相等。因此待测试样电阻为:

$$R = \frac{E_s}{E_f} R_f \qquad (8\text{-}39)$$

式中　E_s——待测试样熔体分压;

　　　E_f——参比电阻分压;

　　　R_f——参比电阻。

当电导池常数确定以后,根据式(8-37)可得电导率变换公式:

$$\kappa = K \frac{1}{R_\text{f}} \cdot \frac{E_\text{f}}{E_\text{s}} \tag{8-40}$$

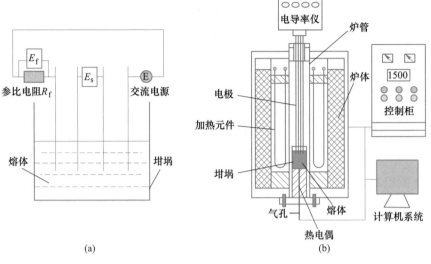

(a)   (b)

图 8-23 电导率测定装置示意图

(a) 电导池结构示意图;(b) 电导率测定装置图

8.8 连铸保护渣传热性能

冶金炉渣基本都应用于高温环境中,炉渣的导热对于热量的保持和环境温度的控制起着重要作用。尤其是在连铸过程中,保护渣作为冶金过程成分最复杂的渣系,其重要作用之一就是控制钢水向结晶器的传热。

8.8.1 保护渣传热的研究方法

冶金过程的炉渣传热可分解为竖直方向传热和水平方向传热。竖直方向主要是炉渣吸收铁水或钢水热量形成不同状态的渣层结构,与铁水或钢水发生作用,并控制表面温度的流失;水平方向则主要表现在连铸过程中结晶器内的钢水向结晶器的传热。以前主要通过数学计算,基于假定条件计算一维传热或者二维传热。然而实际过程中热量的传导介质并不是始终保持在同一条件下的,由于介质内部结构的变化都会造成其热阻值发生改变,因此单靠计算无法获得准确的热量变化规律。目前,传热特性的研究方法包括两种:

(1) 现场采集热流数据。通过现场试验,可以获得炉渣水平方向总热流密度的变化曲线。然而,由于工业试验会给正常的生产节奏带来影响,且存在发生事故的风险,因此一般不会进行现场应用的测试。

(2) 模拟实验。模拟实验是基于炉渣传热理论开发的测量热流密度的方法,主要有四种类型:一是冷却器法,通过水冷铜探头模拟结晶器,采集炉渣的热流密度;二是水平盘法,制作一个钢坯代替钢的凝固坯壳,获取一定厚度的渣膜,再通过水冷铜盘采集热流密度;三是红外辐射传热法,在覆盖有一层薄的保护渣渣膜的铜结晶器上施加一股辐射热流，通过分析实验测得的结晶器侧表面的温度变化，评估渣膜的辐射传热能力；四是结晶器模拟仪法，制作一个缩小比例的结晶器，通过模拟器内部分布的大量热电偶测量局部的热流密度，模拟器可以振动，主要用于研究改变振动周期、拉速和振动参数对于传热的影响。

结晶器保护渣是连铸过程中非常重要的功能材料，对于连铸过程的顺利进行和铸坯表面质量起着重要作用。保护渣的水平传热是一个复杂的过程，有两种机理，即晶格传热和辐射传热。通过结晶器冷却水带走的热量除了受铸机条件、钢种和浇铸参数（如拉速和振动参数）的影响外，主要受控于结晶器内液态和固态渣膜的热特性、物理特性以及铜板和渣的界面热阻。因此，渣膜的传热能力是研究结晶器内传热的关键。虽然现在结晶器可以测得通过渣膜的综合热流，但是如何在保护渣使用前预测渣膜的传热能力却一直是个难题。结晶器保护渣渣膜热流模拟仪，可以模拟保护渣渣膜在形成过程中的热流变化，直接得到渣膜热流，并可与钢厂中结晶器在线检测的热流相对比，测试结果可以直观地反映保护渣的传热性能。

8.8.2.1 实验原理

结晶器内钢水凝固传递的热量主要是以水平方向传递的，渣膜层位于结晶器与坯壳之间，是热量传输的必经通道。钢水在结晶器内开浇一段时间后，其温度场可看作稳定温度场，不随时间的变化而变化，即 $\partial T/\partial \tau = 0$，整个体系沿传热方向具有相同的热流密度，因此结晶器的热流密度应等于结晶器铜板热面与坯壳表面中间渣膜的热流。图 8-24 所示为渣膜热流模拟测试原理图，通过采集热流传感器进出水口的水温，可以计算不同时刻通过渣膜的热流密度，表达式为：

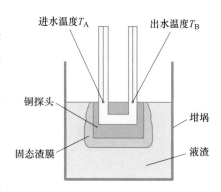

图 8-24 渣膜热流模拟测试原理图

$$\Phi = \frac{WC\Delta T}{1000F} \tag{8-41}$$

式中 Φ——热流密度，MW/m^2；

       W——热流传感器冷却水流量，kg/s；

      ΔT——热流传感器进出口水温差，$℃$；

       F——热流传感器有效传热面积，m^2；

       C——水的比热，$kJ/(kg \cdot ℃)$。

Savage 在静止水冷结晶器内测定了热流与钢水停留时间的关系：

$$\Phi = 2688 - 355\sqrt{t}\,(kW/m^2) \tag{8-42}$$

将式（8-42）用于连铸结晶器，则：

$$\Phi = 2688 - 277\sqrt{L/v}\,(kW/m^2) \tag{8-43}$$

式中 t——钢水在结晶器停留时间，min；

  L——结晶器长度，m；

  v——拉速，m/min。

式（8-43）说明热流是随结晶器高度的增加而逐渐减少的。

沿结晶器高度方向热流密度的分布如图 8-25 所示，在弯月面以下几厘米处的热流最大，随后由于坯壳厚度逐渐增加，相应的热阻增大而热流逐渐减少，与 Savage 在静止水冷结晶器内测定的结果相似。图 8-26 为实验室测试的进出水温差与浸入时间的关系，热流密度随时间的延长先增后减。经过大量试验发现，实验室模拟测试的热流密度与 Savage 在静止水冷结晶器内测定的热流与钢水停留时间的关系相似，服从以下关系：

$$q = a - b\sqrt{t} \, (\mathrm{kW/m^2}) \tag{8-44}$$

式中 t——热流传感器浸入时间，s；

  a——最大热流密度，表示液渣的传热能力，$\mathrm{MW/m^2}$；

  b——渣膜凝固系数，表示固体渣膜生长厚度、组织结构变化以及与结晶器壁接触
        状况（界面热阻）的大小程度，$\mathrm{MW/(m^2 \cdot s)}$。

对于板坯结晶器保护渣，包晶钢和中碳钢保护渣 $a = 0.7 \sim 1.1$，$b = 0.08 \sim 0.12$；低碳钢和高碳钢 $a = 0.9 \sim 1.2$，$b = 0.05 \sim 0.08$。

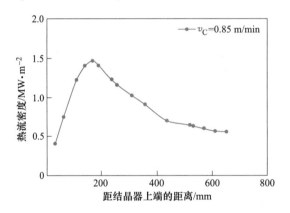

图 8-25　结晶器热流密度的分布

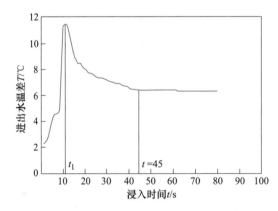

图 8-26　进出水温差与浸入时间关系示意图

从图 8-26 中可以看出，在实验室模拟过程中，进出水温差的变化存在三个明显阶段：$0\sim t_1$ 时间段为当热流传感器浸入液渣中时，水温差急剧增加，此时的状态为非稳态导热过程中的初始阶段，液渣的热量不断向水传递，该阶段的温度一部分受不稳态导热规律控制，另一部分受初始水温的影响，t_1 时刻对应的进出水温差 ΔT_1 最高，它表示当热流传感器浸入液态保护渣中时，为固态渣膜形成的初期阶段，主要体现为液渣的传热能力，用该阶段的传热来表征结晶器弯月面处的传热；$t_1\sim 45$ s 为非稳态导热过程中的正规状况阶段，此时初始温度的影响已经消失，主要受非稳态导热规律控制，水温差很快减小与渣膜厚度的增加并伴随着渣膜凝固收缩导致气隙的形成有关，用该阶段的传热情况来表征结晶器中上部的渣膜传热；45 s 以后固态渣膜与热流传感器之间的气隙已稳定形成，渣膜的传热主要体现为回热结晶和由炉温降低引起的渣膜厚度增加。通过大量实验可知，当热流传感器的浸入时间在 45 s 左右时，水温差变化幅度在 0.1～0.3 ℃，所获得的渣膜厚度为 1～3 mm，与现场取得的渣膜厚度一致、结构也相似，因此，用 $t_1\sim 45$ s 的最大热流密度的平均值来表示某种渣传热能力的大小是可行的。

8.8.2.2　实验装置

图 8-27 所示为渣膜热流模拟仪测试装置图，由高温炉、定位机构、测试机构、升降机构、供水系统、控制柜和计算机系统组成。其中定位机构用于确定液面位置，以便测试时探头可刚好浸没入液渣中。

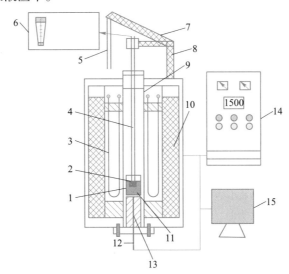

图 8-27　渣膜热流模拟仪测试装置图

1—坩埚；2—铜探头；3—加热元件；4—水冷钢管；5—定位传感器；6—供气系统；7—旋转臂；
8—升降机构；9—炉管；10—炉体；11—熔体；12—气孔；13—热电偶；14—控制柜；15—计算机

图 8-28 所示为某保护渣热流密度随时间的变化曲线，通过分析可见热流的变化呈现先增加后降低的趋势，并且热流前期的变化较大，后期逐渐趋于稳定。通过测试可以得到：（1）最大热流密度 q_{t_1}；（2）特征时间 $t(t=t_2-t_1)$，表征弯月面附近气隙形成时间；（3）稳定气隙形成前平均热流密度 $q_d(q_d=(q_{t_1}+q_{t_1+1}+q_{t_2})/(t_2-t_1+1))$，表征弯月面附近保护渣的传热能力；（4）总平均热流密度 $q(q=(q_{t_1}+q_{t_1+1}+\cdots +q_{45})/(t_{45}-t_1+1))$，表征保护渣在整个结晶器内的传热能力。

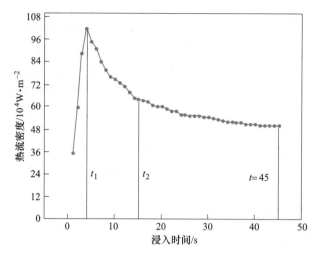

图 8-28   保护渣热流密度随浸入时间的变化

复习及思考题

1. 在炉渣熔化温度测定试验中，为什么制样时渣样必须磨细，且全部过 200 目筛；为什么要选择一定的升温速度，升温过快或过慢对测试结果有什么影响？

2. 在采用半球点法测定熔化温度和熔点是否相同时，能否用半球点温度绘制相图？

3. 试样在熔化过程中可以观察到熔渣中产生大量气泡，这是为什么；残留气泡对实验有什么影响？

4. 除了旋转柱体法，还有哪些测量黏度的方法？

5. 在高温黏度测试实验中，如何确定测头在熔渣中的插入深度；不同黏度范围的炉渣，对测头的选取有什么要求；转速对黏度测试有什么影响；如何保证测试中熔体处于层流状态？

6. 熔渣黏流活化能 E_η 与哪些因素有关，如何根据实验数据计算炉渣的黏流活化能？

7. 在测量炉渣表面张力时，气泡压力的测量方法有哪些；毛细管的尺寸、形状和材质如何选择；气泡生成速度对于压力测量和实验数据是否产生影响，原因是什么，应如何控制？

8. 在利用座滴法测量熔渣表面张力时，试样的垫片可以采用哪些材质，对于金属和炉渣的垫片有什么要求；垫片是否水平对于实验结果有什么影响？

9. 在润湿性测定过程中，哪些因素会使润湿角的测量产生误差？座滴法或滴管法对于高温下固、液两相的润湿角的测量非常方便，以铁液和炉渣为例，说明高温下液、液两相的润湿角应如何测量。

10. 分析在不考虑表面张力引起的附加力的情况下，测量熔体密度是偏大还是偏小，误差大概有多大；实验中的哪些因素会对测试产生影响（重锤的热膨胀、空气的浮力、热气流等），并作简要分析；如果熔体黏度太大，重锤无法没入熔体，应怎么测量密度？

11. 实验所用拉筒通常选用什么材质；拉筒上部或侧面通常会开孔，为什么；拉筒的尺寸对于测试结果有什么影响？

12. 对于含有 MnO、Fe_xO_y 等有颜色的炉渣，能否采用该方法进行观察；DHTT 实验是如何确定渣膜的固相-液相分界线的？

13. 在炉渣电导率测试过程中，配制 KCl 溶液时，为什么要求选用高纯度的水，如何获得高纯水；测定电导池常数时，与插入深度有什么关系，如何选择插入深度；对于炉渣电导率的测试，如何选择电极材料；若高温炉加热过程中有感应电势，那么是否会对电导率的测定产生影响，如何选择高温炉加热方式?

14. 简述连铸结晶器内渣膜形成过程，阐述结晶器内渣膜传热大小对于连铸工艺顺行和铸坯质量的影响。

15. 试分析渣膜热流密度先上升后下降的原因。

16. 已知热流传感器冷却水流量为 0.0639 kg/s，进出口水温差为 10 ℃，热流传感器有效传热面积为 2.9×10^{-3} m^2，水的比热为 4.2 kJ/(kg·℃)，试计算此时的渣膜热流密度。

参 考 文 献

[1] 王常珍. 冶金物理化学研究方法 [M]. 北京：冶金工业出版社，2013.

[2] 张国栋. 材料研究与测试方法 [M]. 北京：冶金工业出版社，2002.

[3] 田英良. 新编玻璃工艺学 [M]. 北京：中国轻工业出版社，2009.

[4] Mills K C. The influence of structure on the physicochemical properties of slags [J]. ISIJ International, 1993, 33 (1): 148-155.

[5] Mills K C, Hayashi M, Wang L, et al. The Structure and Properties of Silicate Slags [M]. Boston: Elsevier, 2014: 149-286.

[6] Mills K C, Yuan L, Jones R T. Estimating the physical properties of slags [J]. Journal-South African Institute of Mining and Metallurgy, 2011, 111 (10): 649-658.

[7] 黄希祜. 钢铁冶金原理 [M]. 4 版. 北京：冶金工业出版社，2012.

[8] 周亚栋. 无机材料物理化学 [M]. 武汉：武汉工业大学出版社，1992.

[9] Safarian J, Tangstad M. Wettability of silicon carbide by CaO-SiO$_2$ slags [J]. Metallurgical and Materials Transactions B, 2009, 40B (12): 920-928.

[10] Yang M R, Lv X W, Wei R R, et al. Wetting behavior of TiO$_2$ by calcium ferrite slag at 1523K [J]. Metallurgical and Materials Transactions B, 2018, 49B (10): 2667-2680.

[11] Furukawa T, Zhang Z Y, Hirosumi T, et al. Wettability O fmolten Fe-Al alloys against oxide substrates with various SiO$_2$ activity [J]. ISIJ International, 2022, 62 (7): 1352-1362.

[12] Kashiwaya Y, Cicutti C E, Cramb A W. An investigation of the crystallization of a continuous casting mold slag using the single hot thermocouple technique [J]. ISIJ International, 1998, 38 (4): 357-365.

[13] Kashiwaya Y, Nanauchi T, Pham K S, et al. Crystllization behaviors concerned with TTT and CCT Diagrams of Blast Furnace slag using hot thermocouple technique [J]. ISIJ International, 2007, 47 (1): 44-52.

[14] Prapakorn K, Cramb W. Initial solidification behavior in continuous casting: The effect of MgO on the Solidification Behavior of CaO-Al$_2$O$_3$ based slags [C]. MS&T Conference Proceedings, 2004: 3-10.

[15] Wen GH, Sridhar S, Tang P, et al. Development of Fluoride-free mold powders for peritectic steel slab casting [J]. ISIJ International, 2007, 47 (8): 1117-1125.

[16] Nakada H, Nagata K. Crystallization of CaO-SiO$_2$-TiO$_2$ Slag as a candidate for fluorine free mold flux [J]. ISIJ International, 2006, 46 (3): 441-449.

[17] Wen G H, Tang P, Yang B, et al. Simulation and Characterization on heat transfer through mould slag film [J]. ISIJ Int., 2012, 52 (7): 1179-1185.

[18] Bagha S, Machingawuta N, et al. Molten slags and fluxes [C]//Proc. 3rd Intl. Conf., 1988: 235.

[19] Jenkins M S. Heat transfer in the continuous casting mould [D]. Australia: Monash Univ., 1999.

[20] Wang W L, Cramb A W. The observation of mold flux crystallization on radiative heat transfer [J]. ISIJ Int., 2005, 45 (12): 1864-1870.

[21] Wang W L, Cramb A W. The effect of the transition metal oxide content of a mold flux on the radiation heat transfer rates [J]. Steel Research, 2008, 79 (4): 271-277.

9 铸坯质量检测方法

本章提要

目前钢铁行业的连铸比例已经超过了99%，连铸工艺水平不断提升，连铸坯质量不断改善。然而在连铸过程中始终存在着一些质量问题：一是表面缺陷的产生，包括表面纵裂纹、横裂纹、网状裂纹、皮下针孔和宏观夹杂等，其中表面裂纹是主要缺陷；二是内部缺陷的产生，包括中心偏析、中心疏松缩孔、内部裂纹、夹杂物水平、铸坯的洁净度等。铸坯缺陷的产生与连铸生产工艺过程、产品特性息息相关，为了检测铸坯质量，为连铸工艺优化提供数据，形成了一系列铸坯质量检测的方式方法。

本章将针对铸坯质量，从现场检测手段到实验室分析，从表面质量的检测方法到内部质量的检测方法，依次对其进行介绍，帮助读者了解铸坯质量的主要检测方法，以此为提高铸坯的质量提供帮助。

9.1 连铸坯表面温度测量

连铸坯的表面温度是一个非常重要的工艺参数，对于连铸坯的表面及内部质量有着直接的影响，可为二冷区的配水提供主要依据。连铸坯表面温度的测量方法主要以非接触式测量方法为主，目前较多采用红外窄波段光电高温计测量铸坯表面温度。

光电高温计的工作原理如图9-1所示，首先采用透镜将被测连铸坯表面的辐射能聚焦，然后采用光纤维将其输送到变送器，变送器内的红外传感器将光信号转换为电信号，并将电信号放大线性化后，成为线性的标准电流信号输出到显示仪表。

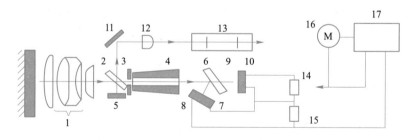

图 9-1　光电高温计工作原理图

1—物镜；2—平行平面玻璃；3—光阑；4—光导棒；5—瞄准反射镜；6—分光镜；7，9—滤光片；
8，10—硅光电池；11—圆柱反射镜；12—目镜；13—棱镜；14，15—负载电阻；16—可逆电动机；17—放大镜

由于光电高温计测头对测量的环境要求较为苛刻，为此需要对测头进行保护，并对铸坯表面进行去铁皮处理。图9-2所示为测头常用的保护套管，在保护套管上分布有用于冷

却的进出水嘴，还有用于吹扫测头周围水蒸气的连接压缩空气的气嘴，其吹扫所用压缩空气的压力要大于 0.4 MPa。图 9-3 所示为一种去除连铸坯表面氧化铁皮的装置。

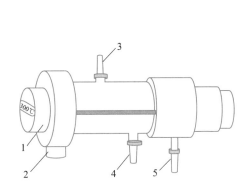

图 9-2　光电高温计测头保护套管
1—显示器；2—导光孔；
3—吹扫空气嘴；4—入水嘴；5—出水嘴

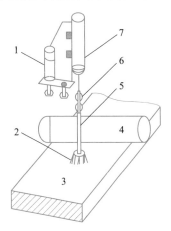

图 9-3　光电高温计氧化铁皮清除装置
1—电机；2—刷子；3—铸坯；4—支承辊；
5—空心轴；6—传动齿轮；7—高温计

由于上述设备安装起来比较复杂，因此连铸坯表面温度也可采用远红外仪、红外热成像仪等装置进行测量。CCD 红外传感器将多个相同类型的单个 CCD 单元以线形和矩阵形式进行排列，可以构成行作用和面作用图像采集通道，在测定铸坯表面温度分布时，采用一列 CCD 作为传感器，装在水冷外壳内，通过广角镜头测量整个宽度上的温度分布，并用计算机进行数据处理和数据显示，其安装示意图如图 9-4 所示。

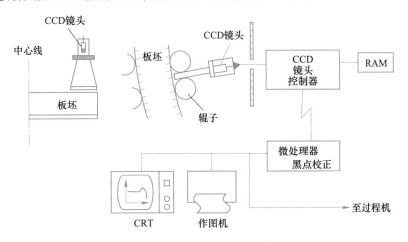

图 9-4　CCD 传感器测量连铸坯表面温度示意图

除了非接触式测量连铸坯表面温度外，也可采用接触式对铸坯表面温度进行测量。例如将热电偶放置在与铸坯表面尽量靠近的位置，对铸坯表面温度进行在线测量。也可在连铸坯内部埋入钨铼或铂铑热电偶进行温度测量。埋入方法为在浇铸快要结束时，将热电偶从结晶器上部插入铸坯中（靠近铸坯表面），使其随铸坯一起运动，从而测得整个浇铸过程铸坯表面温度的变化过程。这种测量方式不仅要保证热电偶有足够的长度（通常要求1 m 以上），而且在测量过程中，拉速、二冷条件等工艺参数要保持不变。

9.2　连铸坯凝固末端测量

在连铸生产过程中，凝固终点的位置是影响连铸坯拉速的关键因素，会直接影响连铸坯的产量，连铸实现高拉速的关键是掌握不同工艺条件下连铸坯液芯的长度；连铸轻压下和凝固末端电磁搅拌技术的实施与连铸坯液芯的长度有着非常密切的关系。

通常确定铸坯凝固终点的方法有三种：一是数学模型方法，通过建立传热数学模型，计算连铸坯完全凝固所需的时间；二是试验确定法，例如用射钉法、穿刺坯壳法、元素放射示踪法（元素放射法采用放射性元素 Au^{198}，元素示踪法采用 S、Pb 等）测量坯壳厚度；三是在线测定法，包括铸坯鼓肚力测定法、表面温度测定法（将实测的表面温度与数模计算的表面温度进行比较，最终确定凝固终点的位置）、电磁超声波法等。以下介绍三种测量连铸坯凝固末端的方法，即射钉法、铸坯鼓肚力测定法和电磁超声波法。

9.2.1　射钉法

国内普遍采用射钉法来测量铸坯的凝固层厚度。在连铸机的不同位置将装有示踪剂（硫）的钉射入铸坯，射钉在进入铸坯液相穴之后，低熔点的硫化物会迅速扩散，待铸坯冷却后，切取含有射钉的铸坯试样。对切取的铸坯试样进行刨削处理，用刨床刨削至钉的中心线位置，至此射钉的轮廓将清晰显现。再用磨床对铸坯表面进行加工，以保证一定的光洁度，采用酸浸蚀和硫印的方法确定液芯厚度。

根据射钉的不同形貌可以测得凝固坯壳的厚度，从而确定凝固末端的位置。再根据凝固的平方根定律计算得到连铸机的综合凝固系数，由综合凝固系数可以计算得到连铸机的冶金长度。

综合凝固系数：

$$\delta = K \sqrt{t} = K \sqrt{\frac{l}{v}} \tag{9-1}$$

式中　δ——坯壳厚度，mm；

$\quad\quad K$——凝固系数，$mm/min^{1/2}$；

$\quad\quad t$——凝固时间，min；

$\quad\quad l$——弯月面到测量点的距离，m；

$\quad\quad v$——铸坯的拉速，m/min。

图 9-5 为连铸板坯经射钉后，铸坯的酸浸、硫印结果。由图 9-5 能清楚地区分连铸坯的凝固结构，其中，（a）为固相区；（b）为固液两相区；（c）为液相区。

9.2.2　铸坯鼓肚力测定法

通过测定铸坯与连铸辊间的作用力，可以确定铸坯凝固末端的位置。测试原理是利用钢水静压力消失突变这一基本物理现象，即连铸坯在完全凝固前，铸坯对连铸辊的作用力

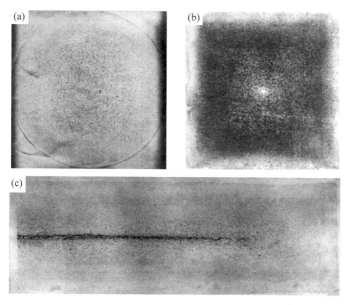

图 9-5 射钉后铸坯酸浸后得到的典型金相组织
（a）固相区；（b）固液两相区；（c）液相区

很大，连铸坯在完全凝固后，铸坯对连铸辊的作用力变得很小，因此只要测出铸坯对连铸辊的作用力大小，就可以确定铸坯凝固末端的位置。

通过测定连铸坯鼓肚力的方法确定连铸坯的凝固末端，具有如下优点：（1）精度高；（2）操作性较好，易于实现，周期短；（3）能保障人和设备的安全；（4）成本低，易于多品种、大批量进行；（5）可实现在线测量。

通过引入多个压力传感器，分别安装到连铸机扇形段上的进出口位置。在浇铸前，首先测定压力传感器所受的夹紧力，进而确定框架所受张开力，从而给出各个扇形段的张开力及固相、液相范围随时间的变化。通过在线监测，可以获得扇形段张开力、固液相率随时间的变化，再结合拉速随时间的变化，可以轻松地确定铸坯凝固末端的位置。

9.2.3 电磁超声波法

电磁超声是无损检测领域出现的新技术，该技术利用电磁耦合方法激励和接收超声波。将电磁超声发射传感器置于金属上方一定距离内，如果对该发射传感器通以高频交变信号，根据电磁学原理，则会在金属表面感应出涡电流，该涡电流在磁场中将受到交变应力的作用，从而激发出超声波。由于此效应具有可逆性，因此采用相应的电磁超声接收传感器即可完成电磁超声信号的接收。

采用电磁超声波检测铸坯凝固液芯的原理如图 9-6 所示，沿着拉坯方向，在连铸坯液芯凝固末端位置上游、下游区域布置 2~6 对传感器。因此，在拉速、二冷配水、过热度等工艺条件改变的情况下，也能使液芯凝固末端位置落在传感器的覆盖范围内，从而保证测量的精准性。每对传感器分别设置在连铸坯上下两侧，且同轴垂直于该连铸坯。当强脉冲信号流过发射传感器时，其激励出的电磁超声波在连铸坯的固相、液相和两相区传播，由于超声波在不同凝固区域的传播特性不同，因此接收转化的电信号所携带的信息也不相同，对这些信号进行分析即可得出连铸坯的凝固状态。例如，在连铸坯的全凝固区，能接受到很强的信号；而在有液芯的区域，脉冲信号会消失。

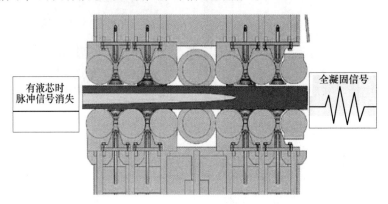

图 9-6   电磁超声波检测连铸坯液芯凝固末端位置原理示意图

9.3   连铸坯表面质量检测

连铸坯表面质量的检测方法可按在线方法及离线方法来分类。在线的检测方法主要有光学法、感应加热法、涡流法。离线检测方法主要有目视观察法，为了提高检测的分辨率，还可采用荧光、着色、磁粉探伤及目视检查等检测方法来发现连铸坯的表面缺陷，离线物理探伤通常需要对连铸坯进行取样，在简单加工后再进行探伤。

9.3.1   光学检测法

光学检测法中既有利用外部光源，也有利用板坯表面发射光的方法。图 9-7 所示为利用外部光源对铸坯的表面缺陷进行检测的示意图。该方法可检测出长度在 50 mm 以上的裂纹，通过观察打印结果判断铸坯的表面质量，从而决定切割尺寸及是否热送。

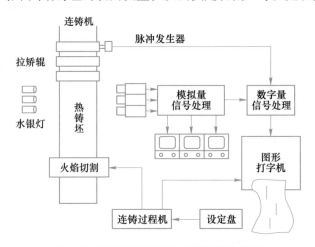

图 9-7   光学法检验铸坯表面缺陷示意图

9.3.2 涡流检测法

高温连铸坯表面缺陷也可采用涡流法来进行检测，其原理为在靠近铸坯表面的线圈上通以交流电，在铸坯表面会产生涡流，并产生相应的磁通。当铸坯表面有缺陷时，铸坯表面产生的磁通会发生变化，从而导致铸坯表面附近线圈的阻抗发生变化，通过测出线圈阻抗的变化就可确定表面缺陷。这种检测方法能对裂纹的深度进行定量分析。

铸坯表面常有 FeO 出现，是一种磁性物质，由于其会极大地影响测量结果，因此必须事先去除。通常在检测时安装去铁鳞装置，采用高压水（压力为 8 MPa，流量达 1.5 m³/min）冲刷铸坯表面。

9.3.3 着色探伤法

着色探伤法是一种离线探伤法，是一种简单且有效的无损探伤方法。如图 9-8 所示，着色探伤的原理是利用一种渗透液渗透到铸坯缺陷的缝隙中，即在铸坯表面刷涂或喷涂渗透液，然后将铸坯表面的渗透液清洗干净，再涂抹显色剂使缺陷内的渗透液吸附在显色剂上，就能呈现缺陷轮廓的图像。

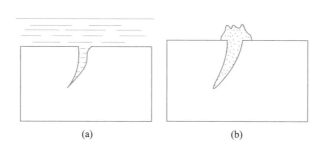

图 9-8　着色探伤原理示意图
（a）渗透剂向缺陷内渗透；（b）经显色处理后将缺陷中的渗透液析出

在着色探伤前，首先需要去除铸坯表面油污、锈迹及其他脏污，然后依次进行渗透、清洗、显色和目视检查。渗透处理主要有刷涂和喷涂两种，渗透时间为 10~30 min，处理时需要去除多余的渗透液，并在渗透完成后将缺陷中的渗透液吸附出来，使其在白色的显色剂上形成缺陷的图像，然后进行缺陷分析。

9.3.4 磁粉探伤法

磁力线通过磁性材料的铸坯，当铸坯表面有裂纹、孔洞等缺陷存在时，因为缺陷与基体金属的磁导率不同，所以当磁力线穿过基体金属时因遇到缺陷而发生弯曲，部分磁力线被排挤到外面形成漏磁，如图 9-9 所示。在磁粉探伤过程中，当磁力线和裂纹方向平行时，磁力线不可能泄漏到空气中，此时铸坯缺陷不可能被检测出来。这种探伤也属于离线探伤，能够探测铸坯表面与近表层的缺陷，具有灵敏度高、迅速、直观、操作简单等

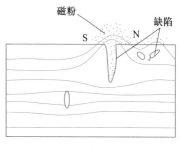

图 9-9　磁粉探伤原理

特点。

　　磁粉探伤法可以分为两类，即干法和湿法。干法磁粉探伤是在经过磁化的铸坯表面上撒上干燥的磁粉，湿法探伤是在铸坯上浇淋含有磁粉的悬浊液。由于干态磁粉的操作不大方便，因此一般采用湿态悬浊液。磁悬浊液是指将少量的油（水）与磁粉混合，并搅成稀糊状，然后加入全部油（水），磁粉一般采用质量分数大于 95% 的 Fe_3O_4，平均粒度在 5~10 μm。在探伤之前，首先应清理铸坯表面，去除脏污，然后对铸坯进行浇磁悬液或撒上磁粉，同时将铸坯进行通电磁化，再开始检验，确定磁痕（磁粉聚集痕迹）分布。表 9-1 列举出了常见缺陷的磁粉探伤痕迹。

表 9-1　常见缺陷磁粉探伤痕迹

缺陷名称	磁粉痕迹特征
夹杂物	呈单个或密集的点状，有时也呈连续的线状（细长、两头尖）
白点	单个或成群分布，呈弯曲无一定方向的短线状，磁粉痕迹清晰浓密
裂纹	一般呈曲折的线条状，磁粉沉积清晰、浓密
疏松	不规则的磁粉痕迹，有时呈点状

9.3.5　目视检查

　　多数情况下，采用目视检验的方式来检查铸坯的表面缺陷，包括使用高倍望远镜或放大镜。目视检查既可以在线，也可以离线，对于在线的连铸坯，当检查出其表面缺陷超过标准时，铸坯要下线，不能进行热送热装；对于离线的铸坯检查，当铸坯缺陷超过标准时，要及时做标记，不能运至轧钢厂。

9.4　连铸坯内部质量检测

　　连铸坯的内部质量对于最终产品的质量有很大影响，连铸坯的内部缺陷极易造成产品不合格。连铸坯内部质量的检查有多种方式，如铸坯取样进行硫印与低倍检验，采用超声波进行探伤及射线探伤（无损探伤）。此外，也可在实验室或检测中心进行内部铸坯质量的深入分析，如金相实验、钢的凝固组织检验、钢中夹杂物的电解实验、钢中气体分析等。这些检测方法为铸坯的质量评估提供了完整的数据结果，并为工艺优化和产品质量提升提供了重要的反馈信息。

9.4.1　铸坯的硫印检验

　　硫印是指通过预先在硫酸溶液中浸泡过的相纸上的印迹来确定钢中硫化物夹杂的分布位置。其原理为 H_2S 的析出会使感光剂卤化银转变为硫化银而变黑，从而显示出硫的富集区。

　　硫在钢中主要以硫化铁和硫化锰的形式存在，为了显示钢中硫化物夹杂的分布情况，可用稀硫酸与之作用，从而产生 H_2S 气体，其反应式如下：

$$FeS + H_2SO_4 \longrightarrow Fe_2SO_4 + H_2S \uparrow \tag{9-2}$$

$$MnS + H_2SO_4 \longrightarrow MnSO_4 + H_2S \uparrow \tag{9-3}$$

再利用产生的 H_2S 气体与相纸上的卤化银发生作用，产生硫化银的沉淀，此沉淀物以深棕色的痕迹存在于相纸上，其位置即为钢材中硫化物所在处，化学反应式如下：

$$H_2S + 2AgBr \longrightarrow Ag_2S\downarrow + 2HBr \tag{9-4}$$

实验时，首先将铸坯试样的表面磨光，将相纸放在显影液中浸泡 1~2 min，然后将相纸放在试样表面，赶净气泡，放置 2~5 min，揭下相纸并将其放在流水中进行冲洗，放入定影液，然后取出晾干进行评级。

硫印检验通常将质量浓度为 30~50 g/L 的硫酸溶液作为显影剂，并将质量浓度为 150~200 g/L 的硫代硫酸钠溶液作为定影液。硫印检验可显示出铸坯内部化学成分的不均匀性以及铸坯的形状缺陷，如裂纹和孔隙等。图 9-10 为典型的硫印检验结果。

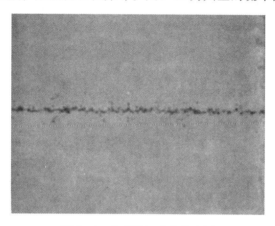

图 9-10　典型铸坯硫印检验图

9.4.2　铸坯的探伤

铸坯的缺陷通常表现为中空状的，或存在一定的固-气界面、固-固界面，利用这一缺陷反射或吸收质量能力的不同，可以采用声波或射线对其进行探伤分析。

9.4.2.1　超声波探伤

A　超声波探伤的原理

当超声波到达有缺陷的金属时，由于缺陷（气孔、分层、夹杂物等）处穿过超声波的能力与金属基体明显不同，因此在缺陷处的超声波会反射回来，并会在缺陷的另一面产生相应的"声影"。超声波探伤通过在发射一面测定反射超声波，或者在另一面测定穿透超声波的声影，来确定铸坯中的缺陷及其位置。

B　超声波探伤的方法

超声波探伤包括脉冲反射法、穿透法及谐振法三种方法。脉冲反射法通过测定反射波的强弱、位置及波形来判断缺陷有无，及其大小和位置，并结合其他情况来确定缺陷的性质。我国生产的 CTS-8 型晶体管探伤仪即脉冲反射探伤仪，主要由同步电路、发射电路、扫描电路、标距电路和显示电路组成。

超声波探伤的具体步骤如下：

（1）探伤前的准备。对铸坯进行表面处理。

（2）探伤部位确定。根据工艺要求，确定探伤的部位。

（3）确定探伤范围。

（4）调整仪表进行探测并做必要的记录。

（5）缺陷位置的确定。

（6）缺陷大小的确定。

采用超声波探伤检验的特点是其灵敏度高、设备小、费用低、对人体和环境无害；但其不易对缺陷的性质、大小进行准确判断，如气孔、缩孔或疏松就无法分辨。

9.4.2.2 射线探伤

A 射线探伤的原理

不同物质对于相同能量的射线具有不同的吸收能力。当射线穿过铸坯时，在铸坯有缺陷的部位的投影上将显示出不同的射线强度，可以此判断铸坯中缺陷的形状及位置。射线可分为 X 射线、γ 射线和中子射线等。

B 射线探伤的方法

射线探伤可分为普通照相法、荧光屏观察法、射线实时成像法以及射线计算机断层扫描技术。

（1）普通照相法。普通照相法是根据被检铸坯与其内部缺陷介质对射线能量衰减程度的不同，使得射线在透过铸坯后的强度不同，从而使得缺陷能在射线底片上显示出来的方法。

（2）荧光屏观察法。荧光屏观察法是将透过被检物体后的不同强度的射线，再投射在涂有荧光物质的荧光屏上，激发出不同强度的荧光而得到物体内部的影像的方法。

（3）射线实时成像法。射线实时成像法探伤是工业射线探伤很有发展前途的一种新技术，与传统的射线照相法相比，具有实时、高效、不用射线胶片、可记录和劳动条件好等显著优点。这种方法利用小焦点或微焦点 X 射线源照射铸坯，并利用一定的器件将 X 射线图像转换为可见光图像，通过电视摄像机进行摄像，将图像直接或在通过计算机对其进行处理后，将其显示在电视监视屏上，以此来评定铸坯内部的质量。

（4）射线计算机断层扫描技术。射线计算机断层扫描技术（简称 CT）根据物体横断面的一组投影数据，经计算机处理后，得到物体横断面的图像，是一种由数据到图像的重组技术。射线源发出扇形束射线，被铸坯衰减后的射线强度投影数据经接收检测器被数据采集部采集，并进行从模拟量到数字量的高速 A/D 转换，形成数字信息。在一次扫描结束后，工作转动一个角度再进行下一次扫描，如此反复下去，即可采集到若干组数据。这些数字信息在高速运算器中进行修正、图像重建处理和暂存，在计算机 CPU 的统一管理及应用软件的支持下，便可获得被检物体某一短断面的真实图像，并将其显示于监视器上。

采用射线探伤可直接观察零件内部缺陷的影像，对缺陷进行定性、定量和定位分析；其探测厚度范围大，厚度 500 mm 以内的钢板均能被探测。但是设备复杂、昂贵、检测费用高；同时射线对人体和环境有伤害，必须做好防护措施。

目前逐渐开发的铸坯质量的在线检测法，主要为连铸坯质量在线判断模型。利用计算机专家系统，通过收集大量仪表、电器提供的数据，找出铸坯质量与异常工艺因素间的关系，从而对质量进行判断。如连铸过程漏钢预报系统就是基于浇铸过程的数据波动和数据检测来预判可能发生漏钢的风险，从而采取相应的预防措施。

9.4.3 酸浸法检测钢的低倍组织

钢的低倍检验是钢铁生产中评判钢质量的常规检验项目。低倍缺陷又称宏观缺陷，它是可用肉眼或可在低倍（10~15倍）放大镜下检查到的钢材的纵断面、横断面或断口上的各种宏观缺陷，具体的检验方法有酸浸检验、断口检验、塔形车削发纹检验和硫印试验。本节主要介绍钢的酸蚀检验，酸蚀可以检验钢的疏松、偏析、白点、缩孔、裂纹、非金属夹杂物、气泡、翻皮等宏观缺陷。

钢的低倍缺陷是评判钢质量的重要指标之一，不同钢种存在的低倍缺陷的种类不同。本节通过学习低倍检验的原理和方法，加深对低倍缺陷的认识，研究不同钢种中易出现的低倍缺陷的种类。

9.4.3.1　实验原理

酸浸实验，就是将制备好的铸坯试样用酸液腐蚀，以显示其宏观组织和缺陷。酸浸实验是宏观检验中最常用的一种方法。当前酸浸实验的方法及评定分别执行《钢的低倍组织及缺陷酸蚀检验法》（GB/T 226—2015）和《结构钢低倍组织缺陷评级图》（GB/T 1979—2001）。

酸浸实验可分为热酸浸蚀法、冷酸浸蚀法和电解酸蚀法三种方法。生产检验时可从三种酸浸法中任选一种，应用最多的是热酸浸蚀法。

当采用热酸浸检验时，先将铸坯试样表面磨光，然后将试样放入1∶1的盐酸溶液中，浸蚀面要完全被酸浸泡，用电热炉加热至60~80 ℃，在该温度范围内保持20 min后将试样取出，立即用清水冲洗，再用吹风机吹干，并用数码相机获取低倍图像，以分析方坯的低倍缺陷。可检验铸坯的中心疏松、中心缩孔、裂纹、柱状晶和等轴晶等凝固组织。

9.4.3.2　实验装置

钢的低倍检验设备有酸蚀槽、加热装置、酸液温度检测及控制装置、电吹风等，其装置示意图如图9-11所示。

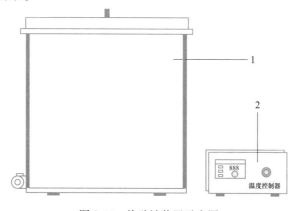

图9-11　热酸蚀装置示意图
1—底部带加热装置的酸蚀槽；2—酸液温度检测及控制装置

9.4.3.3　实验方法

选取铸坯缺陷最严重的部位，按要求进行切割，并对试样的试验面进行车光、抛光或磨光。在酸浸前，试样表面须清洁且无划痕，并且不能有油污存在，必要时可用汽油、酒精或苯将试样表面洗净。

根据不同的钢种选取相应的酸液，表9-2为各钢种推荐使用的热酸蚀液成分、腐蚀时间及温度。酸浸时，将浸蚀剂装在铅槽、耐酸瓷槽或其他耐酸容器中，将试样预热到60~80 ℃后浸入酸蚀剂中，试验面不能与容器或其他试样接触，以保证试验面与浸蚀剂接触良好。如果发生欠腐蚀，则应继续进行腐蚀；如果发生过腐蚀，则应将检验面重新进行加工，除去2 mm以上后再重新进行腐蚀。

表 9-2   各钢种推荐使用的热酸蚀液成分、腐蚀时间及温度

编号	钢种	浸蚀时间/min	腐蚀液成分	温度/℃
1	易切削钢	5~10	盐酸水溶液1:1（容积比）	70~80
2	碳素结构钢、碳素工具钢、硅钢、弹簧钢、铁素体型/马氏体型/双相不锈钢、耐热钢	5~30		
3	合金结构钢、合金工具钢、轴承钢、高速工具钢	15~30		
4	奥氏体型不锈钢、奥氏体型耐热钢	20~40		
		5~25	盐酸10份，硝酸1份，水10份（容积比）	70~80
5	碳素结构钢、合金钢、高速工具钢	15~25	盐酸38份，硫酸12份，水50份（容积比）	60~80

用肉眼或借助放大镜（15倍以下）观察试样的试验面，对照国际规定的低倍组织缺陷评级图分辨试样面上是否有低倍缺陷，若有低倍缺陷，则需评判出缺陷的种类和级别。

由热酸腐蚀法显示出的钢的低倍组织和缺陷形貌可采用光学照相或数码成像的方法获得。由枝晶腐蚀法显示出的钢的枝晶组织和缺陷形貌可采用扫描成像的方法（扫描精度大于1000 dpi）获得。根据结构钢低倍组织缺陷评级图，分析所研究钢种是否存在低倍缺陷，若存在缺陷，则需分析低倍缺陷的种类和级别。图9-12为铸坯低倍组织图像。

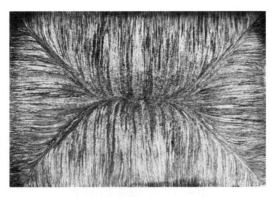

图 9-12   铸坯低倍组织图像

9.4.4 钢中非金属夹杂物的金相检测

由于现代工程技术的发展对于钢的强度、韧性、加工性能等要求日趋严格，所以对于钢铁材质的要求也越来越高。非金属夹杂物作为独立相存在于钢中，破坏了钢基本的连续性，使钢组织的不均匀性增大。因此钢中非金属夹杂物的存在，会对钢的性能产生强烈的影响。根据非金属夹杂物的性质、形态、分布、尺寸及含量等因素的不同，其对钢的性能的影响也不同。为了提高产品的质量，生产非金属夹杂物少的洁净钢，或控制非金属夹杂物的性质和要求的形态，钢中非金属夹杂物的判断是冶炼和铸锭过程中的一个艰巨任务。而对于金相分析工作者来说，如何正确判断和鉴定非金属夹杂物，是十分重要的。

掌握非金属夹杂物的金相检验法，利用明视场观察夹杂物的颜色、形态、大小和分布；在暗视场下观察夹杂物的固有色彩和透明度；在偏振光正交下观察夹杂物的各种光学性质，从而判断夹杂物的类型，并根据夹杂物的分布情况及数量评定相应的级别，评判其对钢材性能的影响。

9.4.4.1　实验原理

采用金相法检验钢中的非金属夹杂物，其设备简单，操作方便，是钢铁生产中的日常检验项目。钢中夹杂物的金相鉴定是借助于金相显微镜，在明视场、暗视场和偏振光视场下，根据夹杂物的光学、力学及化学性质来鉴别夹杂物的。

明视场是金相显微镜的主要观察方法，入射光线垂直或近似垂直地照射在试样表面上，利用试样表面反射光线进入物镜成像。暗视场是通过物镜的外周照明试样，并借助于曲面反射镜，以大的倾斜角照射到试样上。若试样是一个镜面，那么由试样上反射的光线仍以大的倾斜角反射，不可能进入物镜，故视场内漆黑一片。只有在试样凹洼处或透过透明夹杂物来改变其反射角，光线才有可能进入物镜而被观察到。因此，在暗视场下能观察到夹杂物的透明度以及其本身固有的颜色（体色）和组织，其体色是白光在透过夹杂物时各色光被选择吸收的结果。不透明夹杂物通常比基体更黑，有时在夹杂物周围可看到亮边（如 TiN），这是由于一部分光在金属基体与夹杂物交界处被反射出来的缘故。偏光是在明视场的光路中加入起偏振镜和检偏振镜而构成的。起偏镜将入射的自然光变为偏振光，当偏振光投射到各向同性、经过抛光的金属试样表面时，它的反射光仍为偏振光，且振动方向不变，因而不能通过与起偏镜正交的检偏镜，视场呈黑暗的消光现象。当偏振光照射到各向异性的夹杂物上时，反射光的振动方向将发生改变，由于其中有一部分振动方向的光能够通过检偏镜进入目镜，因而会在暗黑的基体中显示出来。旋转载物台 360°，各向同性的夹杂物的亮度不会发生变化，而各向异性的夹杂物则会出现四次黯黑和发亮现象。由于有些夹杂物的各向异性效应较弱（如石英），因此当转动载物台 360°时，仅交替出现两次黯暗及明亮现象，称为弱各向异性夹杂物。各向异性效应是区别夹杂物的重要标志。

金相片利用金属试样在抛光状态下，其中的各种夹杂物在金相显微镜的明场、暗场及偏振光照明条件下的光学特性不同，且各种夹杂物的外貌、分布、色彩等具有不同的特征，从而对非金属夹杂物进行识别，并鉴定其类型和级别。

9.4.4.2　实验装置

金相法实验备有暗场及偏光装置的金相显微镜、显微硬度计、10%HNO_3 酒精溶液等，金相显微镜装置如图 9-13 所示。

9.4.4.3　实验方法

选取代表性试样，能说明钢中夹杂物的类型、形状、分布位置等。将试样按规定尺寸切好，并将观察面磨平抛光，从而达到金相观察要求的基本标准。

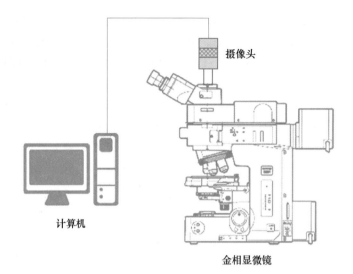

图 9-13　金相显微镜装置图

　　对于磨好抛光的合格试样，以较高的放大倍数，选取其中较大的具有代表性的夹杂物，在明视场、暗视场和偏振光视场下仔细研究其形状、颜色、透明度、反光能力和各向同性、各向异性等，将所得的结果与已知夹杂物在明视场、暗视场、偏振光视场下的特性相对照，即可确定所测夹杂物的名称。将制好的试样不经腐蚀在金相显微镜的明视场、暗视场、偏振光视场下进行观察，必要时做显微硬度测定和化学腐蚀实验配合鉴定。

　　测量未浸蚀磨片的一定面积上夹杂物所占的面积比例，即在显微镜下放大一定的倍数来测定所发现夹杂物的面积。对于椭圆形夹杂，量其长度和宽度，取二者的平均值，将其视为一圆形夹杂计算面积；对于线状夹杂，可以忽略其圆钝两端，将其视为长方形计算面积。夹杂物含量（%）计算公式如下：

$$Q = \frac{A\rho_i}{S\rho_s} \times 100\% \tag{9-5}$$

式中　A——在一个视场中夹杂物的总面积，以标尺刻度的平方表示；

　　　S——视场面积，与 A 同单位；

　　　ρ_i——夹杂物的平均密度；

　　　ρ_s——钢的平均密度。

取 $\rho_i/\rho_s = 1/3$，将所见的夹杂物都折合成圆形进行计算。

在一个视场中：

$$Q = \frac{\frac{\pi}{4}(d_1^2 + d_2^2 + d_3^2 + \cdots + d_n^2)\rho_i h}{\frac{\pi}{4}D^2\rho_s h} \times 100\% = \frac{d_1^2 + d_2^2 + d_3^2 + \cdots + d_n^2}{3D^2} \times 100\% \tag{9-6}$$

在 k 个视场中：

$$Q = \frac{F_1 + F_2 + F_3 + \cdots + F_k}{3kD^2} \times 100\% \tag{9-7}$$

式中 d_1，d_2，d_3，$\cdots$，d_n——夹杂物的直径；

$\qquad\qquad D$——视场的直径；

F_1，F_2，F_3，$\cdots$，F_k——各视场中夹杂物的总面积，$F = d_1^2 + d_2^2 + d_3^2 + \cdots + d_n^2$。

9.4.5 钢中非金属夹杂物的电解

钢中非金属夹杂物的存在是影响钢制品性能的重要因素。当衡量夹杂物对于钢质量的危害时，应从夹杂物含量、颗粒大小和分布、夹杂物的类型物理性质及其在加工过程中的形变能力等方面进行综合评估。化学法是鉴定钢中非金属夹杂物的方法之一，电解法是化学法的一种。电解法的种类繁多，现仅选择测定碳素钢、低合金钢中非金属夹杂物最常用的方法——硫酸盐电解法，作为实验用的典型方法。

9.4.5.1 实验原理

将钢样作为阳极，在硫酸盐电解液中进行电解。一般情况下，金属在电解液的浸蚀下呈离子状态进入溶液，成为金属阳离子，而电子则仍留在金属试样上使其带负电。进入溶液的离子与带有相反电荷的金属产生静电引力，从而阻碍了金属离子继续进入溶液，在系统中建立了平衡状态。如果由外电源供给适当的电能，使转入溶液的带正电荷的金属离子获得电子，不断地被还原成金属或其他生成物，打破系统的平衡状态，那么在电解液的浸蚀下，金属离子进入溶液的过程将继续下去。电解分离法就是在电解过程中使试样的基体腐蚀溶解，令钢中的第二相和夹杂物残留下来。这主要是由于在选择某种适当的电解液后，基体金属和夹杂物的溶解电位不同，基体金属的溶解电位较低，故优先溶解。一般来说，在阳极活化状态下，试样金属溶解的量与其通过的电量成正比，即符合法拉第定律。

电解时阳极反应为：

$$Fe - 2e \longrightarrow Fe^{2+}（主要反应） \tag{9-8}$$

$$Mn - ne \longrightarrow Mn^{n+}，2H_2O - 4e \longrightarrow 4H^+ + O_2 \uparrow（副反应） \tag{9-9}$$

阳极反应为：

$$Fe^{2+} + 2e \longrightarrow Fe \downarrow（主要反应） \tag{9-10}$$

$$Mn^{n+} + ne \longrightarrow Mn，4H^+ + 4e \longrightarrow 2H_2 \uparrow（副反应） \tag{9-11}$$

由于电解取得的沉淀量是很少的，因此需注意防止外来混杂物玷污。此外，在进行分析时只有一批沉淀，没有平行实验，这是因为夹杂物的分布是不均匀的，即重新电解所得夹杂物的组成与前次所得可能有很大区别，所以应仔细、准确地进行分析。

所得沉淀用硝酸-高锰酸钾法破坏碳化物，反应式如下：

$$5Fe_3C + 13KMnO_4 + 84HNO_3 =\!=\!= 15Fe(NO_3)_3 + 13Mn(NO_3)_2 + \tag{9-12}$$
$$13KNO_3 + 42H_2O + 5CO_2 \uparrow$$

$$4KMnO_4 + 4HNO_3 =\!=\!= 4MnO_2 \downarrow + 3O_2 \uparrow + 4KNO_3 + 2H_2O \tag{9-13}$$

生成的 MnO_2 沉淀用 H_2O_2 还原：

$$MnO_2 + H_2O_2 + 2HNO_3 =\!=\!= Mn(NO_3)_2 + H_2O + O_2 \uparrow \tag{9-14}$$

9.4.5.2 实验装置

实验用电解装置如图9-14所示。所需仪器有天平、玻璃试管、玻璃棒、烧杯、吹风机、滤纸、水浴锅、分液漏斗、铂金坩埚等；另需火棉胶液、柠檬酸钠、H_2O_2、25∶75硝酸、盐酸、蒸馏水等试剂，以及用作电解液的 $FeSO_4 \cdot 7H_2O$、$NaCl$ 和酒石酸钠钾等试剂。

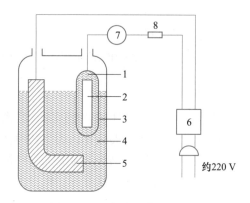

图 9-14　电解实验装置示意图

1—囊内电解液；2—样品；3—胶囊；4—电解液；5—阴极；6—稳压电源；7—电流表；8—电阻

9.4.5.3　实验方法

电解实验前应预先准备好试样，制作胶囊、配置试剂，以及确定好电解的条件参数。准备工作完成后开始电解，根据试样的尺寸，电解时间一般在 2~30 d 不等。电解完成后，将电解沉淀物进行清洗、处理和称重。

分别称量并记录电解前后试样的质量、坩埚和夹杂物的质量，以及坩埚的质量，其中夹杂物质量应减去所用定量滤纸的质量。夹杂物含量的计算公式如下：

$$夹杂物总量 = \frac{G_2 - G_1}{G_3 - G_4} \times 100\% \tag{9-15}$$

式中　G_1——坩埚质量，g；

　　　G_2——坩埚及夹杂物质量，g；

　　　G_3——电解前试样质量，g；

　　　G_4——电解后试样质量，g。

按照式（9-15）可以计算夹杂物的总含量，本实验指导适用于一般碳素钢和低合金钢。对于其他钢种，则需要对电解液、试剂、电解时间等条件按需求定制。

9.4.6　钢中气体的仪器分析

钢中气体含量的检测分析是比较科学和实用的一种检测方法。本实验主要分析钢中的全氧量和含氮量。由于钢中的氧主要是以非金属夹杂物的形式存在于钢中的，因此，分析全氧量就是分析钢中非金属夹杂物的总量；通过对冶炼各个环节氮含量变化的分析，可以判断冶炼过程中的吸气量和钢液二次氧化的程度。对于某些对氢元素要求比较严格的钢种，还需要确定其中氢的含量。钢中的氧氮分析既能提供钢产品质量的信息，又能提供冶炼工艺改进的依据。冶金生产者和用户也习惯将其作为一个重要指标来描述产品质量。

9.4.6.1　实验原理

在冶金过程中和冶金产品氧氮分析中，应用广泛的为熔融法，主要是通过对钢样熔化时释放出的气体进行收集、检测来完成的。其分析原理描述如下：将加工准备好的金属试样投入脉冲加热炉后，试样在高温条件下瞬间熔化，在熔化过程中，试样内的非金属夹杂物中的氧将会与石墨坩埚中的碳发生氧化反应生成一氧化碳,试样中的氮则会以氮气的形式提取出来。碳和氧形成的一氧化碳和氮气将由惰性气体带走,在此情况下,因为气相中一氧化碳的分压很低,所以下列反应可以持续进行:

$$[C] + [O] \Longrightarrow CO\uparrow \tag{9-16}$$

在载气(纯度为99.99999%的氦气)作用下,将气体完全排出脉冲炉。气体在经过过滤处理后,进入装有催化剂(氧化铜)的反应室,在催化剂的作用下将一氧化碳气体全部转化为二氧化碳气体,然后将这部分气体送入红外线检测池。二氧化碳在混合气体中的含量可以用红外线直接吸收法测定,通过传感器可以间接地检测出钢中的氧含量,并将检测信号传送到处理器。剩余的气体通过碱石棉和无水高氯酸镁除去其中的二氧化碳,送入导热池中,利用氮气和氦气之间导热率的不同,对氮气进行检测,同样将检测信号传送到处理器。在整个检测过程中,在将采集到的信号经过模数信号进行转换后,将数字信号传入计算机,采用软件对信号进行积分处理,分别分析出钢中的氧、氮含量值。

由于氧氮分析采用的样本比较小,包含大型夹杂物的概率较小,即便在检测过程中遇到,通常也将这种波动较大的数据作为异常数据省略,所以应认识到,钢中的全氧分析是对钢中小型夹杂物含量的一个描述。由于高精度仪器的使用,因此其所获得的钢中的氧氮值是准确的,但还应认识到,该方法仅是一个比较分析法,为了获得数据的相对准确性和可比性,需要在实验前对标准试样进行校验,使得仪器精度调整在标准试样的值域,从而提供可供交流的数据。

9.4.6.2 实验装置

本实验所用的分析设备主要包括德国 Eltra 公司的氧氮分析仪和美国力可公司的氧氮分析仪。氧氮分析仪主要由计算机、分析仪、电子天平、打印机等部件构成,如图 9-15 所示。其中,分析仪是关键设备,由脉冲炉、冷却水系统、气路系统和检测池几大系统组成,可以通过计算机进行操作,也可通过设备前端的 LCD 屏直接操作。

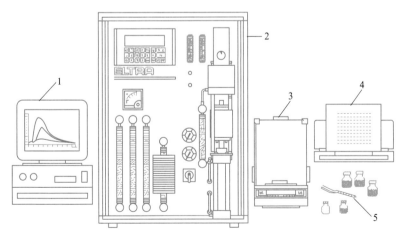

图 9-15 氧氮分析仪实验装置图

1—计算机采集系统;2—氧氮分析仪;3—电子天平;4—打印机;5—样品

实验之前,将氧氮分析仪调到"1 挡"预热 2~3 h,待分析仪稳定方可进行实验,此时,将挡位开关调整到"2 挡",并做好分析准备。采用标准试样对仪器进行校准,通过比较仪器的分析值与标样的给定值，保证两者之间的一致性，并根据标样的测试值和理论值对仪器进行校正。在仪器校准完成后，进行一般试样的分析，其操作步骤与标样的分析过程相同，分析结束时，记录实验结果。

选取不同牌号的钢样，对其进行氧氮含量的测定，通过对比分析结果是否满足钢样牌号要求的目标值，分析数据的准确性，并与国际一流水平进行对照。目前，最先进的分析仪为氧氮氢分析仪，可以分析出钢中的氧、氮、氢的含量，由于某些钢中氢的存在会引起较大的缺陷，因此氢是重点考虑的元素。

复习及思考题

1. 连铸坯表面缺陷有哪些种类，内部缺陷有哪些种类？
2. 试分析铸坯表面温度接触式测量方法和非接触式测量方法的优缺点。
3. 查阅资料，简述连铸坯凝固末端检测的最新方法，包括其原理、装置、特点等。
4. 当前，随着铸坯热送、连铸连轧的不断发展，对连铸坯表面质量提出了严格要求，从在线检测的角度出发，分析几种在线检测法的优缺点。
5. 结合专业知识，分析降低低倍缺陷的工艺方法。
6. 查阅相关资料，对比热酸蚀法、冷酸蚀法实验的特点和适用范围。
7. 简述钢中夹杂物按来源分类、化学成分分类的分类结果。
8. 分析试样制备对金相鉴定夹杂物的影响。
9. 明视场、暗视场及偏光视场下观察到的夹杂物的颜色有何区别和类同？
10. 试分析冶炼过程中非金属夹杂物产生的原因。
11. 讨论非金属夹杂物的电解法测定对于其他钢种，如304不锈钢，能否进行实验，以及具体应如何操作。
12. 氧氮分析仪为什么对于试样表面的处理要求非常严格？试分析影响氧氮含量准确性的因素、措施。
13. 通过本次实验加强对钢中氧氮含量的认识，并根据目前世界上一些先进钢产品氧氮含量的数值，结合专业知识，进一步思考提高钢质量的措施。
14. 预防连铸坯内部缺陷的措施和新技术有哪些？

参 考 文 献

[1] 蔡开科. 连铸坯质量控制 [M]. 北京：冶金工业出版社，2010.
[2] 陈伟庆，宋波，郭敏. 冶金工程实验技术 [M]. 2版. 北京：冶金工业出版社，2023.
[3] 姚曼，王兆峰，张相春，等. 连铸坯凝固末端检测技术研究与应用现状 [J]. 鞍钢技术，2012（6）：1-5.
[4] 田志恒，田陆，田立，等. 基于电磁超声的连铸坯液芯凝固末端位置在线测量 [C]//第十届中国钢铁年会暨第六届宝钢学术年会论文集. 北京：冶金工业出版社，2015：409-414.
[5] 中国钢铁工业协会. 钢的低倍组织及缺陷酸蚀检验法：GB/T 226—2015 [S]. 北京：中国标准出版社，2015.
[6] 宝钢集团上海五钢有限公司. 结构钢低倍组织缺陷评级图：GB/T 1979—2001 [S]. 北京：中国标准出版社，2001.
[7] 伍成波. 冶金工程实验 [M]. 重庆：重庆大学出版社，2005.
[8] 段丽飞，周海. 钢中非金属夹杂物与金相鉴定分析 [J]. 中国金属通报，2019（4）：236-237.

［9］吕建刚，肖李鹏．钢中非金属夹杂物及其金相检验［J］．理化检验：物理分册，2015，51（4）：229-233，242.

［10］顾凤义，刘莹，闫文凯，等．大样电解法分析连铸板坯大颗粒非金属夹杂物来源［J］．理化检验：物理分册，2022，58（6）：29-33.

［11］孙彦辉，马文，蔡开科．一种利用电解法测定钢中大型非金属夹杂物的方法：CN201212076465.0［P］．2012-11-14.

10 现代冶金虚拟仿真技术

本章提要

　　虚拟仿真（virtual reality）就是用一个系统模仿一个真实系统的技术，是一种可创建和体验虚拟世界（virtual world）的计算机系统，通过仿真的方式给用户创造一个实时反映实体对象变化与相互作用的三维虚拟世界，并借助头盔显示器（HMD）、数据手套等辅助传感设备，给用户提供一个可交互的三维界面，使用户可以直接参与并探索仿真对象在所处环境中的作用与变化。钢铁生产流程复杂，工艺过程化学反应众多，且多数是在高温、高压和密闭的环境中进行的，很难通过直接观察和实验研究了解主体设备及辅助设备的运行原理。因此，采用虚拟仿真将科学原理量化成控制模型，再将控制模型转化成可操控的模块，通过各模块实现对真实工艺过程的模拟再现。

　　本章主要对冶金过程中的烧结、高炉炼铁、转炉炼钢、板坯连铸生产工艺进行模拟仿真实训，帮助读者简单地学习生产现场的相关操作，同时为现场工艺的优化提供帮助。

10.1 烧结生产仿真模拟

　　烧结虚拟仿真系统包含了烧结生产的历史、现状和今后的发展方向，全面介绍了烧结生产的基本原理、烧结设备（包括对其进行检查、维护和一般故障的判断）、烧结操作（包括原材料质量的判别、确定各种原料配比、编制烧结工艺操作方案、烧结过程的调节和控制、终点判断和控制等）。

10.1.1 操作方式

　　烧结系统的生产操作对于烧结的影响至关重要，一方面要求熟悉和掌握设备，另一方面需要根据烧结专业知识对工艺参数进行调节。烧结生产有严格的次序性，一定要严格地按照设备的启停次序执行。在生产情况下，配料-混料系统、烧结-破冷-成品系统在"自动模式下"进行，而且选定联动方式或顺控方式，操作方式有如下三种：

　　（1）联动方式。联动方式是指配料-混料系统之间的联动控制或者烧结-破冷-成品系统之间的联动控制。在条件满足的情况下，点击"联动启动"时，系统设备逆流启动；点击"联动停止"时，系统设备顺流停止。

　　（2）顺控方式。顺控方式是指配料系统、混料系统、烧结-破冷系统、成品系统的系统内部设备的次序性控制。在条件满足的情况下，点击"顺序启动"时，系统内的设备逆流启动；点击"顺控停止"时，系统内的设备顺流停止。

　　（3）齐控方式。齐控方式只在配料系统中存在，是指在生产过程中当某一生产中的设备发生故障时，为了保持运输过程中的料流的配料比，需要把设备同时停止；当设备维修好时，将设备同时启动。点击"齐控启动"时，系统设备同时启动；点击"齐控停止"时，系统设备同时停止。

10.1.2 烧结系统工艺流程

烧结系统总貌示意图如图 10-1 所示。烧结总貌主要展示整个烧结虚拟仿真系统，包含各子系统的布局、流程，选择所要生产的目标烧结矿。

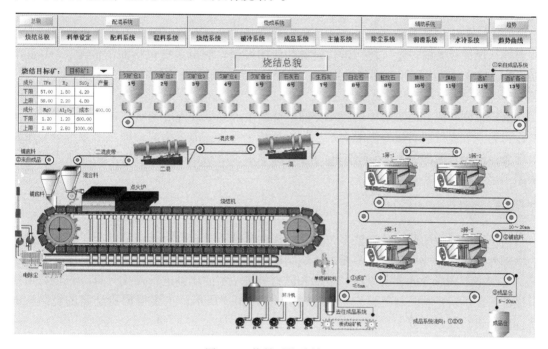

图 10-1 烧结系统总貌界面

烧结系统工艺流程如图 10-2 所示。

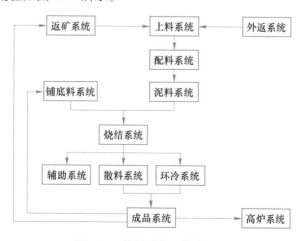

图 10-2 烧结系统工艺流程图

10.1.3　辅助系统

在配混料之前启动辅助设备，包括除尘系统、润滑系统、水冷系统。

10.1.3.1　除尘系统

除尘系统作用于配料系统、混料系统、烧结系统、破冷系统、成品筛分等系统。主要除尘设备有电除尘器和布袋除尘器。在除尘风机启动后，除尘器把烟尘中的灰尘过滤在灰尘仓内，过滤后的烟气排入大气。

10.1.3.2　润滑系统

润滑系统作用于混料系统、烧结系统、破冷系统等，主要给设备提供轴机运行所需的润滑油，保证设备的正常运转，延长设备的使用寿命。润滑系统包括润滑油箱、1 号润滑泵、2 号润滑泵、润滑控制阀门等设备。润滑系统按时间给设备供油。

10.1.3.3　水冷系统

水冷系统有两方面重要作用：一方面给烧结生产提供设备冷却水，保证设备在常温下工作；另一方面给混料机提供混合水。水冷系统主要由三部分组成，即热水泵部分、冷水泵部分、混合水泵部分。0.5 MPa 压力等级供水用于混料机的混合；0.3 MPa 压力等级供水用于烧结设备的冷却。

10.1.4　配料计算

由于烧结处理的原料种类繁多，且其物理化学性质差异也很大。因此为了达到烧结矿的物理性能、化学成分符合冶炼要求，烧结矿透气性良好，以获得较高的烧结生产率的目标，必须把不同成分的含铁原料、熔剂和燃料等按一定的比例进行调优计算，根据得出的最优配料比进行配料。料单设定界面示意图如图 10-3 所示，主要根据所选定的烧结矿的目标成分进行配料运算。

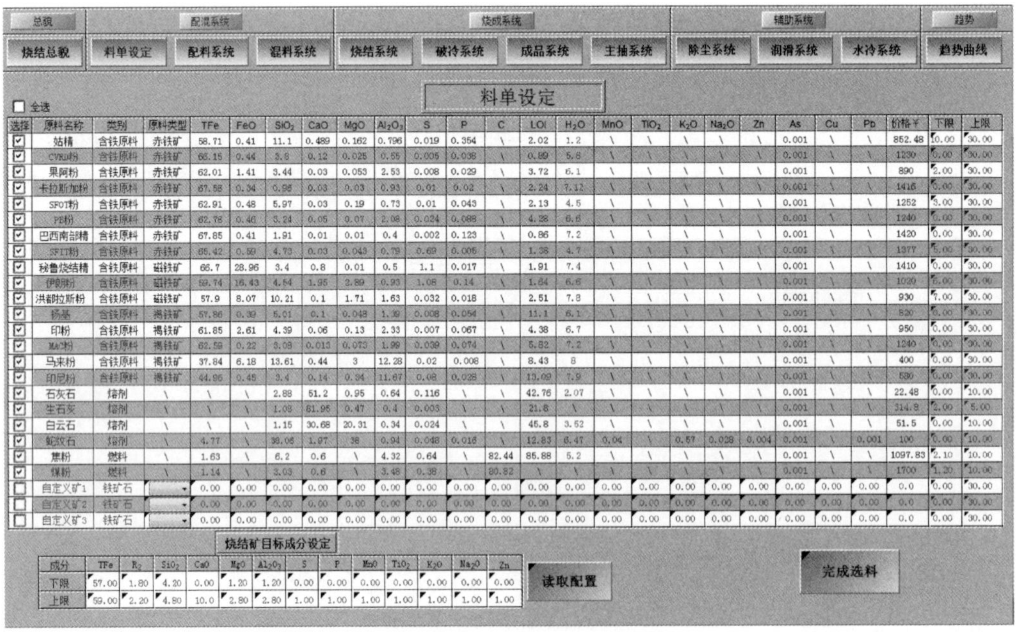

图 10-3　料单设定界面

在料单系统界面中提供了 16 种含铁原料、4 种熔剂、2 种燃料,另外还可手动设定 3 种自定义矿。料单中的每一行是原料的信息,每一列是原料的成分属性。操作过程为:读取配置→选择原料→设定参数范围→完成选料→配料计算→确认结果。

配料模型可根据"成本最低"或"含铁最高"原则进行调优计算,例如控制成本需选择"成本最低"进行计算。点击"调优计算"按钮,模型进行数据计算,如果有结果弹出"结果导出数据库成功",则说明有计算结果,数据反馈至模型界面;如果弹出"该约束条件下无最优解",则说明无计算结果,此次计算数据无效。

若有计算结果,则可查看"烧结矿预期成分"及"烧结原料参数",根据烧结专业知识,分析数据是否合理。当数据不合理或无计算结果时,点击"重新计算"返回"料单设定"界面,重新选择原料→设定参数范围→配料计算操作,经反复计算后,得出合理配料比。

点击"确认结果"按钮,数据加载至后台程序进行运算。如果想查看配料信息,则点击"导出配料表",把配料信息导出至数据表中。

10.1.5 烧结工艺技术操作

烧结工艺流程简图如图 10-4 所示。通过下料、混合、点火、烧结关键参数的设定,满足烧结的正常进行所需要(或要求)的最佳参数控制。

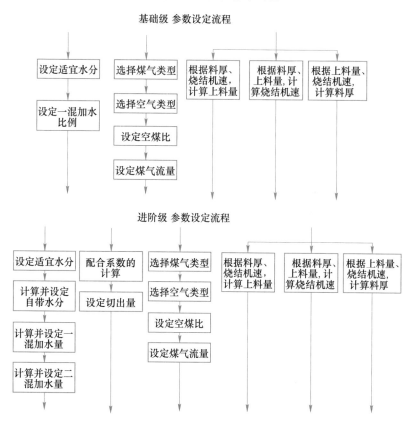

图 10-4　烧结工艺流程简图

10.1.5.1 配混料系统

配料系统界面示意图如图 10-5 所示。根据配料单比例进行料仓的选定、配料量的设定、配料设备的操作等。配料系统启动后，按比例将各原料输送至混料系统。混料系统把配料系统输送的混合料进行一次混合和二次混合。一次混合的目的主要是加水湿润、混匀，使混合料的水分、粒度和料中各组分均匀分布；二次混合除继续混匀外，其主要目的是造球，并进行补充润湿。充分混匀可使烧结台车上的料层保持良好的透气性，以利于烧结过程的进行。

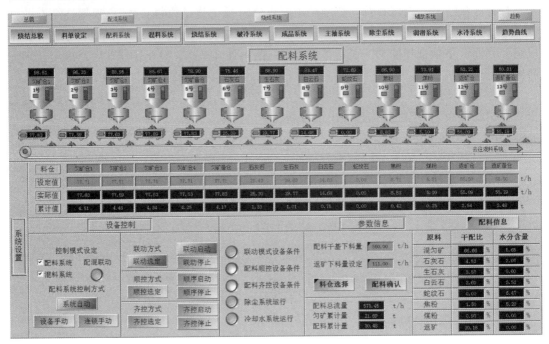

图 10-5　配料系统界面

配料系统料仓主要包括 5 个匀矿仓、4 个熔剂仓、2 个燃料仓、2 个返矿仓。设备主要包括圆盘给料器、电子皮带秤、配料皮带等。配混料系统为保证严格的配料比例，配料系统、混料系统的运行必须在"系统自动"模式下，采用"联动方式"或"顺控方式"。配料系统启动需要满足配料计算完成且确认结果、辅助系统启动、混料系统具备启动条件。

（1）配料系统界面→料仓选择。根据配料计算结果，点击"料仓选择"按钮选择料仓，选择料仓的原则为匀矿仓不低于 3 个，熔剂仓中石灰石仓、生石灰仓、白云石仓必须选择，燃料仓（焦粉、煤粉根据配料计算情况选定）必须选择，返矿仓必须选择，方可满足生产要求。

（2）配料量、返矿量设置。点击"配料干基下料量""返矿下料量设定"等设定框进行设置，设置完成后点击"配料确认"按钮。

（3）混料系统界面→混合水参数设置。点击"混合水控制"按钮进入"混合水控制"窗口。混合水控制在自动模式下需设定"预加水分设定"和"一混加水分额"，后台模型会自动计算加入水量。"预加水分设定"是指二混后预想达到的混合水分占比，但是在实际过程中会受生石灰的吸水和水分的蒸发等因素影响。"一混加水分额"是指一混在混料总加水量中占的份额。此时配混系统的参数设定完成。

（4）在混料系统界面选择模式和方式。若选择联动方式生产，则控制模式应同时勾选上"配料系统"和"混料系统"，配混联动指示灯亮绿灯，控制方式为"系统自动"，选择"联动选定"。

（5）在配料系统界面选择模式和方式。控制模式设定应同时勾选上"配料系统"和"混料系统"，控制方式为"系统自动"，选择"联动选定"。当联动模式设备条件（绿灯亮时）满足时，方可点击"联动启动"按钮。设备启动将从混料系统界面的梭式皮带机开始逆流启动。

10.1.5.2 主抽系统

主抽系统操作界面示意图如图 10-6 所示。主抽系统主要是通过烟道进行抽风，产生负压，使烧结料中的固体燃料充分燃烧，为烧结矿供给热量，同时将烧结过程中产生的各种气体经烟道、除尘器净化后由烟囱排出。主抽系统的好坏直接影响着烧结矿的产量、质量和燃料消耗，是烧结生产的关键。

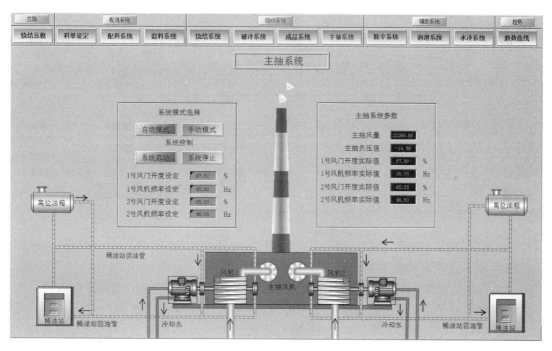

图 10-6　主抽系统界面

主抽系统主要包括 1 号主抽风机、1 号主抽风门、1 号主抽润滑站、2 号主抽风机、2 号主抽风门、2 号主抽润滑站等设备。主抽系统应在烧结-破冷-成品系统启动前启动，2 台主抽风机同时运行。主抽系统分为自动模式和手动模式。操作步骤为：选择模式→设定 2 台风机电机频率→启动稀油站、风机→设定风门开度→调节负压。

10.1.5.3 烧结-破冷-成品系统

烧结是把混合料（矿粉、熔剂和燃料）按一定比例均匀地混合，借助燃料燃烧产生的高温使部分原料熔化或软化，发生一系列物理、化学反应，并形成一定量的液相，在冷却时相互黏结成块的过程。烧结系统是整个系统的核心部分。

烧结-破冷-成品系统操作：

（1）烧结系统主要包括铺底料设备、布料设备、点火炉设备、烧结机设备、风箱设备等，如图 10-7 所示。烧结-破冷系统的生产模式及控制方式在烧结系统中进行操作。烧结-破冷系统必须在生产自动模式下采用联动方式运行。烧结-破冷系统启动需要满足辅助系统启动、主抽系统启动、烧结-破冷系统参数设置。烧结-破冷系统操作为：点火控制操作→风箱控制及参数设置→环冷风机控制操作→烧结机台车速度设定→布料参数设置→模式、方式选定→启动设备。

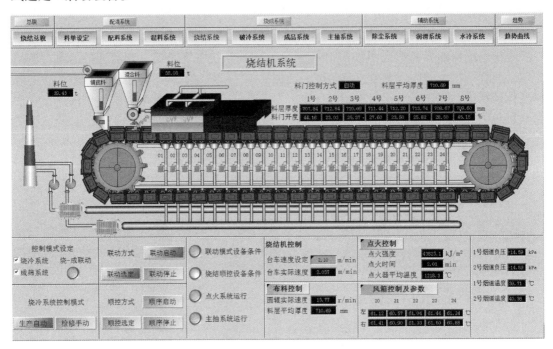

图 10-7　烧结系统界面

（2）点击"点火控制"按钮显示"点火控制"窗口。

点火控制的主要作用为在生产时给烧结混合料点火，要求其参数在合理范围内调节。

点火控制操作：1）启动助燃风机。2）煤气控制打开煤气切断阀→点击"引火启动"，点火启动后进行温度调节。3）控制方式选择为"自动控制"→燃料类型选择为"转炉煤气"→空煤比设定为 1.5。在自动控制方式下，设定点火温度为 1200 ℃。

空煤比是指空气和煤气燃烧的比值。此系统中空煤比不参与温度调节，仅作为一个知识点让用户掌握每一种燃料类型对应的空煤比合理范围。例如，焦炉煤气的空煤比合理范围为 1.3~1.8。

（3）风箱控制及参数设置。点击"风箱控制及参数"进入窗口。

主抽系统启动后，进行风箱阀控制。1~3 风箱阀的位置在点火炉下，启动时开度不宜过大，在风箱参数第一行把阀位设定到 18%、20%、21% 左右。4~24 风箱阀点击"4~24全开"按钮。烧结系统启动后，风箱废气温度值在此窗口显示。

（4）烧结机控制，台车速度设定为 2 m/min。在"烧结系统"界面设定烧结机台车速度。在启动烧结机前需要设定台车速度，其在生产时的合理范围为 1.3~4 m/min。

（5）布料参数设置。点击"布料控制"按钮进入布料控制窗口。

布料设备包括圆辊给料机和九辊布料器。料层厚度与圆辊、台车速度三者之间有联动关系。布料控制的控制方式选择为自动。选择自动方式，在自动控制窗口下设定铺底料厚度以及料层厚度。后台模型自动运算台车速度与圆辊之间的关系，当台车速度变化时，圆辊自动发生变化，以保证料层厚度不变。铺底料厚度的合理范围在 20~40 mm，布料厚度的最大值为 760 mm。

（6）破冷系统页面。环冷风机的作用是给环冷机鼓风，把破碎后的高温烧结矿冷却至 120 ℃以下。环冷风机共 5 台，启停需要手动操作，点击"参数一键设定"，再点击"风机全启动"。

（7）成品系统页面。筛分路径分别选择 1 路筛分、2 路筛分。控制模式设定为：勾选"烧冷系统""成筛系统"，烧-成联动亮绿灯。成品系统控制模式点击"生产自动"按钮，联动方式点击"联动选定"按钮。

（8）烧结系统页面。烧冷系统控制模式选择"生产自动"，联动方式点击"联动选定"按钮。当生产启动烧结-破冷-成品系统时，需要观察混合料仓仓位。当仓位大于 30 t 时，方可启动烧结-破冷-成品系统进行生产。

（9）混合料仓仓位。仓位的合理范围应控制在 20~60 t，过高或过低则都需要调整配料量和烧结生产用料量，尽可能保持前后平衡。当仓位高于 80 t 时，混合料溢出；当仓位低于 10 t 时，提示即将停止烧结机。

（10）在烧结-破冷-成品系统生产启动后，可观察风箱控制及参数窗口，判定烧结过程的合理性，当 20 号风箱的温度最高时，烧结终点为最优。调节台车速度为 1.9 m/min、料层厚度为 640 mm，此时 20 号风箱的温度最高。观察趋势曲线中的成品指标的变化情况，直至调节至合理生产，完成生产任务。

影响此系统烧结终点及废气温度的参数有配料的合理配比，特别是生石灰配比、燃料配比；点火温度；主抽负压；台车速度；料层厚度。

10.1.5.4 数据监控

趋势界面主要用于烧结期间监控烧结生产配混料参数、烧结参数、废气参数、烧结矿指标等信息。

（1）点击"混料参数""烧结参数""废气参数""烧结矿指标"按钮，可浏览不同的趋势信息。

（2）实时趋势和历史趋势可进行切换，切换至历史趋势，可进行历史趋势查询。

（3）点击曲线右侧的每一条曲线的名称，可单独观察每一条曲线的变化。

10.2 高炉炼铁仿真模拟

高炉炼铁是钢铁生产中的核心环节。由于高炉炼铁具有技术经济指标良好，工艺简单，生产量大，劳动生产效率高，能耗低等优点，故这种方法生产的铁占世界总铁产量的绝大部分。

本节所述的高炉炼铁仿真系统的主要技术参数如下：有效容积为 3200 m³；拱顶温度不大于 1400 ℃，废气温度不大于 450 ℃；吨铁燃料比为 540 kg，吨铁焦比为 390 kg，吨铁煤比为 150 kg，综合焦比为 510 kg/t；热风温度为 1200~1250 ℃，冷风温度为 180 ℃；富氧率正常为 2.5%，设计能力为 5%；吨铁渣量为 400 kg，入炉风量为 5170 m³/min，探尺 2 个；铁水运输为"一罐制"工艺（铁水罐载重为 120 t，天车起吊能力为 250 t，铁罐净重约 100 t）；炉顶形式为 PW 串罐无钟炉顶，炉顶压力为 0~0.22 MPa（最大 0.25 MPa），炉顶温度为 120~250 ℃；布料溜槽倾动范围为 20°~53°，槽下原料主要有杂矿、焦炭、烧结、球团、块矿、焦丁。

高炉炼铁仿真系统主要可分为槽下炉顶系统、热风喷煤系统、炉前出铁系统、热风炉系统、辅助系统。高炉实训操作过程分为冶炼前准备阶段、冶炼阶段、出铁阶段三个部分。

在高炉工长界面可以直观地观察到高炉的运行状态，包括各类风温、水温、流量、炉顶压力、热风炉状态等，如图 10-8 所示。

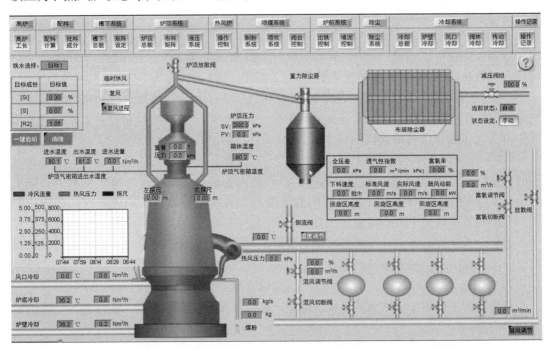

图 10-8 高炉工长界面

10.2.1 高炉辅助设备

冶炼前准备阶段主要完成冶炼前期的各项准备工作。

10.2.1.1 炉顶系统—液压系统

液压系统界面是对液压站内各设备的实时监视与操作控制。冶炼前准备阶段需要启动液压，给设备提供能源，并可实时显示液压站的运行信息。

自动操作模式：在液压站"手动/自动"控制模式转换开关处，选择"自动"模式，点击"自动启动"按钮，液压站将启动运行，高压泵为用二备一，循环泵为用一备一。

注意：设备联锁条件为液压系统工作正常，否则炉顶各阀门及设备将无法正常工作。

10.2.1.2 除尘系统

除尘系统界面示意图如图 10-9 所示，可实时监控除尘系统的设备状态，包括反吹设定信息、布袋温度、重力除尘器温度。

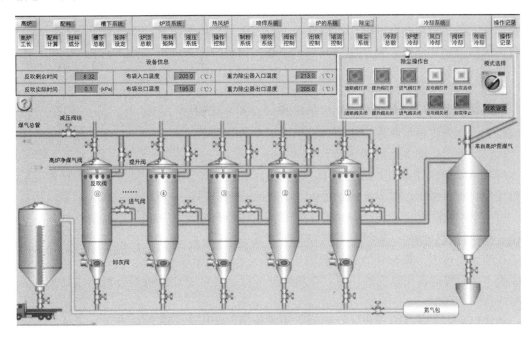

图 10-9　除尘系统界面示意图

10.2.1.3 冷却系统

冷却总貌界面示意图如图 10-10 所示，可实时监控冷却系统的设备状态，包括各个泵

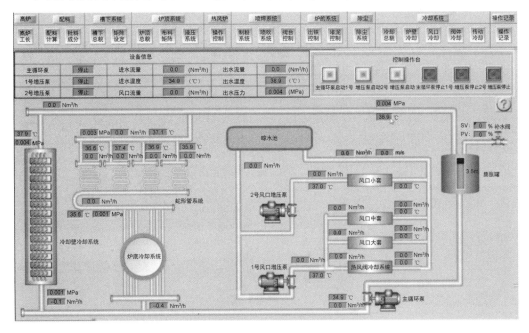

图 10-10　冷却总貌界面示意图

的状态，以及进出水温度。在该界面，需要启动高炉冷却系统主循环泵、1 号增压泵和 2 号增压泵。

10.2.1.4 冷却系统—传动冷却

通过控制操作台对 1 号水泵、2 号水泵进行启停操作。齿轮箱的冷却设备信息包括实时监控各个阀、箱的状态，进出水温度、流量，水箱水位等。单独操作控制时应注意，当水箱水位低于 1.0 m 时，补水阀打开；当水箱水位达到 1.6 m 时，补水阀自动关闭。要保证 1 号泵、2 号泵中至少有一台运行，同时打开阀箱送氮阀、齿箱送氮阀进行密封。

10.2.1.5 煤粉制粉系统

制粉系统操作分为自动操作和手动操作。自动操作模式：系统启动后，选择"自动"控制模式，系统将根据程序设定模式，依次启动各个设备。

10.2.1.6 煤粉喷吹系统

喷吹系统操作分为喷煤流程操作、阀台操作和喷吹操作。冶炼前准备阶段操作有喷煤流程操作、阀台操作。本界面高炉喷煤主流程采用两个并罐式喷吹罐，当一个喷吹罐喷吹时，另一个喷吹罐装煤和充压。主要工艺设备由储煤仓、卸压布袋、喷吹罐、补气器、分配器、喷吹管线、阀门、喷枪、氮气设施等组成。

在喷煤流程中，煤粉仓的煤粉被输送到喷吹系统的储煤仓，经倒罐后进入喷煤罐 A、喷煤罐 B；喷煤罐在用氮气加压后，煤粉经补气器，通过管道及煤粉分配器由高炉各风口的喷煤枪喷入高炉。

系统启动后，选择自动模式，系统将根据程序设定模式，依次启动各个设备。

10.2.2 高炉配料计算

选择冶炼的铁种后，进入高炉配料计算画面，进行配料计算，配料计算示意图如图

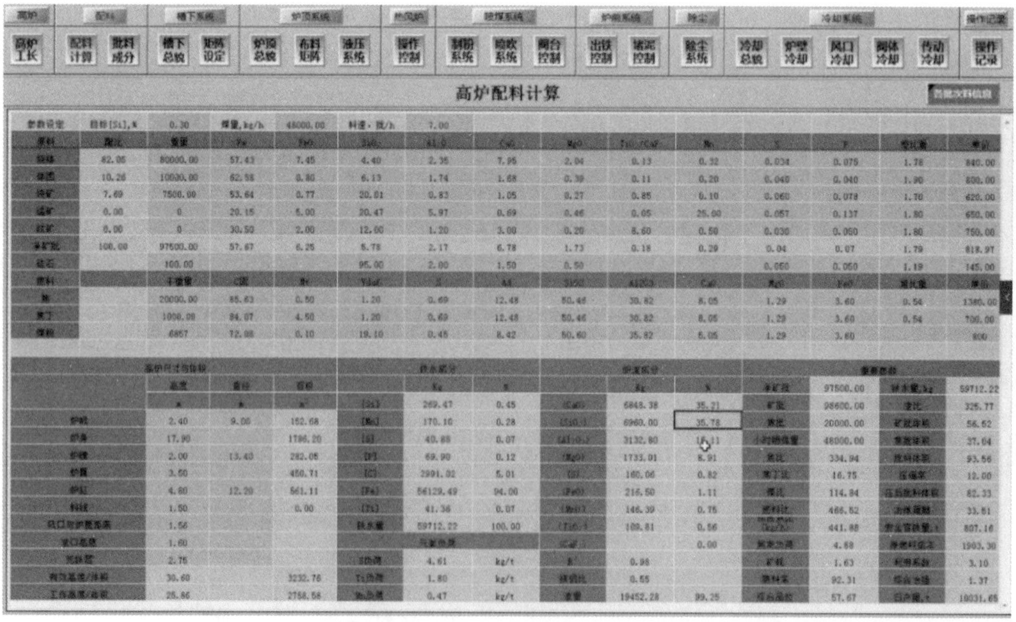

图 10-11 配料计算界面示意图

10-11 所示。配料计算界面中的灰底色为计算输出值；浅蓝色为输入值；暗绿色为项目名称。

10.2.3 槽下炉顶系统

10.2.3.1 槽下系统—矩阵设定

矩阵设定界面示意图如图 10-12 所示。点击"成分设定"按钮弹出成分设定窗口，点击"成分下置"按钮，在成分下置完成后，点击"数据下置"按钮，将整个数据下置到数据库。

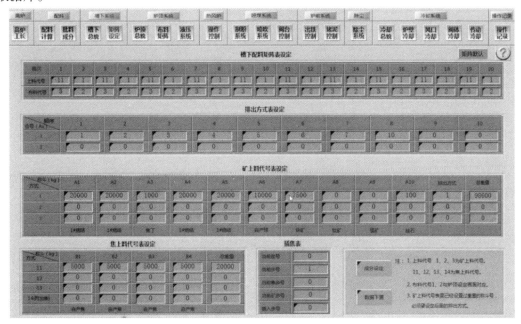

图 10-12 矩阵设定界面示意图

10.2.3.2 槽下总貌

槽下总貌界面示意图如图 10-13 所示，其主要实现功能有烧结矿、球团矿、块矿、碎铁、石灰石、焦炭等原料的下料控制、原料称量、原料皮带传输、原料消耗统计等。在右上方操作栏中，选择自动模式，在点击"供料启动"按钮后，槽下系统将按照上料矩阵设置批次的原料重量，并进行自动称量、自动传输等操作，无须人工干预。

注意："槽下供矿自动"按钮，必须在完成上料矩阵，以及料批重量设定完成后，才能操作。

10.2.3.3 炉顶系统—布料矩阵

布料矩阵界面示意图如图 10-14 所示。在探尺料线设定表下勾选"1 号探尺"或"2 号探尺"，选择好探尺后，点击"表单下置"按钮。

10.2.3.4 炉顶总貌

炉顶总貌界面主要实现炉顶各设备的操作与显示，其主要操作动作有槽下原料的装罐、料罐的匀压、料罐装料、料流控制、旋转溜槽控制、探尺投用等。在右侧信息栏中，实时显示高炉炉顶操作的有关信息。在顶部的信息栏中，显示当前批次布料后的料流分布情况，并保存至下一布料批次。

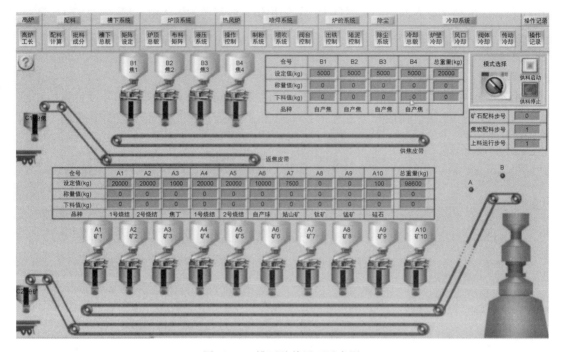

图 10-13　槽下总貌界面示意图

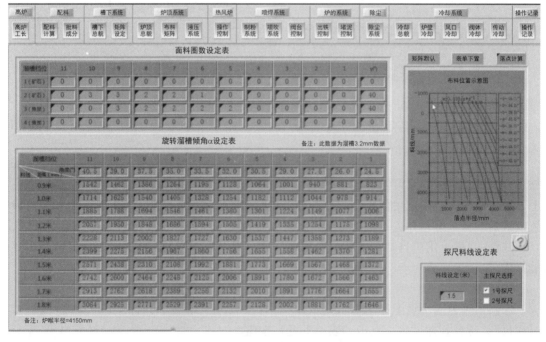

图 10-14　布料矩阵界面示意图

炉顶操作自动模式：在画面右上角有手动/自动选择转换开关，在自动模式下，各设备将自动完成料罐装料、料罐均压、旋转溜槽布料、探尺投用等操作。在高炉生产模式下，槽下物料按照上料矩阵分批次进入炉内，高炉探尺可以实时监测炉内的物料高度，炉喉为探尺零位，当料空时，显示"料空"信号；当探尺显示物料高度大于当前批次矿设定高度或焦设定高度时，显示"赶料"信号；当探尺显示物料高度小于当前批次矿设定高度或焦设定高度时，槽下停止上料；当物料高度小于探尺料线设定值时，槽下停止上料；当物料高度小于 5.6 m 时，开始自动送热风。注意当液压系统异常时，炉顶阀及设备将不能正常工作。

10.2.4　高炉热风炉

热风炉界面可实时显示四座热风炉的操作与信息监控。

本系统热风炉的工作制度采用"二烧二送"工作制度，即两座热风炉燃烧，两座热风炉送风。每座热风炉送风与燃烧交替进行。有燃烧、焖炉、送风三种工作状态，燃烧转送风，送风转燃烧，燃烧转焖炉，焖炉转燃烧，送风转焖炉，焖炉转送风六种工作方式，热风炉换炉按燃烧→焖炉→送风，送风→焖炉→燃烧两种基本程序工作，实现 1 号、2 号、3 号、4 号热风炉换炉自动化。

热风炉操作自动模式：当选择自动模式时，热风炉系统将按照上述工作制度自动运行。

热风炉设备联锁条件：

（1）当热风炉温度高于 1350 ℃时，停止燃烧，热风炉转入焖炉状态。

（2）当热风炉温度低于 1100 ℃时，停止送风，热风炉转入焖炉状态。

在高炉生产过程中，要保证四座热风炉中至少有两座保持给高炉送风，其余两座在燃烧或焖炉。

10.2.5　喷煤系统

10.2.5.1　高炉喷吹界面操作

在喷煤系统—喷吹系统中，点击喷煤条件对话框，满足后点击"喷煤停止"（注意，如此按钮显示喷煤停止，则表示现在的状态是停止喷煤）按钮，将会显示喷煤开始。

10.2.5.2　阀台控制界面操作

阀台控制模式界面示意图如图 10-15 所示，可实时显示风口数量、热风温度和压力、回旋区信息。阀台控制选择为自动模式。

10.2.6　炉前出铁仿真

主要完成高炉出铁的操作，出铁控制界面示意图如图 10-16 所示。炉前出铁主要包括准备工作、开口机操作和堵泥操作工艺。

自动出铁前必须完成下列操作：（1）出铁口选择，选择 1~4 号任一出铁口；（2）通过鱼雷罐车操作台将鱼雷罐车运行到出铁位；（3）铁水量超过 50 t；（4）撇渣器确认完毕，用干燥弯曲氧气管检查撇渣器保温情况是否正常；（5）泥套确认完毕；（6）冲渣水泵确认，检查冲渣水量是否正常。

高炉炉内冶炼出足够铁水，在开口机操作台中选自动模式，点击"自动启动"按钮，开口机将按照预定程序完成自动出铁操作。

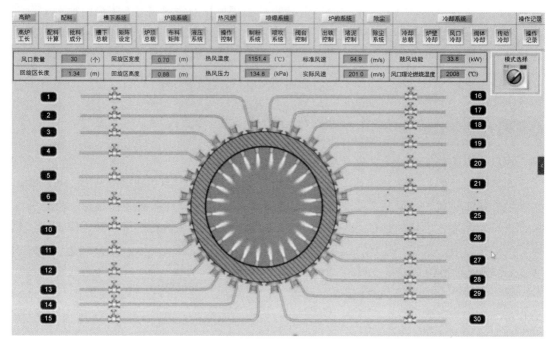

图 10-15　阀台控制界面示意图

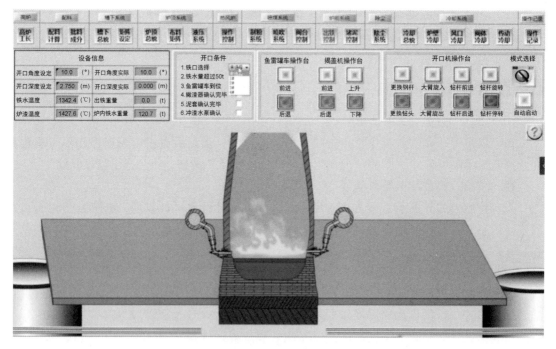

图 10-16　出铁控制界面示意图

　　堵泥控制界面主要完成高炉堵泥功能。主要设备有堵泥机、鱼雷罐车等。在过程数据栏中，显示泥量、退炮时间、铁水等有关信息。当堵泥条件都满足后，在泥炮操作台中，选择自动模式，点击"自动启动"按钮，堵泥机将按照预定程序自动完成堵泥操作。

10.3 转炉炼钢仿真模拟

炼钢就是通过冶炼降低生铁中的碳，并且去除其中的有害杂质，然后根据对钢的性能要求加入适量的合金元素，使其成为具有较高强度、较高韧性或其他特殊性能的钢。炼钢的基本任务可归纳为以下三个方面：

（1）脱碳，并将碳含量调整到一定范围。

（2）去除杂质，主要包括：脱磷、脱硫；脱氧；去除气体和非金属夹杂物。

（3）调整钢液成分和温度。

本节涉及的转炉炼钢实训系统采用的是 120 t 顶底复吹工艺，其仿真操作过程主要包括脱硫处理、冶炼准备、装入废钢和铁水、吹氧冶炼、出钢、溅渣护炉、出渣。

10.3.1 转炉总貌

转炉总貌界面示意图如图 10-17 所示。转炉总貌上部分按钮可分别显示转炉炼钢设备全局或局部区域、冶炼工序操作控制。

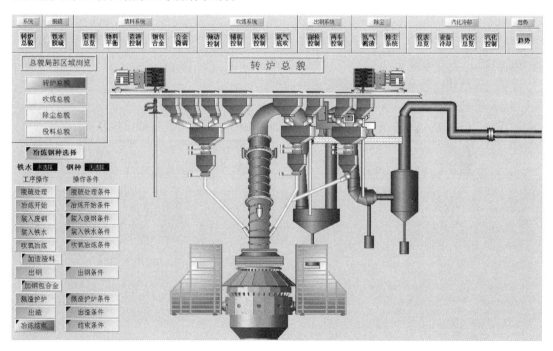

图 10-17 转炉总貌界面

10.3.2 按钮说明

（1）矩形、方形按钮，点击可执行相应操作。

（2）圆形指示灯，起指示作用。绿色表示该设备已启动或该阀门已打开到位，绿色闪烁表示该设备正在启动或该阀门正在打开中。红色表示该设备已停止运行或该阀门已关到位，红色闪烁表示该设备正在停止或该阀门正在关闭中。

（3）带三角文本框，用于参数设置，重要参数会有最大值、最小值及精度的限制。

（4）文本显示不可更改，用于显示设备参数、技术指标及仪表数值等。

（5）挡位控制，用于切换和显示设备控制模式。

（6）带三角按钮，点击可执行按钮所显示的操作。

（7）转炉总貌左下侧树图中的工序操作按钮，当鼠标点击某工序操作条件时，会弹出其需要满足的条件，点击子条件会切换到相应的操作界面，在满足该子条件后，该子条件的指示灯变为绿色，可以点击左边工序进行操作，点击后其背景颜色变绿。

10.3.3　仿真操作

进入主页面后，在转炉总貌左边从上而下依次显示炼钢操作步骤，在操作过程中要按照顺序来操作。当操作到某一步骤时，只有在其前序步骤已被点击后，才可点击该步骤进行接下来的操作。

10.3.3.1　脱硫处理

当操作条件树图中的脱硫处理条件已被满足，且其按钮背景变为绿色时，直接点击树图中工序操作的"脱硫处理"，而后其背景颜色将变绿。

10.3.3.2　冶炼准备

点击左侧树图中的"冶炼开始"工序，将显示出需要做的准备工作，其中已准备好的条件前面的指示灯为绿色。

（1）将汽化冷却系统各泵控制变为自动模式。

（2）将设备冷却系统各控制变为自动模式。

（3）点击氧枪小车进入氧枪控制界面，如图 10-18 所示，进行如下操作：

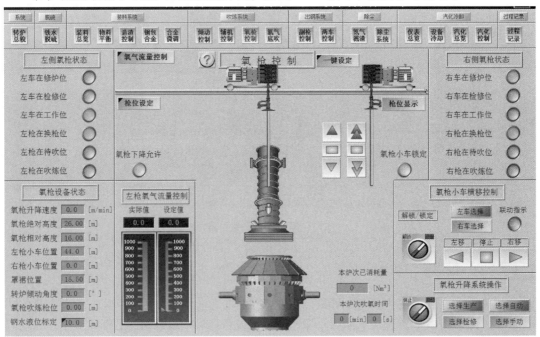

图 10-18　氧枪系统界面

1）点击"左车选择"，选中左氧枪；

2）点击"右移"箭头，或者点击"一键设定"中的"工作位"，使氧枪小车到达工作位；

3）点击"锁定"，将氧枪小车锁定在工作位；

4）点击"启动"，启动氧枪升降系统；

5）点击"选择生产"；

6）点击"选择自动"，氧枪自动降到待吹位。

（4）启动倾动系统，选择"启动"，点击"选择生产"模式。

（5）此时所有准备工作都已做好，冶炼开始条件按钮背景为绿色，点击树图中的"冶炼"开始，使其背景变为绿色。

10.3.3.3 装入废钢和铁水

点击"装入废钢条件"按钮，显示需要做的准备工作。

（1）点击进入废钢重量设定。在物料平衡界面的冶炼原料参数设置模块里面设置废钢重量、铁水种类和重量，如图 10-19 所示。对于 120 t 转炉，废钢重量 m 的设定区间为 $0 < m \leqslant 24$ t。

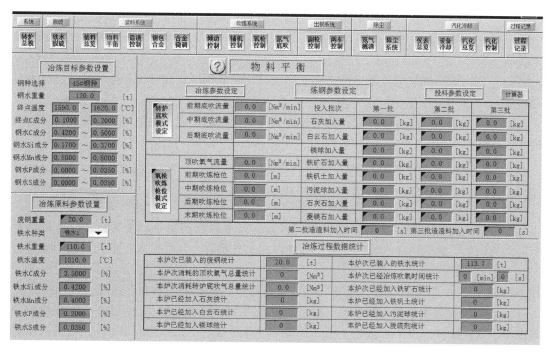

图 10-19　物料平衡界面

（2）进入倾动装置系统控制界面，并进行如下操作：

1）在倾动系统操作内，点击"加料侧"，将控制权限交给加料侧；

2）在倾动控制（加料侧）中将控制地点选择为本地；

3）点击"转炉倾动控制（加料测）正转"按钮，使转炉转到加料位（转炉倾动角度为45°）；

4) 点击树图中的"装废钢"按钮。

（3）进入装入废钢界面，并进行如下操作：

1) 点击"废钢槽吊入"按钮，等待操作完成；

2) 点击"装入废钢"按钮；

3) 废钢装入完毕后，点击"废钢槽吊出"按钮；

4) 进入装入铁水界面；

5) 点击"铁水包吊入"按钮，等待操作完成；

6) 点击"装入铁水"按钮；

7) 铁水装入完毕后，点击"铁水包吊出"按钮。

10.3.3.4　吹氧冶炼

点击树状图中的"吹氧冶炼"按钮，可查看吹炼需要满足哪些条件。

（1）进入倾动控制界面，点击"转炉倾动控制（加料测）反转"按钮，使转炉回到零位。

（2）进入辅机控制界面。通过一键快捷设置或者手动操作，点击"左门控制""右门控制"按钮，此时联动指示灯变绿，点击"关闭"，放下罩裙，关闭主控室卷帘门。

（3）在装料系统里的物料平衡界面（图10-19），点击"转炉底吹模式设定"，设定前中后期流量；在氧枪吹炼枪位模式设定里设定二段式、三段式等，并在投料参数设定里设定各项参数。

（4）在吹炼系统氧枪控制界面，将左枪的氧气调节阀模式和氧气切换模式都选择为自动模式。

（5）点击进入氩气底吹界面，将氩气调节阀调到自动模式；将氩气切断模式调到自动模式。

（6）将除尘系统各控制变为自动模式。

（7）点击左侧树图的"吹氧冶炼"按钮，使其背景变为绿色。

（8）点击左侧树图的"加造渣料"按钮，进入造渣控制界面，进行如下操作：

1) 点击"加造渣料"，进入造渣控制界面，将重量设定由手动变为自动，这样当冶炼时间到达第二批渣料加入时间和第三批渣料加入时间后，自动模式重量设定框中渣量会自动变为设定好的值；

2) 点击三个中间料斗的"称重"按钮进行称重，再点击"装料"按钮进行加料。

（9）吹炼过程中可随时将氧枪升降系统设置为手动模式，在手动模式下，当氧枪相对高度小于3.3m时，点击"提枪"或"降枪"（需要连续点击以进行移动），当氧枪相对高度高于3.3m后，点击一次即可持续升降。在吹炼过程中，可根据过程记录中的曲线图观察成分变化，或者在副枪检测界面中，用副枪进行钢水温度和成分的检测。副枪控制界面的操作方法为：在满足点击"开始吹炼"后、点击"出钢"前的吹炼阶段，同时转炉在零位的情况下，将副枪控制切换为自动，则副枪会自动检测钢水的温度和［C］含量，同时记录检测时间，此时可点击"钢水取样分析"按钮，检测一次其他元素成分。即若要进行取样分析，则必须先进行副枪检测。

当钢水成分符合终点要求时，进入氧枪控制界面，点击"选择手动"按钮，将氧枪手动提至待吹位，或者通过一键设置进行。

10.3.3.5 出钢

点击"出钢条件",可查看出钢需要满足哪些条件。

(1) 进入两车控制界面,进行如下操作:

1) 点击"装入钢包";

2) 点击"前进",使钢包车到达出钢位;

3) 进入辅机控制界面,使烟罩到达上限位。

(2) 进入氩气底吹界面右侧钢包底吹设定,使氩气调节阀和氩气切断模式进入自动模式状态。

(3) 进入辅机控制界面,在主控室卷帘门控制界面中点击"打开"。

(4) 点击"出钢"按钮,并进行如下操作:

1) 点击"加钢包合金"按钮进入钢包合金界面。成分明细中有钢包合金的具体成分,在过程记录里面的钢水成分中,可以查询到钢水成分的实时值,以及目标钢种的最大值与最小值,此时需要加入钢包合金,将实际钢水成分调整到目标钢种的最大与最小值之间的中值。具体计算方法如下:

$$合金加入量(kg/t) = \frac{钢种规格中限(\%) - 终点残余成分(\%)}{铁合金合金元素含量(\%) \times 合金元素吸收率(\%)} \times 1000$$

$$钢种规格中限(\%) = \frac{钢种规格上限(\%) + 钢种规格下限(\%)}{2}$$

2) 进入倾动控制界面,将权限交给出钢侧,加料侧点击"他处",出钢侧点击"本地"。

3) 进入两车控制界面,点击"反转"转动转炉进行出钢,当转炉钢水剩余重量在 30~50 t 时,可点击"加入渣棒"加入挡渣棒;当钢水出完,转炉倾动回转至 $-40° \sim -20°$ 时,可点击"加入渣帽"加入挡渣帽。

4) 出钢结束,将转炉转回零位。

5) 点击"后退钢包车",使钢包车回到炉后位,吊出钢包。

10.3.3.6 溅渣护炉

(1) 进入辅机控制界面,罩裙升降控制点击"关闭"。

(2) 进入氧枪控制界面,点击"一键设定"按钮,选择待吹位,或者手动升降氧枪,选择待吹位,氧枪相对高度为 6 m。

(3) 点击进入氮气溅渣界面,左枪将氮气调节阀调到自动模式;将氮气切断模式调到自动模式。

点击"溅渣护炉",进入氧枪控制界面,手动降低氧枪,将氧枪相对高度降至 1.9 m,进行溅渣护炉;当进行氮气溅渣 1~2 min 后,可将氧枪升至待吹位及以上,完成溅渣护炉。

10.3.3.7 出渣

(1) 准备出渣:

1) 在辅机控制界面,上升烟罩至上限位。

2) 进入两车控制界面,装入渣盆,前进渣盆车至出渣位。

3) 将氧枪升至待吹位或以上,转炉转到零位,点击左侧树图中的"出渣"使其背景颜色变绿。

（2）出渣操作：

1）进入倾动装置界面，将权限交给出渣侧。

2）在两车控制界面中，转动转炉出渣。

3）出渣结束，转炉转回零位。

4）点击"前进"，或者一键快捷设置，使渣车至渣场位，吊出渣盆。

10.3.4　转炉炼钢考核

10.3.4.1　对转炉炼钢终点控制的考核

终点控制考核包括 [C] 和温度两方面考核，分为不合格和合格两个级别。终点控制成分以点击"出钢"时为准。

（1）终点温度控制在要求的范围内，终点温度成绩为合格；

（2）终点 [C] 控制在要求的范围内，终点 [C] 成绩为合格。

10.3.4.2　对转炉冶炼最终成分考核

最终成分考核包括 [C]、[Si]、[Mn]、[P]、[S] 五种成分。最终成分以钢包车返回到炉后位时为准。各钢种最终成分要求参见附件《钢种终点控制标准和最终成分要求》。当成分在标准范围外，即为不合格；当成分在标准范围内，即为合格；当成分在内控范围内，即为优秀。

考核办法：主要考核 C、Si、Mn、S、P 的成分，若其中一种成分不合格，则成分得分即为 0 分；若上述五种元素成分满足要求，则得分方式见表 10-1。

表 10-1　成分控制考核

成分	至少一项不合格	都合格	优秀
C			成分控制分加分
Si	成分控制得 0 分	成分控制基本分	成分控制分加分
Mn			成分控制分加分

10.3.4.3　对转炉冶炼渣成分控制考核

渣的成分为点击"出钢"时刻渣的成分，考核办法见表 10-2。

表 10-2　渣成分考核

成分	至少一项不合格	都合格	优秀
渣的碱度			渣成分分加分
(FeO)%	渣成分得 0 分	渣成分基本分	—
(MgO)%			—

10.3.4.4　对转炉炼钢操作的考核

设置多个警报点，每触发一个则扣去相应的分数。

（1）冶炼过程中，手动关闭冷却、汽化、除尘等各个辅助系统，导致冶炼条件不能满足。

（2）氧枪小车未锁定，请求氧枪上下移动。

（3）烟罩未在上限位，请求转炉倾动。

（4）氧枪未在待吹位及以上，请求转炉倾动。

（5）副枪未在氧枪待吹位及以上，请求转炉倾动。

（6）出钢过程未加入挡渣棒。

（7）出钢过程未加入挡渣帽。

（8）两车控制过程中，渣车和钢包车防碰撞触发。

（9）氧枪下降触发最低位报警。

（10）溅渣护炉时间小于 90 s，或者没有降枪吹氮气溅渣。

10.3.4.5 对转炉炼钢成本的考核

吨钢成本（元/t）计算方法如下：

吨钢成本=（铁水成本+废钢成本+渣料成本+合金成本+氧气成本+底吹气体成本+副枪探头成本）/出钢钢水重量。

其中：

铁水成本=铁水加入量×铁水单价；

渣料成本=铁矿石单价×铁矿石累计加入量+白云石单价×白云石累计加入量+镁球单价×镁球累计加入量+污泥球单价×污泥球累计加入量+铁矾土单价×铁矾土累计加入量；

合金成本=硅铁单价×硅铁累计加入量+锰铁单价×锰铁累计加入量+炭粉单价×炭粉累计加入量+顶渣单价×顶渣累计加入量；

氧气成本=氧气单价×氧气累计吹入量；

底吹气体成本=氮气单价×氮气累计吹入量+氩气单价×氩气累计吹入量；

副枪使用成本=80 元/次。

10.3.5 钢种终点控制标准和成分标准

冶炼钢种有三种选择，分别为 Q345、45 号和 SPHC，根据这三种钢种的国家标准成分以及多家企业的实践，最终确定了网络炼钢软件各钢种终点控制及最终成分要求。

SPHC 牌号最早是德国的牌号，日本也有使用，后来国内由宝钢引入，其代表的是热轧钢板，相当于《优质碳素结构钢》（GB/T 699—2015）中的 10 号钢、15 号钢的热轧板。SPHC 钢的成分见表 10-3。

表 10-3　SPHC 钢成分

牌号	化学成分/%						标准
	C	Si	Mn	S	P	Al_t	
SPHC	≤0.15	≤0.05	≤0.60	≤0.035	≤0.035	≥0.010	BQB302

Q345 钢成分以《锅炉和压力容器用钢板》（GB/T 713—2014）为标准，其成分见表 10-4。

表 10-4　Q345 钢成分

牌号	化学成分/%					
	C	Si	Mn	S	P	Al_t
Q345	≤0.20	≤0.55	1.20~1.60	≤0.015	≤0.025	≥0.020

45 号钢成分以《优质碳素结构钢热轧钢板和钢带》（GB/T 711—2017）为标准，其成分见表 10-5。

表 10-5　45 号钢成分

牌号	化学成分/%					
	C	Si	Mn	S	P	Al_t
45 号	0.45~0.50	0.17~0.37	0.50~0.80	≤0.040	≤0.035	≥0.020

10.3.5.1　转炉终点控制

终点控制包括出钢温度及终点 [C] 含量，在表 10-6 所示区间范围内即为合格。

表 10-6　各钢种终点控制温度

钢种	出钢温度/℃	[C]/%
SPHC	1640~1670	0.03~0.04
Q345	1640~1670	0.06~0.10
45 号	1590~1620	0.10~0.20

10.3.5.2　最终成分要求

在出钢过程中，加入合金后最终得到的钢水成分即为产品成分，其要求见表 10-7。

表 10-7　各钢种成分要求

钢种	[C]/%	[Si]/%	[Mn]/%	[P]/%	[S]/%
SPHC	0.02~0.07	0.01~0.03	0.10~0.50	≤0.020	≤0.020
Q345	0.08~0.20	0.10~0.55	0.80~1.70	≤0.040	≤0.040
45 号	0.42~0.50	0.17~0.37	0.50~0.80	≤0.035	≤0.035

10.4　板坯连铸虚拟仿真实训

连铸机 CCM 即为连续铸钢（continuous casting machine）的简称。在钢铁厂生产各类钢铁产品的过程中，钢水凝固成形有两种方法，即模铸法和连续铸钢法。与传统方法相比，连铸技术具有大幅提高金属收得率和铸坯质量、节约能源等显著优势。

板坯连铸虚拟仿真操作系统（以下简称为连铸仿真操作系统）基于逻辑严密的操控仿真模型、科学严谨的工艺模型和数学模型，移植冶金工业操控工作现场，推理冶炼工序进程，确保冶炼实时数据、终点结果与真实操控高度一致。

连铸仿真操作系统过程分为维修、插引锭、点动、准备浇铸、浇铸和清机六个模式。

10.4.1　浇铸准备

模式选择界面示意图如图 10-20 所示。模式选择的左侧栏为操作模式切换按钮，其右侧的长方形按钮为操作模式切换条件提示按钮。

按钮显示暗绿色，表示该模式选择已经满足条件，可以点击左侧方形按钮选择该操作

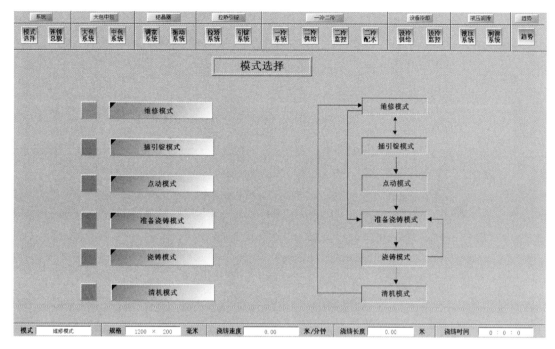

图 10-20　模式选择界面

模式；按钮显示灰色，表示该模式选择未满足条件，无法选择该操作模式。点击该按钮，将弹出一个详细条件窗口，窗口内所列条件为该操作模式需要具备的限制条件，绿色指示灯亮起表示该条件满足，红色指示灯亮起表示该条件不满足。

10.4.1.1　维修模式

点击"维修模式"，将弹出维修模式选择的前提条件，如图 10-21 所示。图中的拉矫现在处于"停止"状态，将由系统激活维修模式。

10.4.1.2　插引锭模式

点击"插引锭模式"，将弹出插引锭模式选择的前提条件。

当润滑、液压等条件不满足时，需要到指定的页面进行操作，激活条件。

（1）液压系统操作。液压系统界面用于对液压站内各设备进行实时监视与操作控制。在冶炼前的准备阶段，需要启动液压，给设备提供能源。在页面右上部，实时显示液压站的运行信息。

自动操作模式：液压站控制模式选择为自动模式，点击"自动启动"按钮，液压站将自动启动运行，高压泵为用二备一，循环泵为用一备一。

（2）对扇形段状态进行确认——扇形段夹紧准备好。在浇铸前的准备阶段，所有扇形段都要处在抬升位置，如果不在抬升位置，就需要对其进行操作，点击相应扇形段，将弹出相应操作窗口，在弹出的窗口点击白色上三角"抬起"按钮即可。

（3）拉矫系统控制选为自动模式。

（4）润滑控制操作。润滑控制界面用于对连铸机关节运转设备润滑供给系统等相关联设备实施详细的监视控制。在浇铸前的准备阶段，需要将润滑系统选择为自动，待设备运转后，润滑系统将自动启动，对设备进行润滑。在自动模式下，当区域设备运转时，该区

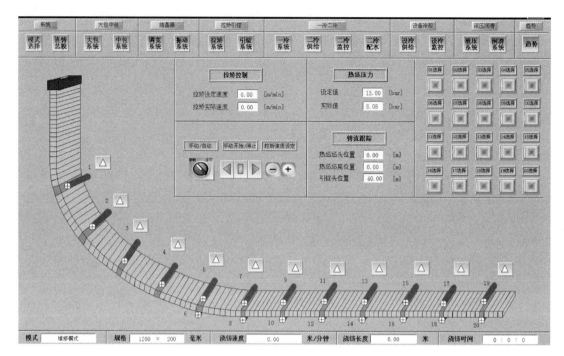

图 10-21   维修模式界面

域润滑将实施分时自动供油润滑。在手动模式下，可以对润滑的各个设备单元进行操作控制，点击"启动""停止"按钮，进行手动启停操作；在"时间控制"框内，可以对每个系统进行打油间隔时间的设定。

当插引锭模式的条件都已得到满足，点击送引锭模式前的灰色矩形按钮后，矩形按钮变为绿色，表示该模式已经激活，可以进行插引锭的操作。

（5）引锭系统。引锭系统控制界面用于对连铸机实施传送引锭作业等相关联设备实施详细的监视控制。在浇铸前的准备阶段，需要将引锭系统选择为自动模式。

引锭控制操作选择"自动"，点击"自动启动"按钮，引锭链将以 10 m/min 的速度进行下装引锭。脱引锭控制选择"自动"，引锭辊道控制选择"自动"。当引锭到达辊道时，可以点击"一键设定"，使引锭快速到位。

10.4.1.3   点动模式

点击"点动模式"，将弹出点动模式选择的前提条件。在选中"点动模式"后，进入拉矫系统界面，此时在拉矫系统中选择手动模式。当点动模式的条件都满足后，点击"点动模式"前的灰色矩形按钮。

10.4.1.4   浇铸模式

当引锭点动调整就绪后，返回模式选择界面，此时已经具备了准备浇铸模式的选择前提条件，点击准备浇铸模式前的灰色矩形框，矩形按钮变为绿色，表示该模式已经激活。点击"浇铸模式"，将弹出浇铸模式选择的前提条件。如果风机、中包车、冷却等条件不满足，则需要到指定的页面进行操作，激活条件。

（1）连铸总貌操作。浏览现场关键设备的状态，同时对设备进行相应的操作控制。

各抽引风机模式的选择：在浇铸前的准备阶段，所有抽引风机都要选择为自动模式，如果不在自动模式，就需要对其进行操作。操作面板位于连铸总貌画面的左下角，点击"手动"/"自动"按钮，即可切换自动手动模式。

（2）振动控制操作。结晶器振动系统控制界面用于对结晶器振幅、振频设定调节等相关联设备实施详细的监视控制。在浇铸前的准备阶段，需要将振动系统选择为自动模式，然后先后进行参数调整和运行动作，并对振动振幅和频率进行采集设定。

在界面左上角的相应窗口处选择振动表，或输入结晶器振幅、振频等设定值（振幅允许值为 0~20 mm、振频允许值为 0~200 cpm）。

在界面右上角的相应窗口处点击"参数调节"按钮，将设定值植入实际执行设定值中。

（3）在拉矫控制界面，将拉矫控制选择为自动模式。

（4）中包系统操作。中包烘烤系统控制界面用于对中间包、中间包车行走等设备以及中间包烘烤等相关联设备实施详细的监视控制。在浇铸前的准备阶段，需要对中包进行烘烤，当烘烤到所需温度后，烘烤器抬起，将中包车移动到结晶器位。

当中包车在预热位时，点击 1 号烘烤器下降，开始预热，也可以点击一键设定中的快速烘烤，然后点击 1 号烘烤器上升。

通过 1 号中包车行走操作台，选择自动模式，点击"自动启动"按钮，使中包车自动开到浇铸位。

（5）设冷供给操作。设备冷却水供给系统控制界面用于对连铸机扇形段设备冷却水供给等相关联设备实施详细的监视控制。在浇铸前的准备阶段，需要将设备冷却水系统选择为自动模式。

（6）二冷水供给操作。二次冷却供给系统控制界面用于对连铸机铸坯二次冷却水、冷却压缩空气等相关联设备实施详细的监视控制。在浇铸前的准备阶段，需要将二次冷却控制、二次冷却空气控制选择为自动模式。

（7）二冷设定操作，在水表中选择中冷。

（8）将冷供给操作选择为自动模式。

（9）引锭及后部输出操作。将切割控制选择为自动模式，浇铸期间的后部输出全部选择为自动模式。

10.4.2 开始浇铸

点击浇铸模式前的按钮，按钮颜色由灰色变绿色，表示可以进行浇铸作业，此时返回大包系统操作界面示意图，如图 10-22 所示。

（1）点击左上角的"钢水装载"。

（2）将大包回转台操作模式选择为自动模式，点击"自动启动"，将大包回转到浇铸位（回转角度为 180°）。

（3）点击左下角的"包盖操作"，将 AB 包盖工作模式选择为自动模式，同时点击"自动启动"。

（4）包盖安装到位后，点击"安装长水口"。

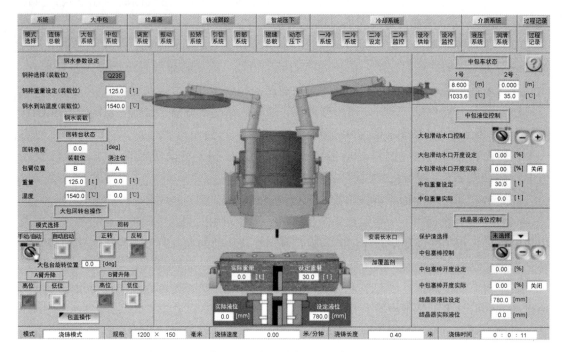

图 10-22   大包系统界面示意图

（5）中包液位控制窗口：将大包滑动水口开度设定为 50%；当中包的实际重量接近于设定重量 30 t 时，将开度设定为 0%。

（6）结晶器液位控制。选择保护渣种类，点击左边的"加入覆盖剂"，将中包塞棒开度设定为 7%，当结晶器的实际液位接近于设定液位时，将开度调整为 2%，并将大包滑动水口控制调整为自动模式。不断调整中包塞棒的开度，使结晶器的实际液位保持在 750~780 mm。当页面下方的浇铸长度超过 1 m 时，可以将中包塞棒控制调整为自动模式。

浇铸作业开始后，将以设定的速度梯次升速到设定值，不同钢种的拉速也不同，可以通过拉矫系统页面的拉矫控制界面，点击"+/−"，相应调整拉矫速度的设定值，拉速的最高值为 2 m/min。

当热坯拉出扇形段后，由切割进行定尺切割，随着浇铸作业的进行，大包重量逐渐减少，铸坯长度逐渐增加。

10.4.3 浇铸结束

点击"清机模式"，将弹出清机模式的选择前提条件。当浇铸到大包重量和中包重量均小于 2 t 后，可自动转入清机模式，如果遇到突发事故，也可手动提前选择清机模式。

连铸作业进入拉尾坯阶段，随着坯尾长度的逐渐增加，驱动辊及扇形段相应抬起。当扇形段为白色时，表示抬起；为灰色时，表示压下；为橙色时，表示软加紧。当驱动辊为白色时，表示抬起；为蓝色时，表示引锭压力压下；为橙色时，表示热坯压力压下，如图 10-22 所示。当铸坯完全拉出扇形段，并由辊道运出后，整个拉钢过程结束。

复习及思考题

1. 烧结生产选择适宜加水量的目的是什么?
2. 烧结配料计算的原则有哪些?
3. 简述烧结工艺的流程。
4. 高炉炼铁的主要燃料是什么,其作用有哪些?
5. 高炉中的熔剂主要作用是什么?
6. 模拟高炉炉顶布料操作。
7. 模拟高炉炉前出铁操作。
8. 模拟转炉炼钢出钢操作。
9. 模拟板坯连铸浇铸操作。

参 考 文 献

[1] 朱苗勇. 现代冶金学(钢铁冶金卷)[M]. 北京:冶金工业出版社,2005.
[2] 付菊英. 烧结球团学 [M]. 长沙:中南大学出版社,2003.
[3] 刘云彩. 现代高炉操作 [M]. 北京:冶金工业出版社,2016.
[4] 陈家祥. 钢铁冶金学:炼钢部分 [M]. 北京:冶金工业出版社,2006.
[5] 冯捷. 转炉炼钢生产 [M]. 北京:冶金工业出版社,2010.
[6] 于万松. 连铸生产技术 [M]. 北京:冶金工业出版社,2020.
[7] 孙立根. 连铸设计原理 [M]. 北京:冶金工业出版社,2017.

11 智能冶金及大数据研究方法

本章提要

随着冶金技术的不断发展，针对复杂冶金过程的智能控制和大数据分析引起了人们的广泛关注。智能冶金，可以更科学地控制冶金过程参数的稳定性和产品的质量，优化流程、节约能源，实现低碳冶金。随着冶金技术长期的发展沉淀，已经累积了大量的数据资源，通过对这些数据资源的整合、分析和处理，可以预估冶金过程的结果，以最小的资源、能源代价获得最优的生产流程和产品。

本章简单地介绍了智能冶金和冶金大数据的相关基础，并简要叙述了智能化和大数据在冶金领域的相关应用，可为智能冶金和大数据的深入研究提供一定的基础方法。

11.1 智能冶金

钢铁产业是大国制造的根基，实现钢铁行业智能制造和高质量发展，是摆在全世界钢铁人面前的重要课题。钢铁生产企业的自动化、信息化水平普遍较高，拥有丰富的数据资源，这为钢铁行业的智能制造奠定了坚实的基础。冶金工艺复杂、流程多，原料只有在经过一系列复杂的物理化学过程后才能演变成最终的产品。传统冶金工艺分为炼铁、炼钢两大部分。高炉炼铁工艺的物理本质为铁素物质流在碳素能量流的驱动和作用下，在高炉内炉料和煤气相向运动过程中完成多相-多态复杂的"三传一反"冶金过程，将铁矿石转化为液态生铁，同时产生炉渣、高炉煤气等副产物。炼钢工艺则包含转炉炼钢、精炼、连铸以及轧制等多道工序，最终获得钢材产品和炉渣等副产物。

现代钢铁冶金工业生产的大型化和复杂化，对过程控制水平提出了越来越高的要求。传统的优化控制技术依赖于建立过程的精确数学模型，但是这对于实际生产过程来说往往难度很大，特别是生产过程控制参数与生产目标之间的关系受到多种不可预测因素的制约，在现场生产中一般依靠经验进行操作，过程参数、状态变量和生产目标之间的关系是不明确的。针对冶金过程的特性而言，这些复杂性造成传统的依赖对象建立精确数学模型的控制方法难以取得令人满意的结果。而智能技术具有无须建立对象精确模型的优势，并且可以充分利用人类专家的经验知识，因此，利用智能过程控制模型研究适合钢铁冶金过程的控制技术既是必要的，也是可行的。

智能过程控制模型综合运用传统建模和优化技术，如测量技术、预测技术及专家系统、神经网络、模糊推理等多种智能建模方法，以已知生产条件为输入，考虑生产边界条件等的波动，建立符合生产目标、反映经济效益的工艺指标参数以及操作参数的集成优化控制模型；采用智能集成方法，协调多种优化手段，获得以成本最低或能耗最小等经济效益指标为目的，满足生产目标要求和生产约束条件的最优操作参数值；将最优操作参数值作为设定值输送至控制器，实现整个生产过程的在线闭环优化控制。整个过程控制系统的框图如图 11-1 所示。

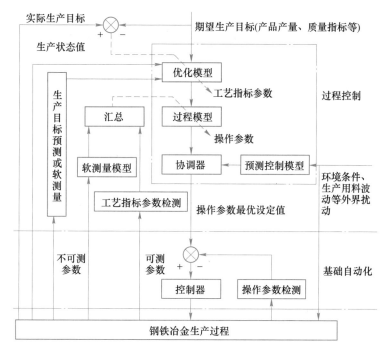

图 11-1　冶金过程控制系统框图

11.1.1　冶金过程智能检测方法

冶金过程的工艺参数检测是建立数学模型和开发智能控制系统的前提，特别是一些重要的在线参数，其准确与否直接决定着控制模型的效果。冶金过程通过采用智能仪表，选取最优最准确的方法，并结合先进的通信模式，实现了在线数据和参数的准确检测。

11.1.1.1　冶金过程信息检测

A　炼铁工艺参数检测

炼铁工艺检测仪表所处环境恶劣，烧结机、高炉内的温度以及铁水温度高达 1300~1700 ℃，高温不仅容易损坏传感器，而且会造成测量困难。此外，铁区环境或炉内含有大量粉尘，容易附着在传感器上，烧坏传感器或阻塞其管道。随着生产操作的强化、设备的大型化，以及要求越来越高的技术经济指标，需要测量更多的数据和开发更多的专用传感器。炼铁区现有如下主要检测参数：

（1）原料、烧结、高炉配料定量检测，目前主要采用电子皮带秤和配料秤。

（2）烧结混合料水分检测，主要有热干燥法、中子测定法、快速失重法、红外线测定法和电导法。现场采用较多的是中子水分计和红外线水分仪。

（3）料位和料层厚度检测，主要采用称重法、电导法、跟踪法和超声波法进行检测。

（4）烧结矿 FeO 含量检测，包括磁导率测定法、废气温度成分测量法、化学分析法、光谱分析法和观察法。其中前两种可用于在线检测。

（5）烧结机尾图像分析，主要采用图像分析技术实现定量化判断。

（6）高炉内料面形状检测，包括机械法（分为单锤法和多锤法）、微波法、激光法。

（7）炉喉温度检测，主要采用十字测温方法和红外成像法。

（8）高炉炉顶煤气成分分析，通常采用色谱法、红外法和质谱法。

（9）风口回旋区状况监测，可采用工业电视机或亮度计进行测量。

（10）软熔带高度检测，可采用时域反射原理进行测量。

（11）铁水含硅量检测，包括电动势法、电化学法和微粒子生成法。

（12）高炉炉衬、炉底耐材烧损检测，常用的方法有热电偶法、炉壳过热点法、红外摄像法、电位脉冲法、RI（同位素）埋入法、热流计法、冷却水热负荷法和超声波法。

B　炼钢工艺参数检测

炼钢过程相对于炼铁过程，其环境温度进一步提高，冶炼过程涉及的物理化学反应复杂，因此对相关检测提出了更高的要求。

（1）钢水重量检测，常采用传感器法、称重法（包括电子吊秤法和传感压头法）。

（2）钢水成分检测，钢水中需要检测的关键成分为 C、O、H，碳的测量采用凝固定碳法，氧的测量采用电化学法，氢的测量可根据 Stevert 定律测定气体分压得到。

（3）气体成分分析，可采用转炉炉气在线分析装置，包括干法取样、预处理过滤装置和分析仪三大部分。

（4）转炉煤气流量监测，目前主要采用文氏管法测量。

（5）转炉炉衬检测，目前常用的测量方法有放射性同位素法、热像法、立体摄像法和激光法等。多数厂家已成功将激光法应用于转炉炉衬的测量。

（6）转炉吹炼终点判断，通常有两种方法，即炉气分析法和副枪测温、定碳法。炉气分析法采用红外分析仪和磁氧分析仪分析炉气中 CO、CO_2 和 O_2 的含量；副枪测温、定碳法是采用一根水冷枪快速检测钢水温度、碳含量、氧含量、液位高度，并可同时进行取样的测量技术。

（7）钢流夹渣检测，通常采用电磁法和光学法。

（8）连铸结晶器液位检测，对于板坯和大方坯连铸，采用涡流法；对于小方坯及薄板坯，采用放射性法。

（9）连铸结晶器振动检测，通过在结晶器上引出杠杆，推动凸轮来回转动，并将其转化为电信号。

（10）炉铸结晶器内凝固坯壳断裂检测，即漏钢预报，包括振动波形法、超声波法、热交换法、摩擦力测量法、温度测量法。其中以温度测量法的应用最为成功。

（11）连铸二冷区检测，包括铸坯表面温度和铸坯温度分布检测、二冷水流量检测两方面。可采用光纤红外高温计测量铸坯表面温度，温度分布则使用 CCD 阵列光电元件进行；二冷水流量采用电磁流量计进行测量。

（12）连铸辊间距检测，采用测量位移的传感器进行测量，其信号传送方式包含有线电缆方式、数据存储方式和无线传输方式。最新的间距测量仪可以检测开口度、弧度、辊子转动情况、辊子磨损和二冷喷嘴喷水状况。

（13）连铸过程铸坯长度检测，采用红外脉冲发生器把机械位移转化为电脉冲信号，进而测量铸坯长度。

11.1.1.2 冶金过程信息控制

现代基础自动化级与过程控制级之间大多通过以太网或其他网络（如内存映像网）通信。基础自动化级与传动系统或现场执行机构、智能仪表之间一般采用现场总线（如 Profibus-Dp、Genius、ModbusPlus、DH+、DeviceNet 等）交换数据。另外，基础自动化级与操作台、就地控制柜等远程 I/O 系统之间也采用现场总线连接，与人机界面系统则采用以太网通信。因此，基础自动化级除了完成控制任务外，还要完成大量的多种方式的通信工作。

A 可编程控制器（PLC）

早期的可编程控制器称为可编程逻辑控制器（programmable logic controller）。最早的可编程逻辑控制器是一种用于逻辑运算的控制器，是专为在工业环境下应用而设计的，它主要用来代替继电器实现逻辑控制。随着技术的发展，到现在为止，可编程控制器的功能已经大大超过了逻辑控制的范围，成为最可靠、应用最广泛的工业控制器。总而言之，可编程控制器可以说是一台计算机，是专门为工业环境应用而设计制造的计算机。它具有以下特点：

（1）采用模块化结构，便于集成。模块化结构，硬件、软件开发方便，PLC 的硬件结构全部采用模块化结构，可以适应规模大小不同、功能复杂程度及现场环境各异的各种控制要求。PLC 的输入输出系统功能完善，性能可靠，能够适应于各种形式和性质的开关量和模拟量信号的输入和输出。

（2）I/O 接口种类丰富，包括数字量（交流与直流）、模拟器（电压、电流、热电阻、热电偶等）、脉冲量、串行接口等。

（3）运算功能完善，除基本的逻辑运算、浮点算术运算外，还有三角运算、指数运算、定时器、计数器和 PID 运算等。

（4）操作方便，维护、改造容易。PLC 的输入/输出系统能够直观地反映现场信号的变化状态，PLC 还能够通过各种方式直观地反映控制系统的运行状态，如对于其内部工作状态、通信状态 I/O 点、异常状态、电源状态等均有醒目的指示，非常有利于运行、维护人员监视系统的工作状态。

（5）系统便于扩展，与外部连接极为方便。

（6）通信功能强大，配合不同的通信模块（以太网模块、各种现场总线模块等）可以与各种通信网络实现互联。

（7）通过不同的功能模块（如模糊控制模块、视觉模块、伺服控制模块等）还可完成更复杂的任务。

目前，比较常见的可编程控制器有日本欧姆龙、德国西门子、日本三菱 PLC、法国施耐德、美国 AB、美国 GE 等。

B 基础自动化级通信

基础自动化级控制功能众多，而且既分散，又集中，需要与不同层次的计算机系统进行通信，对于交换数据的速率要求也不一样，因而不同层次间的通信要采用不同的网络系统。对于冶金工业流程而言，各级计算机系统的通信速度大致为：L1 级和 L2 级之间数据交换周期为 1 s 以上；L2 级和 L1 级之间数据交换周期为 50~100 ms。不同区域之间的 L1 级数据交换周期，对于冶炼过程为 200 ms，对于轧钢过程为 50~100 ms；而同一区域 L1

级的不同控制器之间数据交换周期，对于冶炼过程为 20~50 ms，对于轧钢过程为 1~10 ms。L2 级和 L1 级与 HMI（人机界面）之间数据交换周期为 500~1000 ms。L1 级控制器与控制对象之间的通信周期也不尽相同，如对于控制周期在 2~3 ms 的快速液压回路，通信周期应在 1 ms 以内；而对于控制周期为 20 ms 以内的厚度、宽度等参数的回路，通信周期应在 10 ms 以内。因此，应该合理地设计通信网络，并配置合适的通信功能模板。

另外，为了尽可能减少系统的硬线连接，在基础自动化级大量地采用了远程 I/O 技术，同时与传动（电气及液压）及其他系统之间也通过通信网络连接。一般而言，基础自动化级与下级的传动和执行器级之间采用现场总线通信，而与上级（过程控制级和 HMI）则通过快速以太网通信，在基础自动化级内局部对实时性要求很高的部分还可能需要使用更高速的通信网络，如内存映像网、全局数据内存网等。

由此可见，基础自动化级的通信具有通信类型多、实时性好、稳定性高、数据量少、连接设备多等特点。

C 人机界面技术

人机界面（human machine interface，HMI）是现代计算机控制系统的一个主要特点。它采用大屏幕高分辨率显示器显示过程工艺数据，画面内容丰富，可以动态地显示数字、棒图模拟表、趋势图等，结合薄膜键盘触摸屏、鼠标器、跟踪球等设备，使得生产工、维护人员和技术人员可以方便地进行操作。人机界面一般具有下列功能：

（1）操作员可以在任意时刻通过 HMI 监视生产过程的有关参数，包括过程变量、基准值、控制器输出值和反馈值等；

（2）具有过程数据的实时显示和历史记录功能；

（3）能够完成系统报警显示功能；

（4）应用多媒体技术，使得画面更加生动活泼，还可以提供语音功能。

人机界面一般运行在以 PC 机为基础的环境下，人机界面的软件一般基于当前最流行的 Microsoft Windows 操作系统。Microsoft Windows 平台为这些产品提供了高速、灵活和易于使用的环境，利用这些特点可以加快人机界面应用程序的开发速度，缩减开发成本，降低项目实施和运行的周期，减少维护的费用。一般地，人机界面软件至少应该具有 10 个基本功能，包括集成化的开发环境；增强的图形功能；报警组态；趋势图功能；数据库连接能力；画面模板及向导；项目管理功能；开放的软件结构 OFC、ODBC、DDE、SDK/API(EDA)；具有演示系统；提供多种通信驱动，可以与多种品牌的控制器建立通信连接。

人机界面软件还具有进一步的功能，包括内嵌高级编程语言，如 C 语言 VB 等；支持 Active X；全面支持 OPC 技术；具有交叉索引功能；支持分布式数据库、C/S 网络结构；提供多重冗余结构；具有灵活的专业报表生成工具；支持多国语言。

现在比较常用的人机界面软件有 iFix、In Touch、Cimplicity、WinCC 等。但国外的软件价格大都比较昂贵，相比之下，国产的人机界面软件则相对便宜许多，且在功能上并不逊色于国外软件，符合国人的操作习惯。比较常见的国产软件有组态王、力控 FameView 等。人机界面与控制器之间一般采用以太网或现场总线进行通信，也可以通过串行接口进行通信。

D 分布式计算机控制系统

分布式（集散型）计算机控制系统（DCS）是在 20 世纪 70 年代中期发展起来的，它是一种以集成处理器为核心的控制系统，也是一种把计算机技术、信号处理技术、测量技术控制技术、通信技术、图形显示技术及人机接口结合在一起，利用计算机技术对生产过程进行集中监测操作管理和分散控制的控制系统。

随着电子技术的发展，以微处理器为基础的智能设备相继出现，如智能变送器、智能调节器，结合现场总线技术，DCS 向下形成了一种新的、全分布式的控制系统，简化了系统结构，增强了互联性，提高了可靠性。DCS 类分布式控制器的基本特点如下：

（1）DCS 控制器能够独立自主地完成自己的任务，是一个能独立运行的控制站；

（2）DCS 控制器在硬件和软件设计上具有一定的容错能力，具有很高的可靠性；

（3）DCS 控制器采用模块化、标准化结构设计，可以灵活地进行组态和配置，并可以扩充 I/O；

（4）在 DCS 系统中可设置图形化人机接口；

（5）通过 DCS 系统中的人机接口还可以对过程数据进行实时采集和分析，并可进行在线排障和程序的在线修改；

（6）DCS 控制器之间，与上级和下级网络之间能够通过通信网络连接，进行必要的控制信息交换，且通信实时可靠。

11.1.2 智能冶金基础

人工智能（artificial intelligence，AI），也称机器智能，是研究、开发用于模拟、延伸和扩展人的智能的理论、方法、技术及应用系统的一门新的技术科学。人工智能从计算机应用系统的角度出发，通过研究如何制造出人造的智能机器或智能系统，来模拟人类智能活动的能力，以延伸人类智能的科学。

人工智能的本质就是对人的思维的模拟，可以从两条道路进行：一是结构模拟，仿照人脑的结构机制，制造出"类人脑"的机器；二是功能模拟，暂时撇开人脑的内部结构，而对其功能过程进行模拟。人工智能的研究经历了几个重要阶段：

20 世纪 50 年代，首次提出人工智能概念，限于技术和知识匮乏，未能继续发展。

20 世纪 60 年代末到 70 年代，专家系统的出现使得人工智能研究进一步推进，实现了实用化。

20 世纪 80 年代，随着计算机计算的发展，人工智能得到飞速发展。

20 世纪 80 年代末，神经网络发展，为人工智能带来技术变革。

20 世纪 90 年代至 21 世纪，国际互联网技术的发展，推动人工智能出现新的研究高潮。

智能控制是人工智能技术与现代控制理论及方法相结合的产物。随着计算机技术的不断发展及其应用的拓展，智能控制理论和技术获得了长足进展，并在工业控制中取得了令人瞩目的成果。专家系统、神经网络、模糊控制已成为智能控制技术的三大支柱。

11.1.2.1 专家系统

专家系统（expert system）是一个智能计算机程序系统，其内部含有大量的某个领域专家水平的知识与经验，能够利用人类专家的知识和解决问题的方法来处理该领域的问题。也就是说，专家系统是一个具有大量的专门知识与经验的程序系统，它应用人工智能技术和计算机技术，根据某领域一个或多个专家提供的知识和经验，进行推理和判断，模拟人类专家的决策过程，以解决那些需要人类专家处理的复杂问题，简而言之，专家系统是一种模拟人类专家解决领域问题的计算机程序系统。

专家系统是人工智能中最重要的，也是最活跃的一个应用领域，它实现了人工智能从理论研究走向实际应用、从一般推理策略探讨转向运用专门知识的重大突破。随着专家系统的理论和技术的不断发展，其应用几乎渗透到了各个领域，包括生物、医学、材料、冶金、农业、气象、地质勘探、军事、工程技术、计算机设计和制造等，在这些领域中开发的大量专家系统，其中不少在功能上已达到甚至超过了同领域中人类专家的水平，并在实际应用中产生了巨大的经济效益。

对于专家系统，可以按不同的方法进行分类。通常，可以按应用领域、知识表示方法、控制策略、任务类型等进行分类，如按任务类型来划分，常见的有解释型、预测型、诊断型、调试型、维护型、规划型、设计型、监督型、控制型、教育型等。

专家系统与传统的计算机程序系统相比有着完全不同的体系结构，通常由知识库、推理机、综合数据库、知识获取机制、解释机制和人机接口等几个基本的、独立的部分组成，如图 11-2 所示，其中尤以知识库与推理机相互分离而别具特色。为了使计算机能运用专家的领域知识，必须要采用一定的方式表示知识。目前常用的知识表示方式有产生式规则、语义网络、框架、状态空间、逻辑模式、脚本、过程、面向对象等。基于规则的产生式系统是目前实现知识运用最基本的方法。

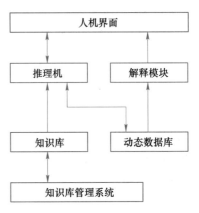

图 11-2 专家系统一般结构示意图

早期的专家系统采用通用的程序设计语言（如 Fortran、Pascal、Basic 等）和人工智能语言（如 Lisp、Prolog、Smalltalk 等），通过人工智能专家与领域专家的合作，依靠直接编程来实现。虽然其研制周期长、难度大，但灵活实用，至今仍为人工智能专家所使用。大部分专家系统的研制工作现已采用专家系统开发环境或专家系统开发工具来实现，领域专家可以选用合适的工具开发自己的专家系统，大大缩短了专家系统的研制周期，从而为专家系统在各领域的广泛应用提供了条件。

11.1.2.2　人工神经网络

人工神经网络（artificial neural networks，ANN），是近年来发展起来的十分热门的交叉学科，有着非常广泛的应用背景，这门学科的发展对于目前和未来科学技术的发展将产生重要的影响。人工神经网络采用物理可实现的器件或采用现有的计算机来模拟生物体中神经网络的某些结构与功能，并反过来将其应用于工程或其他的领域。人工神经网络是一个多学科、综合性的研究领域，涉及神经科学、语言学、脑科学、认知科学、计算机科学和数理科学等，是基于连接机制的人工智能模拟。人工神经网络是用来模拟大脑构建的计算模型，由大量模拟神经元的处理单元——人工神经元构成，形成一个大规模的非线性自适应系统，拥有学习、记忆、计算以及智能处理能力，可以在一定程度上模拟人脑的信息储存、检索和处理能力。

人工神经网络的一个重要特性是，网络中的处理过程是以数值方式进行的，而不是以符号方式进行的。网络可通过以下方式记忆信息：

（1）网络的信息量的大小；

（2）相邻节点的连接强度。

人工神经网络的基础是神经节点（neurode）。在大多数科学与工程应用中，这种节点被称为处理单元（processing element，PE）。图 11-3 所示为一个处理单元的结构。处理单元是人工神经网络中进行绝大部分计算的基本单元。

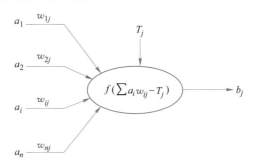

图 11-3 第 j 个处理单元的结构

图 11-4 所示为一种常见的人工神经网络结构模型。将处理单元组成层，将层相互连接起来，并对连接进行加权，从而形成神经网络的拓扑结构或构造。其中的每一层对于人工神经网络的成功来说都是至关重要的。可以将人工神经网络看作一个通过输入层的所有节点输入特定信息的"黑盒子"（black box）。人工神经网络通过节点之间的相互连接关系来处理这些信息。最后，从输出层的节点给出最终结果。

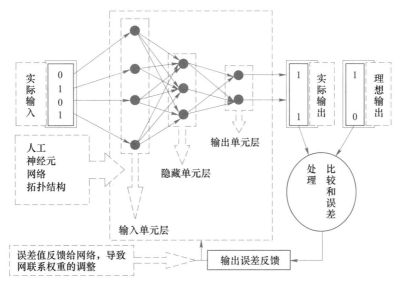

图 11-4 简化的人工神经网络结构模型

人工神经网络的运行分为三个阶段，即训练或学习阶段（training or learning phase）；回响阶段（recall phase）；预测（推广）阶段（generalization phase）。在训练或学习阶段，反复向人工神经网络提供一系列输入-输出模式，并不断调整节点之间的相互连接权重，直至特定的输入产生出所期望的输出。通过这些活动，使人工神经网络学会正确的输入-

输出响应行为。

经过半个世纪的发展，人工神经网络已经发展出各种形式，如径向基函数网络、递归神经网络、霍普菲尔德网络、卷积神经网络、玻尔兹曼机、超限学习机、自动编码器和自组织映射等，这些网络均具有各自的特点，可以完成各类不同的任务。

11.1.2.3 模糊控制

在传统的控制领域里，控制系统动态模式的精确与否是影响控制优劣的最关键因素，系统动态的信息越详细，则越能达到精确控制的目的。然而，对于复杂的系统，由于其变量太多，很难正确地描述系统的动态，于是工程师便利用各种方法来简化系统动态，以达到控制的目的，结果却不尽理想。因此，便尝试着以模糊数学来处理这些控制问题。自从Zadeh 提出模糊集合论以来，模糊数学有了迅速发展，对于不明确系统的控制有极大的贡献，自 20 世纪 70 年代以后，一些实用的模糊控制器相继完成，使得模糊控制在控制领域中又向前迈进了一大步，模糊控制（fuzzy control）理论逐渐成熟，并广泛应用于工业过程控制。

描述元素之间是否相关的数学模型称为关系，描述元素之间相关程度的数学模型称为模糊关系。模糊关系可以用模糊矩阵、模糊图和模糊集表示法等形式表示。对于利用模糊信息进行判断和决策问题，当传统的形式逻辑和近代的数理逻辑均无法解决问题时，需要采取模糊推理方式。模糊逻辑推理是一种不确定性的推理方法，是在二值逻辑三段论的基础上发展起来的，以模糊判断为前提，运用模糊语言规则，推出一个新的近似的模糊判断结论。模糊推理分为 Zadeh 法和 Mamdani 法。

模糊控制系统是以模糊数学、模糊语言形式的知识表示和模糊逻辑的规则推理为理论基础，采用计算机控制技术构成的一种具有反馈通道的闭环结构的数字控制系统。其核心是具有智能性的模糊控制器。模糊控制系统通常由输入/输出接口、模糊控制器、执行机构、被控对象和测量装置等部分组成，如图 11-5 所示。

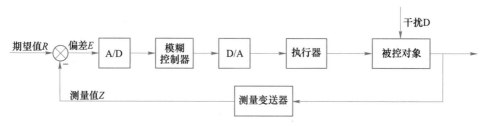

图 11-5 模糊控制系统结构图

模糊控制系统的工作原理为：通过计算偏差信号 E；将 E 经模糊化后变成模糊量，用相应的模糊语言表示；将 E 与推理规则进行合成，得到输出控制量；将模糊控制量转化为精确量送至执行机构。模糊控制系统具有如下特点：

（1）不依赖被控对象的精确模型；

（2）可反映人类思维，且模糊控制规则可通过学习不断更新；

（3）具有计算机控制系统的优点；

（4）易被人们理解和接受。

模糊控制器（fuzzy controller，FC）也称模糊逻辑控制器（fuzzy logic conrtoller，

FLC），是模糊控制系统的核心。一个模糊控制系统的性能优劣，主要取决于模糊控制器的结构，所采用的模糊规则、合成推理算法，以及模糊决策方法等因素。由于其所采用的模糊控制规则是由模糊条件语句来描述的，因此模糊控制器是一种语言型控制器。模糊控制器由输入量模糊化接口、知识库（包括数据库和规则库）、推理机和输出解模糊接口四个部分组成，如图 11-6 所示。

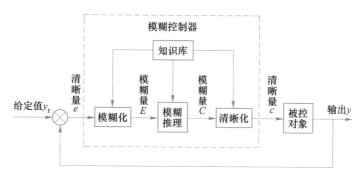

图 11-6　模糊控制器结构图

11.1.2.4　机器人技术

通俗地说，机器人是一种由计算机控制的可以编程的自动机械电子装置，能感知环境、识别对象、理解指令，有记忆和学习功能，且具有逻辑判断思维，能按程序进行自动操作以代替人进行某种工作、完成一定任务的自动化设备。机器人具备一些人或生物相似能力，它的外形不一定像人，但可以代替人在各种环境中工作。

简单地说，机器人的原理就是模仿人的动作、思维、控制和决策。不同类型的机器人，其机械、电气和控制结构也不相同，通常情况下，一个机器人系统由三部分、六个子系统组成，其中三部分分别为机械部分、传感部分、控制部分；六个子系统分别为驱动系统、机械系统、感知系统、人机交互系统、机器人—环境交互系统、控制系统等，如图 11-7 所示。

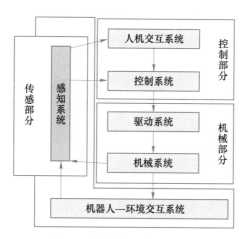

图 11-7　机器人系统组成结构

总体来说，机器人具有如下特点：

（1）机器人的动作具有类似于人或其他生物体某些器官的功能，能通过"感官"系统获取外界环境信息（如声音、光线、物体温度等），并做出反应；

（2）机器人具有通用性，其工作种类多样，动作程序灵活易变，是柔韧加工的主要组成部分；

（3）机器人具有不同程度的智能，如记忆、思考、感知、推理、决策、学习等信息加工和处理能力；

（4）机器人具有独立性，完整的机器人在工作中可以不依赖于人的干预。

国际上从应用环境出发将机器人分为两类——制造环境下的工业机器人和非制造环境下的服务与仿人型机器人，即工业机器人和特种机器人。工业机器人是指面向工业领域的多关节机械手或多自由度机器人，如冶金行业使用的加渣机器人；特种机器人则是指用于非制造业并服务于人类的各种先进机器人，包括服务机器人、水下机器人、娱乐机器人、军用机器人、农业机器人、机器人化机器等。

11.1.2.5 互联网+

"互联网+"是创新2.0下的互联网发展的新业态，是知识社会创新2.0推动下的互联网形态演进及其催生的经济社会发展新形态。人们的日常生活习惯越来越离不开互联网，同时，传统产业也被"互联网+"进行了升级改造。通俗来说，"互联网+"就是"互联网+各个传统行业"，但这并不是简单的两者相加，而是利用信息通信技术以及互联网平台，将互联网与传统行业进行深度融合，创造新的发展生态。

将互联网运用到工业上，即"互联网+工业"模式，改造了原有的产品研发生产方式，工业产品上增加了网络软硬件模块，可实现用户远程操控、数据自动采集分析等功能，极大地改善了工业产品的使用体验。

（1）"云计算+工业"。基于云计算技术，一些互联网企业打造了统一的智能产品软件服务平台，为不同厂商生产的智能硬件设备提供统一的软件服务和技术支持，优化用户的使用体验，并实现各产品的互联互通，产生协同价值。

（2）"物联网+工业"。运用物联网技术，工业企业可以将机器等生产设施接入互联网，构建网络化物理设备系统（CPS），进而使各生产设备能够自动交换信息、触发动作和实施控制。物联网技术有助于加快生产制造实时数据信息的感知、传送和分析，加快生产资源的优化配置。

（3）"网络众包+工业"。在互联网的帮助下，企业通过自建或借助现有的"众包"平台，可以发布研发创意需求，广泛收集客户和外部人员的想法与智慧，大大扩展了创意来源。工业和信息化部信息中心搭建了"创客中国"创新创业服务平台，链接创客的创新能力与工业企业的创新需求，为企业开展网络众包提供了可靠的第三方平台。

11.1.2.6 虚拟现实技术

虚拟现实（virtual reality，VR）是指利用计算机模拟产生一个三维空间的虚拟世界，提供使用者关于视觉、听觉、触觉等感官的模拟，令使用者可以直接观察、操作、触摸、检测周围环境及事物的内在变化，并能与之发生"交互"作用，使人和计算机很好地"融为一体"，给人一种"身临其境"的感觉，可以实时、没有限制地观察三维空间内的事物。

虚拟现实是一项综合集成技术，涉及计算机图形学、人机交互技术、传感技术、人工智能、计算机仿真、立体显示、计算机网络、并行处理与高性能计算等技术和领域，它用计算机生成逼真的三维视觉、听觉、触觉等感觉，使人作为参与者通过适当的装置，自然地对虚拟世界进行体验和交互作用。2009年2月，美国工程院评出21世纪十四项重大科学工程技术，虚拟现实技术是其中之一。

虚拟现实是人们通过计算机对复杂数据进行可视化操作与交互的一种全新方式，与传统的人机界面以及流行的视窗操作相比，虚拟现实在技术思想上有了质的飞跃。虚拟现实将用户和计算机视为一个整体，通过各种直观的工具将信息进行可视化，形成一个逼真的环境，用户可直接置身于这种三维信息空间中自由地使用各种信息，并由此控制计算机。1993年，Grigore C. Burdea 在 Electro93 国际会议上发表的 "Virtual Reality System and Application" 一文中，提出了虚拟现实技术的三个特征，即沉浸性（immersion）、交互性（interactivity）、构想性（imagination），如图11-8所示。

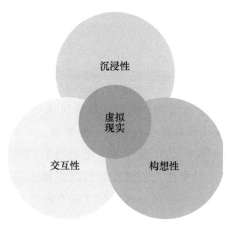

图 11-8　虚拟现实的 3 个特征

20世纪90年代初，伴随着虚拟现实技术的发展，增强现实（augmented reality，AR）技术应运而生。广义地说，在现实的基础上利用技术将这个现实增添一层相关的、额外的内容，就可以称为增强现实。虚拟现实是一种封闭式的体验，增强现实则可以让用户看到真实的世界，同时看到叠加在现实物体之上的相关信息。

构建一个虚拟现实系统的根本目标是利用并集成高性能的计算机软硬件及各类先进的传感器，通过计算机图形构成的三维空间，或是通过把其他现实环境编制到计算机中，创设逼真的"虚拟环境"，创建一个使参与者处于一个具有身临其境的沉浸感、具有完善的交互作用能力、能帮助和启发构思的信息环境。典型的虚拟现实系统有五个关键部分，即虚拟世界、虚拟现实软件、计算机、输入设备和输出设备，如图11-9所示。

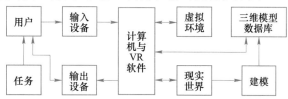

图 11-9　虚拟现实系统的一般组成

虚拟世界是计算机根据用户任务的要求，在虚拟现实软件和数据库的支持下处理和产生多维化和适人化的虚拟环境，使用户具有身临其境的沉浸感和交互作用能力，可以从任意角度进行连续的观看和考察。计算机负责虚拟世界的生成和人机交互的实现，是系统的心脏。

虚拟现实系统按照不同的标准有许多种分类方法，按沉浸程度来分，可分为非沉浸式、部分沉浸式、完全沉浸式虚拟现实系统；按用户沉浸方式来分，可分为视觉沉浸式、触觉沉浸式和体感沉浸式；按用户参与的规模来分，可分为单用户式、集中多用户式和大规模分布式系统等。

沉浸性是虚拟现实的三大特性之一，目前使用比较多的一种分类方法是既按沉浸程度，又按用户规模进行的分类方法，大致分为桌面虚拟现实系统（desktop VR）、沉浸虚拟现实系统（immersive VR）、增强现实或混合现实系统、分布式虚拟现实系统（distributed VR）。

11.2　冶金大数据

现代信息技术产业已经拥有 70 多年的历史，其发展的过程先后经历了几次浪潮。首先是 20 世纪 60~70 年代的大型机浪潮，此时的计算机体型庞大，计算能力也不高。20 世纪 80 年代以后，随着微电子技术和集成技术的不断发展，计算机的各类芯片不断小型化，兴起了微型机浪潮，PC 成为主流。20 世纪末，随着互联网的兴起，网络技术快速发展，由此掀起了网络化浪潮，越来越多的人能够接触到网络和使用网络。智能设备的普及、物联网的广泛应用、存储设备性能的提高、网络带宽的不断增长都是信息科技的进步，它们为大数据的产生提供了储存和流通的物质基础。数据产生方式的变革促成了大数据时代的来临。

11.2.1　大数据的概念

11.2.1.1　大数据的定义

大数据（big data），是指无法在一定时间范围内用常规软件工具进行捕捉、管理和处理的数据集合，是只有在新处理模式下才能具有更强的决策力、洞察发现力和流程优化能力的海量、高增长率和多样化的信息资产。"大数据"一词最早出现在 20 世纪 90 年代的美国，直到 2012 年之后，大数据才逐渐获得业界更多的关注和重视。

随着云时代的来临，大数据也吸引了越来越多的关注。学者认为，大数据通常用来形容一个公司创造的大量非结构化数据和半结构化数据，这些数据在下载到关系型数据库以用于分析时会花费过多时间和金钱。大数据分析常和云计算联系到一起，这是因为实时的大型数据集分析需要有像 MapReduce 或 Hadoop 一样的框架来向数十、数百甚至数千的计算机分配工作。

大数据需要特殊的技术，以有效地处理大量的容忍经过时间内的数据。适用于大数据的技术，包括大规模并行处理（MPP）数据库、数据挖掘、分布式文件系统、分布式数据库、云计算平台、互联网和可扩展的存储系统。

11.2.1.2 大数据的特征

大容量（volume）：人类社会活动产生的数据量已经超越 300EB，并且这个数据量在逐年爆炸式递增。

多种类（variety）：多样化的数据可被归类为结构化数据、半结构化数据和非结构化数据。与以往以结构化数据为主要数据的局面不同，现如今的数据多为非结构化数据，这些包括网络日志、社交网络信息、地理位置信息等类型的数据对数据处理提出了更高的挑战。

速度快（velocity）：面对如此大的数据体量，须用高效快速的处理方式对数据进行处理，提取有用信息，提高价值密度。

真实性（veracity）：可靠的数据来源能够保障数据的真实性，只有根据真实可靠的数据才能制订确实可靠的决策。

非结构性（nonstructural）：在获得数据之前无法提前预知其结构，目前绝大多数数据都是非结构化数据，而不是纯粹的关系数据，传统的系统对这些数据无法完成处理。大量出现的各种数据本身是非结构化的或者弱结构化的，如图片、视频等则是非结构化数据，而网页等则是半结构化数据。

时效性（timeliness）：大数据的处理速度非常重要，数据规模越大，其分析处理所需时间越长。如果设计一个处理固定大小数据量的数据系统，则其处理速度会非常快，但这种方法不适用于大数据。在许多情况下，用户要求即时得到数据的分析结果。因此，需要在实践、处理速度与规模之间折中考虑，寻求新的方法。

安全性（security）：由于大数据高度依赖于数据存储和共享，因此必须寻求更好的方法来消除各种隐患与漏洞，才能有效地管控风险。数据的隐私保护是大数据分析和处理的一个重要问题，隐私保护也是一个社会问题，一旦对个人数据的使用不当，尤其是涉及大批量的关联数据泄露，将会导致严重的后果。

11.2.1.3 大数据与冶金工程关系的认识

冶金过程的数据量是非常大的，通过对冶金工业数据的存储和分析，可以探索冶金过程的因果关系。大数据的核心功能是预测，通过将数学算法运用到海量的数据上，来预测事情发生的可能性。而这些预测系统的关键在于它们是建立在海量数据的基础之上的。系统的数据越多，算法越能更好地改善自己的性能。

大数据的精髓在于分析信息时的三个转变，这些转变是初学者需要注意的概念。第一，在大数据时代可以分析更多的数据，有时甚至可以处理和某个特别现象相关的所有数据，而不再依赖于随机采样；第二，研究的数据量之多使人们不再热衷于追求精确度；第三，由于上述两个转变，大数据侧重于对相关关系的发掘，而不再注重于因果关系。

钢铁冶金过程具备完整的数据检测系统和精准的基础自动化系统，可实现信息的连接、协调和配合，如图 11-10 所示。因此，利用大数据技术分析冶金过程，可以为设计流程、改善工艺以及开发相关智能系统提供重要的基础。由此可见，大数据与智能制造是密不可分的，正是智能制造的发展促使了大数据时代的飞速发展。

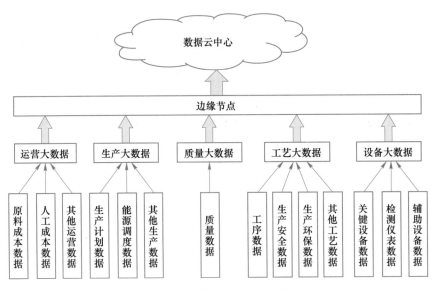

图 11-10   数据云中心架构图

11. 2. 2   数据挖掘与分析

11. 2. 2. 1   数据挖掘过程

数据挖掘是一种将传统的数据分析方法与处理大量数据的复杂算法相结合的技术，是在大型数据存储库中，自动发现有用信息的过程。数据挖掘可以探索大型数据库，发现先前未知的有用模式，还可以观测未来结果，如冶金连铸过程漏钢预报系统便是基于相关数据开发的预测模型。

数据挖掘是数据库中知识发现不可或缺的一部分，而数据库中知识发现是将未加工的数据转换为有用信息的整个过程，如图 11-11 所示。由此可见，大数据的完整分析过程包括数据的采集、数据预处理、数据挖掘、后处理、获得信息几个步骤。

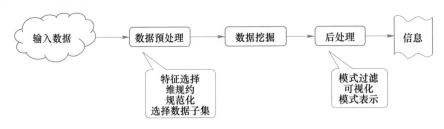

图 11-11   数据库中知识发现过程

（1）输入数据。输入数据可以以各种形式存储，并且可以驻留在集中的数据存储库中，也可分布在多个站点上。

（2）数据预处理。数据预处理的目的是将未加工的输入数据转换为适合分析的形式。数据预处理内容复杂，包括数据的融合、数据的清洗、探寻数据的特征等，这可能是数据挖掘过程中最费力、最耗时的步骤。

（3）后处理。后处理的目的是将有效的和有用的结果集成到决策支持系统中，它使得数据分析者可以从各个角度探查数据和挖掘结果,还能使用统计度量或假设检验,删除虚假的数据挖掘结果。

11.2.2.2 数据挖掘的功能

(1) 对数据的统计分析与特征描述。统计分析与特征描述是对数据本质进行刻画的方法。统计分析包括对数据分布、集中与发散程度的描述,主成分分析,数据之间的相关性分析等。特征描述的结果可以用多种方式进行展现,例如散点图、饼状图、直方图、函数曲线、透视图等。

(2) 关联规则挖掘和相关性分析。比如商品交易过程,经常发现有些商品会被同时购买,而这些经常被一起购买的商品就构成了关联规则。有些商品的购买是相继出现的,如先购买一台电脑,隔段时间会接着购买内存卡、音响等,这称为频繁序列模式。

(3) 分类和回归。分类是指通过对一些已知类别标号的训练数据进行分析,找到一种可以描述和区分数据类别的模型,然后用这个模型来预测位置类别标号的数据所属的类别。分类模型有多种形式,包括决策树、贝叶斯分类器、KNN 分类器、组合分类算法等。回归则是对数值型函数进行建模,常用于数值预测。

(4) 聚类分析。分类和回归分析都有处理训练数据的过程,训练数据的类别标号为已知。而聚类分析则是对未知类别标号的数据进行直接处理的过程。聚类的目标是聚类内数据的相关性最大,聚类间数据的相似性最小。每一个聚类都可以看成是一个类别,从中可以导出分类的规则。

(5) 异常检测或者离群点分析。一个数据集可能包括这样一些数据,它们与数学模型的总体性质不一致,称为离群点。离群点可以通过统计测试进行检测,即假设数据服从一个概率分布,然后看某个对象是否在该分布范围内。也可以使用距离测量,将那些与任何聚类都相距很远的对象当作离群点。除此之外,基于密度的方法可以检测局部区域内的离群点。

11.2.3 大数据处理框架

大数据处理框架负责对大数据系统中的数据进行计算。不论是系统中存在的历史数据,还是持续不断接入系统中的实时数据,只要数据是可访问的,就可以对数据进行处理。按照对所处理的数据形式和得到结果的时效性进行分类,数据处理框架可以分为两类,即批处理系统和流处理系统。批处理是一种用来计算大规模数据集的方法,典型的批处理系统就是 Apache Hadoop;而流处理则对由连续不断的单条数据项组成的数据流进行操作,注重数据处理结果的时效性,典型的流处理系统有 Apache Storm、Apache Samza。还有一种系统,同时具备批处理与流处理的能力,这种称为混合处理系统,比如 Apache Spark、Apache Flink。接下来对三种典型处理框架进行介绍。

11.2.3.1 Apache Hadoop

说起大数据处理框架,永远也绕不开 Hadoop。Hadoop 是首个在开源社区获得极大关注的大数据处理框架,在很长一段时间内,它几乎可以作为大数据技术的代名词。Hadoop 框架最核心的组件就是分布式文件系统 HDFS 和数据处理引擎 MapReduce。

HDFS 是一种分布式文件系统,它具有很高的容错性,适合部署在廉价的机器集群上。HDFS 能提供高吞吐量的数据访问,非常适合在大规模数据集上使用。它既可以用于存储数据源，也可以用于存储计算的最终结果。HDFS 就像一个传统的分级文件系统，可以创建、删除、移动或重命名文件等。但是，HDFS 的架构是基于一组特定的节点构建的，如图 11-12 所示，这是由它自身的特点决定的。这些节点包括 NameNode（仅一个），它在 HDFS 内部提供元数据服务；DataNode，它为 HDFS 提供存储块。由于仅存在一个 NameNode，因此这是 HDFS 的一个缺点（单点失败）。

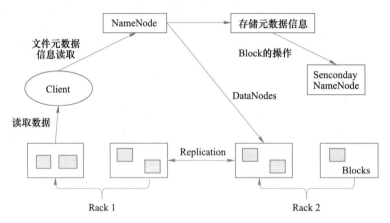

图 11-12　HDFS 架构图

Hadoop 中默认的数据处理引擎是 MapReduce。MapReduce 的根源是函数性编程中的 map 函数和 reduce 函数。MapReduce 是一个软件框架，基于该框架能够很容易地编写应用程序，这些应用程序能够运行在由上千个商用机器组成的大集群上，并以一种可靠的、具有容错能力的方式并行地处理上 TB 级别的海量数据集。MapReduce 擅长处理大数据，map 负责"分"，即把"复杂的任务"分解为若干个"简单的任务"来处理。Reduce 负责对 map 阶段的结果进行汇总。

Hadoop 得以在大数据处理中广泛应用，得益于其自身在数据提取、变形和加载（ETL）方面上的天然优势。Hadoop 的分布式架构，将大数据处理引擎尽可能地靠近存储，对于像 ETL 这样的批处理操作相对合适，因为类似这样操作的批处理结果可以直接走向存储。Hadoop 的 MapReduce 功能实现了将单个任务打碎，并将碎片任务（Map）发送到多个节点上，之后再以单个数据集的形式加载（Reduce）到数据仓库里。

Hadoop 的瓶颈主要体现在以下两点：一是 MapReduce 计算框架初始化较为耗时，并不适合小规模的批处理计算；二是 Reduce 任务的计算速度较慢。

11.2.3.2　Apache Storm

Apache Storm 是由 Clojure 编程语言编写的分布式流处理计算框架，是一个分布式的、高容错的实时计算系统。Hadoop 提供了 Map 和 Reduce 原语，使对数据进行批处理变得非常的简单和优美。同样，Storm 也对数据的实时计算提供了简单 Spout 和 Bolt 原语。

Storm 与其他大数据解决方案的不同之处在于它的处理方式。Storm 支持创建拓扑结构来转换没有终点的数据流。不同于 Hadoop 作业，这些转换从不停止，它们会持续处理到达的数据。Storm 的流式处理计算模式保证了任务能够只进行一次初始化，就能够持续计算，同时使用了 ZeroMQ（Netty）作为底层消息队列，有效地提高了整体架构的数据处理效率，避免了 Hadoop 的瓶颈。

Storm 的适用场景如下：

（1）流数据处理。Storm 可以用来处理源源不断地流进来的消息，并在处理之后将结果写入某个存储中去。

（2）分布式 rpc。由于 Storm 的处理组件是分布式的，而且处理延迟极低，所以可以作为一个通用的分布式 rpc 框架来使用。

（3）持续计算。任务仅需一次初始化，就可以一直运行，除非手动停止它。

与 Hadoop 主从架构一样，Storm 也采用 Master/Slave 体系结构，分布式计算由 Nimbus 和 Supervisor 两类服务进程实现。Nimbus 进程运行在集群的主节点，负责任务的指派和分发；Supervisor 运行在集群的从节点，负责执行任务的具体部分。

Storm 架构中使用 Spout/Bolt 编程模型来对消息进行流式处理。消息流是 Storm 中对数据的基本抽象，一个消息流是对一条输入数据的封装，源源不断地输入的消息流以分布式的方式被处理，Spout 组件是消息生产者，是 Storm 架构中的数据输入源头，它可以从多种异构数据源中读取数据，并发射消息流，Bolt 组件负责接收 Spout 组件发射的信息流，并完成具体的处理逻辑。在复杂的业务逻辑中可以串联多个 Bolt 组件，并在每个 Bolt 组件中编写各自不同的功能，从而实现整体的处理逻辑。

Storm 实现的一些特征决定了它的性能和可靠性，它注重容错和管理，包含比 Hadoop 更智能的处理管理，以确保资源得到充分使用。总结起来有如下优点：

（1）简单编程。Storm 为大数据的实时计算提供了一些简单优美的原语，这大大降低了开发并行实时处理的任务的复杂性，帮助快速、高效地开发应用。

（2）多语言支持。除了用 Java 实现 Spout 和 Bolt，还可以使用任何熟悉的编程语言来完成这项工作，这一切得益于 Storm 所谓的多语言协议。多语言协议是 Storm 内部的一种特殊协议，允许 Spout 或者 Bolt 使用标准输入和标准输出来进行消息传递，传递的消息为单行文本或者是 Json 编码的多行。

（3）支持水平扩展。在 Storm 集群中真正运行 Topology 的主要有三个实体，即工作进程、线程和任务。Storm 集群中的每台机器上都可以运行多个工作进程，每个工作进程又可创建多个线程，每个线程可以执行多个任务，任务是真正进行数据处理的实体，所开发的 Spout、Bolt 就是作为一个或者多个任务的方式执行的。因此，计算任务在多个线程、进程和服务器之间并行进行，支持灵活的水平扩展。

（4）容错性强。如果在消息处理过程中出了一些异常，Storm 会重新安排这个出问题的处理单元，Storm 可保证一个处理单元永远运行（除非显式杀掉这个处理单元）。

（5）可靠性的消息保证。Storm 可以保证 Spout 发出的每条消息都能被"完全处理"。

（6）快速的消息处理。用 Netty 作为底层消息队列，保证消息能快速地被处理。

（7）本地模式，支持快速编程测试。

11.2.3.3　Apache Spark

Apache Spark 是一种用于大数据工作负载的分布式开源处理系统。它使用内存中缓存和优化的查询执行方式，可针对任何规模的数据进行快速分析查询。它提供使用 Java、Scala、Python 和 R 语言的开发 API，支持跨多个工作负载重用代码—批处理、交互式查询、实时分析、机器学习和图形处理等。Apache Spark 现已成为最受欢迎的大数据分布式处理框架之一。

Spark 是用 Scala 语言编写的分布式数据处理平台，是一种包含流处理能力的下一代批处理框架。Spark 的核心数据处理引擎依然是运行 MapReduce 计算框架，并且围绕引擎衍生出多种数据处理组件。与 Hadoop 的 MapReduce 引擎基于各种相同原则开发而来的 Spark，主要侧重于通过完善的内存计算和处理优化机制，加快批处理工作负载的运行速度。Spark 可作为独立集群部署（需要相应存储层的配合），或可与 Hadoop 集成并取代 MapReduce 引擎。

与 MapReduce 不同，Spark 的数据处理工作全部在内存中进行，只在一开始将数据读入内存，以及将最终结果持久存储时需要与存储层交互。所有中间态的处理结果均存储在内存中。虽然内存中处理方式可大幅改善性能，但是 Spark 在处理与磁盘有关的任务时的速度也有很大提升，这是因为通过提前对整个任务集进行分析，可以实现更完善的整体式优化。为此，Spark 可创建代表所需执行的全部操作、需要操作的数据，以及操作和数据之间关系的 Directed Acyclic Graph（有向无环图），即 DAG，借此处理器可以对任务进行更智能的协调。为了实现内存中批计算，Spark 会使用一种名为 Resilient Distributed Dataset（弹性分布式数据集），即 RDD 的模型来处理数据。这是一种代表数据集，只位于内存中，具有永恒不变的结构。针对 RDD 执行的操作可生成新的 RDD，每个 RDD 可通过世系（Lineage）回溯至父级 RDD，并最终回溯至磁盘上的数据。Spark 可通过 RDD，在无须将每个操作的结果写回磁盘的前提下实现容错。

Spark 的流处理能力是由 Spark Streaming 实现的。Spark 本身在设计上主要面向批处理工作负载，为了弥补引擎设计和流处理工作负载特征方面的差异，Spark 实现了一种叫作微批（Micro-batch）的概念。在具体策略方面，该技术可以将数据流视作一系列非常小的"批"，借此即可通过批处理引擎的原生语义进行处理。

作为一种混合处理框架，Spark 具有如下特点：

（1）在内存计算策略和先进的 DAG 调度等机制的帮助下，Spark 可以用更快的速度处理相同的数据集。

（2）Spark 的另一个重要优势在于多样性。该产品可作为独立集群部署，或与现有 Hadoop 集群集成。且该产品可进行批处理和流处理，运行一个集群即可处理不同类型的任务。

（3）除了引擎自身的能力外，围绕 Spark 还建立了包含各种库的生态系统，可为机器学习、交互式查询等任务提供更好的支持。相比于 MapReduce，Spark 任务更是"众所周知"的易于编写，因此可大幅提高生产力。

Spark 是多样化工作负载处理任务的最佳选择。Spark 批处理能力以更高内存占用为代价，提供了无与伦比的速度优势。对于重视吞吐率而非延迟的工作负载，则比较适合使用 Spark Streaming 作为流处理解决方案。

除开以上三种代表性的处理框架，还有流处理框架 Apache Samza、混合处理框架 Apache Flink 等。大数据系统可使用多种处理技术，最适合的解决方案主要取决于待处理数据的状态、对处理所需时间的需求，以及希望得到的结果。具体是使用全功能解决方案或主要侧重于某种项目的解决方案，这个问题需要慎重权衡。随着处理技术的逐渐成熟并被广泛接受，在评估任何新出现的创新型解决方案时都需要考虑类似的问题。

11.2.4 大数据分析编程语言

随着大数据渗透到了几乎所有的行业，信息像洪水一样地席卷企业，使得软件看起来越发像庞然大物，比如 Excel 看上去就变得越来越笨拙。数据处理不再无足轻重，并且对精密分析和强大又实时处理的需要变得前所未有的迫切。

当前大数据分析语言种类繁多，为了迎合大数据分析的各种需求，开创了大量用于硬核数据分析的语言和工具包。下面简单介绍几种常用的编程语言。

11.2.4.1　R 语言

R 语言来自 S 语言，在过去的几年时间中，R 语言已经成为数据科学的热门语言，各种行业的公司，例如 Google、Facebook、美国银行，以及纽约时报等都使用 R 语言，R 语言正在商业用途上持续蔓延和扩散。

R 语言有着简单而明显的吸引力。使用 R 语言，只需要短短的几行代码，就可以将复杂的数据集中筛选，通过先进的建模函数处理数据，以及创建平整的图形来代表数字。R 语言最伟大的资本是已围绕它开发的充满活力的生态系统：R 语言社区总是在不断地添加新的软件包和功能使它的功能已经相当丰富集中。

R 语言的特点如下：

（1）自由软件，免费、开放源代码，支持各个主要计算机系统；

（2）完整的程序设计语言，基于函数和对象，可以自定义函数，调入 C、C++、Fortran 编译的代码；

（3）具有完善的数据类型，支持缺失值，代码像伪代码一样简洁、可读；

（4）强调交互式数据分析，支持复杂算法描述，图形功能强；

（5）实现了经典、现代的统计方法。

然而，R 语言更适合于做一个草图和大概，而不是详细的构建，这是因为它具有缓慢以及处理大型数据集笨重的特点。

11.2.4.2　Python

Python 是一种面向对象的、解释性的计算机程序设计语言，也是一种功能强大且完善的通用型语言，由荷兰人 Guido van Rossum 于 1989 年开始开发，至今已有三十多年的发展历史，已经非常成熟稳定。它拥有非常简洁而清晰的语法特点，易于学习，几乎可以在所有的操作系统中运行，功能非常强大，可扩展性强，已逐渐成为最受欢迎的程序设计语言之一。

Python 是一种实际应用较为广泛的语言，其优点如下：

（1）免费、开源，用户可以获得 Python 的源代码及无尽的文档资源，极大地提高了用户的开发实力；

（2）Python 语言语法简单、代码易读，简单易学；

（3）从根本上讲，Python 是一种面向对象的语言，支持多态、运算符重载和多重继承等高级概念；

（4）Python 也具有良好的跨平台性，可在目前所有的主流平台上运行；

（5）Python 既有脚本语言的简单、易用特性，也具有高级语言的强大功能，如动态数据类型、自动内存管理、大型程序支持、内置数据结构、内置库以及第三方工具集成；

（6）Python 提供了简洁的语法和强大的内置工具，编写实现相同功能的程序，比采用 C、C++编写的程序更为简单、小巧、灵活。

作为一门优秀的程序设计语言，Python 广泛应用于各种领域，如系统编程，科学与数学计算，数据库编程，组件集成，Web 应用，游戏、多媒体、人工智能、机器人，企业、政务及教学辅助的应用等。

11.2.4.3　Julia

Julia 诞生于 2009 年，是一种面向科学计算的高性能动态高级程序设计语言。在许多情况下，拥有能与编译型语言相媲美的性能。Julia 是一种灵活的动态语言，适用于科学和数值计算，其性能可与传统静态类型语言媲美。

Julia 是一种高层次的、极度快速的表达性语言。它比 R 语言快，比 Python 更可扩展，且相当简单易学。作为新起之秀，Julia 还有很大的发展空间，其特点如下：

（1）免费、开源；

（2）用户自定义类型的速度与兼容性和内建类型一样好；

（3）无须特意编写向量化的代码，其非向量化的代码就很快；

（4）为并行计算和分布式计算设计；

（5）协同协议为轻量级"绿色"线程；

（6）函数调用简单、进程管理能力强。

Julia 在很多方面都独具特色。比如在并行化计算方面，Julia 并没有专门设计特殊的语法结构，而是提供了足够灵活的机制，并可自动进行分布式的部署，能够实现云端操作，使得在并行化编程时极为便捷。

11.2.4.4　Java

Java 语言于 1995 年推出，是面向对象的跨平台编程语言。Java 语言是一种支持网络计算的面向对象程序设计语言。Java 语言吸收了 Smalltalk 语言和 C++语言的优点，并增加了其他特性，如支持并发程序设计、网络通信和多媒体数据控制等。

Java 平台由 Java 虚拟机（Java virtual machine）和 Java 应用编程接口（application programming interface，API）构成。Java 应用编程接口为 Java 应用提供了一个独立于操作系统的标准接口，可分为基本部分和扩展部分。在硬件或操作系统平台上安装一个 Java 平台之后，Java 应用程序就可运行。目前，Java 平台已经嵌入了几乎所有的操作系统，这样 Java 程序仅需编译一次，就可以在各种系统中运行。

作为第一个用于编写 Web 程序的高级汇编语言，Java 具有如下特点：

（1）简单性。Java 的风格类似于 C++，容易学习，并且摒弃了 C++中的某些复杂特性。

（2）面向对象。Java 语言的设计集中于对象及其接口，它提供了简单的类机制以及动态的接口模型。

（3）分布式。Java 的网络类库是对分布式编程的最好支持；Java 网络类库是支持

TCP/IP 协议的子例程库。

（4）解释执行。Java 语言的程序可在提供 Java 语言解释器和实时运行系统的任意环境中运行。

（5）健壮性。Java 的强类型机制、异常处理、垃圾的自动收集等是 Java 程序健壮性的重要保证。

（6）安全性。Java 不支持指针，一切对内存的访问都必须通过对象的实例变量来实现，提供了一个安全机制以防恶意代码的攻击。

（7）体系结构中立。Java 程序被编译成一种与体系结构无关的字节代码，Java 解释器在得到字节码后，会对其进行转换，使其能够在不同的平台上运行。

（8）可移植性。Java 采用的是基于国际标准的数据类型，同时 Java 系统本身也具有可移植性。

（9）高性能。Java 作为一种解释型语言，其速度远远超过交互式语言。

（10）多线程。Java 可以把一个程序分成多个任务，以便使任务易于完成和最大限度地利用 CPU 资源。

（11）动态性。Java 自身的设计使其适合于一个不断发展的环境。

11.2.4.5　Scala

Scala 是一门多范式的编程语言，是一种类似 Java 的编程语言，其设计初衷是实现可伸缩的语言，并集成面向对象编程和函数式编程的各种特性。Scala 将面向对象编程和函数式编程结合成一种简洁的高级语言，既可用于大规模应用程序的开发，也可用于脚本编程，它由 Martin Odersk 于 2001 年开发。

Scala 语言的特性如下：

（1）面向对象。Scala 是一种纯面向对象的语言，对象的数据类型以及行为由类和特质描述。

（2）函数式编程。Scala 也是一种函数式语言，其函数能够当成值来使用。Scala 提供了轻量级的语法用以定义匿名函数，支持高阶函数，允许嵌套多层函数，并支持柯里化。

（3）静态类型。Scala 具备类型系统，通过编译时的检查，保证代码的安全性和一致性。

（4）扩展性。Scala 提供了许多独特的语言机制，可以以库的形式轻易地无缝添加新的语言结构。

（5）并发性。Scala 使用 Actor 作为其并发模型，Actor 是类似线程的实体，可以复用线程，因此可以在程序中可以使用数百万个 Actor，而线程则只能创建数千个。

11.2.4.6　Matlab

Matlab 是 Matrix Laboratory 的缩写，是与数学计算联系在一起的，因此其产生也与数学计算有着紧密的联系。Matlab 是一个交互式开发系统，其基本数据元素是矩阵。Matlab 的主要功能包括数学计算、新算法研究、建模仿真、数据分析及可视化、科技与工程的图形功能、图形界面的应用程序开发等。经过几十年的沉淀，Matlab 现已成为国际上最流行、应用最广泛的科学计算与工程计算以及仿真软件之一。

Matlab 具有用法简单、灵活、程式结构性强、延展性好等优点，已经逐渐成为科技计算、视图交互系统和程序中的首选语言工具。特别是它在线性代数、数理统计、自动控制、数字信号处理、动态系统仿真等方面表现突出。Matlab 的具体特点如下：

（1）语言简洁紧凑，语法限制不严，程序设计自由度大，可移植性好。Matlab 是一种高级的矩阵/阵列语言，包含控制语句、函数、数据结构、输入输出，具有面向对象编程的特点。

（2）运算符、库函数丰富。Matlab 的一个重要特色就是具有一套程序扩展系统和一组称为工具箱的特殊应用子程序，每一个工具箱都是为某一类学科专业和应用而定制的。

（3）强大的数值运算能力。Matlab 是一个包含大量计算算法的集合，其拥有 600 多个工程中要用到的数学运算函数，可以方便地实现用户所需的各种计算功能。

（4）界面友好、编程效率高。Matlab 程序的书写形式自由，被称为"草稿式"语言，这是因为其函数名和表达更接近书写计算公式的思维表达方式，可以快速地验证工程技术人员的算法。此外，Matlab 还是一种解释性语言，不需要专门的编译器。

（5）图形功能强大。Matlab 具有非常强大的以图形化显示矩阵和数组的能力，同时，它能给这些图形增加注释，并且可以对图形进行标注和打印。

（6）扩展性强，容错功能可靠，兼容与接口功能灵活，检索功能强。

11.2.4.7　Octave

Octave 是一种主要用于数值计算的高级语言，它通常用于求解线性和非线性方程、数值线性代数、统计分析等问题，以及执行其他数值实验，也可以用作自动化数据处理的面向批处理的语言。Octave 语法与 Matlab 语法非常接近，可以很容易地将 Matlab 程序移植到 Octave 中。Octave 是一门科学计算语言，它的一个非常大的优点是其占用内存非常小，所以广受机器学习爱好者的喜欢。Octave 由工程师设计，因此预装了工程师常用的程序，其中很多时间序列分析程序、统计程序、文件命令和绘图命令都与 Matlab 语言相同。Octave 的主要特点如下：

（1）免费开源，内存占用小。

（2）Octave 和 Matlab 的语言元素相同，除了一些个例，如嵌套函数。

（3）Octave 有很多可用工具箱，使用 Octave 运行和使用 Matlab 运行差不多。

（4）Octave 使用 GNU Plot 或 JHandles 作为图程序包。

Octave 可以看作 MatLab 的免费版，目前使用人群较少。

11.2.4.8　Go

Go 语言是谷歌于 2009 年推出的一种全新的编程语言，可以在不损失应用程序性能的情况下降低代码的复杂性。Go 语言专门针对多处理器系统应用程序的编程进行了优化，使用 Go 编译的程序的速度可以媲美 C 或 C++代码的速度，而且更加安全，且支持并行进程。

Go 语言有时候被描述为"C 类似语言"，或者是"21 世纪的 C 语言"。Go 从 C 语言继承了相似的表达式语法、控制流结构、基础数据类型、调用参数传值、指针等很多思想，还有 C 语言所一直看中的编译后机器码的运行效率以及和现有操作系统的无缝适配。因为 Go 语言没有类和继承的概念，所以它和 Java 或 C++看起来并不相同。但是它通过接口（interface）的概念来实现多态性。Go 语言有一个清晰易懂的轻量级类型系统，在类型之间也没有层级之说，因此可以说 Go 语言是一门混合型的语言。

Go 语言的主要特性如下：

（1）语法简单，容易学习。

（2）Go 语言可以直接编译输出目标平台的原生可执行文件，还可以导入 C 语言的静态、动态库。

（3）工程结构简单，无须头文件。

（4）编译速度快，可利用自身特性实行并发编译，同时由于其结构简单，因此加速了编译过程。

（5）高性能。Go 语言在性能上和 Java 相近，但在某些方面的表现不如 Java。

（6）原生并发支撑，无须第三方库。Go 语言的并发是基于 goroutine 的，goroutine 类似于线程，但并非线程。可以将 goroutine 理解为一种虚拟线程。Go 语言在运行时会参与调度 goroutine，并将 goroutine 合理地分配到每个 CPU 中，最大限度地使用 CPU 性能。

（7）使用 Go 语言的工具链可以直接进行 Go 语言的代码性能分析。

（8）强大的标准库，涵盖网络、系统、加密、编码、图形等方面。

（9）代码风格清晰、简单。

由此可见，随着大数据时代的到来，越来越多的编程语言出现在我们的视野中。

11.3 智能化及大数据在冶金中的应用

目前，整个冶金工业过程都在逐渐实施智能化的应用，在炼铁和炼钢领域都引入了相关的智能系统。而智能化与大数据是相互关联的，一切智能作用都离不开数据的支撑，本节针对冶金过程智能化及大数据的应用进行概括性的介绍。

11.3.1 炼铁领域

高炉炼铁工艺是由烧结、球团、高炉等多工序匹配集成的制造流程系统，炼铁系统流程结构优化与智能化是未来冶金过程高效运行、节能减碳不可或缺的重要技术途径。高炉工序是钢铁制造流程中物质流和能量流转换的核心单元，是全流程中物质和能量转换/转化最关键的环节。由于高炉炼铁工艺是由多工序组合而成的复杂系统，属于典型的耗散结构。因此，对于炼铁工艺要实现流程工序和耗散结构的优化，是实现低碳炼铁的技术路线。炼铁系统的智能化是基于流程系统和耗散结构优化前提下设计构建的信息物理系统（CPS），可实现多工序、全流程的智能化调控，通过单元系统/装置的数字化孪生构建系统数字化、智能化控制单元或子系统，进而实现机理模型、人工智能与大数据耦合的集成系统。由于工序层级及其界面具有复杂性和多样性，因而构建物质流、能量流和信息流网络协同、耦合运行的信息物理系统至关重要，这是实现低碳冶金技术的基础和关键。

11.3.1.1 烧结工艺

针对烧结智能化，目前的研究包括烧结终点预报模型、基于神经网络的烧结过程多目标优化分析模型、基于神经网络的烧结矿质量和性能指标模型、烧结矿生产信息管理系统以及智能化烧结控制系统等。

烧结信息建立独立的一体化网络系统，如图 11-13 所示，可显现烧结生产的工艺流程及重点控制参数，分析关键参数历史曲线，自动生成 KPI 指标，对烧结成本进行分析，并生成电子报表，生产指标大屏显示及其他配套功能。在烧结信息一体化平台上建立烧结过程专家控制系统，根据采集的参数，模型将进行自学和自动计算，从而实现烧结生产的自动控制。

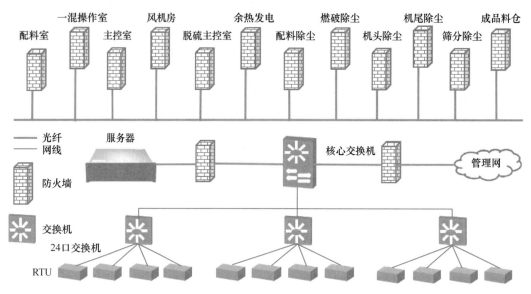

图 11-13 烧结信息一体化系统网络结构图

11.3.1.2 高炉工艺

传统高炉工艺向智能化炼铁工艺转变是一个漫长而又艰难的过程，高炉呈看不见、摸不着、测不出的"黑箱"状态。高炉炼铁工艺流程烦琐，需经过炉料加热、还原、熔化、造渣、渗碳、脱硫等过程，且每个过程都存在众多步骤。高炉本体作为非可视化的黑箱，加上其工作环境的特殊性，导致很多数据、反应状态无法被及时了解。高炉炼铁流程作为具有非线性、时滞性、高维度等参数特征的复杂生产过程，随着工业的发展，未来高炉炼铁是集自动化、可视化、科学管理于一体的智能化工业生产流程。

随着人工智能与信息化的发展融合，人们通过对各种信息的处理，使得处于"黑箱"状态的高炉逐渐显形，可视化、透明化。

A 智慧高炉

在大数据和工业 4.0 的背景下，逐渐打造智能化互联炼铁平台，利用 PLC 系统、信息管理系统和制造执行系统，结合高炉冶炼的机理，开发出适合高炉的数学模型，实现管理信息化、操作智能化。针对传统高炉的发展瓶颈，利用炼铁大数据技术和"互联网+"技术相结合，搭建炼铁大数据智能互联网平台，这将是一个配合高校、研究所、钢铁设计院等的完整炼铁生态圈、云平台，可实现数据共享。

基于炼铁大数据，实现高炉冶炼过程预测、生产线远程可视化及钢质量判定系统的搭建与产线机器人的应用。将人工智能、大数据、云计算等新一代技术与钢铁工艺流程相结合，促进了钢铁制造的网络化、数字化。基于打开"黑箱"的目的，各种高炉检测、成像技术和数值模拟应运而生，现在已可以清晰地观察高炉内的料面形状、气流分布以及风口区域的燃烧情况，为指导高炉操作提供了宝贵的参考依据。

依赖神经网络系统，开发了各种炼铁过程智能化预测和判断模型，实现了高炉铁水成分、铁水温度和炉温的精准预测和控制，进而实现炼铁流程智能化，打造智慧高炉。

B 数字高炉

高炉数字孪生系统是智能制造应用在炼铁领域的重要推进。高炉数字孪生系统整体包括前端的 3D 数字高炉模型与信息展示、后端的系统平台两大部分。高炉的 3D 现实与虚拟交互平台，通过 BIM 建模、数据实时加载、高炉模型中台等技术，实现数据展示、查询、计算模拟、预测、分析等功能于一体的全方位高炉监控与决策。

通过使用三维立体空间重建技术，对包括加料口、煤气管、高炉、热风炉等整个高炉以及周边系统进行三维空间数字化重构，1∶1 真实还原空间物理结构及高炉周边设备设施物品，建设高炉的三维数字孪生空间，构建高炉生产监控的孪生底座。通过建立空间三维坐标体系，为实现未来各种信息和状态数字化，及其在高炉空间内的呈现和展示打下基础。

结合高炉三维建模技术、高炉工艺模型、工艺流程数字化技术、末端数据实时采集和处理技术，利用各种智能感知系统，建立高炉数字孪生系统。通过数字高炉的建立，可以形成数字化高炉模型；建立炉况实时判断和综合评价体系，包括实时诊断预判、高炉状况综合评价体系，实时有效地诊断预警失常炉况，自动生成炉况分析报告等；形成实时信息化的炼铁管控体系，建立"数字化监测—数据分析—炉况诊断—工艺优化"炼铁管控体系，开辟"专家经验+机理模型+推理机+机器学习"工艺新路径；助力企业实现炼铁数字化，是炼铁工艺走向智能化的重要环节。

11.3.2 炼钢领域

在钢铁企业大力推进智慧制造的进程中，智能炼钢新技术不断推陈出新，解决了炼钢企业众多难点痛点问题，诸如"一键炼钢""全自动出钢""无人取样"等技术的应用，在炼钢作业生产线现场，基本实现了无人化炼钢作业。当前，无人化、智能化已成为促进钢铁行业转型升级的新生力量，使一些炼钢企业的产业结构发生了根本性的转变，既减轻了环境和经营成本负担，同时实现了从生产低端建材产品逐步向生产高端产品的跨越。

一键炼钢是一键式自动化炼钢技术的简称，经过多年的积极探索与现场实践，炼钢企业基本已全面普及自动化控制技术，实现炼钢自动化及智能化的目标。"一键炼钢"自动化系统具有较多明显的优势：

（1）无须倒炉，可实现快速出钢，减少冶炼周期；

（2）更好地调整了铁水、废钢比和氧气耗量；

（3）降低了熔剂、脱氧剂，以及合金的消耗；

（4）提高了终点命中率，转炉出钢碳和温度双命中率均取得了很好的效果；

（5）由于系统可监测到熔池液位，防止钢水过氧化，因此在很大程度上减少了耐材的损耗，降低了钢铁生产过程中原材料的损耗；

（6）二次补吹率得到一定程度的减少，平均冶炼周期缩短，钢水质量较高；

（7）减少了炼钢工人的配比，极大地降低了工人的劳动强度和高温环境下安全事故的发生概率，使成本降幅明显，同时提高了工作效率。

作为转炉全流程智能化炼钢的核心技术，新一代转炉"一键炼钢"技术以智能控制模型为核心，通过控制系统把各个炼钢工艺环节完美地衔接在一起，使整个流程更加安全流畅，实现智能化控制。一键式操作功能把以往的冶炼环节扩展到出钢环节，凭借先进的副枪、红外测量、声呐信号、机器视觉等新型监测系统，采集相应的数据，在生产大数据以及人工智能算法技术应用的助推下，实现了模型的自主学习和自动优化。系统处于完全自主动态下，可通过指令完成顶吹、底吹、造渣、终点预判和出钢合金化等一系列过程，从冶炼到出钢完全处于自主感知、自主决策和自主执行的全闭环智能化控制，并且可进一步实现转炉冶炼的无人操作，以及稳定、高效、高质量、低成本的动态有序生产。

图 11-14 所示为一键炼钢工艺流程图，要实现真正意义上的"一键炼钢+全自动出钢"工艺贯通，突破大型转炉"智慧炼钢"的关键瓶颈，离不开炼钢过程的先进技术，包括炼钢自动控制（氧枪、开氧、下料、副枪及汽包液位）、优良的氧枪系统和副枪系统、安全控制系统。智能炼钢的发展，助力钢铁企业提高生产效率、提升产品质量、缩短产品研制周期、降低运营成本、增强余热利用，降低了资源与能源的消耗，对于推进自动化及智能制造大有裨益。

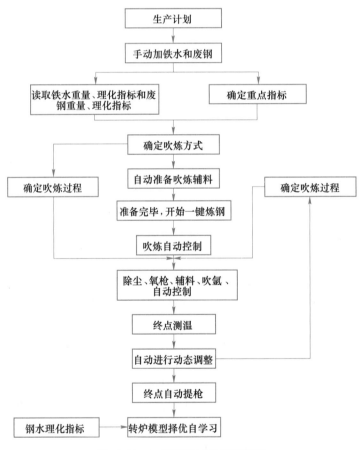

图 11-14　一键炼钢工艺流程简图

11.3.3　连铸领域

针对连铸"黑箱"问题，构建工序大数据平台，通过以机器学习、深度学习等为代表的数字感知和融合技术，构建以连铸高效、高质、低耗多目标协调优化控制目标的高精度数字孪生数学模型，实现连铸工序各质量控制工艺的协同控制，以及连铸坯质量缺陷溯源和动态反馈控制，并以此依托虚拟现实（VR）、增强现实（AR）和人工智能（AI）技术，构建与连铸工序相映射的数字化连铸虚拟操作平台，奠定新一代高效连铸生产基础。

连铸智能化发展主要分为四大块：一是数字信息采集系统；二是信息化系统；三是连铸生产过程智能控制系统；四是远程智能诊断系统。连铸智能化是在实现连铸生产线最大限度地自动化和信息化的基础上，应用先进的智能化技术（自学习、专家数据库、视觉识别、机器人控制等）和工艺控制模型，实现连铸生产数字化、少人化、精细智能控制、区域无人化、管理集中化，最终达到精简人员配置、降低工人劳动强度、提高生产效率、提高铸坯产品质量的目的。

数字信息采集系统负责收集铸钢生产过程中产生的各种物理量信息，然后传输至人机操作界面上，并以曲线、棒图、3D 图形等方式显示在操作界面上，借以对整个生产流程发出执行口令，确保铸钢生产能够正常有序地进行。

连铸生产信息化系统是保障生产制造流程能够正常进行的中枢系统，其网络架构模型主要包括资源计划层、生产制造执行层、过程控制层以及基础自动化系统层。

连铸生产过程智能控制系统包括物料跟踪系统和生产过程智能化控制系统。物料跟踪主要包括炉次跟踪、铸流跟踪、铸坯跟踪三个部分。生产过程智能控制依托模糊控制、神经网络、灰色理论、小波理论等人工智能技术，开发出混浇控制系统、智能开浇系统、结晶器漏钢预报系统、在线铸坯质量评估系统、智能切割系统、二冷控制和动态轻压下智能控制系统等。以结晶漏钢预报系统为例，该系统可以自动检测钢水以及铸坯各部位的温度，并可以精准确定钢水与铸坯在每一个生产阶段的温度值。近年来，为了提高结晶器漏钢预报系统的精准度，专业技术人员利用模糊控制技术，在系统当中构建了一个神经元网络，通过这一网络的分析、统计功能，可以随时对预报数据进行调整和修正，大大提升了温度预报的准确率，进而为其他生产工序的顺利进行提供了确凿的参考依据。又如在线铸坯质量智能评估系统，集合了神经元网络、模糊控制技术、数据专家库等多种智能化技术，这些技术可以随时甄别铸坯质量的好坏，如果发生异常事件，则该系统会及时做出预警提示，进而为终端操作人员争取大量时间。

远程智能诊断系统主要是基于互联网技术以及虚拟专用网络建立起来的一种通道技术。该通道与连铸生产线对接，在终端操作界面可以随时获取机械设备的运行状态信息与各项生产参数。当连铸设备或者生产过程中出现现场人员不能短时间内解决的异常事件或者生产故障时，现场人员可以通过此系统实时地向智能远程诊断快速技术服务中心发出帮助请求，技术服务工程师可以通过此平台在第一时间收集到准确、全面的事故相关数据，并进行分析，进而给出合理的解决方案。

复习及思考题

1. 介绍一种当前钢铁厂使用的人机界面系统。
2. 讨论人工神经网络和径向基（RBF）神经网络的基本原理和特点。
3. 简述虚拟现实技术（VR）的原理和特点，借此阐述增强现实技术（AR）。
4. 阐述几种大数据处理框架的核心组件和特点。

5. 简述当前比较流行的大数据编程语言 Python 的优点、应用领域和常用语句。

6. 针对性地分析一种基于大数据在钢铁冶炼过程的应用实例。

7. 查阅资料，阐述数字高炉的具体应用实例。

8. 当前，连铸结晶器自动加渣机器人逐渐成熟，试查阅文献，阐述连铸过程加渣机器人的原理、特点和应用。

参 考 文 献

[1] 刘洪霖，包宏. 化工冶金过程人工智能优化 [M]. 北京：冶金工业出版社，1999.

[2] 马竹梧. 冶金工业自动化 [M]. 北京：机械工业出版社，2006.

[3] 刘玠. 冶金过程自动化基础 [M]. 北京：冶金工业出版社，2006.

[4] 龙红明. 冶金过程数学模型与人工智能控制 [M]. 北京：冶金工业出版社，2010.

[5] 刘刚，张杲峰，周庆国. 人工智能导论 [M]. 北京：北京邮电大学出版社，2020.

[6] 曾凌静，黄金凤. 人工智能与大数据导论 [M]. 成都：电子科技大学出版社，2020.

[7] 黄海. 虚拟现实技术 [M]. 北京：北京邮电大学出版社，2014.

[8] 刘大琨. 虚拟现实与人工智能应用技术融合性研究 [M]. 青岛：中国海洋大学出版社，2019.

[9] 姚海鹏，王露瑶，刘韵洁. 大数据与人工智能导论 [M]. 2 版. 北京：中央人民邮电出版社，2020.

[10] 东北大学，等. 数字钢铁白皮书（2022 版）[M]. 北京：冶金工业出版社，2022.

[11] 张福明. 炼铁系统低碳技术发展前景与途径 [J]. 钢铁，2022，57（9）：11-25.

[12] 吕庆，刘颂，刘小杰，等. 基于大数据技术的烧结全产线质量智能控制系统 [J]. 钢铁，2018，53（7）：1-9.

[13] Zhang J H, Xie A G, Shen F M. Multi-objective optimization and analysis model of sintering process based on BP neural network [J]. Journal of Iron and Steel Research, International, 2007, 14（2）：1-5.

[14] Laitinen P J, Saxen H. A neural network based model of sinter quality and sinter plant performance indices [J]. Ironmaking & Steelmaking, 2007, 34（2）：109-114.

[15] 赵国华. 首钢矿业烧结厂生产信息管理系统设计与实现 [D]. 沈阳：东北大学，2015.

[16] 高广宇. 烧结过程烧结终点预报模型研究 [D]. 沈阳：东北大学，2014.

[17] 魏玉龙. 烧结终点预测模型与控制方法研究 [D]. 沈阳：东北大学，2015.

[18] 邓小龙. 智能化烧结控制系统研发与应用 [D]. 马鞍山：安徽工业大学，2021.

[19] 周继红，陈仁. 钢铁冶金数字化高炉研究 [J]. 山西冶金，2022，45（2）：91-95.

[20] 张智峰，刘小杰，李欣，等. 大数据与工业 4.0 时代下高炉炼铁流程智能化发展现状与展望 [J]. 冶金自动化，2021，45（6）：8-16.

[21] 万延林，林志旺，闫超港，等. 智慧炼钢核心"一键炼钢"技术应用优势研究 [J]. 中国金属通报，2022，1：127-129.

[22] 何冰，米进周，王旭英，等. 连铸生产线智能化方向的初步探究 [J]. 重型机械，2017，5：1-5.

[23] 梅康元，米进周，郭岩嵩，等. 连铸生产线智能化技术研究 [J]. 工业控制计算机，2021，34（7）：139-141.